Rieg

Motor-Konstruktion

AF639836

Bleiben Sie auf dem Laufenden!

Hanser Newsletter informieren Sie regelmäßig über neue Bücher und Termine aus den verschiedenen Bereichen der Technik. Profitieren Sie auch von Gewinnspielen und exklusiven Leseproben. Gleich anmelden unter

www.hanser-fachbuch.de/newsletter

Frank Rieg

Motor-Konstruktion

Grundlagen und praktische Anwendungen

HANSER

Über den Autor:
Prof. Dr.-Ing. Frank Rieg, Universität Bayreuth

MIX
Papier aus verantwortungsvollen Quellen
FSC® C083411

Print-ISBN: 978-3-446-48204-3
E-Book-ISBN: 978-3-446-48209-8

Alle in diesem Werk enthaltenen Informationen, Verfahren und Darstellungen wurden zum Zeitpunkt der Veröffentlichung nach bestem Wissen zusammengestellt. Dennoch sind Fehler nicht ganz auszuschließen. Aus diesem Grund sind die im vorliegenden Werk enthaltenen Informationen für Autor:innen, Herausgeber:innen und Verlag mit keiner Verpflichtung oder Garantie irgendeiner Art verbunden. Autor:innen, Herausgeber:innen und Verlag übernehmen infolgedessen keine Verantwortung und werden keine daraus folgende oder sonstige Haftung übernehmen, die auf irgendeine Weise aus der Benutzung dieser Informationen – oder Teilen davon – entsteht. Ebenso wenig übernehmen Autor:innen, Herausgeber:innen und Verlag die Gewähr dafür, dass die beschriebenen Verfahren usw. frei von Schutzrechten Dritter sind. Die Wiedergabe von Gebrauchsnamen, Handelsnamen, Warenbezeichnungen usw. in diesem Werk berechtigt also auch ohne besondere Kennzeichnung nicht zu der Annahme, dass solche Namen im Sinne der Warenzeichen- und Markenschutz-Gesetzgebung als frei zu betrachten wären und daher von jedermann benützt werden dürften.

Die endgültige Entscheidung über die Eignung der Informationen für die vorgesehene Verwendung in einer bestimmten Anwendung liegt in der alleinigen Verantwortung des Nutzers.

Bibliografische Information der Deutschen Nationalbibliothek:
Die Deutsche Nationalbibliothek verzeichnet diese Publikation in der Deutschen Nationalbibliografie; detaillierte bibliografische Daten sind im Internet unter http://dnb.d-nb.de abrufbar.

Aus Gründen der besseren Lesbarkeit wird auf die gleichzeitige Verwendung der Sprachformen männlich, weiblich und divers (m/w/d) verzichtet. Sämtliche Personenbezeichnungen gelten gleichermaßen für alle Geschlechter.

Dieses Werk ist urheberrechtlich geschützt.
Alle Rechte, auch die der Übersetzung, des Nachdruckes und der Vervielfältigung des Werkes, oder Teilen daraus, vorbehalten. Kein Teil des Werkes darf ohne schriftliche Einwilligung des Verlages in irgendeiner Form (Fotokopie, Mikrofilm oder einem anderen Verfahren), auch nicht für Zwecke der Unterrichtgestaltung – mit Ausnahme der in den §§ 53, 54 UrhG genannten Sonderfälle –, reproduziert oder unter Verwendung elektronischer Systeme verarbeitet, vervielfältigt oder verbreitet werden.
Wir behalten uns auch eine Nutzung des Werks für Zwecke des Text- und Data Mining nach § 44b UrhG ausdrücklich vor.

© 2024 Carl Hanser Verlag GmbH & Co. KG, München
Kolbergerstraße 22 | 81679 München | info@hanser.de
www.hanser-fachbuch.de
Lektorat: Julia Stepp
Coverkonzept: Marc Müller-Bremer, *www.rebranding.de*, München
Covergestaltung: Max Kostopoulos
Titelmotiv: © Frank Rieg
Satz: Frank Rieg
Druck: CPI Books GmbH, Leck
Printed in Germany

Inhalt

Vorwort

Motoren, genauer Verbrennungsmotoren, gehören zu den faszinierendsten Maschinen, die der Mensch erfunden hat, und Motoren begeistern nach wie vor sehr viele Menschen, nicht nur die wachsende Schar von Oldtimerfans. Der Beiratsvorsitzende eines weltbekannten deutschen Industrieunternehmens sagt dazu: „Vom Emotionalen her ist dem Verbrennungsmotor nichts gewachsen. Das ist einfach so.“[1] Egal, was ideologiegetriebene Politiker in Berlin und Brüssel verbieten wollen – der Verbrennungsmotor wird niemals sterben! Es ist nicht ausgeschlossen, dass er mit klimaneutralen E-Fuels sogar eine Renaissance erleben wird.

Dieses Buch ist aus meiner über viele Jahre gehaltenen gleichnamigen Vorlesung entstanden. Daher sind als Leser Studierende des Maschinenbaus adressiert, aber auch interessierte Motoren- und Oldtimerfans werden aus dem Buch Nutzen ziehen können. Letzterer Leserkreis möge die manchmal vorkommenden Formeln überspringen. Ich werde mich auf die mechanische Konstruktion von Verbrennungsmotoren beschränken und die Thermodynamik samt der Gemischbildung außen vor lassen; darüber gibt es mehr als genug Literatur. Doch über die eigentliche mechanische Konstruktion gibt es wenig praxis-brauchbares Schrifttum; dabei ist sie viel spannender, weil man die hier gewonnenen Kenntnisse auf viele andere technische Dinge übertragen kann – von Pumpen und Kompressoren bis zu Wärmepumpen.

Sie werden daher nicht nur das Wesentliche über die Funktion von Motoren und ihrer Komponenten erfahren, sondern auch Verbesserungen und Eigenanfertigungen von manchen Bauteilen sehen. Gerade für angehende Ingenieure ist Werkstatt-Praxis wirklich wichtig. Alle von mir beschriebenen Eigenkonstruktionen wurden von mir in meiner privaten Keller-Werkstatt angefertigt und später in einem Versuchslabor des Lehrstuhls Konstruktionslehre und CAD der Universität Bayreuth getestet und erprobt. Um diese Dinge anzufertigen, sind nur eine konventionelle Drehmaschine, eine konventionelle Fräsmaschine sowie ein Schweißgerät erforderlich – damit ist jede bessere Institutswerkstatt oder Werkstatt einer Fachhochschule ausgestattet. Aber auch jeder Motoren- und Oldtimerfan kann sie in seiner privaten Hobbywerkstatt mit den o. g. Werkzeugmaschinen nachbauen.

An Verbrennungsmotoren betrachte ich hauptsächlich Ottomotoren, wobei die mechanischen Grundlagen selbstverständlich auch für Dieselmotoren gelten. Ergänzend, um das Gesamtbild besser zu verstehen, beschreibe ich Vergaser (Kapitel 9) und einfache

[1] Frankfurter Allgemeine Zeitung, 6.4.2024, S. 24

Zündanlagen (Kapitel 8), wie sie früher üblich waren. Diese fast historischen Motor-Zusatzkomponenten haben den Charme, dass sie eben leicht zu verstehen sind. Die eigentlich sehr wertvollen Elektronikthemen wie computergesteuertes Motormanagement müssen aus Platzgründen außen vor bleiben.

Es wird Ihnen auffallen, dass der Text in der Ich-Form geschrieben ist. Ich bin bewusst von der hölzernen Wissenschaftsschreibweise, die ich sowieso noch nie mochte, abgewichen. Es soll ein modernes, frisches Buch sein; daher habe ich auch eine Menge Bilder von meinen früheren Fahrzeugen und Erlebnisse eingebaut, die das Gesagte bekräftigen. Eigene Erfahrungen – bei mir sind es 40 Jahre Berufserfahrung in der Antriebstechnik – sind allemal besser als Buchweisheiten! Eine Reihe von mir gedrehter Videos ergänzt den Text. Eine Übersicht aller Videos mit direkter Verlinkung finden Sie in Kapitel 12.

Mein Freund und Kollege Prof. Dr.-Ing. Gerhard Fischerauer sah das ganze Buch kritisch durch und las Korrektur; speziell die Formeln und Zahlenrechnungen kontrollierte Dr.-Ing. Florian Hüter. Frau Manuela Lackner unterstützte mich bei redaktionellen Arbeiten, Meister Manfred Gramß und Herr Michael Rupprecht führten mit mir die Prüfstandsaufbauten und Motortests durch. Ihnen allen sei sehr herzlich gedankt. Ferner danke ich folgenden Firmen für die Überlassung bzw. Abdruckgenehmigung von Bildmaterial: Schaeffler Technologies AG & Co. KG, Robert Bosch GmbH, AUDI AG, KS Gleitlager GmbH, Freudenberg Sealing Technologies GmbH, BMW AG, Rheinmetall AG und Verlag Kleine Vennekate.

Bayreuth, Juni 2024

Frank Rieg

1 Verbrennungsmotoren

1.1 Von der Dampfmaschine zum Verbrennungsmotor

Lassen Sie mich kurz die geschichtliche Entwicklung hin zum Verbrennungsmotor skizzieren, weil das einiges zum Verständnis beiträgt: Zu den *Wärmekraftmaschinen* gehören die Dampfmaschinen, die Dampf- und Gasturbinen sowie die Verbrennungsmotoren. Alle setzen Wärmeenergie in Form von heißen Gasen in mechanische Energie um. Beginnen wir mit der Dampfmaschine:

Die ersten Dampfmaschinen wurden im 18. Jahrhundert in England entwickelt, um die Kohlegruben zu entwässern. Es gab Vorläufer, aber die Dampfmaschine des Engländers THOMAS NEWCOMEN setzte sich einigermaßen durch, obwohl ihr Wirkungsgrad bei lächerlichen 0,5 bis 1 % lag, das heißt, 99 % der Wärmeenergie gingen vollkommen nutzlos verloren. Man sagte damals, dass man, um ein Kohlebergwerk mit der Newcomen-Dampfmaschine zu entwässern, ein weiteres Kohlebergwerk bräuchte, um die Newcomen-Dampfmaschine überhaupt zu betreiben! Woran lag das? Betrachten Sie dazu Bild 1.1: Der Dampf aus dem Kessel A wurde in den Zylinder B geleitet, und dieser Dampf schob den Kolben P nach oben. Gleichzeitig sorgte der Waagebalken oder *Balancier* dafür, dass der Pumpenkolben auf der linken Seite nach unten ging. Nun wurde der Dampf abgestellt und das Ventil V' geöffnet: Kaltes Wasser strömte in den Zylinder, der Dampf kondensierte und dadurch bildete sich ein Unterdruck. Da der äußere Luftdruck jetzt größer war als der Unterdruck im Dampfzylinder, drückte nun der äußere Luftdruck (deswegen ist der Dampfzylinder oben offen!) den Kolben nach unten, und es wurde Arbeit geleistet: Der Pumpenkolben wurde nach oben gezogen und das Wasser aus dem Bergwerk abgepumpt. Dies ließ dem jungen Schotten JAMES WATT aus armem Elternhaus, der als Instrumenten-Mechaniker in der Universität von Glasgow arbeitete, keine Ruhe, nachdem er ein Modell einer Newcomen-Maschine reparieren sollte. Und jetzt kommt etwas, was heutzutage wohl undenkbar wäre: Um die Schriften OTTO VON GUERICKES zu verstehen, lernte er Deutsch! In dem Industriellen MATTHEW BOULTON fand er einen Partner, der die Finanzierung des Baus der neuartigen Maschine übernahm, und es wurde die Firma BOULTON & WATT gegründet. Bei dieser ersten, 1776 hergestellten, Maschine [99] fällt auf, dass keine Kurbel verwendet wird, um die Schwingbewegung des Balanciers in eine Drehbewegung umzu-

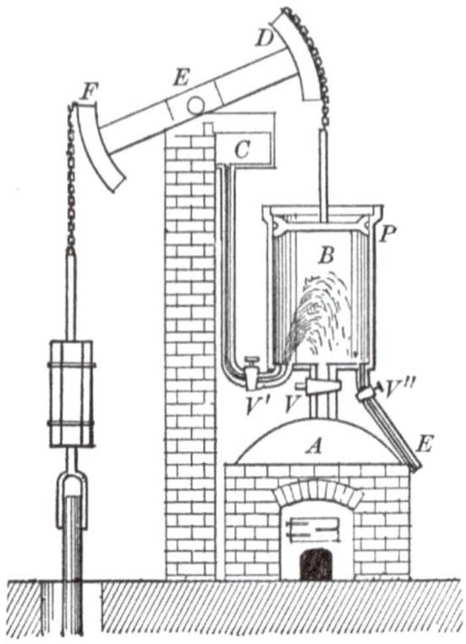

Bild 1.1 Eine Newcomen-Dampfmaschine [98]

setzen, sondern ein Planetengetriebe mit zwei Zahnrädern[1], weil die Kurbelwelle für irgendwen patentiert war. Jahrelang hatte er große Probleme, hinreichend genau hergestellte Dampfzylinder zu bekommen. Beachten Sie ferner, dass es Stahl im heutigen Sinne zu dieser Zeit ebenfalls noch nicht gab. Der Engländer HENRY BESSEMER entwickelte das 1855 patentierte Bessemer-Verfahren, mit dem Stahl im großen Stil erzeugt werden konnte, wobei bereits 1862 ALFRED KRUPP dieses neuartige Verfahren in Deutschland einführte. Das funktioniert wie folgt: Das flüssige Roheisen, das aus dem Hochofen kommt, wird in einen Konverter, die Bessemer-Birne, gegeben und von unten wird Luft eingeblasen, welche die unerwünschten Eisenbegleiter verbrennt, Bild 1.2. Das Bessemer-Verfahren ist ein *Blasverfahren* für die Stahlherstellung.

Doch es geschieht noch mehr: Stahl ist eine „Mischung" aus Eisen und Kohlenstoff, und durch das *Frischen*, wie der Blasvorgang heißt, wird der Kohlenstoffgehalt eingestellt, und zwar auf unter 2 %. Dann ist diese Eisen-Kohlenstoff-Verbindung knetbar, also umformbar durch Schmieden und Biegen, und wird *Stahl* genannt. Das Bessemer-Verfahren funktioniert aber nur bei phosphorarmen Erzen. Um andersartige Erze zu verarbeiten, entwickelte SIDNEY THOMAS das nach ihm benannte Verfahren, das dem Bessemer-Verfahren an und für sich nicht unähnlich ist. Das Thomas-Verfahren wurde bis etwa 1970 in Deutschland verwendet und durch das *Linz-Donawitz-Verfahren* ersetzt. Hier wird reiner Sauerstoff auf das flüssige Roheisen geblasen. Man kann sich vorstellen, dass bei diesen Blasprozessen jede Menge unguter Abgase entstehen, und noch schlimmer ist es bei der Roheisenherstellung, der Vorstufe der Stahlherstellung: Hier wird der *Hochofen* mit einer Mischung aus Eisenerz, Kalk und Koks[2] beschickt. Das saubere Elektrostahl-Verfahren, bei dem riesige Graphitelektroden mit ihren brennenden Lichtbögen bei Stromstärken bis zu 100.000 A das Stahlbad auf 3500 °C erhitzen, braucht dafür gigantische Strommengen. Die Stahlherstel-

[1] Was aber kinematisch auf dasselbe herauskommt

[2] Schon die Koksherstellung in der Kokerei ist nicht unbedingt umweltfreundlich. Andererseits fällt dort Kokereigas an, das frühere Stadtgas, das man vor dem Erdgas verwendete.

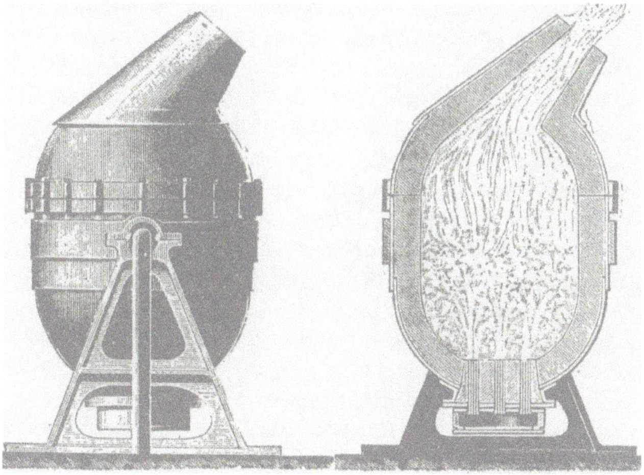

Bild 1.2 Eine Bessemer-Birne [1]

lung ist eben sehr energieintensiv, aber Stahl ist das mit Abstand wichtigste und meistverwendete Metall.

JAMES WATT stand für die Bauteile seiner Dampfmaschine nur Gusseisen[3] und bestenfalls Puddelstahl und Schweißeisen zur Verfügung. Trotz allen Schwierigkeiten: Mit seiner Niederdruck-Dampfmaschine begann das industrielle Zeitalter, Bild 1.3. Bei der

Bild 1.3 Eine Boulton & Watt-Dampfmaschine [99]

3 Gusseisen ist wie Stahl eine Eisen-Kohlenstoffverbindung, aber der Kohlenstoffgehalt ist deutlich höher als 2 %. Dadurch lässt sich Gusseisen sehr gut vergießen, aber es ist spröde und nicht schmiedbar. Gusseisen samt seiner Herstellung kennt man wohl seit dem 14. Jahrhundert.

Bild 1.4 Eine Corliss-Dampfmaschine [100] mit 1400 PS bei 36 U/min. Der berühmte amerikanische Präsident ULYSSES S. GRANT und KAISER PEDRO II. VON BRASILIEN starteten die riesige Maschine auf der Weltausstellung 1876 in Philadelphia.

Watt'schen Dampfmaschine war der Wirkungsgrad etwa 3 %. In den nächsten Jahrzehnten wurde die Dampfmaschine ständig weiterentwickelt, Bild 1.4, und im 2. Weltkrieg bauten die Alliierten rund 2700 *Liberty-Schiffe*, Bild 1.5, die mit Dreifach-Verbund-Dampfmaschinen, Bild 1.6, von 2500 PS ausgestattet waren, die man relativ einfach und schnell bauen und reparieren konnte. Dagegen hatten bereits im 1. Weltkrieg die meisten der deutschen schweren Kreuzer und Schlachtschiffe der Kaiserlichen Marine *Parsons-Dampfturbinen*, Bild 1.7, so z. B. die SMS VON DER TANN[4], Bild 1.8, mit vier Parsons-Turbinen. Heute werden moderne Schiffe fast ausnahmslos von langsam laufenden Zweitakt-Dieselmotoren angetrieben; mitunter werden gleich mehrere davon über Schiffsgetriebe miteinander gekoppelt, und moderne Kriegsschiffe haben zusätzlich noch ein oder zwei Gasturbinen, die bei Bedarf zugeschaltet werden. Ansonsten sind Gasturbinen Teil aller Strahltriebwerke für Flugzeuge. Man hat in der Vergangenheit Versuchsmuster von Personenautos[5] gebaut, die von Gasturbinen angetrieben wurden. Dies war in der Euphorie der Nachkriegszeit entstanden, in der man dachte, alles mögliche mit Gasturbinen antreiben zu können, weil im 2. Weltkrieg die ersten brauchbaren Strahltriebwerke von BMW und Junkers für den ersten Strahl-Jagdbomber der Welt, die Messerschmidt Me262 „Schwalbe“, entwickelt wurden.

[4] Die SMS VON DER TANN nahm als Teil der HOCHSEEFLOTTE an der Seeschlacht am Skagerrak gegen die britische GRAND FLEET teil. Diese Seeschlacht ging ziemlich unentschieden aus, obwohl die Briten weitaus mehr Schiffe und Geschütze mit größeren Kalibern zur Verfügung hatten. Aber die deutschen Entfernungsmesser und Kanonen waren wesentlich präziser und damit die Trefferrate der deutschen Schiffe höher.

[5] In den 1950er-Jahren bauten die Firmen Rover und FIAT derartige Prototypen, während Norton ein Motorrad mit Dieselmotor vorstellte. Aus allen diesen Versuchsmustern ist niemals eine Serienfertigung entstanden.

Bild 1.5 Ein Liberty-Schiff, das waren sehr rationell gefertigte Frachtschiffe für die Geleitzüge der Alliierten. Rund 2700 Stück wurden im 2. Weltkrieg von US-Schiffswerften gebaut [103].

Bild 1.6 Die Dreifach-Verbund-Dampfmaschine eines Liberty-Schiffs, 140 t Gewicht, 2500 PS bei 76 U/min

Bild 1.7 Eine frühe Parsons-Dampfturbine [101]

Bild 1.8 Der Schlachtkreuzer SMS VON DER TANN der Kaiserlichen Marine, 1911 in Dienst gestellt. Vier *Parsons-Dampfturbinen* mit zusammen 42.000 PS und 18 Dampfkesseln. 900 Mann Besatzung, Hauptbewaffnung acht Kanonen mit Kaliber 28 cm [105].

Strahltriebwerke haben den Vorteil von hoher Leistung auf kleinem Raum, aber die Nachteile, dass sie teuer, sehr anspruchsvoll in Bezug auf Material und Fertigung und äußerst durstig sind. Man kann sie zwar mit Kerosin, das ist eine Art Billig-Diesel, betreiben, aber für Landfahrzeuge ist das nichts. Erstaunlicherweise rüsten die Amerikaner ihren modernen Kampfpanzer M1 Abrams mit einer 1500-PS-Gasturbine aus, während der deutsche Leopard 2A6 mit einem 1500-PS-Dieselmotor[6] ausgestattet ist.

Nochmal zurück zu den Wirkungsgraden: Bei Dampflokomotiven, Bild 1.10, die bis in die 1960er-Jahre auf manchen Nebenstrecken ganz regulär verkehrten, betrug der Wirkungsgrad wenig mehr als 10 %; dabei waren die Dampfdrücke etwa 15 bar. Benzinmotoren in heutigen Autos und Motorrädern haben Wirkungsgrade um 40 %, Dieselmotoren etwas mehr. Gas- und Dampfturbinen liegen bei etwa 40 %, wobei Dampfturbinen in Kohle- und Kernkraftwerken mit 200 bar Dampfdruck und auf über 500 °C hochüberhitztem Dampf betrieben werden. Die effizientesten Wärmekraftmaschinen, die man heute kennt, sind sehr große, langsam laufende Zweitakt-Dieselmaschinen, wie sie in Schiffe eingebaut werden: Der Wirkungsgrad ist etwa 53 % [8]. Also selbst hier wird rund die Hälfte der Energie des Kraftstoffs ungenutzt in die Luft geblasen, und zwar in Form von Abgaswärme und Kühlungswärme. Aus Sicht des Ingenieurs ist das eigentlich eine Katastrophe – aber man hat bis heute nichts Besseres gefunden! Okay, große Elektromaschinen mit 100.000 PS, wie sie in Pumpspeicher-Kraftwerken als Motoren und umgepolt als Generatoren eingesetzt werden, können Wirkungsgrade bis zu 98 % erreichen. Bei kleineren Elektromotoren ist der Wirkungsgrad deutlich schlechter, aber immer noch viel besser als bei ähnlich großen Wärmekraftmaschinen. Leider haben elektrische Maschinen einen Schönheitsfehler, und das ist bei mobilen Anwendungen die Speicherung der elektrischen Energie, Stichwort Batterien und deren Aufladen. Der riesige Vorteil aller Wärmekraftmaschinen ist eben, dass sie chemisch gebundene Energie in Form von Benzin, Wasserstoff, Propan- und Butangas, Dieselöl, Kerosin, Schweröl oder auch Kohle nutzen können: Das bedeutet enorme Energiemengen auf kleinstem Raum! Ein Beispiel gefällig? Ein größerer SUV fährt mit 80 l Diesel, also über den Daumen 80 kg Diesel, ca. 1000 km weit. Ein in der Größe vergleichbarer SUV desselben Herstellers braucht für 500 km einen Batteriesatz von 800 kg (Stand 2023). Wenn Sie bedenken, dass der allererste VW-Golf 800 kg wog, dann ist das Gewichtsverhältnis der Energiespeicher 1:20 zu Ungunsten des Batteriesatzes. Elektroautos sind keine Erfindung der Neuzeit, sondern an sich ein alter Hut: Schon 1899 fuhr der Belgier Camille Jenatzy mit seinem Elektrorennwagen „La Jamais Contente"[7] einen Geschwindigkeitsrekord mit über 100 km/h, Bild 1.9. Die deutsche Automobilfabrik Hansa-Lloyd in Bremen baute bereits 1912 Elektrolastwagen [19], und im Berlin der 1920er- und 1930er-Jahre fuhren Tausende von Elektrolastwagen, u. a. für die Deutsche Reichspost.

Die meisten Dampfmaschinen wurden zum Antrieb von Maschinen in Fabriken eingesetzt: Eine zentrale Dampfmaschine trieb unter der Decke des Fabrikgebäudes hängende Transmissionswellen an, von denen Lederriemen zu den jeweiligen Maschinen gingen, Bild 1.11. Der Nachteil von Dampfmaschinen ist, dass man zusätzlich Dampfkessel braucht und die wiederum *Chauffeure*[8] brauchten. Diese Dampfkessel flogen früher gerne in die Luft, und

[6] Im 2. Weltkrieg hatten die angloamerikanischen und deutschen Panzer Benzinmotoren, während die Rote Armee bei ihrem phantastischen T-34 das einzig Richtige machte: Sie verwendete einen hervorragend konstruierten Dieselmotor mit Direkteinspritzung bei 500 PS und 12 Zylindern.

[7] Französisch für „die nie Zufriedene"

[8] Chauffeur ist das französische Wort für „Heizer".

Bild 1.9 Der Elektrorennwagen *La Jamais Contente* fuhr bereits 1899 über 100 km/h.

Bild 1.10 Eine deutsche Dampflokomotive 41241 im Essener Hauptbahnhof in den 1980er-Jahren [102]: Bei Dampflokomotiven beträgt der Wirkungsgrad nur etwa 10 %!

daher gründete man in Deutschland den „Dampfkessel-Überwachungsverein“, den Vorläufer des heutigen TÜV.

Es war daher naheliegend, eine Kraftmaschine zu entwerfen, die ohne teure Nebenaggregate wie Dampfkessel auskommt, und der berühmte holländische Physiker CHRISTIAAN HUYGENS erfand 1673 einen Schießpulvermotor, Bild 1.12. Dies war eine atmosphärische Maschine, in der eine Schießpulverladung einen Kolben nach oben trieb. Die anschließende Abkühlung der heißen Gase bewirkte einen Unterdruck im Zylinder, und der äußere Luftdruck drückte den Kolben nach unten, der seinerseits ein Gewicht anhob. Wir kennen dieses Prinzip bereits von der Newcomen-Dampfmaschine, und es wird uns gleich wieder begegnen.

Bild 1.11 Kinderarbeit in einer Fabrik in Aschaffenburg 1858. Zentrale Transmissionswellen unter der Decke treiben über Lederriemen die an den Arbeitsplätzen befindlichen Maschinen an.

Bild 1.12 Der Schießpulvermotor von CHRISTIAAN HUYGENS 1673

Eine Dampfmaschine ist meist doppelt wirkend: Auf der linken Seite des Kolbens wird etwas Dampf über Schieber oder Ventile eingelassen. Dieser expandiert, weil er ja unter Druck steht, und schiebt den Kolben nach rechts. Auf der anderen Seite des Kolbens, also der rechten Seite, öffnen Schieber oder Ventile und lassen den durch das Arbeiten verbrauchten Dampf ins Freie. Das bedeutet: Bei jedem Hin und Her des Kolbens wird Arbeit geleistet, also pro Kurbelumdrehung zwei Kraftimpulse. Dieses an und für sich verlockende Prinzip wendete der Belgier Jean-Joseph Étienne Lenoir auf seinen frühen Verbrennungsmotor an, nur dass er statt Dampf ein Gemisch aus Stadtgas und Luft verwendete, das er mit einer frühen Form der elektrischen Zündkerze anzündete. Das Gasgemisch wurde nicht verdichtet – und das ist genau der Trick des Motors von Nikolaus Otto, wie sich gleich zeigen wird: Otto gilt als der Erfinder des modernen Verbrennungsmotors, obwohl er Vorgänger wie Alphonse Beau de Rochas hatte. Aber als Erfinder gilt nach heutiger Auffassung, wer nicht nur eine geniale Idee hat, sondern dieser Idee auch zum Durchbruch verhilft. Daher sind heute Carl Benz und Gottlieb Daimler als Erfinder des Automobils[9] bekannt, obwohl auch sie mehrere Vorgänger wie Siegfried Markus und Julius Söhnlein hatten – aber diese Herren bauten eben nur Unikate, ohne die Idee weiterzuverfolgen.

Bild 1.13 Nikolaus August Otto, der Erfinder des modernen Verbrennungsmotors

Otto, Bild 1.13, machte eine Kaufmannslehre, er war in technischen Dingen also Autodidakt – übrigens wie Felix Wankel, der eigentlich gelernter Buchhändler war.[10] Er las in den Zeitungen reichlich optimistische Berichte über den Lenoir-Motor und sie brachten ihn auf die Idee, sich selbst mit dem Bau einer solchen, verbesserten Maschine zu befassen [1]. Er tat sich mit dem Unternehmer und Ingenieur Eugen Langen zusammen und

9 Wenn man einen US-Amerikaner fragt, wird der auf die Frage nach dem Erfinder des Automobils wahrscheinlich Henry Ford antworten.

10 Nicht dass Sie denken, alle großen Erfinder rund um den Motor wären Autodidakten: Rudolf Diesel, Carl Benz, Gottlieb Daimler, Hugo Junkers und Claude Dornier waren allesamt studierte Maschinenbau-Ingenieure.

sie gründeten zusammen 1864 die erste Motorenfabrik der Welt, N.A. Otto & Cie. in Köln-Deutz. Dort trat übrigens 1872 als technischer Leiter Gottlieb Daimler ein, der seinen genialen Schützling Wilhelm Maybach sozusagen als Adjutanten mitbrachte. Zuerst bauten Otto und Langen eine atmosphärische Gasmaschine basierend auf dem Prinzip von Huygens bzw. Newcomen, bei der die expandierenden Gase den Arbeitskolben nur in die Höhe hoben, während dann nach Abkühlung der Gase der äußere Luftdruck den Kolben nach unten drückt und nun Arbeit geleistet wird. Eine am Kolben befestigte Zahnstange erzeugte mit einem Klinkengesperre und einem Zahnrad eine Drehbewegung, Bild 1.14. So unvollkommen diese Maschine und so miserabel ihr Wirkungsgrad von etwa 10 % aus heutiger Sicht waren, gewann doch diese erste in Serie gefertigte Gasmaschine die goldene Medaille auf der Pariser Weltausstellung 1867, weil sie der Lenoir-Maschine hinsichtlich des Gasverbrauchs weit überlegen war [1]. 1872 waren schon 1000 Exemplare dieser Gasmaschine gebaut worden. Doch das war erst der Anfang ...

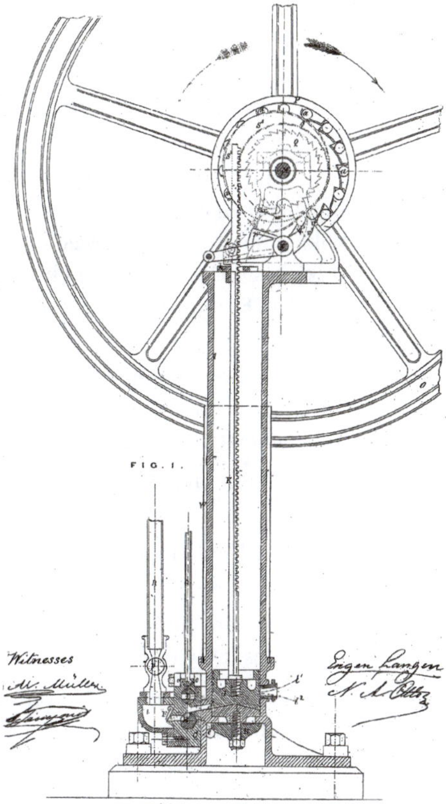

Bild 1.14 Die atmosphärische Gasmaschine von Otto und Langen [106]

1.2 Die Funktion eines Viertaktmotors

Wie bei allen großen Entdeckungen, spielte der Zufall die entscheidende Rolle; OTTO sagte [7]: „Ich saugte auf ein Halb eventuell drei Viertel Explosionsgemisch an, versuchte den Kolben durch umgedrehtes Drehen am Schwungrad so weit wie möglich zurückzupressen, zündete alsdann, und siehe da, das Schwungrad machte mit großer Kraft mehrere Umdrehungen".

Jeder, der bei der Armee war, Jäger oder Sportschütze ist, kennt diese Demonstration: Wenn Sie eine Gewehrpatrone öffnen, das Schießpulver ausschütten und dieses Pulverhäufchen mit einem Streichholz anzünden, dann passiert – fast nichts! Das Pulver explodiert nicht, sondern brennt relativ langsam ab; erst wenn es in einer Patrone eingeschlossen ist und durch die Kugel und den Lauf darin gehindert wird (man nennt das *verdämmen*), langsam abzubrennen, baut es einen Druck von 2000 bis 5000 bar auf. Das ist sinngemäß beim Verbrennungsmotor genauso; früher sprach man übrigens vom *Explosionsmotor*, was aber Blödsinn ist: Die Verbrennungsgeschwindigkeit des Benzin-Luft-Gemischs im Ottomotor liegt bei etwa 30 m/s, während Schwarzpulver mit 300–600 m/s verbrennt und moderne Sprengstoffe wie *Hexogen* ca. 8500 m/s erreichen. Selbst das gute, alte *Nitroglycerin* kann Detonationsgeschwindigkeiten bis zu 9000 m/s erzielen.

Diesen Verdichtungstakt haben übrigens schon vor OTTO der Uhrmacher CHRISTIAN REITHMANN und der Eisenbahningenieur ALPHONSE BEAU DE ROCHAS unabhängig voneinander vorgeschlagen, und in Wikipedia und anderen Medien werden beide Männer als „Erfinder des Viertaktprinzips" bezeichnet. Das mag ja durchaus sein, aber sie haben der Idee niemals zum Durchbruch verholfen; REITHMANN klagte später gegen das Otto-Patent, aber man einigte sich.

Und wie funktioniert das *Viertaktprinzip*? Betrachten Sie dazu Bild 1.15. Hier sind die vier Takte mit jeweils zwei bis drei Zwischenschritten weiter aufgelöst. Ich beschreibe es erst einmal unpräzise, wie es in allen möglichen Quellen sinngemäß nachzulesen ist:

- **1. Takt**: Der Kolben geht nach unten und saugt durch das nun offene Einlassventil ein Benzin-Luft-Gemisch an.
- **2. Takt**: Beide Ventile sind geschlossen. Der Kolben geht wieder hoch und verdichtet das Benzin-Luft-Gemisch.
- **3. Takt**: Der Kolben ist oben angekommen, ein Zündfunke entzündet das Benzin-Luft-Gemisch, das verbrennt, sich damit ausdehnt und den Kolben nach unten schiebt.
- **4. Takt**: Der Kolben ist unten angekommen. Das Auslassventil öffnet und der Kolben schiebt beim Hinaufgehen die verbrannten Gase aus.

Jetzt betrachten wir das einmal etwas genauer. Die deutsche Bezeichnung „Takte" ist irreführend, „Hübe" wären viel besser, und in der Tat heißt der Viertaktmotor im Englischen „four-stroke engine". Also:

1. Hub „Ansaugen" – Kolben geht nach unten (Kurbelwellenstellung 0°): Der Kolben geht nach unten. Das macht er aber nicht einfach so, dafür muss entweder der Anlasser oder Kickstarter beim Starten sorgen (daher läuft kein Verbrennungsmotor von selbst an – im Gegensatz zur Dampfmaschine) oder während des Laufs beim Einzylinder das Schwungrad oder beim Mehrzylinder ein anderer, gerade arbeitender Kolben. Das Einlassventil wurde schon vor Ende des vorangegangenen Auslasstakts – bei ca. 30° Kurbelwinkel, bevor der

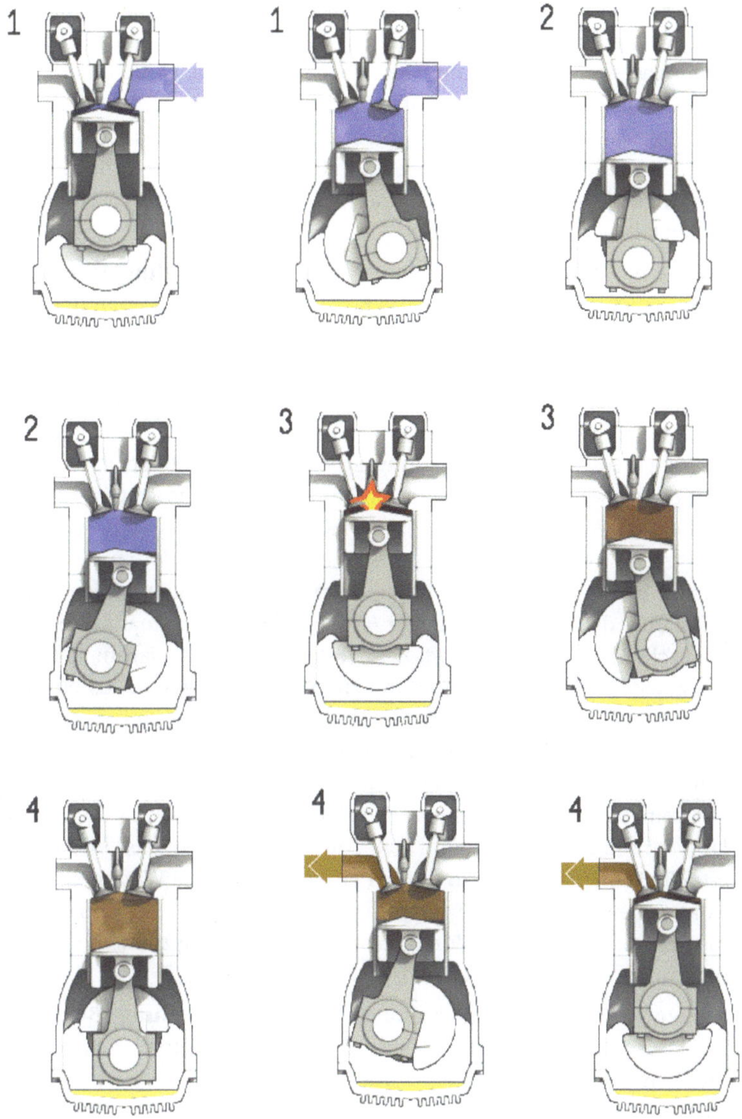

Bild 1.15 Die vier Takte eines Viertaktmotors [108], in mehreren Bildern aufgelöst: Die Ziffern 1 bis 4 zeigen die jeweiligen Takte.

Kolben ganz oben ist – geöffnet und steht weit offen; es wird ein Benzin-Luft-Gemisch angesaugt. Wenn der Kolben sich weiter bewegt hat und im unteren Totpunkt (UT im Deutschen genannt, BDC – *bottom dead center* im Englischen) steht, steht die Kurbelwelle auf 180°. Die Kurbelwelle hat nun eine halbe Umdrehung gemacht, und in den Motor wurde Arbeit hineingesteckt – oder glauben Sie, dass dieses Ansaugen, Kolbenbewegen und Kurbelwellendrehen einfach so ohne Kraftaufwand geht? Das Einlassventil ist im UT noch offen. Erst bei einer Kurbelwellenstellung von 250°, d. h. 70° nach UT, beginnt das Einlassventil wieder zu schließen. Warum das? Weil die sich beim Ansaugen mit ca. 80 m/s bewegende Gassäule eine gewisse Trägheit hat und nicht einfach in Nullzeit beschleunigt oder gestoppt werden kann.

2. Hub „Verdichten“ – Kolben geht nach oben (Kurbelwellenstellung 180°): Das Auslassventil ist nach wie vor geschlossen, aber das Einlassventil ist noch offen und schließt erst ca. 70° nach UT, wie wir gerade gesehen haben. Der Kolben geht nach oben und verdichtet das eingeschlossene Benzin-Luft-Gemisch. Das macht er aber nicht einfach so, dafür muss entweder der Anlasser oder Kickstarter beim Starten sorgen oder während des Laufs beim Einzylinder das Schwungrad oder beim Mehrzylinder ein anderer, gerade arbeitender Kolben. Die zu investierende Verdichtungsarbeit ist sehr erheblich, das merken Sie sehr schön bei Ein- oder Zweizylindermotoren von Motorrädern beim Treten auf den Kickstarter: Meine frühere BMW R90/6 verlangte echten Körpereinsatz, wenn Sie diesen 900-ccm-Zweizylinder-Boxermotor mit dem Kickstarter anwerfen wollten. Wenn die Kurbelwelle etwa 25° vor dem oberen Totpunkt 360° steht, der Kolben also noch einige Millimeter vor der oberen Stellung, dem oberen Totpunkt (OT im Deutschen genannt, TDC – *top dead center* im Englischen), angekommen ist, zündet die Zündkerze. Warum so früh? Weil das Gemisch eine gewisse Zeit braucht, um durchzubrennen und den höchsten Druck aufzubauen. Man nennt das *Frühzündung*. Sie beträgt im Leerlauf etwa 5° vor OT, bei normalen Motoren ab ca. 2500 U/min 25° und bei Wettbewerbsmotoren bis zu 45° vor OT! Die Kurbelwelle hat nun eine ganze Umdrehung gemacht, und in den Motor wurde bisher nur jede Menge Arbeit 'reingesteckt! Immerhin beträgt der Verdichtungsdruck 10–20 bar und das Kraftstoff-Luftgemisch hat sich auf rund 500 °C erwärmt. Warum das? Es handelt sich um eine *adiabatische Verdichtung*, die so schnell erfolgt, dass keine Wärme abgegeben wird. Sie können das mit einer Fahrradluftpumpe ausprobieren, wenn Sie schnell pumpen: Die Pumpe wird warm, und zwar nicht durch das bisschen Reibung zwischen Pumpenkolben und -zylinder, sondern durch besagte adiabatische Verdichtung.

3. Hub „Arbeiten“ – Kolben geht nach unten (Kurbelwellenstellung 360°): Der volle Arbeitsdruck – 30 bis über 100 bar bei einem Benzin-Viertaktmotor[11] – im Zylinder ist erreicht. Der Kolben wird nach unten geschoben, und nun wird zum ersten Mal mehr Arbeit geleistet als vorher hineingesteckt wurde. Blöderweise ist der Arbeitsdruck im Zylinder nach 450° Kurbelwellenstellung, wenn also der Kolben auf der Mitte zwischen OT und UT steht und damit der Kurbelradius maximal ist, schon auf die Hälfte abgesunken – auch damit erklärt sich der an sich schlechte Wirkungsgrad von Verbrennungsmotoren.[12] Aber bereits bei ca. 470°, also 70° vor UT, beginnt das Auslassventil zu öffnen und die Abgase be-

[11] Bei einem modernen Dieselmotor treten Spitzendrücke bis zu 200 bar auf!

[12] Es hat nicht an vielen „Erfindungen“ gefehlt, um diesem Missstand abzuhelfen, aber eine praktikable Lösung des Dilemmas steht seit 150 Jahren aus.

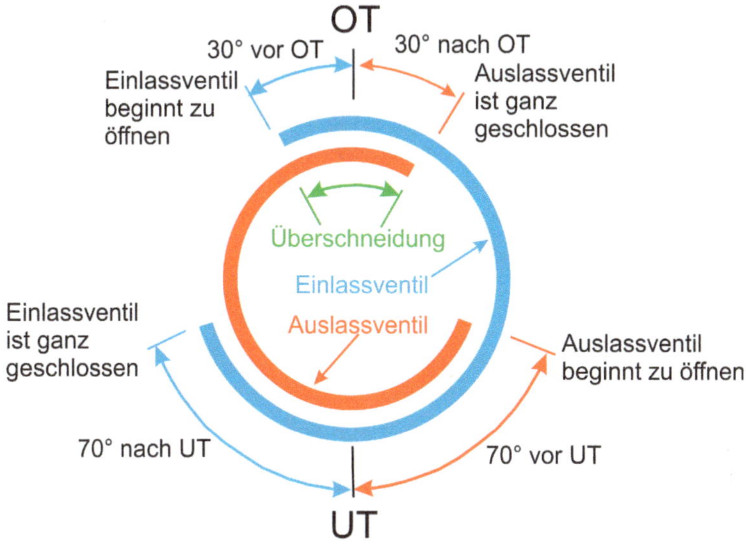

Bild 1.16 Steuerzeiten ähnlich eines älteren, sportlichen BMW-Motorradmotors (R50/R60) [2]

ginnen, den Zylinder zu verlassen, also ein ganzes Stück, bevor der Kolben ganz unten bei 540° Kurbelwinkel angelangt ist.

4. Hub „Ausstoßen" – Kolben geht nach oben (Kurbelwellenstellung 540°): Die Abgase haben bereits im unteren Drittel des 3. Hubs angefangen, den Zylinder zu verlassen. Der Druck der Abgase beträgt etwa 5 bar, damit hauen sie ganz von selbst ab und müssen nicht „ausgeschoben" werden, wie überall zu lesen ist! Sie brauchen nur einmal einen Motor ohne Auspuff zu hören: Der Krawall kommt von den sich nun entspannenden Auspuffgasen. Die Abgastemperatur kann bei Benzin-Viertaktern an die 1000 °C betragen, und die Auslassventile arbeiten rotglühend im Betrieb bei rund 900 °C.[13] Das Auslassventil bleibt offen, bis der Kolben ganz oben ist, also bei 720° Kurbelwellenstellung, und darüber hinaus: Erst bei ca. 30° nach OT schließt das Auslassventil wieder!

Wenn Sie mitgerechnet haben, dann stellen Sie fest, dass es einen Bereich gibt, in dem Ein- und Auslassventil *gleichzeitig* offen sind, und zwar um den oberen Totpunkt des 1. Hubs: Das Einlassventil hat bereits ca. 30° vor diesem OT geöffnet und das Auslassventil schließt erst ca. 30° nach diesem OT, Bild 1.16. Alle Winkel der Betrachtung passen zu einem älteren, sportlichen BMW-Motorradmotor. Beide Ventile sind also um rund 60° Kurbelwinkel offen. Das ist die *Ventilüberschneidung*, und sie ist für einen modernen Hochleistungsmotor für einen effizienten Gaswechsel unbedingt nötig. Und warum haut das frisch angesaugte Gemisch nicht sofort wieder durchs offene Auslassventil ab? Das ist das gekonnte Ausnutzen der Gasschwingungen im Einlass- und Auslasstrakt – moderne Otto-Viertaktmotoren sind keine gemütlichen Kolbenmaschinen à la Dampfmaschine, es sind vielmehr regelrechte Strömungsmaschinen. Über Steuerzeiten und was sie bewirken, werden wir aus-

[13] Kapieren durch Experimentieren: Schrauben Sie bei Ihrem Motorradmotor von einem Zylinder das Auspuffrohr vom Zylinder ab, werfen Sie den Motor an und lassen Sie ihn fünf Minuten laufen. Peilen Sie von vorn auf das betreffende Auslassventil, am besten im Dunkeln, aber ich würde wenigstens einen Meter Abstand halten, es könnte sonst rote Ohren geben. Wir haben das früher oft beim Testen von Motoren ausprobiert.

führlich in Abschnitt 6.2 reden. Daher sind eigenhändige Manipulationen und Wunder-Auspuffanlagen fast immer kontraproduktiv: Außer mehr Krach, mehr Benzinverbrauch, schlechteren Abgaswerten und fast immer schlechterer Leistung bringen sie nichts; die Motorhersteller wissen schon ganz gut, warum sie ihre Ansaug- und Abgasanlagen so und nicht anders auslegen. Für Otto-Zweitaktmotoren gilt das noch viel mehr, wie wir gleich sehen werden. Natürlich gibt es Ausnahmen wie z. B. die Auspuffanlagen eines renommierten slowenischen Herstellers, die sogar offiziell von Herstellern wie Yamaha oder KTM als Zubehör angeboten werden.

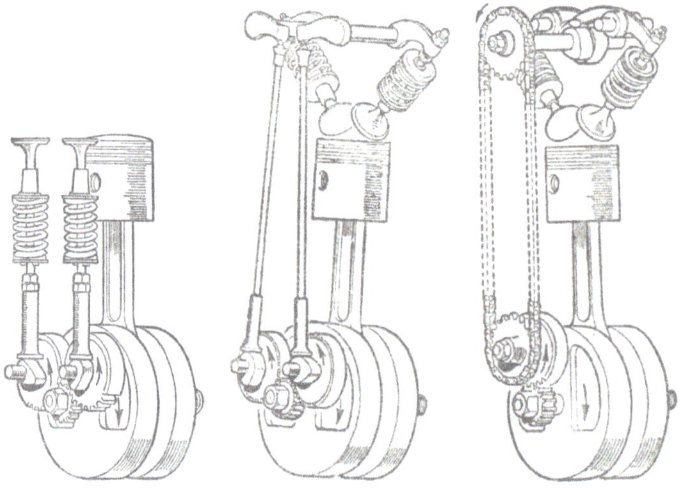

Bild 1.17 Die drei heute noch üblichen Grundtypen der Ventilanordnung (von links nach rechts: SV – *side valves*, OHV – *over head valves*, OHC – *over head camshaft*) [24]

Ein äußerst umfangreiches Thema ist die Anordnung der Ventile: Die allerersten Motoren hatten ein automatisches Einlassventil, „Schnüffelventil“ genannt, das ähnlich dem eines Kompressors gegen leichten Federdruck von selbst durch den Unterdruck im 1. Takt öffnete. Das Auslassventil muss aber immer gesteuert werden. DAIMLER löste das mit seiner an sich genialen *Kurvennutsteuerung*, Bild 1.18; später verwendete man nur noch Nocken zusammen mit stehenden Auslassventilen. Mit Schnüffelventilen kann man aber kaum Drehzahlen über vielleicht 1500 U/min erreichen, und sehr bald wurde auch das Einlassventil gesteuert, was zu einem hängenden Einlassventil und einem stehenden Auslassventil führte. Das nennt man IOE (*inlet over exhaust*) oder *wechselgesteuert*, Bild 1.21. Rolls Royce baute derartige IOE-Motoren bis in die 1960-er-Jahre. Mechanisch ist das umständlich, und es ist leichter, einfach beide Ventile stehend neben dem Zylinder anzuordnen, Bild 1.17. Das nennt man SV (*side valves*) oder *seitengesteuert*, Bild 1.21. Sehr nachteilig ist jedoch bei SV- und IOE-Motoren der wie eine Mütze seitlich überhängende Brennraum, der thermodynamisch schlecht ist und keine hohen Verdichtungsverhältnisse erlaubt. SV-Motoren werden heute nur noch sehr selten gebaut, z. B. für Rasenmäher und Notstromaggregate, wo keine hohen Drehzahlen gebraucht werden. Eine Abwandlung von SV-Motoren sind die thermodynamisch noch schlechteren und vollkommen veralteten T-Köpfe, Bild 1.22.

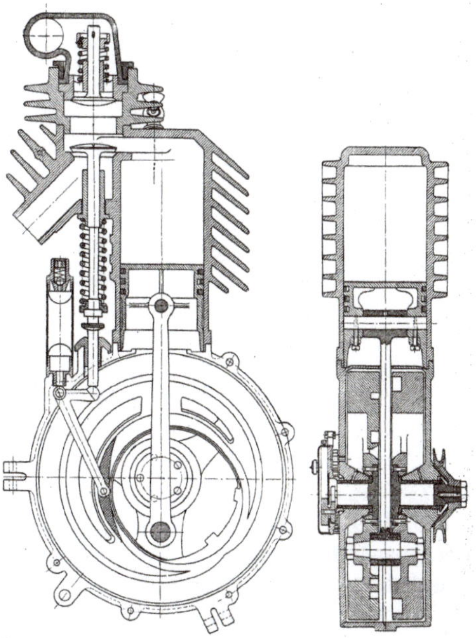

Bild 1.18 Ein Motor um 1900: Der Einlass erfolgt per Schnüffelventil und das Auslassventil wird über die Daimler'sche Kurvennutsteuerung betätigt (mit freundlicher Genehmigung des Johann Kleine Vennekate Verlags [20]).

Thermodynamisch am besten ist ein Brennraum in Form einer Halbkugel, weil der das günstigste Verhältnis Oberfläche zu Volumen hat. Verwirklichen kann man das mit OHV-Motoren (*over head valves*) oder *hängende Ventile*, Bild 1.21. Die Ventile hängen im Zylinderkopf, und werden von der unten liegenden oder auch halbhoch angeordneten Nockenwelle über *Stößel* oder *Schlepphebel*, *Stoßstangen* und *Kipphebel* betätigt. Das ist natürlich mechanisch wesentlich aufwendiger und teurer als ein SV-Ventiltrieb, aber es sind viel höhere Drehzahlen und Leistungen möglich, weshalb man OHV-Motoren bereits vor dem 2. Weltkrieg in Sportmotorräder eingebaut hat. Bei modernen Autos und Motorrädern kommen OHV-Ventiltriebe kaum noch vor, aber das ist, ehrlich gesagt, eher Modetrends geschuldet als technischen Notwendigkeiten: Die Honda CX 500 hatte einen OHV-Ventiltrieb für ihren Zweizylinder-V-Motor, der problemlos und dauerhaft für 10.000 U/min gut war. Bei LKW-Motoren werden nach wie vor gerne OHV-Motoren genutzt.

Wenn höhere Drehzahlen gefragt sind, dann werden die Ventile hängend wie bei einem OHV-Motor angeordnet, aber von einer Nockenwelle im Zylinderkopf betätigt. Die Nockenwelle steuert die Ventile entweder über *Kipphebel*, *Schlepphebel* oder direkt über *Tassenstößel*. Diese Bauart nennt man OHC (*over head camshaft*), mitunter auch SOHC (*single over head camshaft*)[14], Bild 1.23. Besonders bei Tassenstößeln hat man die geringsten bewegten Massen im Ventiltrieb, sodass dies die Bauweise für sehr hoch drehende Moto-

[14] Insofern ist die Bezeichnung OHV (*over head valves*) unglücklich, da bei OHC die Ventile ja ebenfalls im Zylinderkopf hängen.

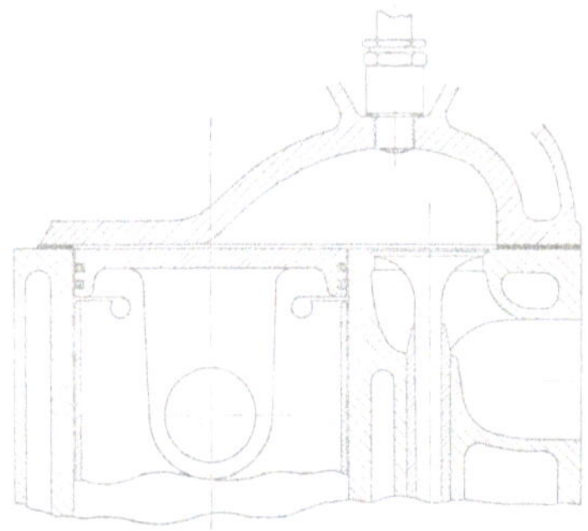

Bild 1.19 SV-Zylinderkopf nach RICARDO von 1919 [26]. Dieser „mützenförmige“ Brennraum ist thermodynamisch sehr schlecht und erlaubt auch keine hohen Verdichtungsverhältnisse. Der große Vorteil von SV-Motoren ist deren mechanische Einfachheit und der äußerst simple Zylinderkopf verglichen mit dem nebenstehenden DOHC-Zylinderkopf.

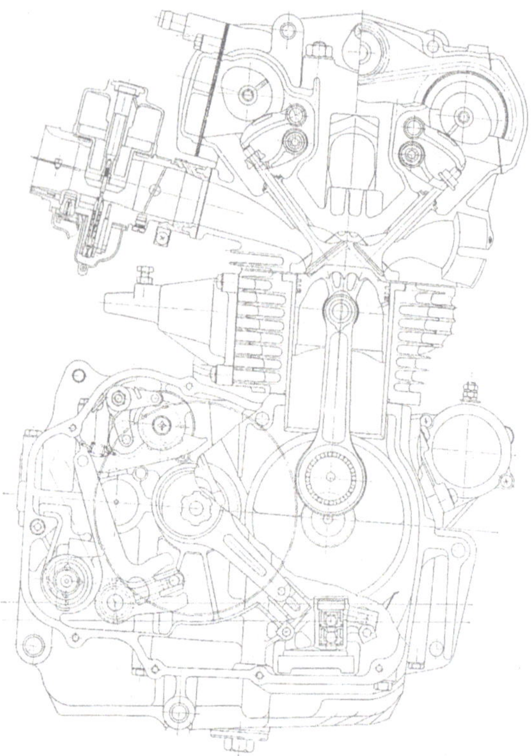

Bild 1.20 Der berühmte DOHC-Zweizylindermotor der Honda CB 450 mit Halbkugel-Brennraum aus den 1960er-Jahren (Werkbild)

Bild 1.21 Von links: IOE (*inlet over exhaust*), SV (*side valves*), OHV (*over head valves*) [2]

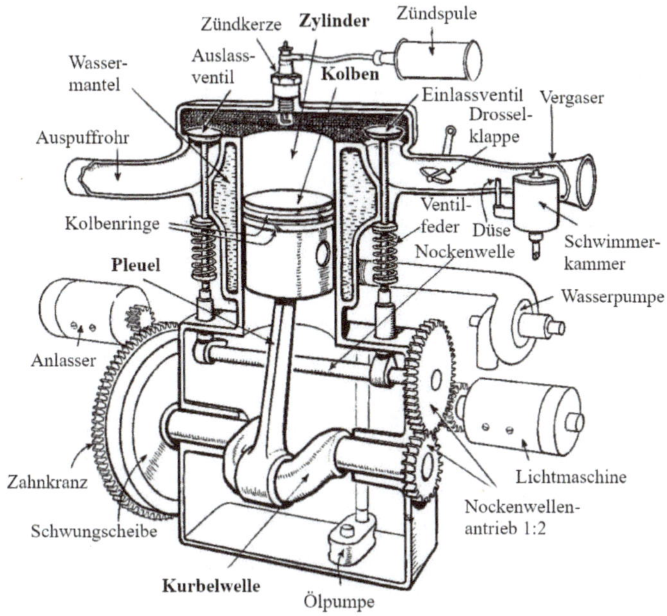

Bild 1.22 Ein schematisierter Viertaktmotor mit seinen Nebenaggregaten und einem völlig veralteten T-Kopf [110]; das ursprüngliche Bild aus *Wikipedia* wurde von mir eingedeutscht.

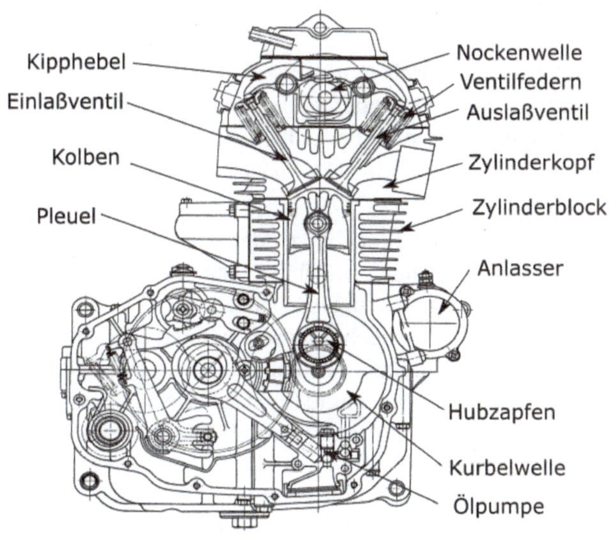

Bild 1.23 OHC-Viertaktmotor des Typs Honda CB250/350 um 1970 – für die damalige Zeit ein erstklassiger Motor mit 30 bzw. 36 PS bei 10.500 U/min aus 250 ccm bzw. 325 ccm [76] (um Erklärungen ergänztes Werkbild)

ren ist – die Honda CBR1000RR dreht bei Nennleistung 14.500 U/min –, aber auch biedere Auto-Alltagsmotoren mit Drehzahlen um die 6000 U/min nutzen diese Technik, weil sie an sich sogar einfacher und kostengünstiger ist als ein OHV-Antrieb.

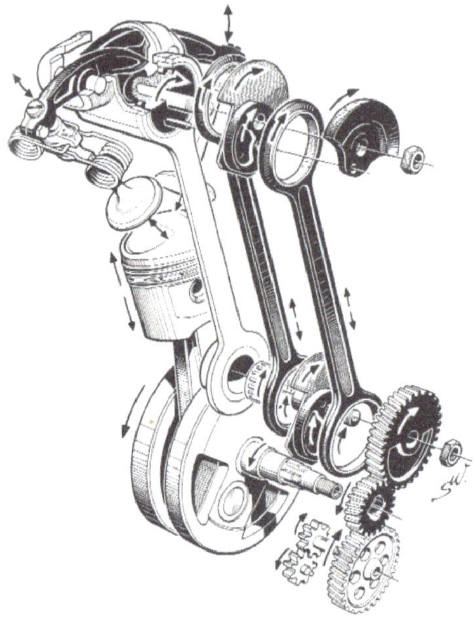

Bild 1.24 Der geniale Ventiltrieb der NSU Max mit zwei Schubstangen: Dieser „Ultramax"-Antrieb wurde später auch für die Motoren der NSU Maxi, der NSU Superfox und der ersten Autos NSU Prinz eingesetzt (Werkbild).

Noch besser ist der DOHC-Ventiltrieb, *double over head camshaft*; hier wird für die Einlassventile und die Auslassventile je eine separate Nockenwelle genutzt, Bild 1.20. Angetrieben werden die obenliegenden Nockenwellen heute per Kette oder Zahnriemen, sehr selten über eine Königswelle wie bei der Kawasaki W650/800 – oder beim V12-Dieselmotor des sowjetischen T-34, Bild 1.48.

Einen ganz ausgefallenen Antrieb der obenliegenden Nockenwelle dachte sich Anfang der 1950er-Jahre der NSU-Motoren-Chefentwickler ALBERT RODER aus: zwei Schubstangen, die von um 90° versetzten Exzentern angetrieben werden. Ein drittes „Pleuel", das Abstandspleuel, reagierte auf die Wärmedehnung von Zylinder und -kopf und verdrehte (minimal) die drehbar aufgehängte Nockenwellenlagerung, Bild 1.24. Was auf den ersten Blick skurril aussieht, ist in Wirklichkeit genial und funktionierte bestens bis zu höchsten Drehzahlen: Mit der recht seriennahen *Sportmax* wurde H. P. MÜLLER 1955 Weltmeister in der 250-ccm-Klasse. Immer wieder wurde bzw. wird behauptet, dieser Motor sei unheimlich schwer zu reparieren – das kann ich von meiner eigenen Max, die ich als Student hatte, wirklich nicht behaupten! Es war alles sehr gut und logisch konstruiert.

Ein großer Nachteil der Nockenwelle mit ihren Antrieben ist, dass die Steuerzeiten nur sehr umständlich und in engen Grenzen verändert werden können. Elektronische Computersteuerung ist naheliegend, aber trotz aller Versuche, die Ventile hydraulisch, piezoelektrisch oder magnetisch zu betätigen, ist man aus verschiedenen Gründen noch weit von einem durchgängigen Serieneinsatz entfernt.

1.3 Die Funktion eines Zweitaktmotors

Zweitaktmotoren, die man besser „Zweihub-Motoren" nennen sollte[15], weil sich ein Arbeitszyklus innerhalb zweier Hübe abspielt, sind historisch praktisch genauso alt wie die Viertakter: CARL BENZ hat bereits 1879 einen Zweitaktmotor gebaut, der in der Silvesternacht zum ersten Mal lief, und ab 1881 lieferte die Mannheimer Gasmotorenfabrik AG Tausende von ortsfesten „Zweitaktmotoren System Benz". Als Erfinder des Zweitaktmotors gilt der Schotte DUGALD CLERK, dessen Motor eigentlich nur das Patent von OTTO umgehen sollte, wobei der Zweitaktmotor von JULIUS SÖHNLEIN dem heutigen Prinzip eigentlich deutlich näher kommt.

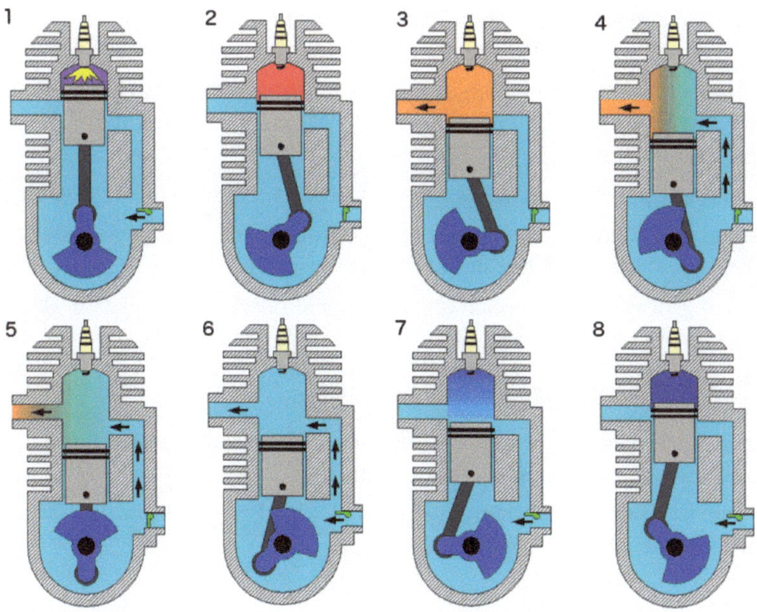

Bild 1.25 Ein klassischer Zweitakter [112], wobei hier der Einlass direkt ins Kurbelgehäuse via Flatterventil erfolgt.

Es gibt sehr viele Bauarten und Funktionsprinzipien von Zweitaktmotoren und vermutlich Tausende von Patenten hierzu, daher konzentrieren wir uns nur auf wenige Bauarten, wie sie in einigermaßen verbreiteten Autos und Motorrädern vorkamen und heute fast nur noch in Baumsägen, kleinen Außenbordern und Leichtrollern existieren. Allen Bauformen

[15] In der Tat heißen sie im Englischen *two-stroke engines*.

ist gemeinsam, dass sie einen Arbeitszyklus innerhalb einer einzigen Kurbelwellenumdrehung absolvieren. Die klassische Bauform hat drei Schlitze im Zylinder: *Einlasskanal, Überströmkanal* und *Auslasskanal*, die jeweils vom Kolben freigelegt bzw. geschlossen werden. Es gibt also keine Tellerventile und Nockenwellen wie beim Viertakter, was ihn mechanisch deutlich einfacher macht. Ein Abwandlung des Prinzips ist, dass der Einlasskanal nicht vom Kolben gesteuert wird, sondern direkt ins Kurbelgehäuse mündet und dort entweder von Flatter- bzw. Membranventilen oder einem Drehschieber freigegeben bzw. verschlossen wird. Das Besondere ist bei den klassischen Zweitaktern, dass immer etwas *über* dem Kolben und gleichzeitig etwas *unter* dem Kolben passiert. Betrachten wir dazu Bild 1.25:

1. Der Kolben ist ganz oben. Die Zündkerze hat bereits wie beim Viertakter etwas früher (üblich sind 20 – 25° vor OT) gezündet, der Verbrennungsdruck hat sich aufgebaut.
2. Der Verbrennungsdruck schiebt den Kolben nach unten, Arbeit wird geleistet. Der Auslasskanal links und der Überströmkanal rechts sind vom Kolben verdeckt und das Flatterventil im Kurbelgehäuse unten ist verschlossen. Der heruntergehende Kolben verdichtet das bereits im Kurbelgehäuse befindliche Benzin-Luft-Gemisch.
3. Der heruntergehende Kolben gibt den Auslasskanal frei, das verbrannte Gas steht unter Druck und entweicht mit einem Knall. Gleichzeitig verdichtet die Kolbenunterseite weiter das bereits im Kurbelgehäuse befindliche Benzin-Luft-Gemisch.
4. Der Kolben geht weiter nach unten und gibt den Überströmkanal frei: Das im Kurbelgehäuse unter Druck stehende Frischgas strömt ein, während weiter das Altgas aus dem Auslasskanal abströmt.
5. Der Kolben ist ganz unten. Frischgas strömt weiter ein, Altgas strömt weiter ab.
6. Der Kolben geht wieder nach oben. Frischgas strömt weiter ein, Altgas verlässt den Zylinder und das Flatterventil beginnt zu öffnen.
7. Der Kolben geht weiter nach oben und verschließt den Überströmkanal. Der Auslasskanal ist immer noch offen. Der nach oben gehende Kolben vergrößert den Raum im Kurbelgehäuse, der sich aufbauende Unterdruck zieht über das Flatterventil Frischgas vom Vergaser ins Kurbelgehäuse.
8. Der Kolben geht weiter nach oben. Auslass- und Überströmkanal sind nun durch den Kolben verschlossen, das Frischgas wird verdichtet.
9. Der Kolben ist wieder ganz oben, wir sind wieder bei Position 1 und das Zweitaktspiel beginnt von neuem.

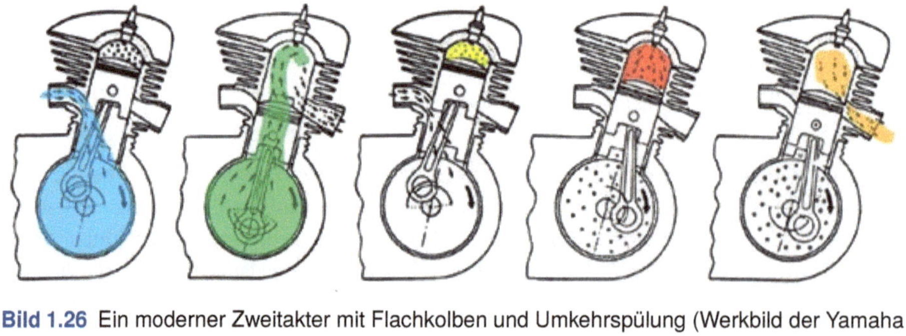

Bild 1.26 Ein moderner Zweitakter mit Flachkolben und Umkehrspülung (Werkbild der Yamaha Corporation)

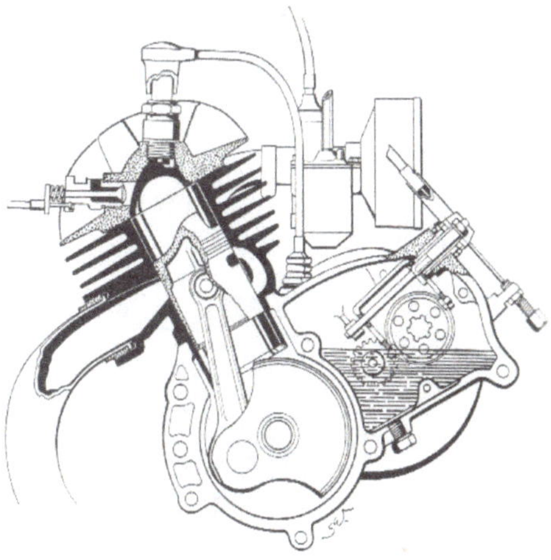

Bild 1.27 Ein veralteter Zweitakter mit Nasenkolben (NSU Quick): Der Motor war mit seinen 100 ccm und 3 PS wirklich kein Hochleistungsaggregat (Werkbild).

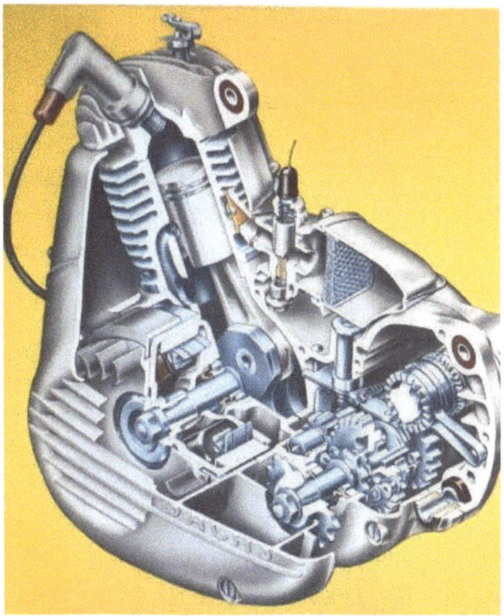

Bild 1.28 Der unverwüstliche 50-ccm-Sachs-Motor mit Flachkolben und Umkehrspülung für Mofas und Mopeds der Firma Fichtel & Sachs (Werkbild)

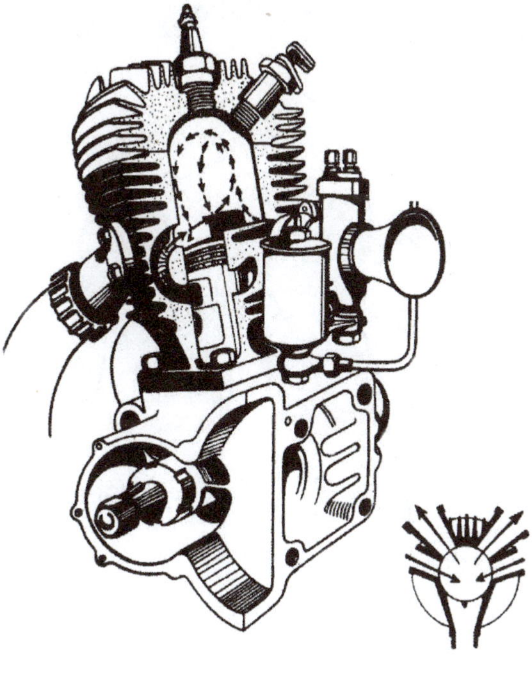

Bild 1.29 Ein Zweitakter aus den 1930er-Jahren mit Flachkolben und Umkehrspülung: Das Gemisch strömt durch Schlitze im Kolben nach außen in die Überströmkanäle, um für eine gute Schmierung des Kolbenbolzens zu sorgen (mit freundlicher Genehmigung des Johann Kleine Vennekate Verlags [20]).

Bild 1.30 Ein klassischer Dreikanal-Zweitakter mit Einlasskanal im Zylinder: Rechter Zylinder und Kolben einer Kawasaki H1 500 Mach III von 1971. Der Motor hat drei Zylinder, 500 ccm und 60 PS [2].

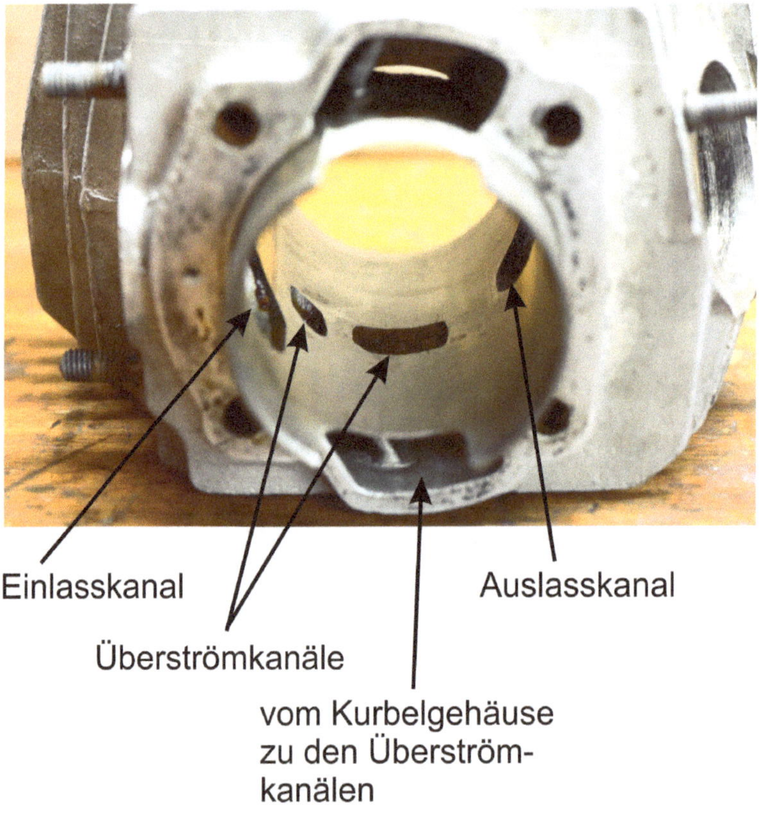

Bild 1.31 Ein klassischer Dreikanal-Zweitakter mit Einlasskanal im Zylinder: rechter Zylinder mit seinen Kanälen – davon insgesamt vier Überströmkanäle – einer Kawasaki H1 500 Mach III [2].

Was fällt auf? In den Phasen 4 bis 6 sind Auslasskanal und Überströmkanäle gleichzeitig offen, und wer hindert das Frischgas, direkt vom Überströmer in den Auspuff abzuhauen? Zunächst niemand, und hier setzen die zahllosen Zweitaktpatente ein. Zunächst versuchte man mit *Nasenkolben* den Frischgasstrom steil nach oben zu lenken, Bild 1.27. Das funktioniert mehr oder (eher) weniger gut, und nachteilig ist der sehr schwere Kolben mit großer Oberfläche im Brennraum. Zwei sehr maßgebliche Verbesserungen, neben unendlich vielen anderen, die aber hier viel zu weit führen, sind folgende:

1. Flachkolben mit *Umkehrspülung*, Bild 1.29 und Bild 1.30. Der Frischgasstrom wird aus dem Kurbelgehäuse schräg nach hinten/oben in den Zylinder geleitet, dort legt sich die Strömung an die Zylinderwand an, strömt nach oben und hält sich dadurch vom Auslasskanal fern. Oben angekommen, macht sie eine Art Schleife, wie man gut im 2.Teilbild von Bild 1.29 erkennen kann. Diese Art der Zweitaktspülung wurde von ADOLF SCHNÜRLE für die Klöckner-Humboldt-Deutz AG entwickelt und 1924 patentiert. Diese Spülform war gegenüber der bisherigen Querstromspülung, Bild 1.27, so überlegen hinsichtlich Leistung, Kraftstoffverbrauch und Wärmeentwicklung, dass der dänische Chef der Firma DKW, damals größter Motorradhersteller der Welt[16], JÖRGEN SKAFTE RASMUSSEN, unverzüglich 1931 Dr.-Ing. H. J. VENEDIGER anheuerte. VENEDIGER hatte sich in seiner Doktorarbeit, vgl. [29], umfassend den Zweitaktspülverfahren gewidmet und war sozusagen *der* Fachmann auf diesem Gebiet. Gleichzeitig erwarb RASMUSSEN eine umfangreiche und exklusive Lizenz von der Klöckner-Humboldt-Deutz AG und begann sofort, seine Zweitaktmotoren auf die Umkehrspülung umzustellen.[17] Viele andere Zweitaktmotorenhersteller versuchten, mit abgewandelten Spülverfahren, die Schnürle-Patente (die 1952 ausliefen) mit z. B. *Kreuzstromspülungen*, *Dreistromspülungen* und anderen zu umgehen, aber keines der anderen Verfahren erreichte die Leistungsfähigkeit der Schnürle-Entwicklung. Besonders japanische Firmen wie Yamaha, Kawasaki und Suzuki, aber auch die DDR-Firmen MZ und VEB Sachsenring verbesserten die Umkehrspülung in den 1960er- und 1970er-Jahren durch weitere (Hilfs-) Überströmkanäle, Membraneinlässe, Einlass-Drehschieber und Steuerwalzen, um die Höhe des Auslassschlitzes zu verändern – das Prinzip der Umkehrspülung blieb.
2. Doppelkolbenmotoren mit *Gleichstromspülung*, Bild 1.32 und 1.33. Hier arbeiten zwei Kolben in zwei dicht nebeneinander liegenden Zylindern (die als *ein* Zylinder zählen!) mit einem gemeinsamen Brennraum. Der eine Kolben ist der Einlasskolben bzw. Überströmkolben und der andere ist der Auslasskolben. Durch die Wand zwischen beiden Zylindern – die sehr heiß wird und nach Wasserkühlung verlangt – kann der Frischgasstrom nicht direkt in den Auslasskanal verschwinden, sondern muss erst einmal die Zwischenwand übersteigen. Dadurch ergibt sich ein sehr sauberer Gaswechsel mit geringerem Verbrauch und einem viertakt-ähnlichen, dumpfen Auspuffton. Noch besser wird das Ganze mit einem *Zollerpleuel* mit Haupt- und Nebenpleuel, womit ein *unsymmetrisches Steuerdiagramm* erreicht wird: Im OT und UT kommen beide Kolben gleichzeitig an, aber beim Hochgehen eilt der Auslasskolben dem Einlasskolben voraus und verschließt der Auslasskanal, während der Einlass- bzw. Überströmkanal noch

[16] Die Nazis verschmolzen in den 1930er-Jahren die Firmen Wanderer, Horch, Audi und DKW zwangsweise zur Autounion, und deren Firmensymbol, die vier Ringe für die vier Teilfirmen, hat der Rechtsnachfolger der vormaligen Autounion, die Firma AUDI, heute noch.

[17] Derart weitsichtige und risikofreudige Unternehmer würde man sich heute in Deutschland wünschen.

offen ist. Dadurch kann man sogar einen Kompressor, Bild 1.33, einsetzten. Mit diesem Motor gewann Ewald Kluge 1938 die englische TT als erster Ausländer in der 250-ccm-Klasse. Natürlich sind derartige Zweitaktmotoren, die prinzipiell genauso wie Gegenkolbenmotoren, Bild 1.43, arbeiten, weitaus aufwendiger als die mechanisch einfachen Dreikanaler, aber gerade heute könnten Doppelkolbenmotoren mit mechanischer Aufladung (ein Turbolader müsste zum Motorstart zunächst elektrisch angetrieben werden) durchaus wieder interessant werden, wenn man moderne Materialien, Berechnungsverfahren, elektronische Benzineinspritzung und -zündung nutzt. Dahingehend habe ich vor einigen Jahren einen Doppelkolbenmotor, Bild 1.34, in Anlehnung an den DKW-Motor, Bild 1.33, entworfen, der in der Institutswerkstatt des Lehrstuhls Konstruktionslehre und CAD der Universität Bayreuth gebaut wurde. Diwisch [60] hat ihn wissenschaftlich in seiner Dissertation untersucht, und die Resultate hinsichtlich Leistung, Laufverhalten und Abgaswerten waren sehr ermutigend.

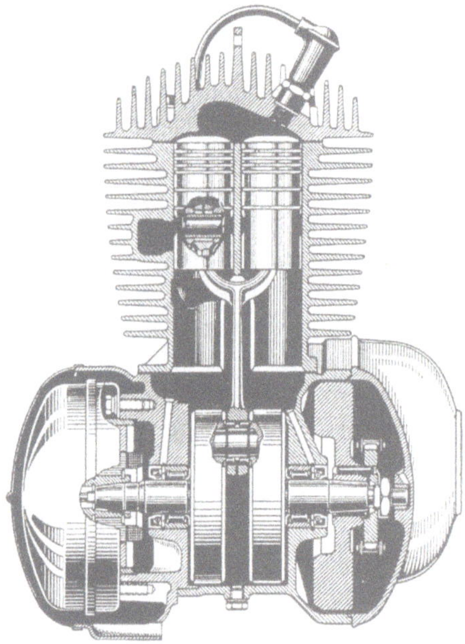

Bild 1.32 Ein 250-ccm-Doppelkolbenmotor mit Gabelpleuel und symmetrischen Steuerdiagramm der deutschen Firma Triumph in Nürnberg (Werkbild)

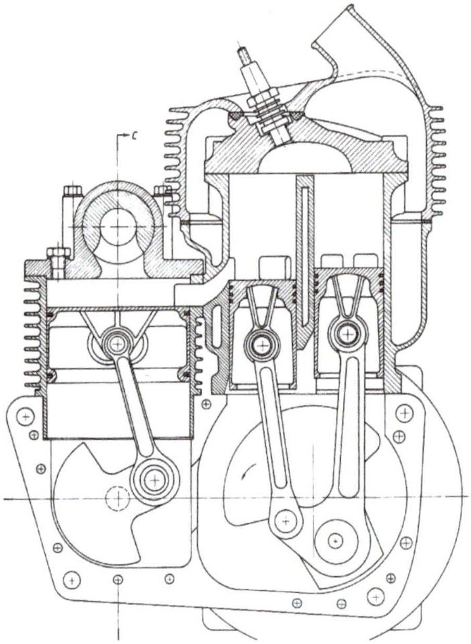

Bild 1.33 Der 250-ccm-Doppelkolbenmotor ULD 250 mit Zollerpleuel und unsymmetrischem Steuerdiagramm der Firma DKW (Werkszeichnung)

■ 1.4 Der Wankelmotor

Bisher haben wir *Hubkolbenmotoren* betrachtet, egal, ob sie im Viertakt oder im Zweitakt arbeiten. Die hin- und hergehenden Kolben, die an sich umständliche Umwandlung in eine Drehbewegung mit Pleuel und Kurbelwelle – geht das nicht einfacher? Tatsächlich haben sich viele Erfinder und Ingenieure mit dieser Frage befasst, und die Dampf- und Gas-Turbine geben darauf eine gewisse Antwort, aber einen Vier- oder Zweitaktprozess können sie nicht darstellen und sie haben weitere Nachteile, die sie nicht besonders geeignet für Landfahrzeuge machen. Es war der geniale Erfinder FELIX WANKEL, der eigentlich gelernter Buchhändler war, sich aber ein Leben lang mit der Frage von *rotierenden Kolben* befasst hat und nach jahrzehntelangen Versuchen und Studien die Lösung fand. Zuvor hatte er bei der DVL im 2. Weltkrieg an Flachschiebersteuerungen für militärische Flugmotoren gearbeitet und dort bahnbrechende Lösungen für die Dichtungsprobleme gefunden, die allen Schiebermotoren zu eigen sind. Zuerst entwickelte er zusammen mit der damals äußerst innovativen Motorrad- und Automobilfirma NSU den *Drehkolbenmotor*, bei dem Kolben und Motorgehäuse rotieren. Dabei hat der rotierende Kolben eine Dreiecksform und das Motorgehäuse die Form einer Acht, mathematisch gesehen einer *Trochoide*. Dieser Drehkolbenmotor funktionierte, aber ein Motor, bei dem auch das Motorgehäuse ziemlich schnell umläuft, ist natürlich nicht so ganz das Wahre: Es gibt Probleme mit der mitrotierenden Zündkerze, der Zu- und Abführung der Gase etc. Die ganze Story hat der bekannte Motorjournalist DIETER KORP in [23] sehr anschaulich und packend beschrieben – sehr lesenwert! Da WANKEL kein studierter Ingenieur war, setzten die Diplom-Ingenieure HÖPPNER und EIERMANN seine „oft schwer verständlichen Entwürfe in praxisgerechte Konstruktionen um“ [23]. Doch WANKELS wichtigster kongenialer Gegenpart war Dr.-Ing. WALTER FROEDE, der Leiter der NSU-Forschungsabteilung. Er betrieb die kinematische Abwandlung des Drehkolbenmotors zum *Kreiskolbenmotor* – wobei die Idee wohl von Dipl.-Ing. H.-D. PASCHKE kam –, der nun ein viel praxisgeeigneteres feststehendes Motorgehäuse hat, worüber WANKEL zuerst nicht besonders glücklich war. Trotz aller persönlichen Gegensätze[18] brachten die beiden Männer den Kreiskolbenmotor zur Serienreife. Zuerst wurde er in das Auto „NSU Spider“ eingebaut, später als Zweischeibenmotor in den unvergessenen „NSU Ro 80“, der seiner Zeit in vielerlei Beziehung weit voraus war. Später wurden Wankelmotoren für Rasenmäher, Schneemobile und Motorräder von weiteren Firmen, die Lizenzen auf die Wankelpatente nahmen, erfolgreich gebaut. Bekannte Motorräder mit Wankelmotoren waren die Hercules W 2000, die Suzuki RE-5 und die van Veen OCR 1000. Die berühmte englische Motorradfabrik Norton baute verschiedene Maschinen mit Wankelmotoren. Von den Japanern nahm sich besonders Mazda dieses neuartigen Motors an, und die Mazda RX-Modelle waren sehr attraktive Sportwagen. Während die deutsche Industrie den Wankelmotor abgeschrieben hat – die Gründe sind sehr vielfältig und nicht unbedingt verständlich –, baut Mazda aktuell einen neuartigen Plug-in-Hybridantrieb mit Synchronmotor, Wankelmotor, Bild 1.36, und Generator [21]. Der Wankelmotor ist aufgrund seiner fast runden, kompakten Form wie geschaffen, um ihn an einen Elektromotor anzuflanschen.

Der Wankelmotor arbeitet nach dem Viertaktverfahren, hat aber wie ein Zweitakter radiale oder auch axiale Schlitze zur Gaswechselsteuerung. Der dreiecksförmige Läufer sitzt drehbar auf einer Exzenterwelle, welche der Kurbelwelle beim Hubkolbenmotor entspricht. Um die kreisende und gleichzeitig raumverändernde Bewegung des Läufers zu erzwingen, trägt der Läufer eine Innenverzahnung und die Exzenterwelle ein darin laufendes Ritzel

[18] WANKEL war ohne Ingenieurausbildung, unkonventionell, kinderlos, grüblerisch, asketisch und Fan des Tierschutzes. FROEDE war ein brillanter Ingenieur, Vater dreier Kinder, Raucher, gutes Essen und Trinken mögend und Jäger (Anmerkung des Verfassers: wobei Jäger von der Weltnaturschutzunion anerkannte Naturschützer sind!) [23].

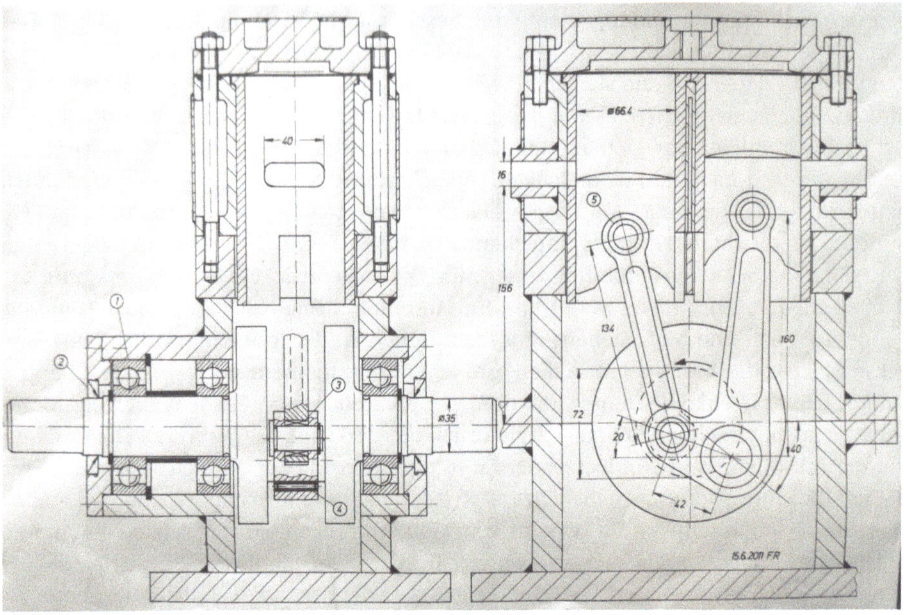

Bild 1.34 Ein 500-ccm-Doppelkolbenmotor mit Zollerpleuel nach Entwürfen von mir [2]

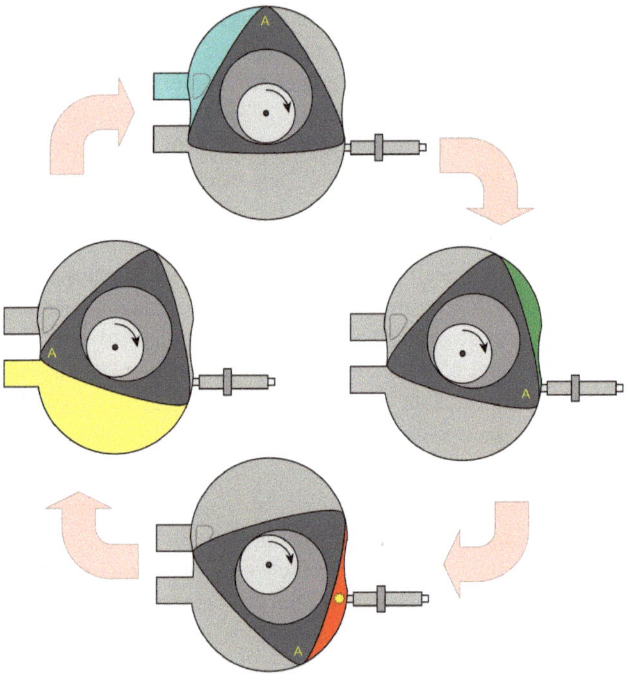

Bild 1.35 Funktion des Wankelmotors [109]. Beachten Sie die Bewegung der Ecke A: Auf 12 Uhr ansaugen, auf 3 Uhr verdichten, auf 6 Uhr zünden und arbeiten, auf 9 Uhr ausstoßen. Der Gag ist, dass *jede* der drei Läuferseiten ein solches Viertaktspiel ausführt.

Bild 1.36 Der Motor des Mazda MX-30 R-EV, 2024 (Werkbild der Mazda Motor Corporation)

mit der Übersetzung 3:2. Das Konzept ist einfach genial: Der Motor läuft turbinenartig bis zu höchsten Drehzahlen, ist viel kleiner als ein vergleichbarer Hubkolbenmotor und vollkommen auswuchtbar. Nachteilig ist sein thermodynamisch ungünstig geformter Brennraum. Das frühere Problem mit den Dichtleisten des Läufers scheint seit langem gelöst zu sein: Der scheibenförmige Läufer ist besonders in den Ecken viel schwieriger abzudichten als ein runder Kolben konventioneller Bauart. Aber dank WANKELS großer Erfahrung mit Dichtsystemen bei Schiebermotoren (sic!) konnte dieses Problem zumindest theoretisch gleich zu Beginn gelöst werden; es wurde allerdings ziemlich lang bei NSU mit verschiedenen Geometrieformen und Materialien der Dichtleisten und -bolzen experimentiert.

Was kann man aus der Wankelstory lernen? Es genügt nicht, ein genialer Erfinder mit Super-Ideen zu sein – ohne die Unterstützung von ausgezeichneten, studierten Ingenieuren, die Spezialisten für Konstruktion, Materialfragen und Fertigung sind, hat der Erfinder keine Chance, zu einem brauchbaren Produkt zu kommen. Dies als gut gemeinter Hinweis für alle Nachwuchs-Erfinder.

1.5 Verbrennungsmotoren für Flugzeug-, Schiffs- und Automodelle

Es gibt eine Reihe von ausgezeichneten Büchern zum Thema Modellmotoren, allen voran das zwar alte, aber unübertroffene Werk von EDGAR T. WESTBURY [49], aber auch SCHILLINGS [50], STRIDE [51] und KRAUSE [52] sind sehr brauchbar, und man ist schnell versucht, deren Konstruktionsprinzipien auf „richtige" Motoren anzuwenden. Daher will ich nur ganz wenige Konstruktionen und Aspekte darstellen, um zu demonstrieren, dass man fast nie die Konstruktionsprinzipien von kleinen Modellmotoren auf reale Verbrenner, sagen wir ab 50 ccm aufwärts, übertragen kann und umgekehrt.

Grob gesagt gibt es drei Typen von Modellmotoren: Benzinmotoren, Glühzünder und Selbstzünder, sog. Modelldiesel. Beginnen wir mit den Modell-Benzinmotoren. Sie scheinen historisch gesehen die ältesten zu sein. Sie funktionieren wie „richtige" Motoren, und es gab bzw. gibt sie als Zweitakter und als Viertakter. Nehmen wir als Beispiel den bekannten Kiwi Mark II, Bild 1.37, dessen Bausatz Sie heute noch von Hemingway Kits beziehen können. Er hat hängende Ventile, über Stoßstangen betätigt, es ist also ein ganz klassischer OHV-Motor. Er hat eine spezielle Zündkerze und Unterbrecher-Spulenzündung. Aber jetzt kommen die Unterschiede zu einem größeren Motor: Die Ventilsitze sind direkt im Aluminium des Zylinderkopfs eingearbeitet, die Ventile selbst nur aus Silberstahl, die Herstellung der Nocken ist abenteuerlich und ein Schmiersystem ist nicht erkennbar.[19] Und genau diese genannten Unterschiede werden u. a. dafür sorgen, dass ein solcher Motor keine 2000 Stunden wie ein moderner Automotor hält! Tatsächlich wird die Lebensdauer von durchschnittlichen Modellmotoren nur in wenigen Stunden gemessen.

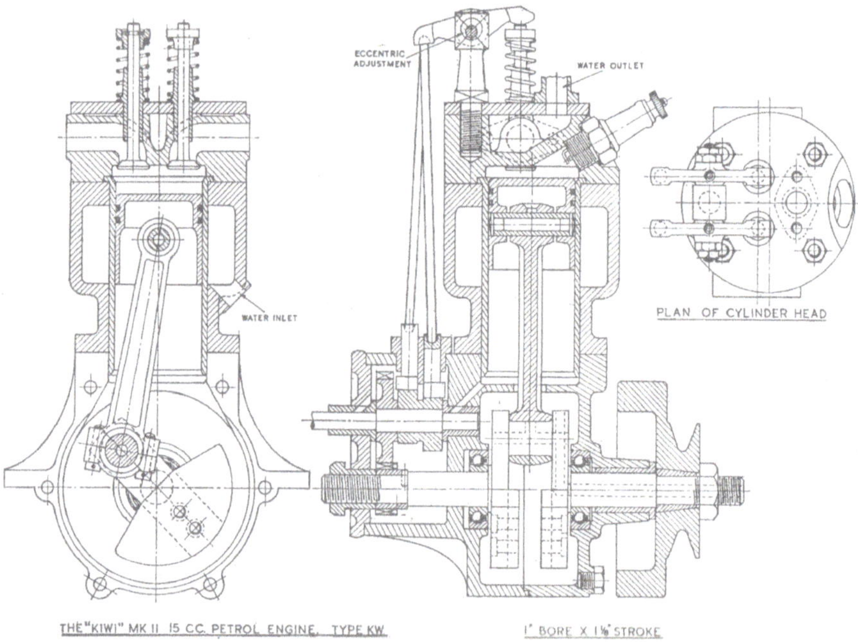

Bild 1.37 Der Benzin-Modellmotor Kiwi Mark II von Edgar T. Westbury, 15 ccm, einer Bauanleitung von Hemingway Kits, UK entnommen. Der Vorgänger Kiwi wurde 1935 entwickelt.

Ganz ähnlich ist die Situation bei Glühzünder-Modellmotoren, Bild 1.38 bis Bild 1.40. Hier ist eine Art Kerze vorhanden, aber es springt kein Zündfunke über, sondern die Glühkerze

[19] Westbury schreibt dazu: „Lubrication on this engine may be by sight drip-feed, spring plunger pump, or any other recognized convenient method."

Bild 1.38 Ein älterer Zweitakt-Glühzünder der amerikanischen Firma COX mit 0,8 ccm [2]

Bild 1.39 Ein moderner Viertakt-OHV-Glühzünder der japanischen Firma Saito mit 6,6 ccm [2]

hat eine Wendel aus einer Platinlegierung, die ständig glüht. Zum Start des Motors wird eine Spannung von etwa 2 V an die Glühkerze gelegt, und wenn der Motor einmal läuft, kann die Stromversorgung entfernt werden, weil die Platinwendel durch katalytische Effekte weiterglüht. Die Zündung erfolgt damit ungesteuert, und der Zündzeitpunkt hängt vom Verdichtungsverhältnis, der Gemischzusammensetzung und weiteren Faktoren ab. Als Kraftstoff wird Methanol mit bis zu 20 % Nitromethan-Beimischung genutzt, und das Öl wird bei Zwei- und Viertaktern dem Kraftstoff beigemischt – und zwar üblicherweise 20 – 25 %, also ein Schmierstoff-Kraftstoffgemisch von 1:5 bis 1:4! Wenn Sie das bei einem Gebrauchsmotor für den Straßenverkehr machen würden, würden Sie nicht nur Stress mit militanten Umweltschützern bekommen: Ein solcher Motor würde niemals die Zulassung des Kraftfahrt-Bundesamts bekommen. Wenn Sie bedenken, dass ein moderner Zweitaktmotor für Motorroller, Baumsägen usw. ein Öl-Kraftstoffgemisch von 1:50 hat, Zweitakt-Außenbordmotoren sogar bis 1:100, dann ist 1:5 nicht wirklich zeitgemäß. Außerdem ist Methanol giftig, aber es hat den Vorteil, dass es eine hohe Verdampfungswärme hat; es ist also ein ausgezeichnetes Innenkühlmittel. Daher braucht man sich bei Glühzündern keine allzu großen Gedanken über die Motorkühlung machen.

Ziemlich aus der Mode gekommen sind Modelldiesel: Es sind keine echten Dieselmotoren, sondern Selbstzünder, weil die Zündung wie beim Glühzünder ungesteuert erfolgt: Ein Kraftstoff-Öl-Gemisch aus ca. 35 % Petroleum, 35 % Äther und 30 % Rizinusöl wird zusammen mit der Verbrennungsluft in den Zylinder gegeben. Gegenüber dem Arbeitskolben sitzt ein zweiter Kolben, der mit einer Schraube von außen verstellt werden kann; damit kann das Verdichtungsverhältnis verändert werden, Bild 1.42. Die Verdichtung ist so hoch, dass der Äther zündet; für den eigentlichen Verbrennungsvorgang sorgt das Petroleum. Diese Motoren kommen vollkommen ohne elektrische Anlage aus. Daher waren sie früher sehr beliebt, weil der ganze Aufwand einer Batterie-Spulenzündung wegfiel. In den

Bild 1.40 Ein älterer japanischer O.S. Max Zweitakt-Glühzünder mit 1,76 ccm auf einem typischen Eigenbau-Prüfstand mit Luftschraube und Kraftstofftank, Leistung 0,19 PS bei 15.000 U/min [2]

Bild 1.41 Ein älterer Magnum XL Viertakt-OHV-Glühzünder mit 8,5 ccm. Im Vordergrund die beiden Stoßstangen, die Kipphebel samt Lagerung, ein Stößelschutzrohr und der Vergaser [2].

1950er- und 1960er-Jahren wurden sie gerne in Fesselflugmodelle[20] eingebaut, weil diese mit konstanter Höchstdrehzahl fliegen, denn Modelldiesel sind schwierig in der Drehzahl zu regeln – im Gegensatz zu Glühzündern, die sich daher in Flug- und Automodellen durchgesetzt haben. Ebenso gibt es Modell-Dampfmaschinen in allen Größen, angefan-

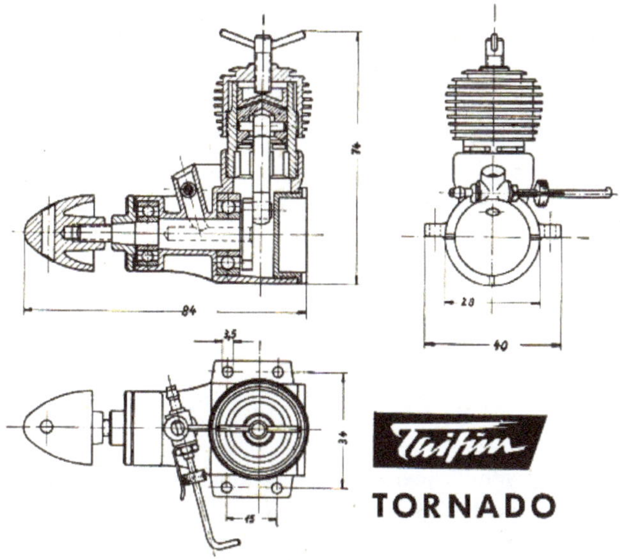

Bild 1.42 Der Modelldiesel Taifun Tornado, 2,47 ccm, 0,25 PS bei 16.000 U/min, Gewicht 130 g (Werkbild)

gen von Zigarettenschachtelgröße bis hin zu Modellen mit mehreren Zylindern und einigen PS Leistung, z. B. die Stuart 6A mit 4 PS bei 8 bar Dampfdruck und 68 kg Gewicht. Bekannt ist hier die britische Firma Stuart, die Gussteil-Bausätze, fertig bearbeitete Bausätze, die nur montiert werden müssen, bis hin zu fertig aufgebauten Modellen liefert. Zur Bearbeitung bei den Gussteil-Bausätzen, die unbearbeitete Gussteile und Halbzeuge in Form von Stangenabschnitten etc. enthalten, genügt eine kleinere Drehmaschine, z. B. eine Myford ML7 oder Myford Super-7, am besten mit einem Fräszusatz, falls man keine separate Fräsmaschine hat. Bei den kleineren Modellen läuft der Kolben ohne Kolbenringe im lediglich ausgedrehten Zylinder; wenn hier etwas Dampf am Kolben vorbeipfeift, ist das nicht weiter tragisch. Die größeren Modelle haben Kolbenringe, die bei den Bausätzen mitgeliefert werden. Insgesamt sind die mechanischen und thermischen Belastungen bei diesen Modell-Dampfmaschinen sehr überschaubar und viel niedriger als bei Modell-Verbrennungsmotoren. Die Konstruktionsprinzipien können Sie fast nie auf „richtige" Verbrennungsmotoren übertragen!

Erschwerend kommt bei allen drei Modell-Motorentypen (und den Modell-Dampfmaschinen sowieso) die vergleichsweise unpräzise Fertigung hinzu: Die Zylinderbohrungen werden nur durch Bohren, Ausdrehen und ggf. Reiben hergestellt, die Kolben sind meist rein

[20] Ich habe in meiner Jugend Fesselflugmodelle mit den Modelldieseln Taifun Hurrikan und Taifun Rasant II gebaut.

zylindrisch und haben keinerlei Regelglieder, um der sehr ungleichmäßigen Erwärmung entgegenzutreten. Die Kolbenringe werden, wenn überhaupt welche vorhanden sind, recht simpel hergestellt, wodurch keine spezifisch notwendige Pressungsverteilung möglich ist. Wir werden dazu Genaueres in Abschnitt 3.3 erfahren. Ventile für Benzin-Viertaktmotoren für Autos und Motorräder erreichen im Betrieb ca. 900 °C und arbeiten rotglühend, und dafür braucht man hochhitzebeständige Stähle, nicht nur Silberstahl! Trotz allem gibt es wahre Schätze bei den Modellmotoren, und besonders SCHILLINGS [50] beschreibt sogar den Bau des 12-Zylinder-Flugmotors Daimler-Benz DB 603 mit Einspritzanlage als Modell-Glühzünder. Die Zylinderköpfe für je sechs Zylinder in Reihe haben eine Gesamtlänge von 260 mm. Die Leistung soll ca. 20 PS betragen. Seit einiger Zeit erleben Benzinmotoren für Modelle eine regelrechte Renaissance, besonders für historische Großmodelle. So gibt es von Saito einen 5-Zylinder-Sternmotor FG 73R5 mit 72,7 ccm Hubraum – ein Wunderwerk der Feinmechanik. Da jedoch jeder Zylinder nur 14,5 ccm hat, treffen die genannten Einschränkungen bei der Übertragbarkeit der Bauprinzipien nach wie vor zu.

1.6 Im Motorenbau ist nichts wirklich neu

Es gibt derart viele ungewöhnliche bzw. neuartige Motoren, dass es darüber ganze Bücher gibt, z. B. das ausgezeichnete Werk von STEFAN ZIMA [53]. Daher sollen hier nur drei Beispiele gezeigt werden, und zwar Motorentwicklungen, die vor wenigen Jahren mit einem Riesengetöse in den Medien angekündigt wurden, obwohl die Dinge jedem Fachmann längst bekannt waren:

Der Hofbauer-Motor, Bild 1.44, auch OPOC-Motor genannt (für *Opposed Piston, Opposed Cylinder)*, nutzt ein uraltes Prinzip, das bereits 1892 durch WILHELM VON OECHELHÄUSER und HUGO JUNKERS[21] genutzt wurde. Es handelt sich dabei um Zweitaktmotoren als Gegenkolbenmotoren in deren Zylindern je zwei Kolben gegen- bzw. auseinanderlaufen. Dabei steuert der eine Kolben den Einlass, der andere den Auslass. In Zylindermitte gibt es eine Zündkerze bzw. Dieseleinspritzdüse, Bild 1.43. Bereits hier sehen Sie, dass der eine Kolben mit einem gewöhnlichen Pleuel auf die Kurbelwelle arbeitet, der andere Kolben aber mit einem Querjoch verbunden ist, an das links und rechts je eine Schubstange angreift, die wiederum auf die gemeinsame Kurbelwelle wirkt – also genau wie beim OPOC-Motor. Der einzige Unterschied ist, dass nach Prinzip des Boxermotors gegenüber ein zweites Kolbenpaar samt gemeinsamem Zylinder liegt. Das ist an sich nichts Neues. Verstehen Sie mich nicht miss: Ich finde es prima, dass ROLF HOFBAUER, früher Motorentwickler bei VW, eine solche, an und für sich alte Konstruktionsidee aufgreift, um mit moderner Motorelektronik, modernen Fertigungsverfahren und zeitgemäßen Materialien einen hochinteressanten Verbrennungsmotor zu entwickeln. Nur ist es eben nichts bahnbrechend Neues: Die Firma Junkers entwickelte ab 1928(!) den Sechszylinder-Gegenkolben-Flugmotor Jumo 204 mit 750 PS bei 1800 U/min. Dies war der einzige in größeren Stückzahlen gebau-

[21] HUGO JUNKERS war Professor für Thermodynamik an der RWTH Aachen und gründete in Dessau seine berühmte Firma, die hochinnovative Flugantriebe und Flugzeuge entwickelte und baute. 1933 wurde er von den Nazis enteignet. Neben CLAUDE DORNIER, ERNST HEINKEL und WILLY MESSERSCHMITT war er einer der weltbekannten deutschen Flugzeugkonstrukteure.

te Dieselflugmotor [59]. Hier wurden anstelle des Querjochs zwei sich gegenüberliegende, über eine Zahnradkaskade gekoppelte Kurbelwellen verwendet. Die englische Firma William Doxford & Sons baute von 1913 bis 1979 Schiffsmotoren nach dem Prinzip des OPOC-Motors.

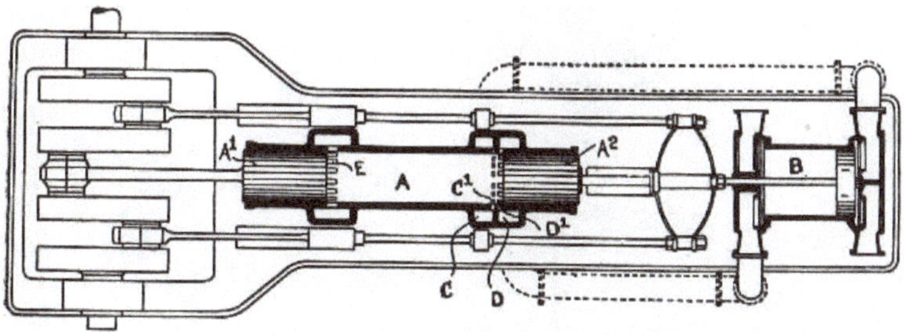

Bild 1.43 Prinzip des Gegenkolbenmotors [113].

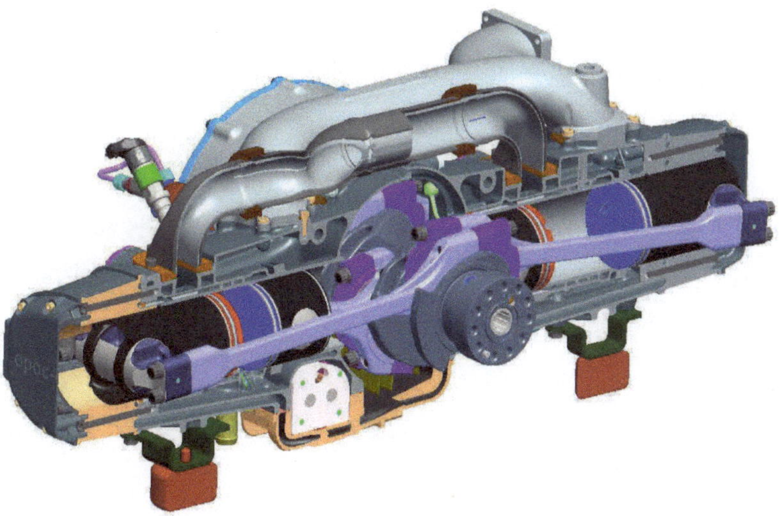

Bild 1.44 Der Hofbauer- bzw. OPOC-Motor [30]

Ein Beispiel für zweifelhafte Werbung ist die Benzin-Direkteinspritzung, von deutschen Automobilfirmen lange nach dem 2. Weltkrieg „erfunden". Aber wussten Sie, dass fast alle deutschen Kampfflugzeuge der Luftwaffe Motoren mit Benzin-Direkteinspritzung hatten? Die drei maßgeblichen Flugmotoren der Luftwaffe, nämlich der Daimler-Benz DB 601, u. a. im Standard-Jäger Messerschmitt Bf 109 eingebaut, der BMW 801, Bild 1.46, u. a. im Jagdbomber Focke-Wulf FW190 eingesetzt, und der Junkers Jumo 211, u. a. in den Sturzbombern Junkers Ju 87 und Ju 88 eingebaut, hatten sie. Wir reden hier nicht von wenigen Prototypen: Allein von der Messerschmitt Me109 wurde mehr als 33.000 Exemplare gebaut, die damit eines der meistgebauten Flugzeuge aller Zeiten war.

Ein drittes Beispiel ist ebenfalls verblüffend: Im Mai 2015 berichteten die VDI Nachrichten vom *Wiener Motorensymposium* und stellten einen „unkonventionellen Dieselkolben

Bundesarchiv, Bild 101I-361-2193-25
Foto: Doelfs | 1942

Bild 1.45 Deutscher Jagdbomber Focke-Wulf FW 190 mit BMW 801 Doppel-Sternmotor, mit Benzin-Direkteinspritzung via mechanischer Stempelpumpe [114]

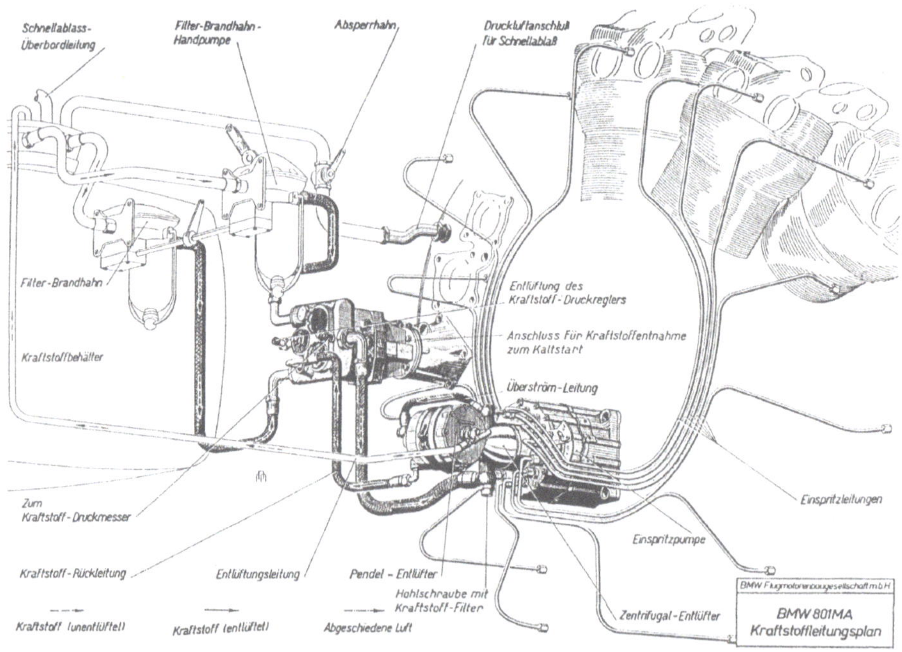

Bild 1.46 Doppel-Sternmotor BMW 801 mit Benzin-Direkteinspritzung via mechanischer Stempelpumpe [33]: die Kraftstoffversorgung

Bild 1.47 Sowjetischer T-34 mit V12-Dieselmotor mit Direkteinspritzung [44]

mit flacher Muldenform"[22] vor. Das Bild hatte frappierende Ähnlichkeit mit den Kolben des Motors des berühmten sowjetischen Panzers T-34 der Roten Armee, Bild 1.47. Dieser Dieselmotor W-2 mit 12 Zylindern in V-Form mit 60° Bankwinkel war ausgesprochen fortschrittlich konstruiert, hatte 500 PS, 4 Ventile pro Zylinder und Antrieb der beiden obenliegenden Nockenwellen über Königswellen. Einspritzdruck 200 bar, Gewicht 750 kg. Jeweils ein Hauptpleuel mit angelenktem Nebenpleuel, Bild 1.48, woraus durch den unterschiedlichen Hub von 180 mm links und 186,7 mm rechts auch ein unterschiedliches Verdichtungsverhältnis von 14,5 bzw. 15,5:1 der beiden Zylinderbänke resultiert. Er ging 1939 in Serienproduktion, und seine letzte Entwicklungsstufe mit 1120 PS wird im russischen T-90, Stand 2019, eingesetzt [117].

Dieser W-2-Dieselmotor ist auch in anderer Hinsicht mehr als bemerkenswert: Es ist der einzige mir bekannte Motor, der keine Nockenfolger wie Tassenstößel oder Schlepphebel hat: Die Nocken arbeiten direkt auf die sehr dicken Ventilschäfte! Kurbelgehäuse und Zylinderköpfe sind aus einer Aluminiumlegierung. Er kann entweder per Elektrostarter oder – besonders bei niedrigen Temperaturen – pneumatisch gestartet werden: Aus einem Druckluftspeicher wird Pressluft über Rückschlagventile in die Zylinder gegeben; der Druckluftvorrat soll für vier bis sechs Startversuche reichen.

[22] Ich kann aus rechtlichen Gründen hier das Foto nicht wiedergeben.

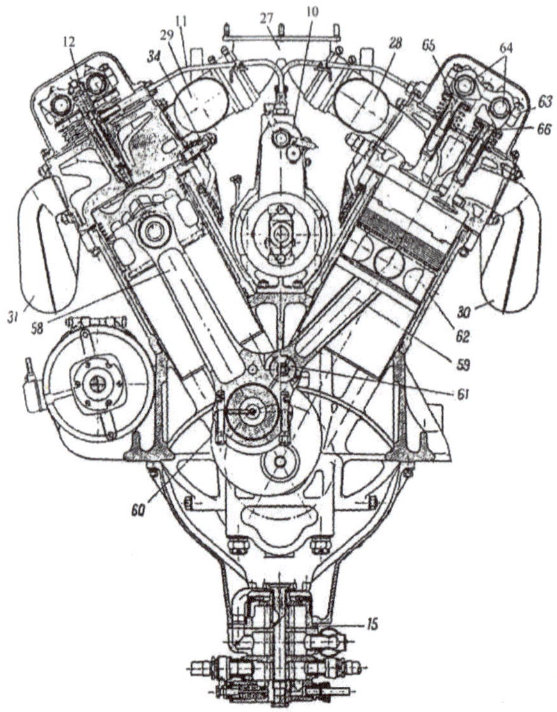

Bild 1.48 V12-Dieselmotor W-2 mit Direkteinspritzung des sowjetischen Panzers T-34 [116]

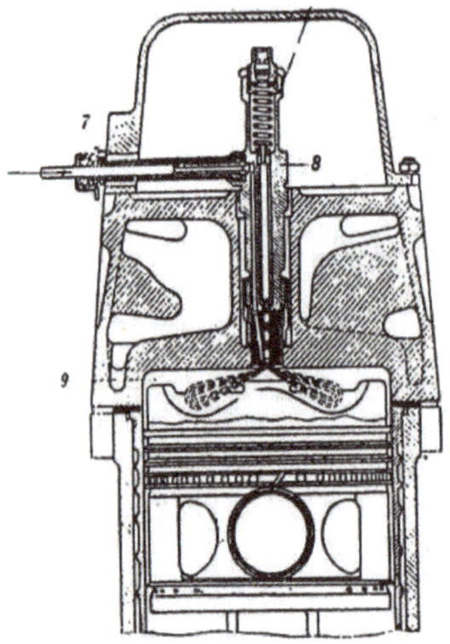

Bild 1.49 Die Muldenkolben des V12-Dieselmotors W-2 mit Direkteinspritzung des sowjetischen Panzers T-34 ähneln sehr stark den neu erfundenen „unkonventionellen Dieselkolben mit flacher Muldenform" aus den VDI Nachrichten vom 22.5.2015 – also 75 Jahre später [116]!

1.7 Schiebermotoren – Alternative zu Tellerventilen?

Von Anfang an störten sich die Motorenbauer an den Tellerventilen, die hin- und hergehen, und dabei im Fall der Auslassventile rotglühend arbeiten, was u. a. die Kompression begrenzt, damit es nicht zu ungewollten Glühzündungen kommt. Obendrein sind die klassischen Tellerventile sehr spürbare Strömungsbremsen, die mitten in den Ansaugtrakt hineinragen. Ihre Steuerung über Nockenwellen ist kompliziert und aufwendig. Also eigentlich haben sie nur Nachteile. Wirklich?

Daher sind sehr früh alternative Gassteuerungsmechanismen erfunden wurden, und zwar hauptsächlich *Schiebersteuerungen.* Man kann wie folgt unterteilen:

- Hülsenschieber
- Walzenschieber
- Flachschieber

Es sind sehr viele Bauarten bekannt geworden; betrachten wir daher einige wenige, die sich mehr oder weniger bewährt haben. Eine der ältesten ist die KNIGHT-Schiebersteuerung mit zwei Rohrschiebern, Bild 1.50. Zwei Hülsen, wenige Millimeter dick, gleiten ineinander, der eine Schieber gleitet außen am Zylinder, der eigentlich kein Zylinder mehr ist, denn den ei-

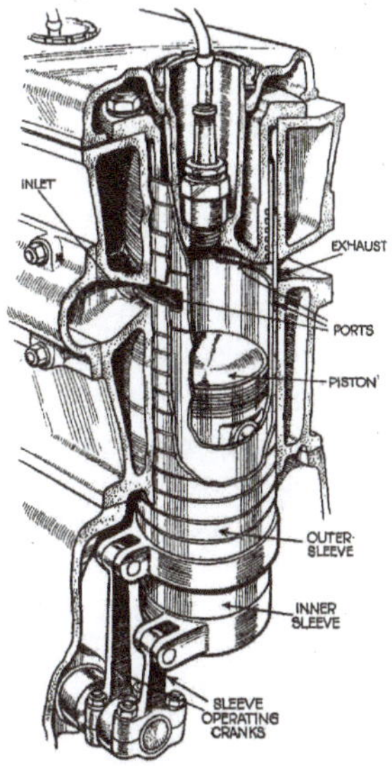

Bild 1.50 KNIGHT-Schiebersteuerung mit zwei Rohrschiebern [129]

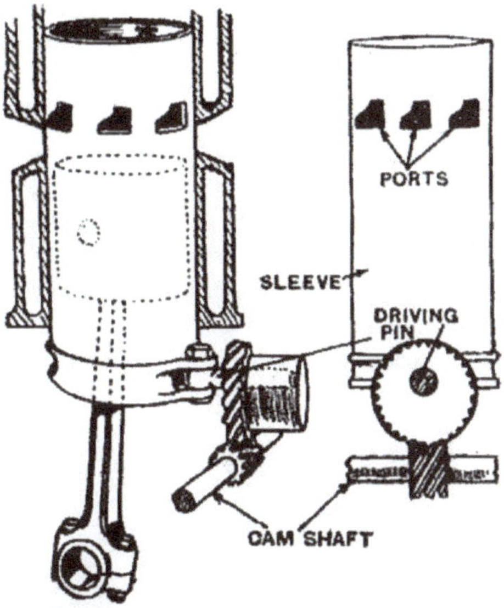

Bild 1.51 BURT-MCCOLLUM-Schiebersteuerung mit einem Rohrschieber, der schwingt und rotiert [130]

gentlichen Arbeitszylinder bildet der innere Schieber. Beide Schieber werden mit kleinen Pleueln und einer Art Kurbelwelle mit halber Kurbelwellendrehzahl angetrieben. Warum zwei Hülsen: Mit nur einer hin- und hergehenden Hülse lässt sich kein Viertaktprozess abbilden, sondern nur ein Zweitaktprozess. Zwischen den beiden Weltkriegen wurden manche Luxuslimousinen mit derart ausgestatteten Motoren gebaut, und sie sollen besonders leise und ruhig gelaufen sein, hatten aber einen hohen Ölverbrauch [16]. Das Ganze ist natürlich sehr aufwendig, und das Hauptproblem aller Schiebersteuerungen ist die Schmierung und Abdichtung der Schieber.

Eine etwas einfachere Bauweise zeigt die BURT-MCCOLLUM-Schiebersteuerung mit einem Hülsenschieber, der schwingt und rotiert Bild 1.51. Da der Schieber hin- und hergeht und gleichzeitig dabei gedreht wird, kann ein Viertaktprozess realisiert werden. Diese Bauart war einigermaßen erfolgreich, und besonders die Briten haben solche Motoren besonders als Flugmotoren zu Zehntausenden im 2. Weltkrieg gebaut, z. B. den Bristol Hercules, einen 14-Zylinder-Sternmotor, Bild 1.52, der in verschiedenen schweren Bombern der RAF (Royal Air Force) eingebaut war. Das waren u. a. die Short Sterling, die Handley Page Halifax, Bild 1.53, aber auch die berühmte Avro Lancaster. Nach dem Krieg wurden weitere Flugmotoren mit BURT-MCCOLLUM-Schiebersteuerung in England gebaut, z. B. der Napier Sabre mit 24 Zylindern in H-Anordnung. Der bewährte Bristol Hercules wurde bis in die 1970er-Jahre u. a. von der Bundesluftwaffe in der Nord Noratlas geflogen. Der große englische Motorenforscher RICARDO geht in [28] sehr ausführlich auf Schiebersteuerungen ein – wenn Sie sich also dafür näher interessieren, werden Sie hier alles Wissenswerte erfahren.

Die BURT-MCCOLLUM-Schiebersteuerung ist insofern etwas besser dran als die KNIGHT-Schiebersteuerung, weil der einzige Schieber im Motorgehäuse mit Kolbenringen abgedichtet werden kann. Doch die Schmierprobleme bleiben, und obendrein haben derartige Schieber nicht unerhebliche Reibungsverluste. Die Herstellung und Materialwahl müssen sehr sorgfältig erfolgen, und ich vermute, dass derartige Flugmotoren deutlich teurer in der Herstellung waren als konventionelle Flugmotoren mit Tellerventilen. Man erhoffte sich von diesen Schiebersteuerungen Leistungsvorteile, was aber nicht so wirklich der Fall war. Schiebersteuerungen waren auch deshalb beliebt, weil in früheren Zeiten gerne einmal Tellerventile abrissen, was besonders bei OHV-Motoren, wie es besonders Flugzeug-Sternmotoren waren, zu katastrophalen Folgen führte. Auch wegen dieser Ventilabrisse wurden bei Landfahrzeugen bis zum 2. Weltkrieg oft SV-Motoren eingebaut. Längst ist es anders geworden, und ich habe in den letzten 50 Jahren keinen einzigen Ventilabriss erlebt. Die vermutlich beste Schiebersteuerung wurde während des 2. Weltkriegs in Deutschland

Bild 1.52 Bristol-Pegasus-Flugmotor mit BURT-MCCOLLUM-Schiebersteuerung [131]

Bild 1.53 4-motoriger Bomber Handley Page Halifax der RAF mit Bristol-Pegasus-Flugmotor mit BURT-MCCOLLUM-Schiebersteuerung [132]

entwickelt, und zwar die DVL-WVW-Flachschiebersteuerung für deutsche Flugmotoren, an der der Dichtungsspezialist FELIX WANKEL (sic!) beteiligt war. Hier rotiert ein Flachschieber, von Zahnrädern angetrieben, im Zylinderkopf, und der Clou sind die runden Dichtelemente, die *selbstverstärkend* wirken. Sie ist genauestens bei BENSINGER [16] beschrieben, der sie mitentwickelt hat. Das Ende des 2. Weltkriegs beendete auch diese sehr vielversprechende Entwicklung, weil es Deutschland – wie schon nach dem 1. Weltkrieg – von den Alliierten verboten war, Flugzeuge und Flugmotoren zu bauen.[23] Der Weggefährte von FELIX WANKEL bei der Entwicklung des WANKEL-Motors auf Seiten NSU, der Leiter der NSU-Forschungsabteilung WALTER FROEDE, entwickelte einen Motorradmotor mit 125 bzw. 250 ccm mit DVL-WVW-Flachschiebersteuerung, Bild 1.54. Die Versuche sollen vielversprechend verlaufen sein.

Eine dritte Variante, die aber weit weniger gut funktioniert, ist eine Schiebersteuerung mit rotierenden Walzen- bzw. Rohrschiebern, Bild 1.55 und 1.56. Was auf den ersten Blick ver-

[23] Umso erstaunlicher, dass Deutschland wieder eine bedeutende Rolle im Flugzeugbau spielt

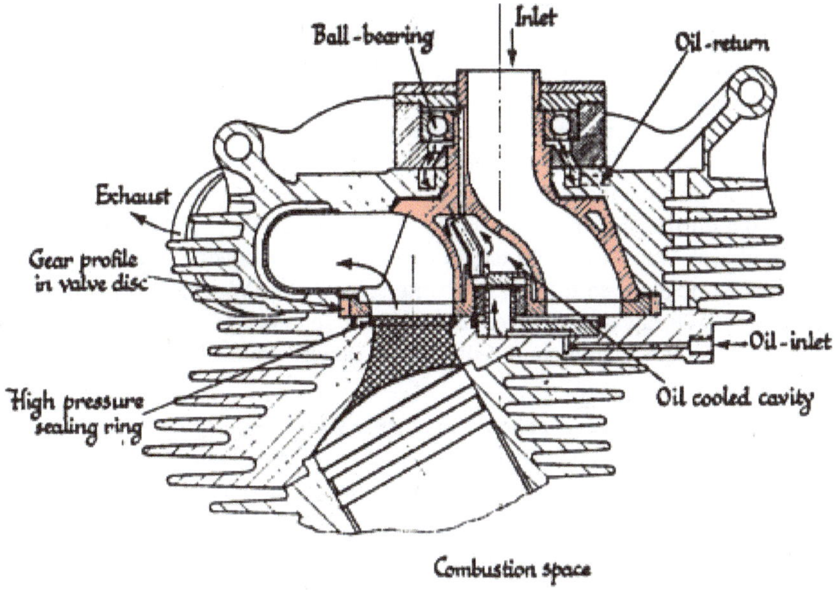

Bild 1.54 NSU-Rennmotor mit 125 bzw. 250 ccm ähnlich der DVL-WVW-Flachschiebersteuerung [120]

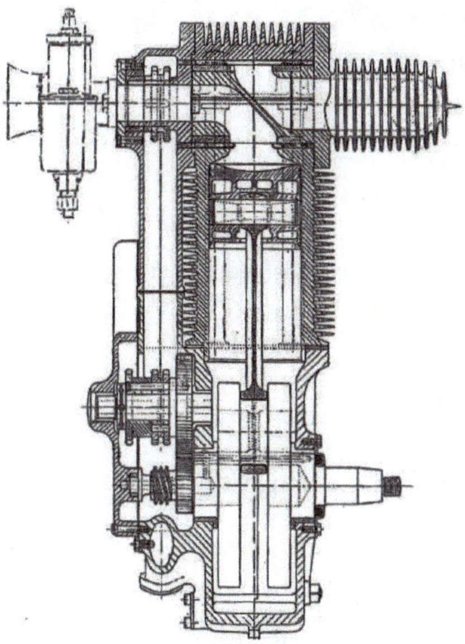

Bild 1.55 Eine Rohrschiebersteuerung von Roland C Cross, 1920 [120]

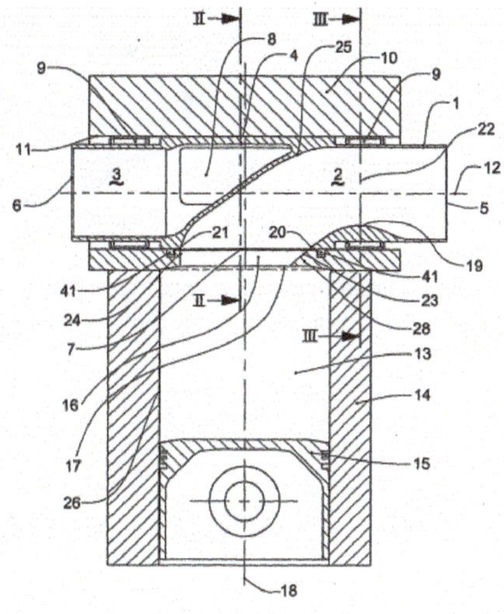

Bild 1.56 Ein Patent von 2002 des australischen Entwicklers Bishop für einen Formel-1-V10-Rennmotor [120]

blüffend einfach und elegant aussieht, ist meines Wissens niemals in größeren Serien gebaut worden. Das ist schon ein Indiz, dass hier etwas faul ist. Der große RICARDO, der sich ja sehr intensiv mit Schiebersteuerungen befasst hat, schreibt in [27]: „Ein einfacher Drehschieber ist ebenfalls ungeeignet, da irgendeine Art von hin und her gehender Bewegung schon notwendig ist, um zu verhindern, daß der Schieber im Zylinder frißt.“ Damit können Sie auch die Beiträge gewisser Wichtigtuer im Internet einschätzen, die mit reißerischer Aufmachung ihre Walzenschiebermotoren präsentieren. Kein einziger dieser Bastlermotoren dürfte einen auch nur halbstündigen Dauerlauf bei Nenndrehzahl überstehen. Denn diese Walzenschieber haben nicht nur ein massives Schmierungsproblem, es ist auch kaum möglich, sie aufgrund der unterschiedlichen Wärmedehnungen vernünftig abzudichten [16]. Etwas anders schaut es bei Modellmotoren aus, die ja mit riesigen Ölanteilen und Methanol laufen und keine langen Dauerläufe wie richtige Fahrzeug- oder Flugmotoren ertragen müssen.

Und nun kommt der einzige, aber alles überragende Vorteil der altbekannten Tellerventile: Sie sind *selbsthelfend*, vgl. [47]. Sie sind umso dichter, je höher der Druck ist, Bild 1.57.[24] Wegen dieser Eigenschaft halten sie sich seit weit über 100 Jahren.

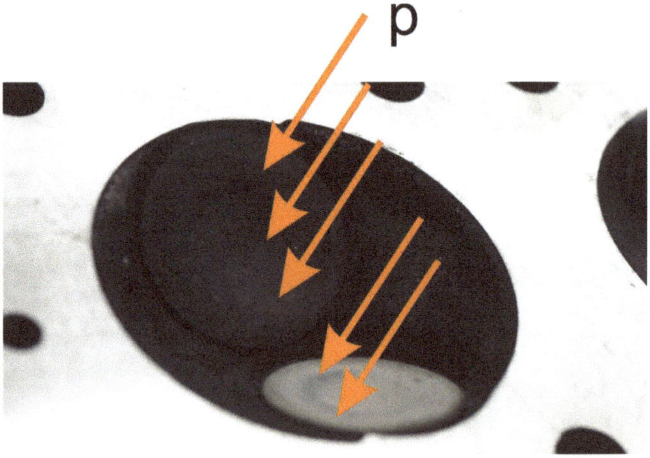

Bild 1.57 Umso höher der Verdichtungs- bzw. Verbrennungsdruck ist, desto fester werden die Ventile auf ihre Sitze gepresst. Sicht auf den Brennraum einer Honda CB750 Four [2].

1.8 Patente – sinnvoll oder nicht?

In den Medien wird gerne behauptet, dass Industriefirmen und Ingenieure grundsätzlich konservativ seien und allem Neuen unaufgeschlossen gegenüberstünden – besonders die Erfinder neuer Motoren hätten es extrem schwer, gegen diese Phalanx der verknöcherten Fachleute anzukommen. Selbst vermeintlich bahnbrechende Patente würden von den Mo-

[24] Das ist natürlich kein gescheites Deutsch, aber Sie verstehen sicher, was gemeint ist.

torfirmen geflissentlich ignoriert, und Außenseiter wären generell chancenlos. Was ist an dieser Behauptung Dichtung und was ist Wahrheit?

Vermutlich gibt es rund um den Verbrennungsmotor weltweit die meisten Patente überhaupt, und die Automobilfirmen und ihre Zulieferer melden jedes Jahr unzählige Patente an. Was ist ein Patent und was hat es damit auf sich? Ich erkläre das mal ein wenig lax, damit Sie einfacher durchblicken, denn die Materie ist kompliziert.[25] Patentiert wird eine *Idee ohne Rücksicht auf technische oder wirtschaftliche Realisierbarkeit.* Sie reichen ein Patent ein und die Prüfer im Deutschen Patent- und Markenamt in München überprüfen den Grad der Neuheit der Idee. Ihre Idee muss also neu sein; falls es etwas Ähnliches schon gibt, und sei es in einem 100 Jahre alten Buch, dann haben Sie keine Chance. Je nach Staat wird der Grad der Neuheit durchaus unterschiedlich bewertet, und US-Patente wie das bekannte „one-click-Patent" würden hier nicht geschützt werden.

Sie haben also eine tolle Idee und glauben, dass Sie den Stein der Weisen in Sachen Motor gefunden haben. Wie gehen Sie vor, um Ihre Idee zu schützen? Da Patentschriften eine gewisse Form haben müssen, sollten Sie unbedingt einen Patentanwalt konsultieren. Patentanwälte sind ursprünglich Naturwissenschaftler, besonders Physiker oder Chemiker, oder Ingenieure, die nach erfolgreich absolviertem Studium eine juristische Zusatzausbildung als Patentanwalt durchlaufen haben; sie sind aber keine Volljuristen. Der Patentanwalt hilft Ihnen beim Abfassen der Patentschrift, die eine besondere Form der Skizzen verlangt, und das verlangte Deutsch in einer Patentschrift ist eine bemerkenswerte Mischung aus Technospeak und Juristengeschwurbel, das ein normaler Mensch nicht verstehen kann. Die Gebühren für eine Patentanmeldung einschließlich der vorherigen Patentrecherche und der Patentanwaltskosten sind insgesamt sehr hoch. Das können schnell mehrere Tausend € werden. Außerdem müssen Sie jedes Jahr einen gewissen, nicht unbedingt niedrigen Betrag ans Patentamt bezahlen, damit das Patent aufrechterhalten wird, was üblicherweise maximal 20 Jahre sind. Im Übrigen nutzt es wenig, Ihr Patent nur in Deutschland anzumelden. Es sollte mindestens ein EU-Patent sein, und zusätzlich ist es aus meiner Erfahrung ratsam, gleich noch dazu ein japanisches und ein US-Patent anzumelden. Das klingt nicht nur aufwendig und teuer, sondern das ist es auch! Aber auch das ist kein umfassender Schutz Ihrer Idee: Es gibt Staaten, die sich nicht um Ihre Patente scheren und Ihre Idee ungeniert ausbeuten. Als privater Erfinder werden Sie es schon sehr schwer haben, gegen Patentverletzungen durch eine große Automobilfirma mit ihren Hunderten von Juristen vorzugehen – gegen ganze Staaten wird es wohl aussichtslos. Ich hoffe, Ihnen ist nun klar geworden, auf welches Abenteuer Sie sich bei einer Patentanmeldung einlassen, und damit ist bei den hohen Kosten noch nicht einmal gesagt, dass Ihr Patent durchgeht.

Schön, Ihr Patent wurde erteilt und die vielleicht erfolgten Einsprüche wurden abgeschmettert – was fangen Sie nun mit Ihrem Patent an? Sie könnten damit zu einer Automobil- oder Motorradfirma gehen, um Ihre Idee samt Patent zu verkaufen oder Lizenzen zu vergeben. Das setzt voraus, dass man Sie überhaupt zu den maßgeblichen Stellen vorlässt, und das ist bei größeren Industriefirmen nicht ganz einfach, wenn man keine Beziehungen hat. Nun kommt natürlich das eingangs erwähnte Vorurteil aufs Tapet, aber tatsächlich ist es so, dass die allermeisten Ideen von privaten Erfindern den Fachleuten längst bekannt sind, auch wenn sie patentiert sind. Betrachten Sie dahingehend Bild 1.55 und Bild 1.56.

[25] Ich bin Miterfinder bei einigen in- und ausländischen Patenten, und als Leiter Technik war ich auch für das Patentwesen zuständig.

Fällt Ihnen etwas auf? Die Bilder sehen sich doch verdammt ähnlich, oder? Bild 1.56 wurde patentiert, obwohl die Idee steinalt ist. Entweder hat der Patentprüfer geschlafen oder es ist ein besonderer Kniff in der Patentanmeldung erwähnt, den man nicht auf den ersten Blick erkennt. Es ist tatsächlich so, dass es für die Fachleute in den Industriefirmen regelmäßig ein Horror ist, wenn verrückte Erfinder, die fast nie vom Fach sind, ihre angeblich neuen und revolutionären Ideen verkaufen wollen. Ich habe da in meiner Zeit als Hochschullehrer selbst öfter Kontakt mit diesen fachfremden Erfindern gehabt, die der Meinung waren, dass die Universität als staatliche Behörde verpflichtet ist, Steuerzahlern unentgeltlich weiterzuhelfen, was ich jedesmal aus reinem Entgegenkommen auch kostenlos gemacht habe.[26] Mehr als einmal haben mich solche Erfinder beschimpft und schriftlich beleidigt, wenn ich ihnen sagen musste, dass ihre Idee längst bekannt ist oder aus technisch-wirtschaftlichen Gründen keine Chance hat. Gerade solche Erfinder sind sehr von sich und ihren genialen Ideen überzeugt und wollen von Fachleuten eigentlich nur bestätigt werden. Verstehen Sie jetzt, warum die Fachleute solche Kontakte nicht besonders schätzen?

Bedenken Sie, dass viele Patente gerade von den großen Firmen nicht angemeldet werden, um selbst daraus Nutzen zu ziehen, sondern nur um die Konkurrenz davon abzuhalten, auf ähnliche Ideen zu verfallen und diese vielleicht zu verfolgen. Doch aus dieser schwierigen Patent-Nummer kommen Sie relativ leicht: Melden Sie einfach ein „kleines Patent“, das ist das *Gebrauchsmuster*, an. Das ist viel preiswerter und geht auch meist schneller durch. Damit ist Ihre Idee amtlich bekannt, und kein anderer kann darauf nunmehr ein Patent anmelden. Noch preiswerter ist diese Variante: Arbeiten Sie Ihre Idee schriftlich aus und geben Sie das Ganze einem Notar zu Verwahrung oder lassen Sie es dort wenigstens beglaubigen. Wenn Ihre Idee wirklich gut ist und es Ihnen gelingt, die Spezialisten einer Industriefirma dafür zu begeistern, dann wird eine seriöse[27] Firma ein Patent mit Ihnen als Erfinder anmelden und Sie angemessen finanziell beteiligen, was im Patentgesetz ohnehin vorgesehen ist.

Missverstehen Sie mich nicht: Natürlich sollen Sie neue, gute Ideen durchaus beharrlich verfolgen, wie das alle großen Erfinder gemacht haben, sonst wären wir ja immer noch in der Steinzeit! Sie sollen nur bedenken, dass gerade das Gebiet der Verbrennungsmotoren vermintes Gelände mit Tausenden von existierenden Patenten und sehr mächtigen weltweiten Playern ist.

[26] Selbst größere Firmen glauben, dass Universitäten und Fachhochschulen sie kostenlos beraten müssten. Das dürfen diese Behörden in Wahrheit nicht, damit sie nicht Ingenieurbüros und anderen Dienstleistern unschlagbare Konkurrenz machen können: Sie müssen derartige Beratungsleistungen zu Vollkosten anbieten.

[27] Alle größeren deutschen Firmen, die schon lange im Geschäft sind, sind seriös. Keine Firma würde ihren Ruf riskieren, um Sie als kleinen Erfinder übers Ohr zu hauen – gerade in Zeiten des Internets und der Social Media.

2 Basisgrößen und Grundauslegung

2.1 Grundlegende Formeln und Sachverhalte

Jede Antriebsmaschine – egal, ob Verbrennungsmotor, Elektromotor oder Gasturbine – gibt eine Drehkraft, ein *Drehmoment* T ab, das ist Kraft F mal Hebelarm r:

$$\boxed{T = F \cdot r} \tag{2.1}$$

Die *Leistung* P ist Drehmoment T mal Winkelgeschwindigkeit ω:

$$\boxed{P = T \cdot \omega \quad \text{mit} \quad \omega = 2 \cdot \pi \cdot n \quad \text{wird} \quad P = T \cdot 2 \cdot \pi \cdot n} \tag{2.2}$$

Dabei ist n die Drehzahl.

Diese beiden Gleichungen sehen doch wirklich sehr einfach aus, und der Berechnung des Drehmoments und der Leistung eines Verbrennungsmotors sollte nichts mehr im Weg stehen.

Ist das wirklich so? Nein. Beginnen wir bei der Umwandlung der im Kraftstoff gespeicherten Energie in mechanische Arbeit. Das stellt man gerne im *pV-Diagramm* dar, Bild 2.1. Das ist sehr vereinfacht und idealisiert: Wir unterstellen, dass das Verdichten genau im unteren Totpunkt UT beginnt (was nicht genau stimmt), wir zünden etliche Kurbelwellengrade (5° im Leerlauf, 25 – 45° bei Volllast) vor dem oberen Totpunkt OT, und der Spitzendruck wird etwas nach OT erreicht; der Kolben ist bereits auf dem Abwärtsweg. Jetzt hat der Kurbeltrieb, der die Kolbenkraft, die durch den Verbrennungsdruck entsteht, in Drehbewegung und mithin in ein Drehmoment umwandelt, die blöde Eigenschaft, dass der Hebelarm im OT Null ist! Der Hebelarm ist umgekehrt maximal auf der Hälfte des Weges zwischen OT und UT, aber hier ist der Verbrennungsdruck schon gut auf die Hälfte des Spitzendrucks abgesunken (Näheres unter Abschnitt 4.1). Die in die Kurven in Bild 2.1 eingeschlossene Fläche ist die *innere Arbeit* W_i. Sie ist bei z Zylindern pro Arbeitsspiel [15]

$$W_i = z \cdot \int p_z \cdot \mathrm{d}V = z \cdot A_\mathrm{K} \cdot \omega \int p_z(t) \cdot \frac{\mathrm{d}s}{\mathrm{d}\alpha} \mathrm{d}t \tag{2.3}$$

Dabei ist der Kolbenweg: $s(\alpha) = r(1 - \cos\alpha + \frac{\lambda}{2}\sin^2\alpha)$, vgl. Abschnitt 4.1

Das ist alles sehr schön, und viele Autoren geben sich große Mühe, den Druckverlauf $p_Z(t)$ im Zylinder irgendwie auszurechnen, aber letztendlich werden Sie ihn messen müssen, man nennt das *indizieren*. Das hat schon RUDOLF DIESEL persönlich bei seinem Motor gemacht – die pV-Diagramme von ihm sind bis heute erhalten –, aber sein Motor machte nur wenige hundert Umdrehungen, sodass er mit einem mechanischen Druckmesser indizieren konnte. Heute nehmen Sie einen piezoelektrischen Drucksensor, den Sie an (hoffentlich) passender Stelle in den Zylinderkopf einschrauben. Es gibt aber auch spezielle Zündkerzen und Glühkerzen mit integrierten Drucksensoren, z. B. von AVL.

Die eigentlich interessierende Nutzarbeit W_e, die Sie an der Kurbelwelle abnehmen können, ist die innere Arbeit W_i, vermindert um die thermodynamischen Verluste und vermindert um die mechanischen Verluste. Man kommt dann zum *effektiven Wirkungsgrad* η_e. Er beträgt nach [15] bei Otto-PKW-Motoren 0,26 – 0,34, bei aufgeladenen LKW-Dieselmotoren 0,36 – 0,44 und bei langsam laufenden Zweitakt-Schiffsdieseln mit Turbo-Compound 0,54. Dieser letzte Wert dürfte nicht mehr zu toppen sein, und es wird wohl niemals einen Verbrennungsmotor mit 98 % Wirkungsgrad geben, wie ihn sehr große elektrische Maschinen in z. B. Pumpspeicherkraftwerken haben.

Die Nutzarbeit messen Sie mit einer *Leistungsbremse* bei verschiedenen Drehzahlen: Sie geben bei einem gewünschten Arbeitspunkt Vollgas und bremsen so stark, dass der Motor gerade die gewünschte Drehzahl hält. So nehmen Sie punktweise das Drehmoment über die Drehzahl auf; mit Gleichung (2.2) kommen Sie direkt zur Leistung. Leistungsbremsen oder *Dynamometer* wandeln die mechanische Energie in Wärme, z. B. als *Wasserwirbelbremsen* oder *Wirbelstrombremsen* oder über *Bremsgeneratoren* direkt in elektrische Energie.

Von großem Interesse für einen Motorkonstrukteur sind die mechanischen Verluste; Tabellen 2.1 und 2.2 geben Ihnen zumindest eine Vorstellung, wie das aussehen kann. Es sind ältere Werte, die sich inzwischen sicher etwas verschoben haben.

Tabelle 2.1 Reibungsverluste in einem Einzylinder-NSU-Rennmotor, 125 ccm bei 11.000 U/min nach [5]

Komponente	Anteil in %
Gaswechselarbeit	15,8
Kolbenringe	13,2
Kolben	36,7
Pleuellager	6,6
Ventilbetätigung	4,6
Steuerungsantrieb	6,6
Magnetzünder	4,0
Ölpumpe	3,3
Hauptlager	9,2

Tabelle 2.2 Reibungsverluste in einem Gebrauchsmotor, späte 1960er-Jahre, 100 PS bei 5000 U/min, 2,2 l Hubraum nach [5]

Komponente	Anteil in %
Kolben mit Ringen und Pleuel	56
Ventilator	13,2
Kurbelwellenlager	7
Ventiltrieb und Nockenwellenlager	8
Kühlwasserpumpe	5
Lichtmaschinenantrieb	5
elektrische Leistung der Lichtmaschine	3
Kurbelwellendichtringe	3
Benzinpumpe	nicht messbar

Eine weitere wichtige Kenngröße ist die *mittlere Kolbengeschwindigkeit* c_m mit dem Kolbenhub s und der Drehzahl n:

$$c_m = 2 \cdot s \cdot n \tag{2.4}$$

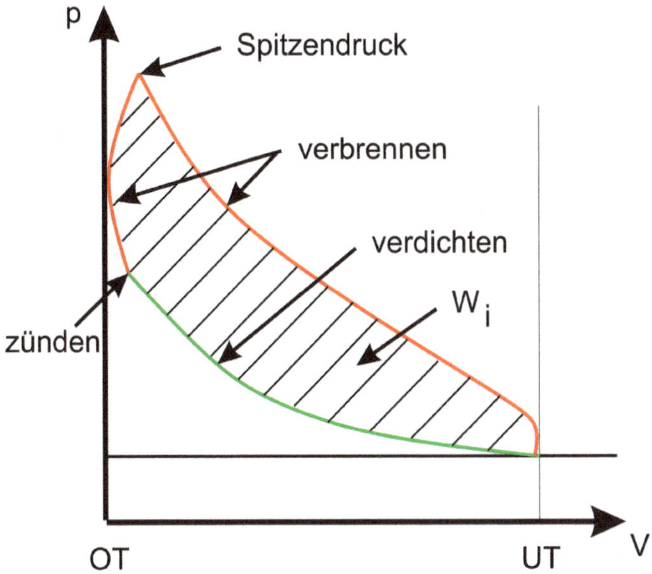

Bild 2.1 pV-Diagramm. Die Takte „ansaugen“ und „ausstoßen“ habe ich der Vereinfachung wegen weggelassen [2].

Seit vielen Jahrzehnten weiß man, dass es oberhalb einer mittleren Kolbengeschwindigkeit von 20 m/s brenzlig wird: Jenseits dieser magischen Grenze kann es passieren, dass der Kolben auseinanderfliegt oder das Pleuel abreißt. Selbst Formel-1-Rennmotoren gehen kaum über 24–26 m/s, und diese sind nach jedem Rennen mehr oder weniger verbraucht. Machen wir einmal ein Rechenbeispiel für einen Ottomotor mit einem Hub von 83 mm und einer maximalen Drehzahl von 7500 U/min:

$$c_\mathrm{m} = 2 \cdot s \cdot n = 2 \cdot 0{,}083 \cdot \frac{7500}{60} = 20{,}75\,\mathrm{m/s}$$

Tabelle 2.3 Mittlere Kolbengeschwindigkeit einiger älterer Automobilmotoren, Werte ganzzahlig gerundet [2]

Motor	Zylinder	Leistung [PS]	c_m [m/s]	*n* [U/min]
VW Käfer 1200	4	34	8	3800
VW Polo 1,05 l	4	45	11	5600
VW Golf Diesel 1,9 l	4	90	13	4150
VW Golf Otto 1,6 l	4	100	17	5700
Toyota 3S-FE 2,0 l	4	125	15	5400
Opel C30NE (z. B. im Monza) 3,0 l	6	180	14	5800
BMW M50 (z. B. im 525i) 2,5 l	6	192	15	5900
Toyota Supra Mk3, 7M-GTE, 3,0 l	6	238	17	5700

In Tabelle 2.3 und Tabelle 2.4 finden Sie einige Kolbengeschwindigkeiten von Auto- und Motorrad-Motoren[1], damit Sie ein Gefühl dafür bekommen. Denn wir wollen ja bald einige Regeln für die Motor-Grundauslegung aufstellen, und dabei spielt die mittlere Kolbengeschwindigkeit eine große Rolle. Sie erkennen: Bei Automotoren liegt die mittlere Kolbengeschwindigkeit bei 14 – 15 m/s, bei Motorradmotoren eher bei 17 – 19 m/s. Eines macht die Gleichung (2.4) direkt klar: Je kleiner der Hub ist, umso höher kann ich mit der Drehzahl gehen. Da die Grenze von 20 m/s ein sehr zuverlässiger Grenzwert ist, muss man im Zweifelsfall die Anzahl der Zylinder erhöhen. Das können Sie sehr schön an Tabelle 2.5 zu den untersuchten Rennmotoren sehen. Dabei gilt diese Definition:

- Die Bohrung ist deutlich größer als der Hub: Das ist ein *Kurzhuber*.
- Der Hub ist deutlich größer als die Bohrung: Das ist ein *Langhuber*.
- Bohrung und Hub sind gleich oder fast gleich groß: Das ist ein *quadratisches* Bohrung-Hub-Verhältnis.

Tabelle 2.4 Mittlere Kolbengeschwindigkeit einiger Motorrad-Motoren, Werte gerundet [2]

Motor	Takte	Zylinder	Leistung [PS]	c_m [m/s]	n [U/min]
Honda CB 750 Four (1975)	4	4	67	17	8000
Kawasaki Z1-R (1978)	4	4	90	19	8500
BMW R1200GS (bis 2012)	4	2	98	17	7000
BMW F650GS (Rotax, bis 2007)	4	1	50	18	6500
Honda CBR600F (bis 2013)	4	4	106	18	12.500
Norton Commando 750 (1972)	4	2	58	20	6750
Kawasaki H1 500 (1971)	2	3	60	15	7500
Yamaha RD350LC (1990)	2	2	49	16	8700
Yamaha FJR1300, RP28 (2018)	4	4	146	18	8000

Tabelle 2.5 Mittlere Kolbengeschwindigkeit einiger Rennmotoren, Werte gerundet [2]

Motor	Zylinder	Leistung [PS]	c_m [m/s]	n [U/min]
JAP Bahnrennmotor (ab 1938)	1	50	20	6000
BMW 500 RS (1956)	2	56	20	8500
Honda 250 (1965)	6	60	18	16.000
MB R4 (1914, Grand Prix)	4	115	18	3200
MB R8 (1934, Grand Prix)	8	354	17	5800
MB R8 (1954, Grand Prix)	8	290	20	8500
Ford Cosworth DFZ (1968, Formel 1)	8	610	25	11.000
Honda RA 109 E (1989, Formel 1)	10	660	22	12.800
Renault RS1 (1989, Formel 1)	10	640	23	12.500
Ferrari 046/1 (1996, Formel 1)	10	700	25	16.500
Ford ED V8 (1996, Formel 1)	8.	640	27	15.000

[1] Die Mehrzahl davon hatten wir in der Familie selbst, daher diese Auswahl.

Sie können die Grundauslegung mehr oder weniger wissenschaftlich machen, indem Sie vom mittleren effektiven Druck[2] p_{me} ausgehen. Aber als Konstrukteur mit über 40 Jahren Berufserfahrung in der Antriebstechnik ist mir klar, dass bei der Grundauslegung sehr häufig übergeordnete Gesichtspunkte eine große Rolle spielen:

- So baut ein langhubiger Motor schmaler, aber dafür höher als ein Kurzhuber. Nicht selten ist das ein Platzproblem in gegebenen Automotorräumen. Stellen Sie sich vor, Sie sollen einen neuen Motor für den Golf X entwerfen, müssen aber mit dem vorhandenen Bauraum, der bereits von anderen Konstruktionsbereichen festgelegt wurde, auskommen.
- Häufig sollen schon vorhandene, teure Kurbelwellen – das bedeutet gleicher Hub – oder schon vorhandene Zylinderblöcke, Zylinderköpfe oder Kolben verwendet werden. Beispiele: Frühere BMW-Motorradmotoren der Baureihen /5, /6, /7 etc. haben gleiche Kurbelwellen, aber verschiedene Bohrungen, das traf auch für ältere Opel-Motoren der unvergessenen CIH-Baureihe zu. Es spielen nicht nur rein konstruktive Fragen eine Rolle, sondern auch die bearbeitbaren Dimensionen vorhandener Werkzeugmaschinen der Transferstraßen. Was sehr gerne vom Standard-Konstrukteur vergessen wird, ist die Logistik. Es sind Fälle bekannt geworden, bei denen eine fertige, sehr große Maschine nicht mehr durchs Hallentor passte. Motoren werden häufig von einer Fabrik im Ausland per LKW in inländische Werke zum Einbau transportiert, und hier ist die ganze Transportkette vorab zu klären und konstruktiv zu berücksichtigen.
- Langhubige Motoren ziehen mitunter besser bei niedrigen Drehzahlen an als Kurzhuber, was aber nicht am Hub-Bohrungs-Verhältnis liegt, sondern an entsprechenden Ventilsteuerzeiten. Dazu später mehr. Umgekehrt vertragen Kurzhuber viel höhere Drehzahlen und haben daher meist auch mehr Leistung. Die Wahl des Verhältnisses Hub zu Bohrung hängt auch durchaus von der Kundenzielgruppe ab: Soll es ein biederer, unproblematischer und sparsamer Alltagsmotor oder ein ordentlicher Sportmotor werden?

Betrachten wir das Hub-Bohrungs-Verhältnis s/D: Kurzhuber mit $s/D < 1$ bedeuten kleine Kolbengeschwindigkeiten, daher sind höhere Drehzahlen möglich. Wegen des großen Bohrungsdurchmessers hat man viel Platz für große Ventile, was dem Gasdurchsatz zugute kommt. Andererseits wird das Verhältnis Oberfläche zu Volumen größer, was größere Wärmeverluste bedeutet. Für Ottomotoren wählt man nach [11] $s/D = 0{,}67 - 0{,}9$.

Dieselmotoren sind aufgrund des wesentlich größeren Zündverzugs gegenüber Ottomotoren ohnehin nicht für hohe Drehzahlen geeignet. Bei gängigen PKW-Dieselmotoren beginnt der rote Bereich des Drehzahlmessers bei etwa 5000 U/min, und die maximale Leistung liefern sie um die 4000 U/min. Weil sie eh nicht hoch drehen können, werden die Steuerzeiten so festgelegt, dass die Motoren bei niedrigen Drehzahlen viel Drehmoment bringen. Außerdem legt man sie meist langhubig aus, um einen nicht zu kleinen Verdichtungsraum zu erhalten. Nach [11] ist ein Hub/Bohrungsverhältnis von $s/D = 1{,}1 - 1{,}3$ für Viertakt-Diesel optimal, während große Zweitakt-Schiffs-Diesel ein Verhältnis $s/D = 1{,}7 - 2{,}0$ und mehr haben – bis zu $s/D = 3{,}0$.

[2] Ich habe diesen Begriff bewusst nicht erklärt, weil ich kein Fan dieser Betrachtungsweise bin. Näheres dazu in [11].

Tabelle 2.6 Bohrung und Hub einiger Rennmotoren, Werte gerundet [2]

Motor	Zylinder	Bohrung [mm]	Hub [mm]	*s*/*D*
JAP Bahnrennmotor (ab 1938)	1	80	100	1,25
MB R4 (1914, Grand Prix)	4	93	165	1,77
Bugatti R8 (1927, Grand Prix)	8	60	88	1,47
MB R8 (1934, Grand Prix)	8	78	88	1,13
Auto-Union V16 (1936)	16	75	85	1,13
MB R8 (1954, Grand Prix)	8	76	69	0,91
Ford Cosworth V8 (1968, Formel 1)	8	85,7	64,8	0,76
Ford ED V8 (1995, Formel 1)	8	94	54	0,57
Ferrari 046/1 V10 (1996, Formel 1)	10	92	45,1	0,49

Beim Betrachten von Tabelle 2.6 sehen Sie, dass über die Jahre das Hub-Bohrungs-Verhältnis immer kleiner geworden ist. Das ist wegen der extremen Drehzahlen und Leistungen auch nötig. Aber auch bei den Gebrauchsmotoren ist das so, obwohl es nach Untersuchungen von Honda eine Untergrenze gibt: Die höchste spezifische Leistung wird bei etwa $s/D = 0{,}68$ erreicht.

Tabelle 2.7 Bohrung und Hub einiger Gebrauchsmotoren, Werte gerundet [2]

Motor	Zylinder	Bohrung [mm]	Hub [mm]	*s*/*D*
Honda CB 750 Four	4	61	63	1,03
Honda CBR600F	4	67	42,5	0,63
BMW R1200GS	2	101	73	0,72
Yamaha FJ 1300, RP28	4	79	66,2	0,84
VW Polo 1,05 l	4	75	59	0,79
VW Golf Diesel 1,9 l	4	79,5	95,5	1,20
VW Golf Otto 1,4 l	4	76,5	75,6	0,99
Toyota 3S-FE 2,0 l	4	86	86	1,00
Opel C30NE (z. B. im Monza) 3,0 l	6	95	69,8	0,73
BMW M50 (z. B. im 525i) 2,5 l	6	84	75	0,89
Toyota Supra Mk3, 7M-GTE, 3,0 l	6	83	91	1,10

Was ist an der Stammtischbehauptung dran, dass Langhuber besser ziehen als Kurzhuber? Antwort: Nichts. Versuchen wir das mathematisch-physikalisch aufzulösen. Die Kolbenkraft F_K ist Verbrennungsdruck p mal der Kolbenfläche A_K:

$$F_K = p \cdot A_K$$

Das Drehmoment T an der Kurbelwelle ist bei der Stellung 90°, d. h. wenn der Kolben auf halbem Weg nach unten ist, Kraft F mal Kurbelradius r, also dem halben Hub s, vgl. Bild 2.2:

$$T = F \cdot r = F \cdot \frac{s}{2}$$

Dabei habe ich ein langes Pleuel unterstellt, sodass die Stangenkraft F ungefähr der Kolbenkraft F_K entspricht. Setzen wir die erste Gleichung in die zweite ein:

$$T = \frac{p \cdot A_K \cdot s}{2} = \frac{p \cdot V_H}{2} \qquad \text{mit } A_K \cdot s = V_H$$

Sie sehen, dass das Drehmoment nur vom Verbrennungsdruck p und dem Hubraum V_H abhängt. Und das beweist die Praxis: Die BMW-Motorradmodelle R1200GS sind ausgesprochene Kurzhuber, vgl. Tabelle 2.7, aber sie ziehen schon ab Leerlaufdrehzahl wie eine Lokomotive.[3]

2.2 Weitere Aspekte der Grundauslegung

Ebenfalls für die Grundauslegung interessant ist das *Pleuelstangenverhältnis* λ (Näheres dazu in Abschnitt 4.1). Tabelle 2.8 gibt Hinweise für die Größenordnung.

Tabelle 2.8 Pleuelstangenverhältnis λ einiger Motoren, Werte gerundet [2]

Motor	Hub[mm]	*r* [mm]	Länge Pleuel [mm]	λ
Honda CB 750 Four (1975)	63	31,5	120	0,26
BMW R100RS (1980)	70,6	35,3	135	0,26
BMW R1200GS (bis 2012)	73	36,5	125	0,29
Honda CBR600F (bis 2013)	42,5	21,25	94,75	0,22
Yamaha FJR 1300 (2018)	66,2	33,1	120,5	0,27
VW Golf Otto 1,4 l	75,6	37,8	144,25	0,26

Ein weiterer wichtiger Aspekt ist die Wahl des *Verdichtungsverhältnisses* ϵ. Es beschreibt das Verhältnis des Zylinderraums, also beginnend ab dem unteren Totpunkt UT, zum Restraum, dem Kompressionsvolumen, beginnend ab dem oberen Totpunkt OT. Mit V_H Hubraum und V_K Kompressionsvolumen wird das Verdichtungsverhältnis nach Bild 2.3:

$$\epsilon = \frac{V_H + V_K}{V_K} \tag{2.5}$$

Was bedeutet ein Verdichtungsverhältnis von 10:1? Das ursprüngliche Volumen wird auf ein Zehntel zusammengepresst. Ist der Druck im Zylinder dann zehnmal so hoch? Nein, und wenn, dann ist es Zufall. Einerseits erfolgt die Verdichtung *adiabatisch*, also sehr schnell ohne Wärmeabgabe, andererseits ist, wie wir schon wissen, das Einlassventil noch offen, während der Kolben bereits aufwärts geht. Und es wird auch nicht bis zum OT verdichtet, weil schon viel früher gezündet wird. Tabelle 2.9 bietet Ihnen ein paar Anhaltswerte, wobei Sie berücksichtigen mögen, dass Bahnrennmotoren mit Methanol gefahren werden und bei Zweitaktmotoren besonders die Japaner häufig das Verdichtungsverhältnis erst ab Schließen des Auslassschlitzes zählen, während andere Hersteller ab UT zählen.

[3] Ich hatte 14 Jahre lang so eine Maschine.

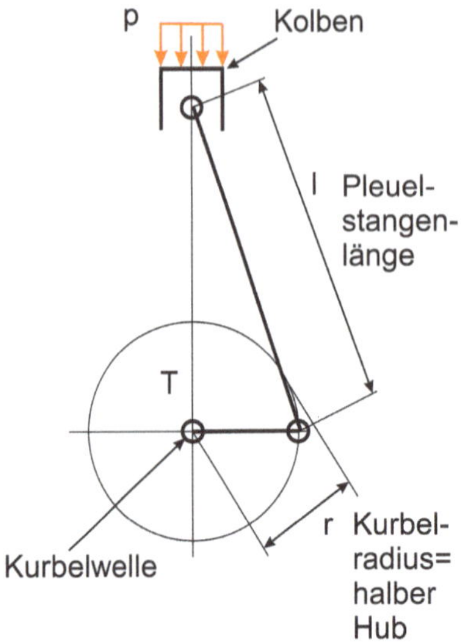

Bild 2.2 Zur Erklärung: Langhub vs. Kurzhub [2]

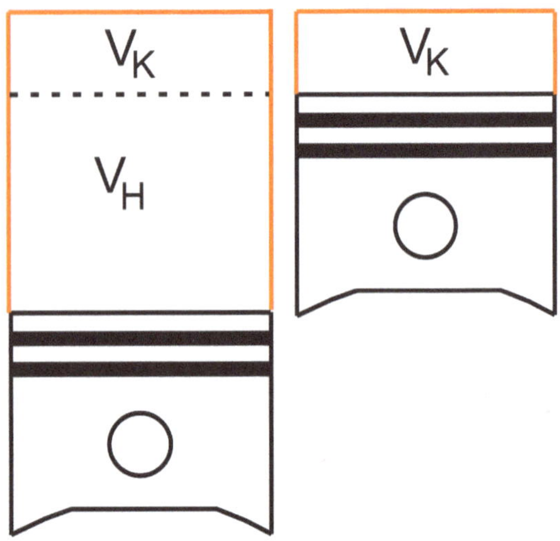

Bild 2.3 Das Verdichtungsverhältnis [2]

Tabelle 2.9 Verdichtungsverhältnis ϵ einiger Motortypen und ausgeführter Motoren, Werte gerundet [2], und tlw. Kompressionsdrücke, [85] entnommen.

Motor	ϵ	Druck [bar]
alte SV-Motoren	5–7	
alte OHV-Motoren	5–9	
Bahnrennmotoren	15	
Zweitaktmotoren	7	
Dieselmotoren	14–20	
Honda CB 750 Four (1975)	9	10–12
Kawasaki Z1/Z900	8,5	9–11
Kawasaki H1 500 (1971)		10
BMW R100RS (1980)	9,5	über 10
BMW R1200GS (bis 2012)	12	
Honda CBR600F (bis 2013)	11	
Yamaha FJR 1300	11	16–18

Das Verdichtungsverhältnis ϵ ist also eigentlich eine rein geometrische Größe. Aber es ist schon so, dass die Motorleistung fast linear mit steigender Verdichtung wächst.

Nun haben Sie wohl genug Tipps und Hinweise für die Grundauslegung eines Motors, und es ist nie ein Fehler, sich andere, erfolgreiche Konstruktionen näher anzuschauen. Das war übrigens das Erfolgsrezept der Japaner ab den 1960er-Jahren: Sie studierten die ausländischen Auto- und Motorrad-Konstruktionen genauestens, identifizierten die Schwachstellen besonders der englischen und deutschen Baumuster und verbesserten sie. Jeder Insider weiß, dass die ersten Zweitakt-Zweizylinder von Yamaha verdächtig den Adler-Maschinen aus Frankfurt ähnelten, und die Honda-Paralleltwins waren der Horex Imperator vom Design der Motoren nicht unähnlich – nur viel besser, stärker und haltbarer!

Wenn Sie nun den Job hätten, einen neuen Motor zu konstruieren, wie könnten Sie anfangen? Bei einem Automotor wäre die Frage der Leistung und des Hubraums mit der Marketingabteilung zu klären. Wie viele Zylinder wählen Sie? Sie können als groben Anhaltspunkt annehmen, dass der Hubraum pro Zylinder vielleicht 500 ccm oder kleiner wäre – natürlich gab und gibt es hier bekanntermaßen Ausnahmen. Gehen wir einmal von 500 ccm aus: Damit ist klar, dass ein Motor mit 3 l Hubraum eher sechs als vier Zylinder haben wird. Der gängigste Motortyp weltweit bei PKW-Motoren dürfte der Vierzylinder-Reihenmotor als Viertakter sein, das ist ein sehr guter Kompromiss aus Baumaßen, Produktionsaufwand und Herstellkosten bei brauchbarer Laufruhe. Reihenvierzylinder wurden gebaut von 600 ccm beim Fiat 600 von 1955 – 1969 bis 4500 ccm beim Indianapolis-Rennwagen Offenhauser 4,5 L4 – wobei der letztgenannte Wert wirklich sehr extrem ist. Mitunter, gerade bei „Premium“-Autos, ist auch die Anzahl der Zylinder eine Frage des Prestiges. Bei Kleinwagen sind heute Dreizylinder-Reihenmotoren en vogue, aber Zweizylinder sind fürs Auto eigentlich zu motorradmäßig.

Nachdem Sie eine Zylinderzahl festgelegt haben, würden Sie ein Hub-Bohrungs-Verhältnis definieren, dabei könnte Ihnen Tabelle 2.7 helfen. Nun könnte man den Motor in seinen Hauptabmessungen, d. h. Zylinderkurbelgehäuse samt Kurbelwelle und Kolben skizzieren, aber es fehlt noch der meist sehr hohe Zylinderkopf, dazu müssten Sie mal in Abschnitt 6.1 vorbeischauen. Dann können Sie schon einmal prüfen, ob dieser Motor in den gegebenen Bauraum passt. Allerdings können Sie nun bereits entscheiden, wie die Ventilanordnung sein soll. Einen seitengesteuerten, einen SV-Motor, werden Sie wohl nur noch in Ausnahmefällen entwerfen, aber er hat einen Vorteil: Der Zylinderkopf ist nur ein relativ flacher Deckel und der Motor baut nicht hoch. Aber heute werden Sie eher einen OHC- oder DOHC-Motor konstruieren, der meist sogar technisch einfacher ist als ein OHV-Motor. Als ganz groben Anhalt: Ein DOHC-Zylinderkopf wird voluminöser, wenn auch nicht unbedingt höher werden als OHC- oder OHV-Zylinderköpfe.

Bei Motorradmotoren gehen Sie ähnlich wie vorangehend geschildert vor, aber Sie haben viel größere Freiheiten, weil Motorräder sich vom vermeintlichen „Arme-Leute-Fahrzeug“ seit der genialen Werbekampagne von Honda in den 1960er-Jahren „You meet the nicest people on a Honda“ zum attraktiven Freizeit- und Sportfahrzeug gewandelt haben. Selbst Politiker wie Franz-Josef Strauss, Peter Struck oder der bayerische Innenminister Joachim Herrmann waren bzw. sind bekennende Motorradfans. Dazu kommen Schauspieler und Promis wie Hannes Jaenicke, Wolfgang Fierek, Axel Prahl, Horst Lichter, Tom Cruise, Orlando Bloom, Pink und Keanu Reeves, um nur einige zu erwähnen. Es sind auch technische Lösungen, die bei Autos aus Kostengründen undenkbar wären, von den Kunden gefragt. Ein bekanntes Beispiel sind die früheren Ducati-Motorräder, deren obenliegende Nockenwellen mit jeweils einer Königswelle angetrieben wurden und die bei manchen Modellen obendrein eine desmodromische Ventilsteuerung hatten – ein enormer und sehr teurer Bauaufwand, was aber die Fans der Marke lieben. Umgekehrt werden Einzylinder-Motoren mit großem Hubraum besonders für Geländemotorräder und Enduros gebaut – kein Mensch käme auf die Idee, ein Auto wegen des doch etwas ruppigen Laufverhaltens heute mit einem Einzylinder-Motor auszustatten!

Oftmals wird ohne technischen Sachverstand geurteilt: Während noch Anfang der 1970er-Jahre Motorradjournalisten[4] glaubten, dass die berühmten BMW-Motorräder mit ihrem Zweizylinder-Boxermotor mit dem damals größten Hubraum von 900 ccm am Ende wären und es ohne ein Mittellager gar nicht mehr ginge, war diesen Kritikern vollkommen unklar, dass ein Mittellager bei einem Zweizylinder-Boxermotor die Massenmomente stark erhöht! Und heute? BMW baut Hochleistungsmotoren dieser Bauart mit 1350 ccm ohne Mittellager (sic!), die bei den Kunden äußerst beliebt sind, und Zweizylinder-Boxer mit 1800 ccm, also 900 ccm pro Zylinder. Also Vorsicht mit den Forderungen und Prognosen selbsternannter Fachleute.

Momentan bietet die internationale Motorradindustrie Maschinen mit Motoren in Einzylinderbauform (bis 800 ccm von Suzuki), in V-Anordnung, oft als Zweizylinder (KTM bis 1300 ccm, Harley-Davidson bis 1900 ccm), Reihenmotoren bis sechs Zylinder (BMW GT 1600) und Boxermotoren bis sechs Zylinder (Honda Valkyrie 1800). Sehr verbreitet und beliebt sind nach wie vor die quergestellten Reihen-Vierzylinder, besonders der japanischen Anbieter, und BMW mit seinen ausgezeichneten Zweizylinder-Boxermotoren.

[4] Hier irrte auch der unvergessene Ernst „Klacks“ Leverkus.

3 Kurbelgehäuse, Zylinder und Kolben

3.1 Kurbelgehäuse

Das Kurbelgehäuse bildet das Lager für die Kurbelwelle; sie kann in Gleitlagern oder Wälzlagern gestützt sein. Es kann vertikal (mit der Abart Tunnelgehäuse) oder horizontal geteilt sein oder zusammen mit dem Zylinderblock ein *Zylinderkurbelgehäuse* bilden. Vertikal geteilt bedeutet, dass die Teilfuge senkrecht, also *vertikal zur Kurbelwellenachse* liegt, Bild 3.1 und Bild 3.2. Dies wurde gerne bei einfachen Mopedmotoren gemacht, aber auch bei Einzylinder-Viertaktern wie der NSU Max. In neuerer Zeit wird es beim 650-ccm-Viertakt-Einzylinder-Motor der BMW F650GS derart ausgeführt. Dies hat Vorteile bei der industriellen Fertigung[1], ist aber sehr nachteilig bei späteren Demontagen: Da die Motorgehäuse praktisch immer aus Aluminium-Legierungen sind, die Wälzlager (die hier meistens verwendet werden) aber aus Stahl bestehen und einigermaßen Festsitz im Gehäuse haben sollen, werden die Gehäuse angewärmt, damit sie sich stärker als die Lager dehnen, um die Lagersitze zu lösen. Auch bei der Montage müssen die Gehäuse auf ca. 100 °C erwärmt werden, was man mit vorsichtig geführter Flamme, Bild 3.5, machen kann – oder man gibt das Gehäuse und seine Lagerdeckel in einen Backofen.

Bild 3.1 Mein Eigenbau-Zweitaktmotor MXM-2 mit 175 ccm: Er hat ein vertikal geteiltes Gehäuse, aber mit verschraubten Stahl-Lagereinsätzen, damit man sich das lästige Erwärmen sparen kann [2].

1 Es wird mit Bohr- und Montage-Vorrichtungen und Lehren gearbeitet, damit die Fertigung preiswert ist.

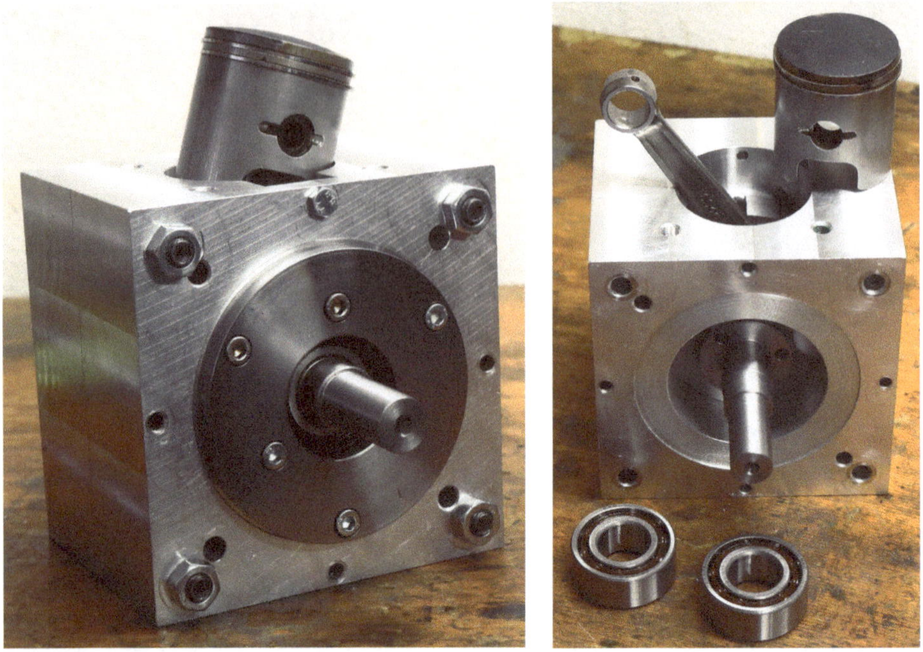

Bild 3.2 Mein Eigenbau-Zweitaktmotor MXM-2 mit 175 ccm und vertikal geteiltem Motorgehäuse aus Aluminium 7075 [2]

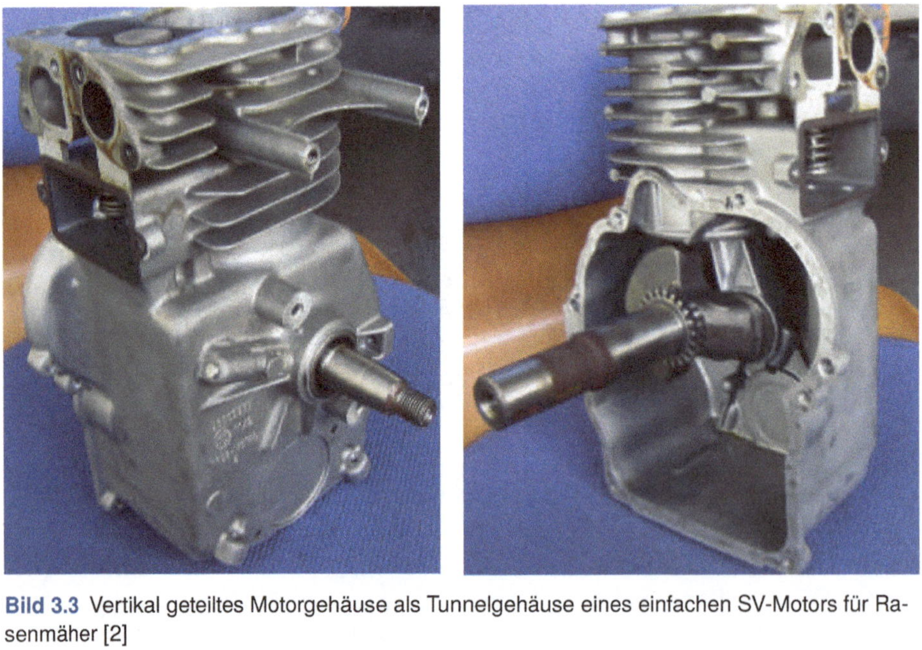

Bild 3.3 Vertikal geteiltes Motorgehäuse als Tunnelgehäuse eines einfachen SV-Motors für Rasenmäher [2]

Doch damit sind die Schwierigkeiten noch nicht beendet: Da man hier aus Montagegründen fast nie mit sauberen Fest-Loslagerungen arbeiten kann, werden schwimmende Lagerungen genutzt. Diese haben die Eigenart, dass sich die Lager je nach Last- bzw. Drehrichtung der Welle mal links, mal rechts an den Gehäuseschultern anlegen; daher muss ein gewisses Seitenspiel für die Lager da sein, zu groß darf es aber auch nicht werden. Dieses Spiel wird mit *Passscheiben* eingestellt, und das bedingt bei späterem Austausch von Kurbelwellen, dass das Seitenspiel gemessen und ggf. mit anderen Passscheiben korrigiert werden muss. Dazwischen kann man immer wieder erwärmen und das Gehäuse auseinanderrupfen. Einfach geht anders. Bei der Fertigung in der Fabrik wird das sehr flott mit speziellen Messplatten etc. gemacht.

Man kann es natürlich auch komfortabler, aber damit teurer machen, indem man die Wälz- oder auch Gleitlager in separate Lageraufnahmen aus Stahl einpresst, Bild 3.1 und Bild 3.2. Diese Lageraufnahmen werden dann axial mit dem Kurbelgehäuse verschraubt; sie passen saugend ins Kurbelgehäuse. Damit kann man sich die ganze Erwärmerei sparen. Doch das taugt nur für Eigenbauten oder nachträgliche Verbesserungen, denn keine Industriefirma wird sowas machen, wo heute doch speziell in den Autofabriken mit dem hundertstel Cent gerechnet wird.

Bild 3.4 Zerlegter Boxermotor meiner BMW R90/6 von 1974: Das Motorgehäuse links ist ein Tunnelgehäuse, das vorn mit einem Lagerdeckel verschlossen wird [2].

Eine Variante der vertikalen Gehäuseteilung ist das *Tunnelgehäuse*. Es hat einfach eine recht starke Unsymmetrie in der Teilung: So nimmt die eine Gehäusehälfte praktisch alle Bauteile auf, während die andere Gehäusehälfte nur noch ein Deckel ist. Das macht man bei ganz billigen Motoren[2] für Rasenmäher, Bild 3.3. Aber auch bei ausgewachsenen Mo-

2 Wenn der ganze Rasenmäher im Baumarkt, sagen wir, 150 € kostet, und Sie bedenken wollen, dass hier der Baumarkt, der Großhändler, die Rasenmäher-Firma, der Motorenimporteur, die Motorenfirma selbst und natürlich die gierigen Finanzämter und Zollbehörden mitverdienen wollen, was darf der Motor in der Herstellung kosten? 10 € oder 15 €?

Bild 3.5 5-Gang-Getriebe einer BMW R 100 RS von 1982: Dies ist ein Tunnelgehäuse, das oben mit einem Lagerdeckel (rechts) verschlossen wird [2]. Damit sich die Lagersitze lösen, muss das Gehäuse bzw. der Deckel auf gut 100 °C angewärmt werden. Einfach geht anders.

torradmotoren wie bei den berühmten BMW-Boxermotoren mit zwei Ventilen pro Zylinder arbeitet man mit Tunnelgehäusen, Bild 3.4. Schon die BMW-Vorkriegsmotoren hatten diese Tunnelgehäuse, und es wurde lange behauptet, diese vertikale Teilung wäre stabiler als horizontale Teilung. Merkwürdig ist nur, dass die neueren 4-Ventiler-BMW-Boxermotoren, obwohl viel stärker als die alten 2-Ventiler, inzwischen horizontale geteilte Motorgehäuse haben.

Außerdem werden Tunnelgehäuse gerne bei Fahrzeuggetrieben verwendet, sehr wahrscheinlich auch bei Ihrem PKW, oder bei den BMW-Motorradgetrieben der Boxerreihe, Bild 3.5. Wenn Sie genau hinschauen, dann erkennen Sie auf den Lagern der drei Wellen die vermaledeiten Ausgleichsscheiben. Falls Sie bei einem solchen Getriebe einmal die Wälzlager auswechseln müssen[3], dann können Sie die alten Passscheiben beibehalten, weil die Breiten von Wälzlagern aufs Hundertstel toleriert sind.

Was ist die Alternative? Horizontal geteilte Gehäuse! Die Teilfuge der Gehäusehälften liegt parallel zu den Wellenachsen, und damit ist die Montage und Demontage ein Kinderspiel – Sie können die Wellen samt den dort schon montierten Lagern aus drei Metern Entfernung ins Gehäuse werfen. Blödsinn wie Ausgleichsscheiben und Anwärmen brauchen Sie nicht. Es wird zwar behauptet, dass man nur bei vertikaler Teilung mehr als zwei Wellen unterbringen kann, weil bei horizontaler Teilung an sich alle Wellen in der Teilfuge liegen müßten. Das ist aber so nicht richtig: Bei der Honda CB 750 Four liegen eine Welle sowie die Schaltwalze eingeschoben in der unteren Gehäusehälfte, vgl. Bild 3.7. Insgesamt eine feine Sache, diese horizontal geteilten Gehäuse, Bild Bild 3.6 und Bild Bild 3.7!

[3] Und das kommt relativ häufig vor, weil diese Lager bis auf das Eingangswellen-Rollenlager hoffnungslos unterdimensioniert sind. Es ist bei dieser Bauweise einfach zuwenig radialer Platz für gescheite Lager übrig. Ich habe schon ein halbes Dutzend Mal solche BMW-Getriebe reparieren müssen. Macht keinen Spaß.

Bild 3.6 Horizontale Teilung: Hier der Motor einer Kawasaki H1 500 von 1971. Axiale Sicherung der Kurbelwelle über *Halbmondring* [2].

Bild 3.7 Horizontale Teilung: Honda CB 750 Four. Blauer Pfeil: Kurbelwellen-Gleitlager, rote Pfeile: axiale Sicherung der Wälzlager über *Halbmondringe* [2].

Wie alle wirklich guten Sachen haben die horizontal geteilten Gehäuse nur einen Nachteil: Sie sind teuer. Und zwar deshalb, weil die beiden Gehäusehälften nach dem Gießen oder Schweißen zunächst geplant werden müssen. Dann werden sie verschraubt und erst jetzt können die Lagersitze gemeinsam gebohrt werden. Daher sind die Gehäusehälften eigentlich immer gepaart, und bei Defekten kann nicht einfach nur eine Hälfte ausgetauscht werden.

Bild 3.8 Halbmondring zur axialen Fixierung von Wälzlagern, hier bei einer Kawasaki Z1-R aus 1978 [2]

Bild 3.9 Zylinderstift zur axialen Fixierung von Rollenlagern, hier bei einer Kawasaki Z1-R aus 1978 [2]

Die dritte Variante ist das *Zylinderkurbelgehäuse*, Bild 3.11, Bild 3.12 und Bild 3.13. Hier bestehen Kurbelgehäuse und Zylinderblock aus einem Stück, entweder aus Grauguss oder einer Leichtmetall-Legierung. Das ist die Standard-Bauweise für Automotoren und moderne Motorradmotoren. Die Lagergassen werden meist mit Lagerbrücken wie in Bild 3.14 und

Bild 3.10 Mein Eigenbau-Viertaktmotor MXM-1 mit 160 ccm und horizontal geteiltem Motorgehäuse aus Stahl als Schweißkonstruktion [2]

hochfesten Dehnschrauben verschlossen, mitunter werden aber auch ganze Deckplatten, sog. *Backplates*, verwendet, wenn es ganz besonders steif und stabil sein soll.

3.2 Zylinder

Bei Automotoren herrscht wohl immer noch Grauguss als Gießmaterial für die Zylinderkurbelgehäuse, im Volksmund *Motorblock* genannt, vor, weil Grauguss folgende Vorteile hat:

- sehr preiswertes Material
- lässt sich sehr gut vergießen bei ca. 1200 °C gegenüber Stahlguss bei 1600 °C
- hervorragende Gleiteigenschaften als Zylindermaterial durch den Lamellengraphit
- ausgezeichnete Schwingungsdämpfung
- wenig korrosionsempfindlich

Dem stehen nur folgende Nachteile gegenüber: schwer und schlechte Wärmeleitung. Für Motorblöcke kommen diese Gusseisen infrage, Bild 3.15:

- **Grauguss** GJL: Hier wird der Kohlenstoff in Form von Graphitlamellen ausgeschieden, und das sorgt für exzellente Laufeigenschaften. Nachteilig ist die recht geringe Zugfestigkeit und Zähigkeit, aber die Druckfestigkeit ist gut. Grauguss ist sehr preiswert.
- **Vermicularguss** GJV: Hier wird der Kohlenstoff in Form von würmchenförmigen Strukturen (lat: vermiculus = das Würmchen) ausgeschieden. Dieser Gusseisenwerkstoff hat eine deutlich höhere Zugfestigkeit und Zähigkeit als Grauguss und wird zunehmend im Verbrennungsmotorenbau genutzt. Es wurde erst um 1960 entwickelt.

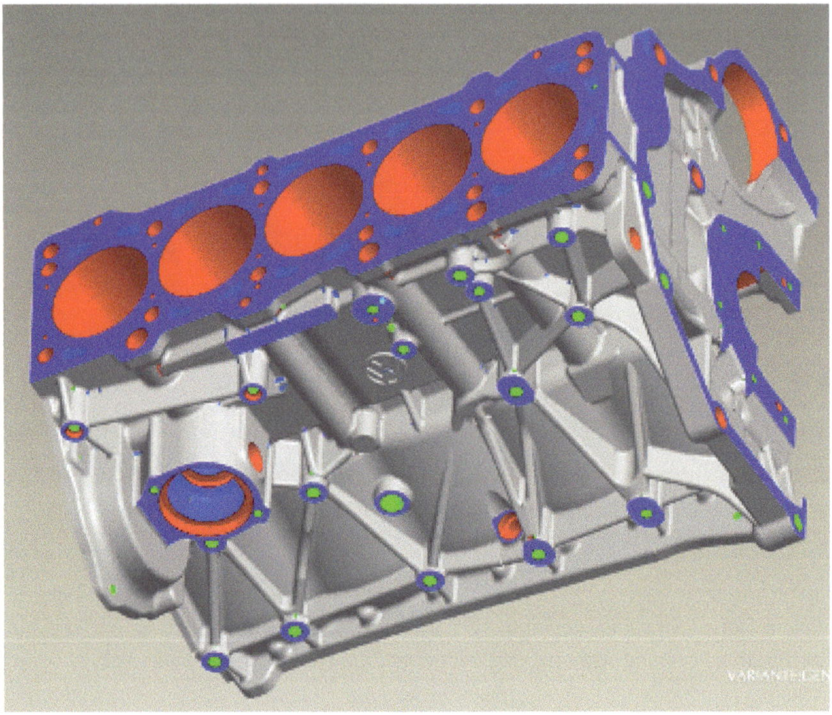

Bild 3.11 Zylinderkurbelgehäuse eines 5-Zylindermotors ähnlich VW, konstruiert in Creo [3]

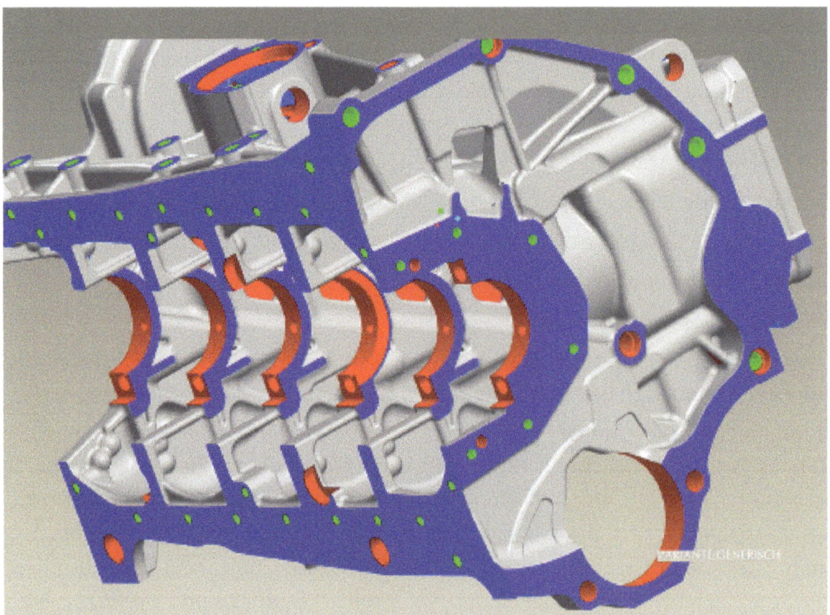

Bild 3.12 Zylinderkurbelgehäuse eines 5-Zylindermotors ähnlich VW, konstruiert in Creo [3]

Bild 3.13 Zylinderkurbelgehäuse eines 4-Zylindermotors eines VW Polo [2]

Bild 3.14 Mit diesen Lagerbrücken werden die Gleitlager bei einem Zylinderkurbelgehäuse verschlossen [2].

- **Kugelgraphitguss** GJS, auch Sphäroguss genannt: Das ist ein Gusseisen, bei dem der Kohlenstoff kugelförmig ausgeschieden wird. Sphäroguss hat stahlähnliche Eigenschaften und wird für Kurbelwellen, sehr große Zylinderkurbelgehäuse und Turbinengehäuse, aber auch für Castor-Behälter verwendet. Für PKW-Motoren ist er eher unüblich.

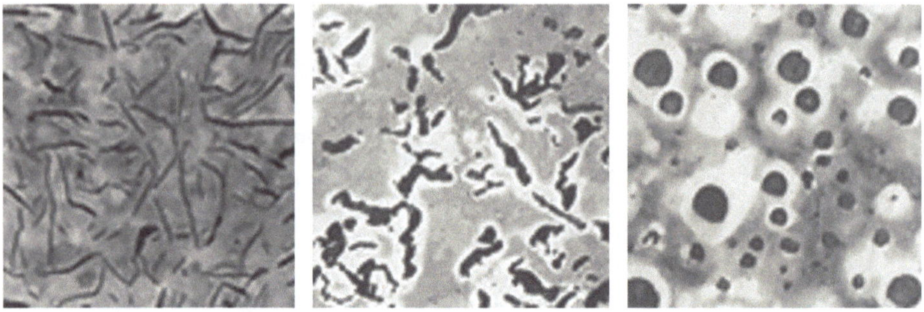

Bild 3.15 Gefüge diverser Gusseisensorten: Grauguss GJL, Vermiculargugs GJV, Kugelgraphitguss GJS (Werkbilder Mitsubishi)

Die Vorteile von Leichtmetallguss sind: Aluminium ist viel leichter als Grauguss, was besonders bei Motorradmotoren[4] sehr wichtig ist, um nicht unnötig Gewicht mit sich herumzuschleppen. Nebenbei sieht es mit seiner silbernen Farbe viel besser als rostiger Grauguss[5] aus. Grauguss wird eigentlich immer im Sandguss-Verfahren vergossen, wobei die Gießformen auf automatischen Anlagen hergestellt werden. Auch der eigentliche Gießprozess erfolgt vollautomatisch. Aber gerade Motorrad-Motorgehäuse werden heute fast immer im Druckguss-Verfahren gegossen, das gibt sehr glatte Oberflächen. Wenn die, wie bei den japanischen Herstellern üblich, dann noch mit Klarlack überzogen werden, dann ist das Endprodukt schon sehr schick.

Aber auch bei den Automotoren ist Leichtmetall als Material für die Zylinderkurbelgehäuse immer beliebter, da auch hier immer mehr Gewicht gespart werden soll – das an anderer Stelle wieder doppelt und dreifach erhöht wird: Haben Sie schon einmal einen modernen Autositz ausgebaut? Während man bei Grauguss-Motorblöcken die Kolben direkt im Motorblock laufen lässt, was durch die hervorragenden Gleiteigenschaften des Lamellengraphits ausgezeichnet funktioniert, ist man bei Aluminium-Motorblöcken auf spezielle Laufmaterialien angewiesen, denn das Leichtmetall der Kolben würde sofort im unbewehrten Leichtmetall des Motorblocks fressen. Das wahrscheinlich älteste Verfahren sieht einfach eine eingegossene oder eingepresste dünnwandige Laufbuchse aus Grauguss vor. Diese Laufbuchsen werden im *Schleuderguss* hergestellt: Die rotationssymmetrische Gussform dreht sich, und das eingegossene flüssige Metall wird durch die Fliehkraft nach außen gezogen, was einen sehr dichten und stabilen Guss ergibt. Bei derart eingepressten Laufbuchsen spricht man von *trockenen Laufbuchsen*, weil außen zunächst das Motorblockmaterial kommt und dann erst der Wasserkühlmantel. Man kann aber auch diese Laufbuchsen mit einem leichten Übergangssitz einschieben und direkt vom Kühlwasser umspülen lassen, wobei die Buchsen mit O-Ringen gegenüber dem Motorblock abgedichtet werden. Bei Ver-

[4] Im 2. Weltkrieg stellten Motorradfirmen wie DKW ihre Motorgehäuse auf Grauguss um, weil das Aluminium für die viel kriegswichtigeren Flugmotoren gebraucht wurde.

[5] Was bei Automotoren nicht besonders stört, die sieht man ja meist nicht unter der Motorhaube

Bild 3.16 In einer Leichtmetall-Gießerei während meines Industriepraktikums 1974 in Darmstadt [2]

schleiß lassen sich diese Buchsen sehr leicht ziehen und durch neue ersetzen. Das wurde früher gerne bei französischen Automotoren gemacht und auch im LKW-Motorenbau ist es nicht unüblich. Man spricht von *nassen Laufbuchsen*.

Eine andere Möglichkeit ist das Beschichten der Aluminium-Laufflächen mit Hartchrom oder mit Hartstoffen wie Siliziumkarbidpartikeln, die in einer Nickelschicht eingebettet sind. Bekannte Produkte sind *Nikasil* von MAHLE oder *Galnikal* von KS. Derart beschichtete Zylinder sehen selbst nach 100.000 km Laufleistung wie neu aus; wenn allerdings diese Schicht aus irgendeinem Grund beschädigt ist, ist eine Reparatur schwierig.

Neuere Entwicklungen sind das *Alusil*-Verfahren, bei dem eine übereutektische[6] Aluminiumlegierung im Niederdruck-Kokillenverfahren vergossen wird. Bei der Erstarrung ausgeschiedene Siliziumkristalle werden durch Ätzen freigelegt. Das *Lokasil*-Verfahren arbeitet mit hochporösen Hohlzylindern, sog. *Preforms*, aus Silizium, die beim Vergießen des eigentlichen Grundmaterials davon infiltriert werden. Anschließend werden die Siliziumkristalle durch Honen freigelegt.[7]

Noch leichter sind Magnesium-Legierungen, und schon das Kurbelgehäuse des VW-Käfer war aus einer solchen gegossen. Wie Tabelle 3.1 zeigt, wiegen Teile aus einer Magnesium-Legierung nur zwei Drittel wie vergleichbare Aluminiumteile und nur ein Viertel gegenüber vergleichbaren Graugussteilen. Jedoch ist Magnesium sehr korrosionsfreudig, und Magnesiumspäne, wie sie bei der spanenden Bearbeitung anfallen, sind hochgradig brennbar.

6 Bei einer eutektischen Legierung, dem Eutektikum, geht bei Abkühlung der flüssige Zustand sofort in den festen Zustand über; es gibt keine teigige Phase. Bei Aluminium-Gusslegierung hat das Eutektikum ziemlich genau 12 % Silizium.

7 An der Auslegung und Berechnung dieses Verfahrens war ich seinerzeit im Rahmen eines Bayerischen Forschungsverbunds beteiligt.

Tabelle 3.1 Dichte verschiedener Motorblock-Werkstoffe in kg/m^3.

Stahl	Gusseisen	Rein-Alu	Alu-Leg.	Magnesium	Mag-Leg.
7830	7200	2700	2600–2800	1730	1800

Nicht umsonst wird Magnesiumpulver in Silvesterraketen und Leuchtspurgeschosse der Streitkräfte gegeben. Magnesiumbrände erreichen bis 3000 °C und können nicht mit Wasser gelöscht werden. Daher werden Magnesiumlegierungen nicht besonders häufig technisch verwendet.

Ein früher gern verwendetes Material für Zylinder ist Stahl. Besonders Sternmotoren für Flugzeuge hatten aus Festigkeitsgründen Stahlzylinder, und zwar aus Stahlsorten mit 0,35–0,4 % Kohlenstoff. Es würde also ein heutiger 42CrMo4 passen. TAYLOR [75] empfiehlt einen Stahl SAE 4130 entsprechend einem 25CrMo4, geschmiedet oder gewalzt, Brinellhärte 300, das entspricht einer Zugfestigkeit von etwa 1000 N/mm^2. Wie zu erfahren war, wurden zumindest die Laufbahnen vergütet, gehärtet oder nitriert. Die Zylinderköpfe aus einer Aluminium-Legierung wurden erwärmt und dann aufgeschraubt. Nach Erkalten war die Verbindung bombenfest und dicht. Stahl wurde aber schon vor über 120 Jahren als Zylindermaterial für Automobil- und Flugmotoren verwendet, und zwar wurde um die einzelnen Stahlzylinder zur Kühlung ein Wassermantel aus Blech geschweißt.

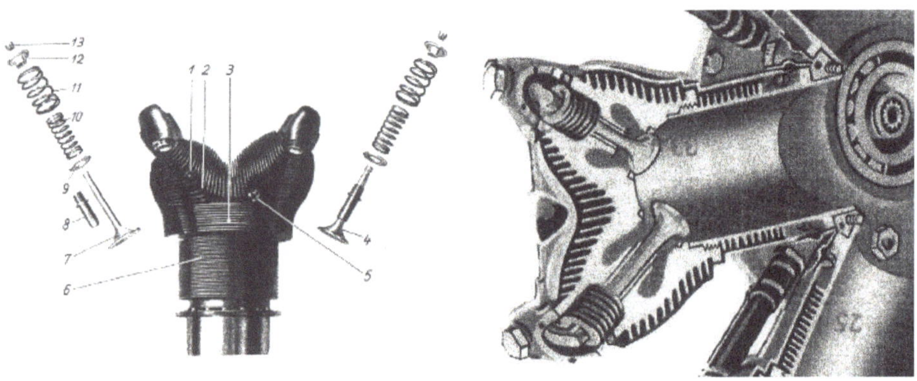

Bild 3.17 Links: Stahlzylinder (6) mit aufgeschraubtem Leichtmetall-Zylinderkopf (3) eines Flugmotors BRAMO Fafnir 323, wie er z. B. in der Focke Wulf Condor verwendet wurde [34]. Rechts: Stahlzylinder des Doppelsternmotors BMW 801, wie er in der Focke Wulf FW190 zum Einsatz kam [33].

Egal, aus welchem Material die Zylinder sind: Sie müssen auf Maß gebohrt werden. Das macht man mit *Zylinderbohrwerken*, das sind eigentlich von der Bauweise her nur sehr steife Fräsmaschinen mit besonders großem Z-Verfahrweg. Als Werkzeug wird ein einschneidiges Werkzeug, ein Bohrstahl, verwendet, der in einer besonders steifen Bohrstange gehalten ist. Auch in einer stabilen Standard-Fräsmaschine können Sie Zylinder bohren, was ich schon mehrfach mit Erfolg gemacht habe.

Sie bohren bis auf etwa 0,05 mm Untermaß, wobei Sie präzise mit einem SUBITO messen sollten. Nun folgt der nächste Schritt: das Honen. Dazu verwenden Sie eine *Honahle*, entweder in Billig-Ausführung aus Asien, Bild 3.19, die man bei einschlägigen Internet-Märkten schon für 100 € bekommt, oder als hochwertige Profiausführung, Bild 3.20, die

Bild 3.18 Eigenbau-Bohrstange aus gebrauchten Komponenten [2]

Bild 3.19 Billig-Honahle [2]

Bild 3.20 Hochwertige Honahle [2]

Bild 3.21 Links: Bohren mit Bohrstange eines Zylinders mit 63 mm Durchmesser. Rechts: Honen mit Billig-Honahle. Beides wurde auf einer Universal-Fräsmaschine Golmatic MD23 für meinen Eigenbau-Viertaktmotor MXM-1 gemacht [2].

Bild 3.22 Frisch gehonte Zylinder einer Honda CB 750 Four: Der Zylinderblock hat eingesetzte Graugusslaufbuchsen [2].

Bild 3.23 Das Kreuzschliffmuster eines frisch gehonten Zylinders einer Honda CB 750 Four [2]

dann allerdings mehr als das Zehnfache kostet. Und bei der Billig-Honahle müssen Sie erst einmal mit ein paar Stunden Nacharbeit rechnen, bis alle Führungen sauber und klemmfrei laufen; aber für den Hausgebrauch reicht's. Eine Honahle besteht aus einem Grundkörper, in dem ein Doppelkegel rein mechanisch oder in Industriefirmen hydraulisch in einer speziellen *Honmaschine* verschoben wird und damit die einzeln im Grundkörper verschieblich gelagerten Honleisten parallel aufspreizt. Die Honleisten bestehen aus den üblichen Schleifmaterialien wie Korund o. a., und es gibt sie in verschiedenen Körnungen. Nur damit können Sie Bohrungen herstellen, die *rund* und *zylindrisch* sind – nur Drehen, Bohren oder Schleifen reichen nicht! Als angenehmer Nebeneffekt entsteht ein *Kreuzschliffmuster*, Bild 3.23, das dafür sorgt, dass das Öl im Zylinder haften kann. Wäre der Zylinder völlig glatt, wie poliert, dann könnte das Öl nicht haften. Viele Quellen behaupten, dass man hont, um dieses Kreuzschliffmuster zu bekommen. Das ist aber nicht richtig, denn den Zylinder zur Ölhaftung aufrauen kann man auch mit modernem *Laserpunktieren* – nein, der eigentliche Zweck des Honens ist die Erzeugung einer runden und zylindrischen Form.[8] Das Muster gibt's sozusagen als willkommene Dreingabe.

Vom Werk aus haben die Zylinderbohrungen bestimmte Maße, und bei manchen Motoren werden die jeweiligen Bohrungen mit entsprechenden Kolben zusammengepasst. So gibt BMW für seine Boxermaschine BMW R1150R ein Zylindermaß 20 mm von Oberkante an [35]:

- Zylinder A: 100,992 – 101,000 mm, Verschleißgrenze 101,050 mm
- Zylinder B: 101,000 – 101,008 mm, Verschleißgrenze 101,058 mm

Die zulässige Unrundheit beträgt:

- 20 mm von Oberkante: 0,030 mm
- 100 mm von Oberkante: 0,040 mm

8 Rundheit und Zylindrizität sind zwei unterschiedliche Qualitätsmerkmale!

Ein weiteres Beispiel: Honda gibt für die Honda CB 250 K [76] dies an:

- Messen in Richtung beider Durchmesserachsen: oben, Mitte, unten.
- Bohrung: 56,01 – 56,02 mm; auswechseln, wenn über 56,1 mm
- Konizität: 0,005 mm; auswechseln, wenn über 0,05 mm
- Ovalität: 0,005 mm; auswechseln, wenn über 0,05 mm

Bild 3.24 Messen eines Zylinders einer Kawasaki Z900 [2]

Das Messen dieser Innendurchmesser machen Sie mit einem Innen-Feinmessgerät, im Werkstattjargon SUBITO genannt, Bild 3.24 und 3.25. Für den Hausgebrauch tut es ein Satz aus fernöstlicher Herstellung; Profis verwenden die Original-Subitos der Firma Schwenk, die natürlich deutlich genauer und langlebiger sind. Dabei handelt es sich um eine vergleichende Messung, da Sie den SUBITO vor dem eigentlichen Messen mit einem Mikrometer (neudeutsch: Bügelmessschraube) kalibrieren. Beispiel: Das Bohrungsmaß soll 63,00 mm sein. Sie stellen Ihr Mikrometer, und zwar das mit dem Messbereich von 50 – 75 mm, auf genau diesen Wert ein. Sie nehmen den passenden SUBITO samt Messuhr und setzen einen ausreichend langen Bolzen Bild 3.25 ein. Das Mikrometer spannen Sie am besten mit seinem Bügel mit Gefühl in den Schraubstock ein und geben den vorbereiteten SUBITO zwischen die Messbolzen. Kippen Sie den SUBITO vorsichtig hin und her: Bei der größten Anzeige stellen Sie die Messuhr des SUBITO auf null. Nun ist er auf genau 63,00 mm kalibriert. Wenn Sie nun die Zylinderbohrung messen und +0,05 mm ablesen, dann ist die Bohrung um 0,05 mm *kleiner*, hat also 62,95 mm.

Das Aufsetzen eines Zylinderblocks bei Mehrzylindermotoren verlangt Muße und Fingerspitzengefühl. Ohne Kolbenring-Spannbänder wird das nicht wirklich einfach, obwohl ich es auch schon ohne alle Hilfsmittel gemacht habe. Besser geht's mit Hilfsmitteln wie geschlitzten Brettchen und schmalen Kolbenring-Spannbändern, Bild 3.26.

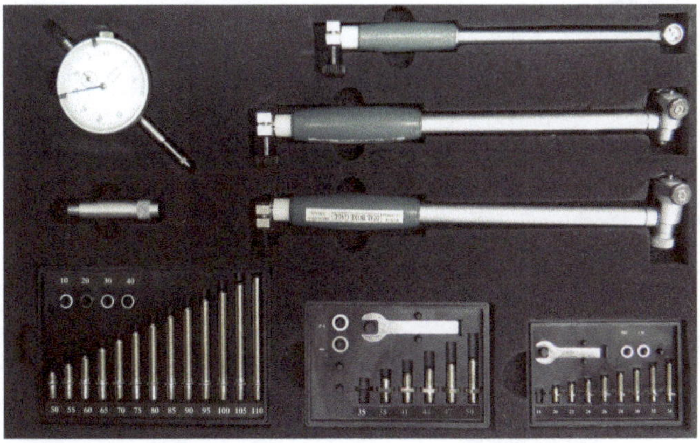

Bild 3.25 Ein Innen-Feinmessgerät für einen großen Bohrungsbereich [2]

Bild 3.26 Hier setze ich einen Kawasaki-Z900-Zylinderblock auf. Die Kolben 2 und 3 sind mit geschlitzten Holzbrettchen unterstützt und haben Kolbenring-Spannbänder von Scheuerlein Motorentechnik [2].

Bild 3.27 Zylinderkopfdichtung für die Zylinder 1 und 2 eines Kawasaki-Z900-Motors [2]

Während man in der Frühzeit des Automobils Zylinder und Zylinderköpfe aus einem Stück goss oder aus Teilen zusammenschweißte, macht man daraus heute zwei Teile, die für sich viel leichter zu bearbeiten sind. Doch damit erkauft man sich auch einen Riesennachteil: Nun braucht's eine *Zylinderkopfdichtung*. Diese hochspezialisierten Bauteile können auch heute noch für Ärger und Verdruss sorgen, und zwar aus einem einfachen physikalischen Grund: Der Zylinderblock ist beispielsweise aus Grauguss, der Zylinderkopf aus einer Aluminiumlegierung und die Zylinderkopfschrauben bzw. die beides verspannenden Stehbolzen sind aus Stahl. Damit treffen Materialien ziemlich unterschiedlicher Wärmeausdehnungskoeefizienten aufeinander, und die Berechnung wird sehr schwierig. Früher mussten die Zylinderkopfschrauben bzw. die Stehbolzen alle paar tausend Kilometer nachgezogen werden, weil sich die Zylinderkopfdichtung setzte. Bild 3.28 zeigt den Sachverhalt: Hier konnten die Zylinderkopfschrauben nach 1000 km um gut 45° nachgezogen werden. Wenn Sie nun einen Dreisatz machen mit der Steigung der Zylinderkopfschrauben p, dergestalt:

$$\frac{p}{360} = \frac{x}{45}$$

dann können Sie leicht den Setzbetrag x ausrechnen. Heute kann oder will man dem Automobil-Kunden nicht mehr zumuten, zumindest nach den ersten 1000 km, die Werkstatt aufzusuchen, um die Zylinderkopfschrauben nachzuziehen. Man erreicht das bei Automotoren halbwegs, indem moderne Zylinderkopfdichtungen einen mehrlagigen Aufbau aus verschiedenen Stahlblechen mit speziellen Verformungszonen haben; letztendlich kommt man aber um die Physik nicht herum – eine schwierige Angelegenheit.

Bei Motorradmotoren ist dieses an sich notwendige Nachziehen noch immer an der Tagesordnung, z. B. bei der BMW R 1200 GS: Zuerst über Kreuz mit je 20 Nm, im zweiten Durchgang um 90° weiterdrehen, im dritten Durchgang nochmals um 90° weiterdrehen [85]. Aber das ist bei diesem Zweizylinder-Boxermotor wegen der hervorragenden Zugänglichkeit ein Kinderspiel (Näheres zu diesem Thema in Abschnitt 6.1.1).

Bild 3.28 Zylinderkopfschrauben einer Kawasaki Z900 nach Montage des Zylinderkopfs und 1000 km später: Das sehen Sie an den blauen Filzschreiberstrichen auf den Muttern [2].

3.3 Kolben

Der Kolben eines Verbrennungsmotors ist streng genommen eigentlich nur der Träger der Kolbenringe, welche die *alleinige* Abdichtung gegenüber dem Zylinder übernehmen. Der Kolben selbst hat bei gängigen Auto- und Motorradmotoren ein Spiel von etwa 0,05 mm im Zylinder, dies als Daumenwert. Da das Pleuel hin- und herkippt, dient der Kolben mit seinem Kolbenbolzen auch als Gelenk für das Pleuel, Bild 4.11. Das ist nicht immer so: Große Schiffsdiesel haben eine starre Kolbenstange, die im Kolben fest verschraubt ist. An ihrem unteren Ende greift dann das eigentliche Gelenk mit seiner Längsführung an, der *Kreuzkopf.* Am Kreuzkopf greift dann das Pleuel an. Diese Bauart entlastet den Kolben vollkommen von Seitenkräften, außerdem wird durch die hohle Kolbenstange Kühlöl zum Kolben geführt. Aber diese an sich vorteilhafte Bauweise, die an die Dampfmaschine angelehnt ist, baut sehr hoch, was bei Schiffen nicht stört, bei Fahrzeugen aber dafür umso mehr.

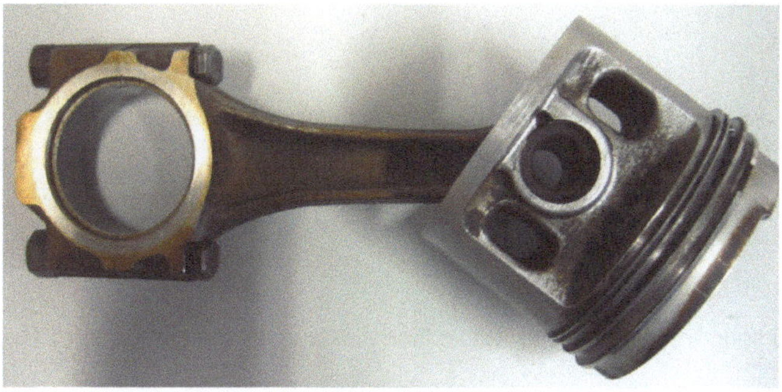

Bild 3.29 VW Polo, Benziner: Der Kolben mit Kolbenbolzen kippt im Pleuel. Dadurch bekommt der Kolben gehörige Seitenkräfte ab, die für verstärkten Zylinderverschleiß sorgen [2].

Während Vorkriegs-Kolben oft doppelt so lang waren wie ihr Durchmesser, Bild 3.30, und Kolben der 1970er (und später) immer noch meist so hoch wie ihr Durchmesser waren, sind moderne Kolben nicht einmal halb so hoch wie ihr Durchmesser, vgl. Bild 3.31 und Bild 3.32. Bei Sport- und Rennmotoren ist man inzwischen bei einem Drittel des Kolbendurchmessers für die Kolbenhöhe. Man dachte lange, dass die langen Kolbenschäfte notwendig wären, um den Kolben sicher zu führen, ähnlich wie bei Gleitlagern, die man nach früheren Konstruktionsregeln auch gerne doppelt so lang wie ihr Durchmesser machte. Wie wir schon wissen, beträgt die Breite heutiger Motorgleitlager nur noch ein Viertel bis ein Fünftel ihres Durchmessers. Ganz ähnlich verlief die Entwicklung bei den Kolben.

Bild 3.30 Die Kolben werden immer kürzer. Links: ein Vorkriegs-Nelson-Bohnalite Kolben [36]. Rechts: ein moderner Kastenkolben einer BMW R1200GS mit 101 mm Durchmesser. Sicherung des Kolbenbolzens über einen handelsüblichen Seegerring [2].

Bild 3.31 Zwei sehr unterschiedliche Autokolben: links der Kolben eines VW Polo, rechts ein Porsche-Kolben[2].

Als Kolbenmaterial wurde bis zum 2. Weltkrieg sehr oft Grauguss verwendet[9], obwohl Leichtmetallkolben bereits seit den 1920er-Jahren genutzt wurden. Sehr früh experimentierte man mit *Elektron*, einer Magnesiumlegierung, die sich aber nicht bewährte, vgl. ZIMA [54]. In sehr vielen Versuchen hat man festgestellt, dass Aluminium-Silizium-Legierungen

9 US-Autofirmen mitunter sogar bis in die 1950er-Jahre!

Tabelle 3.2 Zugfestigkeit, Streckgrenze und E-Modul der Kolbenlegierung MAHLE M124 in N/mm^2 [55]

Temperatur °C	20	150	250	350
R_m	200–250	180–200	90–110	35–55
$R_{p0,2}$	190–230	170–210	70–100	20–30
E-Modul	80.000	77.000.	72.000	65.000

besonders geeignet sind, und seit Jahrzehnten wird die Kolbenlegierung MAHLE M124 verwendet. Das ist eine eutektische Legierung AlSi12CuMgNi mit 11–13 % Silizium, 0,8–1,5 % Kupfer, 0,8–1,3 % Magnesium, 0,8–1,3 % Nickel und weiteren Legierungselementen in sehr geringen Mengen; der Rest ist Aluminium. Es gibt weitere Kolbenmaterialien auf Aluminiumbasis, vgl. [55], aber bleiben wir bei der bewährten Legierung M124: Bemerkenswert sind die Festigkeitswerte in Tabelle 3.2: Während die Festigkeit bei Raumtemperatur gut ist, fällt sie mit steigender Temperatur gewaltig ab, und da der Kolbenboden durchaus 300 °C erreichen kann, sind dann kaum noch Festigkeitsreserven vorhanden. Damit ist auch erklärt, warum die ohnehin sehr heiß gehenden Zweitaktkolben sofort mit Löchern im Kolbenboden reagieren, wenn die Zündkerze nicht passt oder das Gemisch zu mager ist.

Bild 3.32 Zwei sehr unterschiedliche Motorradkolben mit fast gleichem Durchmesser: links der Kolben einer Kawasaki Z900 von 1977, rechts ein Kolben einer modernen Honda CBR 600 [2].

Bei der nach wie vor beliebten Kombination Grauguss-Zylinderblock und Aluminium-Kolben ergibt sich ein Ausdehnungsproblem: Der Wärmeausdehnungskoeffizient α der Legierung MAHLE M124 ist mit 0,000022 1/K fast doppelt so hoch wie der von Grauguss mit 0,000013 1/K, jeweils für den Temperaturbereich 20–400 °C [55, 133]. Das bedeutet: Wählt man das Kolbenlaufspiel so, dass es bei warmem Motor passt, dann ist es bei kaltem Motor zu groß und der Kolben klappert, was besonders bei PKW-Motoren stört. Eine lang verwendete, besonders von englischen Motorenbauern propagierte Lösung waren *Schlitzmantelkolben*. Sie hatten ein oder zwei Längsschlitze unterhalb der Ringzone, aber auch U-förmige Schlitze und andere Formen wurden gebaut. Das alles in der Hoffnung, dass diese Schlitze federn und elastisch bei Erwärmung nachgeben. Wenn Sie Tabelle 3.2 näher betrachten, dann sehen Sie, dass die Festigkeit mit steigender Temperatur sehr stark abnimmt und der Kolben denkt gar nicht daran, sich hier elastisch zu verformen: Er wird sich eher *plastisch*, also bleibend verformen. Und das konnte man auch nachweisen [54]. Man hat daher frühzeitig *Regelkolben* konstruiert, das sind Kolben mit streifenförmigen Einlagen. Einer der ersten Kolben dieser Bauart war der Nelson-Bohnalite-Kolben Bild 3.30. Sein Erfinder ADOLPH NELSON stützte die Bolzenaugen gegenüber dem Kolbenboden und -schaft durch eingegossene Stahlstreifen ab, sodass Stahlstreifen und Aluminiumstege ein *Bimetallelement* bildeten. Mit dem Bimetalleffekt arbeiten auch *Autothermik*- und *Autothermatik*-Kolben. Wieder andere Konstruktionen arbeiteten mit verformungshemmenden Einlagen aus *Invarstahl.*[10] Regelkolben werden inzwischen weniger verwendet, heute arbeitet man mit sog. *Kastenkolben*, z. B. Bild 3.34; hier wird die unterschiedliche Wärmeausdehnung zwischen Grauguss-Motorblock und Alukolben durch flexible Schaftgestaltung sehr gut kompensiert [55].

Bild 3.33 Ein Kolben eines 1,9-l-VW-Diesel [2]

Gegenüber Kolben für Viertakt-Benzinmotoren sind Dieselkolben viel massiver aufgebaut, weil die Spitzendrücke von heute 200 bar schon fast an der Materialfestigkeit sind, und es werden wieder – wie zu Beginn der Motorisierung – *Stahlkolben* eingebaut. Da bei modernen Dieselmotoren der Brennraum zum Teil in den Kolbenboden verlagert ist, Bild 3.33, muss mit hohen Wandstärken gearbeitet werden, und die Kolben werden sehr schwer – viel schwerer als vergleichbare Ottokolben. Auch das ist ein Grund neben dem deutlich höheren Zündverzug, warum Dieselmotoren bei weitem nicht die Drehzahlen von Ottomotoren erreichen können, und ein Drehzahlniveau von 20.000 U/min, wie es Formel-1-Rennmotoren als Ottomotoren erreichen, scheint für Dieselmotoren in weiter

[10] Invarstahl besteht aus 65 % Eisen und 35 % Nickel und hat eine extrem geringe Wärmeausdehnung von etwa 0,000002 1/K, also ein Zehntel von MAHLE M124.

Bild 3.34 Ein moderner Kastenkolben einer BMW F650GS mit 100 mm Durchmesser [2]

Ferne. Ebenfalls aus Festigkeitsgründen werden manche Nabenbohrungen mit eingeschrumpften Buchsen aus z. B. CuZn31Si1 verstärkt [55], Bild 3.33.

Kolben für große Dieselmotoren werden *gebaut*, indem das Kolbenoberteil mit dem Ringträger für die Kolbenringe aus Stahl besteht, während der Kolbenschaft aus Aluminium, Sphäroguss oder ebenfalls aus Stahl besteht; beide Teile werden miteinander verschraubt. Näheres dazu finden Sie bei Zima [54].[11]

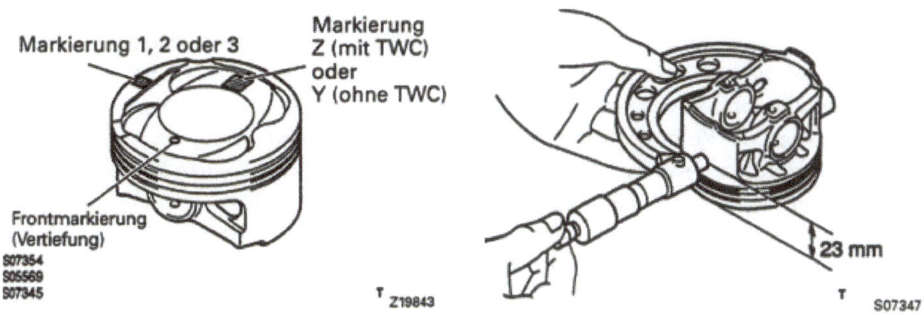

Bild 3.35 Auch Automobilkolben werden gepaart: Toyota-Kolben mit 86 mm Durchmesser für den Toyota 3S-FE-Motor [58].

Genauso, wie die Zylinder ggf. in verschiedene Toleranzklassen eingeteilt werden, werden Kolben ebenfalls toleriert: So gibt Toyota für seinen 3S-FE-Motor, das ist ein 4-Zylinder-Ottomotor mit 2 l Hubraum, Bohrung und Hub je 86 mm, an:

- Kolben Markierung 1: 85,837 – 85,847 mm
- Kolben Markierung 2: 85,847 – 85,857 mm
- Kolben Markierung 3: 85,857 – 85,867 mm

[11] Dieses unvergleichliche Werk über Kolben hat über 1000 Seiten! Auch seine anderen Bücher sind ein Muss für jeden Motorkonstrukteur und Motorinteressierten.

Das Kolbeneinbauspiel soll nach [55] bei Zweitaktmotoren 0,6 – 1,3 ‰ betragen, PKW-Viertaktern bei Graugussblock 0,4 – 0,8 ‰ und bei Alublock 0,2 – 0,6 ‰ sowie bei Diesel-PKW mit Graugussblock 0,6 – 0,9 ‰. Aber mit den schon genannten 0,05 mm liegen Sie nie ganz falsch, wobei bei einem größeren Motorrad-Zweitakter auch noch 0,1 mm tolerabel ist.

Bild 3.36 Montage der Kolben bei einem 1000-ccm-Kawasakimotor. Selbstbau-Brettchen mit einem Schlitz für das Pleuel helfen [2].

Früher waren die Kolbenbolzen sehr eng gepasst – zu eng, was besonders bei Zweitaktern zu Kolbenklemmern geführt hat! Sie waren entweder im oberen Pleuelauge mit einer Klemmschraube oder einer Presspassung geklemmt und im Kolben beweglich oder aber der Kolbenbolzen war im oberen Pleuelauge beweglich und im Kolben geklemmt. Daher mussten die Kolbenbolzen mit Vorrichtungen ein- und ausgepresst werden bzw. der Kolben wurde angewärmt. Von diesen Montagehindernissen ist man heute weitestgehend abgekommen: Der Kolbenbolzen ist in beiden Partnern, also Kolben und Pleuelauge, beweglich und lässt sich bei Raumtemperatur einschieben, wobei das Spiel nach [55] 0,002 – 0,005 mm beträgt. Der Kolbenbolzen ist aus Stahl, aus Gewichtsgründen hohlgebohrt und hat eine extrem glatte supergefinishte Oberfläche, entweder gehärtet oder nitriert. Nicht selten werden neue Kolben zusammen mit Kolbenbolzen geliefert, damit die Passung stimmt. Man hat in vielen Versuchen aufgrund leidvoller Erfahrungen festgestellt, dass gerade die Oberflächengüten, Härten und Passungen bei der Gleitpaarung Kolbenbolzen/Kolben für die Haltbarkeit besonders wichtig sind. Die Passung Kolbenbolzen/oberes Pleuelauge ist natürlich ebenso entscheidend, aber früher war es durchaus üblich, wenn hier das Spiel zu groß wurde, eine neue Buchse aus Messing oder Bronze ins Pleuel einzupressen und dann mit einer verstellbaren Reibahle auszureiben, am besten in einer Vorrichtung geführt, damit die Sache auch wirklich rechtwinklig wird. Selbstverständlich ist das nichts Genaues, aber für mehr als 30 – 40 Jahre alte Oldtimermotoren legitim, wenn man keinen gescheiten Ersatz findet. Bei modernen Motoren würde ich das nicht machen.

Die Kolbenbolzen werden gegen seitliches Verschieben mit Sicherungsringen in Gestalt von Runddraht-Sprengringen oder Seegerringen gesichert, damit der sehr harte Kolbenbolzen nicht an der Zylinderwand entlangkratzt. Früher hat man in die Enden der Kolbenbolzen Druckpilze aus einem weichen Metall wie Aluminium oder Bronze gesteckt, die dann an der Kolbenwand schleifen konnten, aber nichts beschädigten. Das macht heute auch niemand mehr. Die Sprengringe bzw. Seegerringe erneuert man übrigens bei jeder Demontage und Wiedermontage des Kolbenbolzens, weil sie im Betrieb durch Massenkräfte beansprucht werden und bei anschließender Demontage das Gefüge meist innerlich geschädigt ist. Ein im Betrieb herausspringender Sicherungsring sorgt für ganz erheblichen Verdruss bis hin zum wegwerfreifen Motor, und es ist erschreckend, wie manche Motorenreparateure hier an der falschen Stelle sparen – bei Ersatzteilen für ein paar Cent.

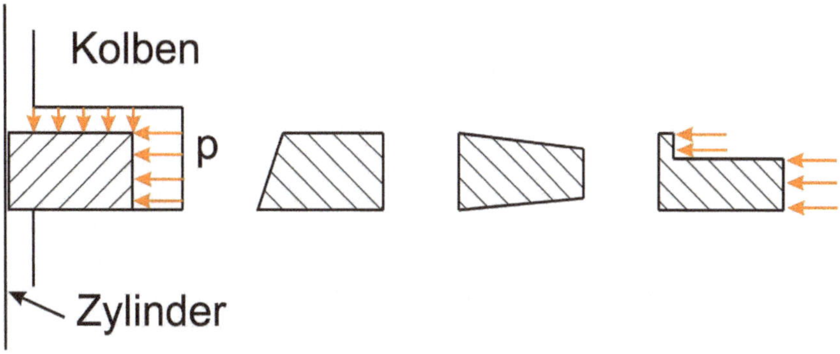

Bild 3.37 Funktion des Kolbenrings, Minutenring, Trapezring, L-Ring [2]

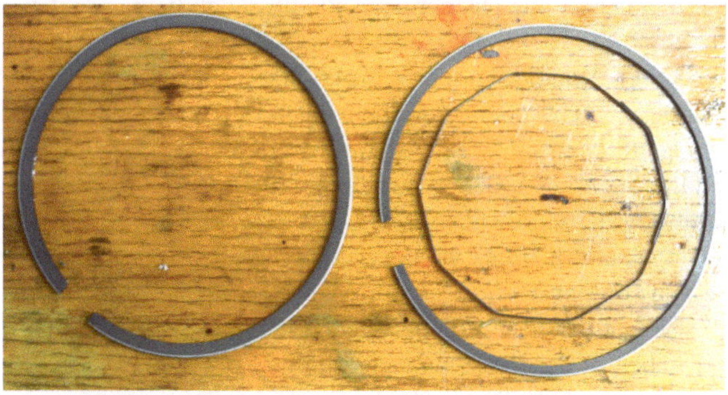

Bild 3.38 Die beiden Kolbenringe eines 500-ccm-Kawasaki-Zweitaktmotors. Der untere Ring hat zusätzlich eine Spreizfeder [2].

Wie Sie wissen, übernehmen die eigentliche Abdichtung die *Kolbenringe.* Der Trick an den Kolbenringen ist, dass sie *selbstverstärkend* wirken. Bild 3.37 zeigt das Prinzip: Der Verdichtungsdruck und der Verbrennungsdruck landen beim ersten Kolbenring, da der Kolben ja Spiel im Zylinder hat. Der Druck p presst nun einerseits den Kolbenring nach unten an die Kolbenringnut und dichtet so den Kolbenring gegenüber dem Kolben ab. Die zweite Funktion ist noch wichtiger: Da der Kolbenring in der Nut ein gewisses Höhenspiel hat – zwischen 0,05 und 0,1 mm – kriecht sozusagen der Druck um den Kolbenring herum und presst ihn von der Ringrückseite her an die Zylinderwand an. Je höher der Druck, umso stärker wird der Kolbenring an den Zylinder angepresst. Diese Ringe sehen ganz harmlos und simpel aus, werden aber von Spezialfirmen hergestellt, und es ist viel Know-how und Erfahrung dahinter. Kommen Sie nicht auf die Idee, Kolbenringe bei richtigen Motoren selbst herzustellen – die Verfahren, die in der Literatur für die Selbstanfertigung von Kolbenringen für Modellmotoren beschrieben werden, können Sie für richtige Gebrauchsmotoren vergessen! Wenn Sie sich die Kolbenringe und ihre Funktion betrachten, dann wird Ihnen klar, dass eigentlich nur die runde Form vernünftig herstellbar ist. Es wurden auch einmal ovale Kolben mit entsprechenden Ringen gebaut, und Honda hatte einmal einen recht erfolgreichen Motorrad-Rennmotor mit *Arenakolben* entwickelt – zweimal halbrund mit geraden Seiten wie eine Sportarena – aber der Aufwand war enorm und für die Serie untragbar.

Kolbenringe bestehen meist aus einem perlitischen oder martensitischen Sondergusseisen und sind daher sehr spröde. Aber auch Stahl, beschichtet oder nitriert, wird verwendet. Bei Viertaktern werden heute zwei Verdichtungsringe und ein Ölabstreifring eingesetzt – früher, d. h. bei Weltkrieg-II-Flugmotoren, wurden gern drei oder vier Verdichtungsringe und zwei Ölabstreifer eingebaut. Moderne Zweitakter haben nur noch zwei Verdichtungsringe oder einen einzigen L-Ring, während früher meist drei Verdichtungsringe verwendet wurden. Irgendwann hat man festgestellt, dass man diese vielen Ringe gar nicht braucht, und jeder Kolbenring bringt weitere Reibung, was gerade heute besonders stört: In der Tat ist die Reibung zwischen Kolbenringen, Kolben und Zylinder der Hauptanteil der Reibung im Motor. Zum Querschnitt der Kolbenringe: Es gibt recht viele unterschiedliche Formen, aber betrachten wir die gängigsten, Bild 3.37: *Rechteckringe*: Die Form ist zumindest beim obersten Kolbenring rechteckig und die Seite, die nach oben, also zum Brennraum zeigen soll, ist gekennzeichnet. *Minutenringe* sind ganz leicht konisch, d. h. oben etwas dünner. So können sie durch die erhöhte Flächenpressung besser abdichten und gleichzeitig beim Ölabstreifen helfen. *Trapezringe* haben einen trapezförmigen Querschnitt, sie sind innen weniger hoch als außen. Damit brennen sie durch Ölkohleablagerungen nicht so leicht fest und werden hauptsächlich als oberster Kolbenring bei Lastwagen-Dieselmotoren genutzt. *L-Ringe* werden eigentlich nur bei Hochleistungs-Zweitaktern eingebaut; durch ihre Form werden sie verstärkt angepresst, daher wird üblicherweise nur ein einziger L-Ring vorgesehen. Der dritte Ring bei Viertaktern ist der *Ölabstreifring*. Er sorgt dafür, dass eine gewisse Mindestmenge an Öl an den Zylinderwänden haftet, dass aber zu viel Öl abgestreift wird. Falls Ihnen das immer noch nicht kompliziert genug ist: Die Kolbenringe sind derart beschaffen, dass sie über dem Umfang eine ungleiche Pressungsverteilung haben: Ringe für Viertakter haben in der Stoßzone eine erhöhte Pressung, während es bei Zweitakt-Kolbenringen genau umgekehrt ist: In der Stoßzone ist die Pressung vermindert. Wollen Sie immer noch Kolbenringe selbst in der Hobbywerkstatt herstellen? Stichwort Kolbenringstoß: Heute sind die Stoßenden einfach rechtwinklig, während man früher dachte, mit geschachtelten, überlappenden und schrägen Kolbenringstößen eine bessere Abdichtung hinzubekommen. Den Kolbenringstoß kann man messen, indem man den Kolbenring ohne Kolben in den Zylinder einschiebt und mit einer Fühlerlehre das Spiel zwischen den Kolbenringenden misst. Das soll nach [58] zwischen 0,3 und 0,7 mm bei Verdichtungsringen und 0,1 bis 0,5 mm bei Ölabstreifern betragen. Das ist aber nur sinnvoll bei neuen Ringen, die noch nicht montiert waren: Gelaufene Kolbenringe soll man nicht abnehmen und wieder montieren, weil sie sich u. U. bleibend verformen können und dann nicht mehr richtig dichten, von der Bruchgefahr mal ganz abgesehen.

Bei Ersatz werden Kolben oft nur mit beigelegten Kolbenringen geliefert, die Sie dann zuerst auf den Kolben montieren müssen. Wenn man es kann, kann man den Kolbenring am

Stoß mit den Daumen spreizen und mit den anderen Fingern am Umfang abstützen. Besser ist eine *Kolbenringzange*, mit der man den Ring sehr sicher aufspreizen kann, denn sie brechen sehr, sehr schnell! Den Kolben dann samt Kolbenringen in den Motor einbauen, ist auch nicht ganz unproblematisch: Bei Automotoren montiert man Kolben und Pleuel und schiebt dann von oben dieses Ensemble mit dem Pleuel zuerst in den Zylinderblock. Um den Kolben gibt man ein *Kolbenring-Spannband*, mit dem man die Kolbenringe zusammenpresst – aber nicht zu fest. Dann schiebt man den Kolben vorsichtig durch das Kolbenring-Spannband in die Zylinderbohrung. Natürlich können Sie auch die Kolbenringe mit den Fingern oder zwei Schraubenziehern zusammendrücken und einen nach dem anderen mit viel Gefühl in den Zylinder schieben. Das muss man häufig bei Motorradmotoren so machen, Bild 3.36, weil oft kein Platz für ein Kolbenring-Spannband vorhanden ist und dann auch noch Stehbolzen im Weg sind. Solche sehr heiklen Operationen, besonders bei Mehrzylindermotoren, macht man am besten zu zweit: Einer senkt vorsichtig den Zylinderblock ab, der andere presst die Kolbenringe zusammen.

Bild 3.39 Es ist eine gute Idee, den Kolben zum Montieren der Kolbenringe schonend in z. B. ein Drehfutter einzuspannen. Mit einer Kolbenringzange kann man die Kolbenringe schonend und stressfrei montieren [2]!

Falls Sie glauben, Sie könnten selbst einen Kolben herstellen, indem Sie ihn aus dem Vollen drehen, bohren und fräsen, wie das bei kleinen Modellmotoren vielleicht möglich ist, dann sind Sie schief gewickelt: Kolben sind *oval* und *konisch*, um die verschiedenen Temperaturen auszugleichen: Unten am Kolbenschaft herrschen vielleicht 150 °C, wohingegen der Kolbenboden an die 300 °C erreichen kann. Daher sind die Kolben unten etwas dicker als oben, also konisch, und oben ist die Ausdehnung in Richtung der Kolbenbolzenachse anders als quer dazu; daher ist er oben oval. Untersuchen wir daher einen aktuellen Viertaktkolben VW 030 89 00 für VW-1,4-l-Benzinmotoren, Bild 3.40. Die Zylinderbohrung ist 76,51 mm. Wenn Sie Bild 3.41 genau betrachten, dann sehen Sie, dass der Kolben unten das Einbaumaß 76,45 mm hat. Das ergibt zusammen mit der Zylinderbohrung 76,51 mm ein Kolbenspiel im kalten Zustand von 0,06 mm, das klingt passend. Dagegen hat er oben in Richtung der Bolzenachse 75,7 mm, er ist also oben um 0,75 mm kleiner, also tatsächlich konisch. Quer zur Bolzenachse hat er oben einen Durchmesser von 75,8 mm gegenüber 75,7 mm, er ist also tatsächlich oval. Strenggenommen müsste man diese Messungen mit einem Mikrometer machen, weil an sich eine Schieblehre, selbst in hochwertiger Uhrenausführung wie hier, zu ungenau ist. Aber für einen ersten Überblick, also um das Wesentliche zu zeigen, reicht's.

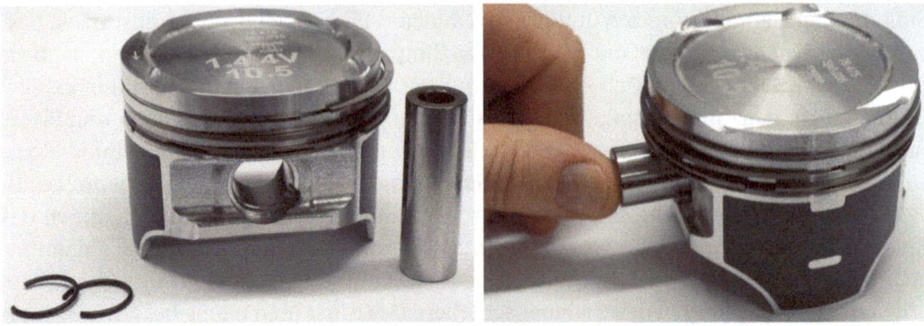

Bild 3.40 Ein Viertakt-Automobilkolben VW 030 89 00 für VW-1,4-l-Benzinmotoren samt Bolzen und Sicherungsringen, geliefert von der Firma MAHLE, einem der großen Kolbenhersteller. Der Kolbenbolzen lässt sich mit leichtem Fingerdruck einschieben – so muss das sein [2]!

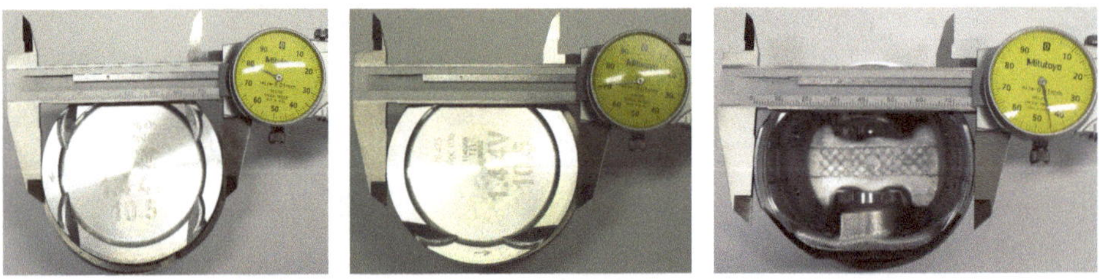

Bild 3.41 Der Viertakt-Automobilkolben aus Bild 3.40 wird vermessen. Oben, quer zur Bolzenachse: 75,8 mm; oben, in Bolzenachse: 75,7 mm; unten 76,45 mm, das ist das Nennmaß des Kolbens. Dicke der Kolbenringe: 1. Verdichtungsring 1,15 mm, 2. Verdichtungsring 1,45 mm, Ölabstreifer 2,45 mm. Das Höhenspiel der beiden Verdichtungsringe ist 0,03 mm, das Höhenspiel des Ölabstreifers ist unter 0,03 mm [2].

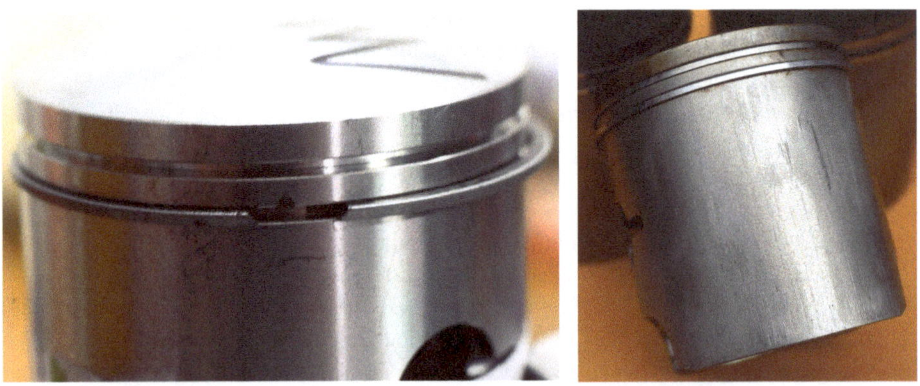

Bild 3.42 Kolbenringe von Zweitaktmotoren werden mit einem Stift in der Kolbenringnut gegen Verdrehen gesichert, damit sie nicht in die Schlitze einfedern können. Üblich sind zwei Verdichtungsringe, und solche Reiber wie rechts im Bild sind bei Zweitaktern durchaus an der Tagesordnung – kein Grund zur Aufregung [2]!

Zweitakt-Kolben weichen insofern von Viertakt-Kolben ab, als sie in den Kolbenringnuten an der richtigen Stelle jeweils einen eingepressten Stift haben, der die Kolbenringe am Drehen hindert. Das machen sie nämlich bei Viertaktern, was dort nicht stört und eher erwünscht ist, damit die Ringe nicht durch Ölkohleablagerungen irgendwann festsitzen. An sich wäre das beim Zweitakter besonders sinnvoll, weil der ja *nolens volens* Öl verbrennt, und gerade bei Zweitaktern älterer Konstruktion hatte man sehr oft mit festgebrannten Kolbenringen zu kämpfen, weil diese dann nicht mehr richtig dichten können. Sie erinnern sich an Bild 3.37: Der Kolbenring wird durch den Verdichtungs- bzw. Verbrennungsdruck angepresst, dazu muss er aber frei beweglich sein. Aber könnten sich die Kolbenringe im Zweitakter drehen, dann würden ihre Stöße irgendwann in die vielen und z. T. sehr großen Schlitze einfedern, abbrechen und den Zylinder samt Kolben demolieren. Meist haben Zweitakter modernerer Konstruktion nur noch zwei Verdichtungsringe. Einen Ölabstreifer gibt es bei kurbelkasten-gespülten Zweitaktern nicht, allenfalls bei großen Schiffsdieseln, die aber nicht durch Überströmkanäle aus dem Kurbelgehäuse gespült werden, sondern durch separate Kompressoren oder Turbolader. Da die Schmierung bei Zweitaktern ohnehin etwas zu wünschen übrig lässt und dafür die Kolbentemperaturen eh höher sind als bei Viertaktern, weil ja bei jeder Kurbelumdrehung gezündet wird, sind leichte Fressspuren oder *Reiber* wie in Bild 3.42 nicht ungewöhnlich. Wenn sie nicht zu groß und bösartig sind, dann glättet man sie mit Schleifleinen, wie es [77] ganz offiziell empfiehlt. Dadurch und durch das Laufen in den stark durch die Schlitze durchlöcherten Zylindern halten Zweitaktkolben meist nicht so lange wie Viertaktkolben. Ärgern Sie sich nicht, wenn bei ausgesprochenen Hochleistungs-Zweitaktern die Kolben nach 20.000 oder 30.000 km verbraucht sind; sie können aber in (früheren) Automotoren durchaus wesentlich länger halten. Trotzdem – Zweitakter machen Laune![12]

[12] Es gibt immer wieder Gerüchte, dass Zweitakter aus vermeintlichen Umweltgründen verboten werden sollen. Was glauben Sie, verpestet die Umwelt mehr? Ein kleiner Motoroller oder ein klassisches Motorrad, das im Jahr höchstens 2000 km gefahren wird – oder ein Vertreter-Diesel, der 50.000 km und mehr im Jahr fährt? Ganz zu schweigen von den schweren LKW mit ihren riesigen und oft ungepflegten Dieselmotoren, die angeblich laut BAst-Studie von 2014 [144] nur 100.00 km im Jahr fahren – jeder weiß, dass es wesentlich mehr Kilometer sind.

4 Kurbelwelle und Pleuel

4.1 Die Kurbelwelle

Bild 4.1 Die Kurbel als Umsetzer hin- und hergehender Bewegungen in Drehbewegung [1]

Die Kurbelwelle ist das Herz eines jeden Verbrennungsmotors, sie setzt die hin- und hergehende Bewegung in eine Drehbewegung um, Bild 4.1. Dabei ist sie enormen Kräften ausgesetzt, und daher muss sie sehr präzise und stabil gebaut sein. Es gibt vier grundlegende Bauprinzipien:

1. Aus einem Stück Stahl im Gesenk geschmiedet, Bild 4.2 und Bild 4.3, ggf. noch in sich nach dem Schmieden verdreht (*getwistet*), um mehrere Kröpfungsebenen zu verwirklichen, z. B. für *cross-plane*-Kurbelwellen. Das ist das gängige Bauprinzip in Europa und Japan, weil hier die Motoren einem ausgesprochenen Leichtbau unterliegen und besonders moderne Dieselmotoren mit ihren wahnsinnigen Spitzendrücken sehr stabile Kurbelwellen verlangen. Typische Stähle fürs Gesenkschmieden sind heute mikrolegierte AFP-Stähle wie 30MnVS6 oder 46MnVS3. Das sind ausscheidungshärtende, ferritisch-perlitische Stähle, bei denen die Vergütungsbehandlung entfällt, da kontrolliert aus der Schmiedehitze abgekühlt wird. Normale Vergütungsstähle wie C35 oder 34CrNiMo6 werden fürs Gesenk-, Einzelhub- und Freiformschmieden genutzt.
2. Aus einem Stück gegossen, typischerweise aus Sphäroguss EN-GJS-600 oder EN-GJS-700. So wird es gerne in den USA gemacht, weil es keine Dieselmotoren im PKW-Bereich gibt, die Motoren i. A. viel größer bei geringerer Drehzahl sind und daher kein unbedingter Leichtbau nötig ist.
3. Aus mehreren Teilen gebaut, die (meist relativ einfachen) einzelnen Teile werden zusammengepresst, verschweißt (Großkurbelwellen) oder über z. B. Hirth-Verzahnungen verschraubt. Das ist das typische Bauprinzip für Einzylinder-Kurbelwellen und Mehrzylinder-Zweitaktmotoren, Bild 4.4, wurde aber auch beim Doppelstern-Flugmotor BMW 801 für den Jagdbomber Focke-Wulf FW 190 realisiert.
4. Eine Kombination der o. g. Prinzipien, heute eher selten. Das wurde früher oft bei englischen Motorradmotoren gemacht.

Damit scheiden die Prinzipien 1 und 2 für den Selbstbau von Kurbelwellen vollkommen aus, da z. B. ein Schmiedegesenk mit Ober- und Untergesenk für eine 4-Zylinder-Kurbelwelle bestimmt 100.000 € kostet[1] und Gießen von Sphäroguss auch nicht ganz das Richtige für die Hobbywerkstatt ist. Es gibt allerdings Spezialfirmen, die Ihnen gegen harte Euro Kurbelwellen nach Wunsch herstellen können. Für den Eigenbau kommt eigentlich nur die dritte Möglichkeit in Betracht, und in Abschnitt 11.1 beschreibe ich detailliert, wie Sie eine Einzylinder-Kurbelwelle nach erprobten Prinzipien bauen können, wobei sich das dort Beschriebene auch auf Mehrzylinder-Kurbelwellen anwenden lässt. Am besten verbinden Sie die Teile über Verschraubungen, Klemmverbände und Hirth-Verzahnungen – alles das lässt sich mit relativ einfachen Mitteln machen.

Eine Kurbelwelle braucht mindestens zwei Lager links und rechts, egal, ob Wälz- oder Gleitlager. Dann ist sie *statisch bestimmt* und aus theoretischer Sicht sauber gelagert, Bild 4.7. Allerdings spielen nicht nur Kräfte eine Rolle – weitaus wichtiger sind möglichst geringe Verformungen der Kurbelwelle. Daher bringt man heute bei Reihenmotoren zwischen jedem Pleuel links und rechts ein Kurbelwellenlager an; eines davon muss dann Festlager spielen, d. h. Axialkräfte z. B. aus der Kupplungsbetätigung aufnehmen, Bild 4.8.

Da können Sie eine einfache Regel ableiten: Anzahl der Zylinder plus 1 ergibt die Anzahl der Kurbelwellenlager. Bei V-Motoren und Boxermotoren schaut das etwas anders aus. Besonders bei den berühmten BMW-Boxermotoren für Motorräder forderten Motorjournalisten schon vor Jahrzehnten, ein Mittellager zwischen den beiden Pleueln anzubringen, Bild 4.9. Leider haben Motorjournalisten fast nie ein Ingenieurstudium absolviert, sonst wäre ihnen klar gewesen, dass ein Mittellager nicht nur den Zylinderabstand rein optisch vergrößert,

[1] Außerdem würden Sie noch eine 1000-t-Presse brauchen.

Bild 4.2 Die Fertigungsschritte einer geschmiedeten Kurbelwelle [111]

Bild 4.3 Kurbelwelle einer Yamaha FJR 1300 – Bierflasche nur zum Größenvergleich [2]

Bild 4.4 Kurbelwelle einer Kawasaki H1 500 Mach3 – eine typische gebaute Zweitakt-Kurbelwelle [2]

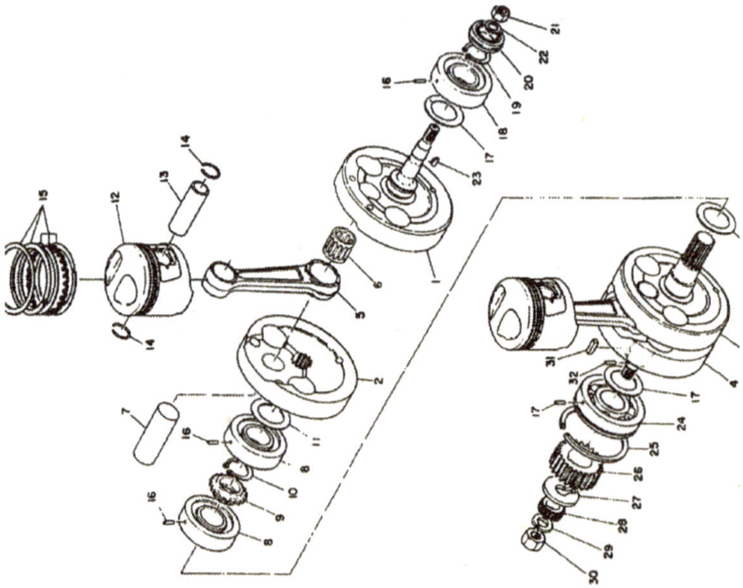

Bild 4.5 Gebaute, aus Einzelteilen zusammengepresste Kurbelwelle einer Yamaha XS 650 [37]

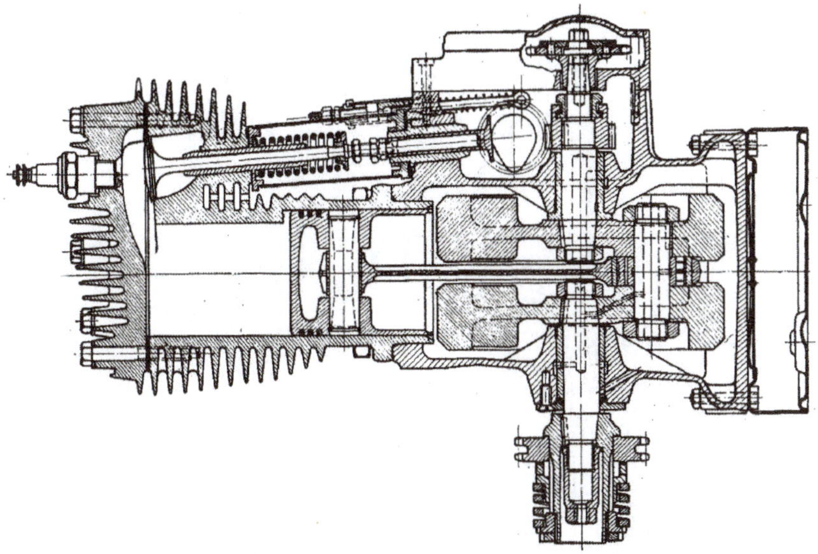

Bild 4.6 Ein SV-Motor der Schweizer Firma Motosacoche aus den 1930er-Jahren mit aus Einzelteilen verschraubter Kurbelwelle. Die Schmierung des Pleuellagers ist sorgfältig ausgeführt und up-to-date (mit freundlicher Genehmigung des Johann Kleine Vennekate Verlags [20]).

sondern – viel schlimmer – die Massenmomente und damit die Vibrationen enorm ansteigen lässt. BMW hatte bzw. hat sich also durchaus etwas bei ihren Konstruktionen gedacht.

Bei Zweizylinder-Viertaktern als Reihenmotoren ist eigentlich die „natürliche“ Kröpfung der Kurbelwelle 360° bzw. 0°, d. h., beide Kolben gehen gleichzeitig auf und ab. Das liefert die doppelte und gleichmäßige Folge von Kraftimpulsen, ist aber seitens der Massenkräfte einem Einzylinder gleichzusetzen, daher nutzt man heute Ausgleichswellen. Ein Versatz von 180° bzw. 540°, den Honda früher bei den CB 250/350-Motoren machte, liefert zwar eine ungleichmäßige Zündfolge, ist allerdings hinsichtlich der Massenkräfte besser ausgeglichen, hat dafür aber Massenmomente. Große Mode scheint heute zu sein, die Kurbelkröpfungen um 90° bzw. 270° zu versetzen, um den Sound eines V-Zweizylinders zu imitieren – okay, wenn die Kunden es so wünschen.

Man kann grob sagen, dass heute Mehrzylinder-Viertaktmotoren praktisch immer einteilige geschmiedete oder gegossene Kurbelwellen haben, die gleitgelagert sind, während Zweitaktmotoren gebaute wälzgelagerte Kurbelwellen haben. Nun gibt es namhafte Forschungsinstitute, die beweisen wollten, dass man Mehrzylinder-Viertaktmotoren auch mit wälzgelagerten Kurbelwellen bauen kann und dass solche Motoren weniger innere Reibung als gleitgelagerte Motoren haben [38]. Das war aber nichts Neues: Ab 1972 baute Kawasaki die berühmte Maschine 900 Z1 oder 900 Super4, später Z900 mit einem neuentwickelten 900-ccm-Vierzylinder-Viertaktmotor und DOHC-Ventiltrieb in Serie. Der Motor war und ist unglaublich standfest und konnte für den Rennbetrieb stark getunt werden, Bild 4.10. Es sollen rund 200.000 dieser Maschinen und ihrer Nachfolger gebaut worden sein, sodass man ruhig von gesicherten Erkenntnissen ausgehen kann.

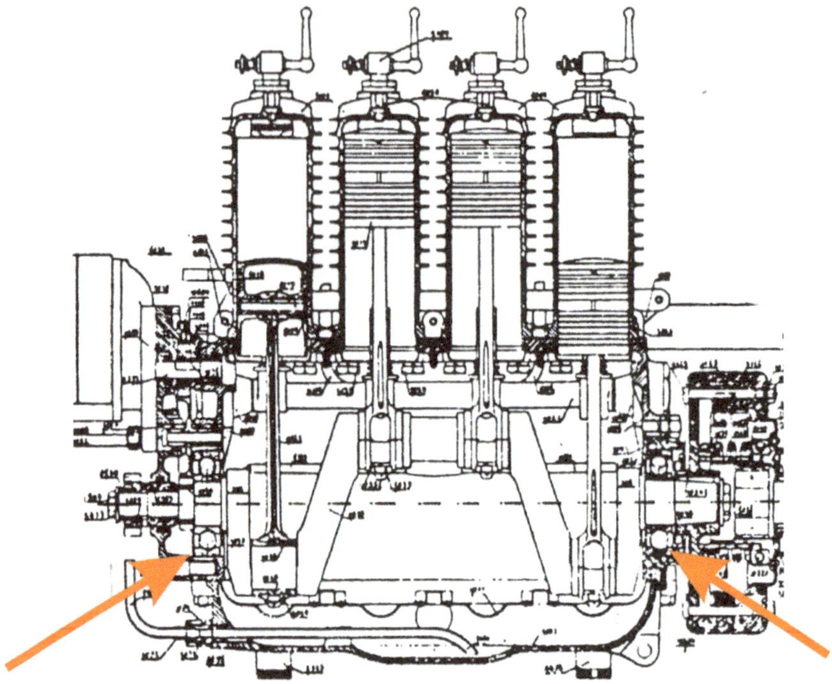

Bild 4.7 Nur zweifach gelagerte Kurbelwelle eines belgischen FN-Vierzylindermotors um 1905: Sie ist statisch bestimmt gelagert, theoretisch also okay, aber nur für die geringen Kräfte und Drehzahlen dieses Motors ausreichend. [25].

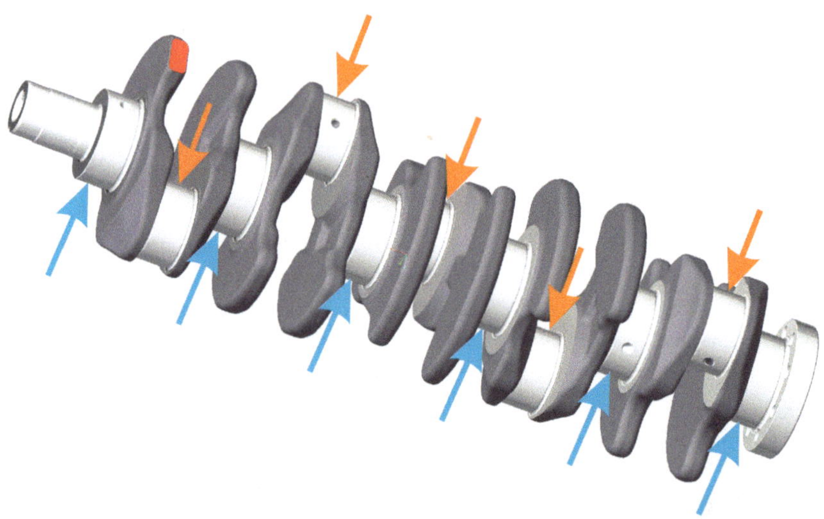

Bild 4.8 Fünfzylinder-Kurbelwelle mit 6 Kurbelwellenlagern (blau) und 5 Pleuellagern (orange) [2]

Bild 4.9 Zweizylinder-Kurbelwelle eines BMW-R1200GS-Boxermotors mit 2 Kurbelwellenlagern (blau) und 2 Pleuellagern (orange): Ein mutmaßliches Mittelllager würde die Massenmomente und damit die Vibrationen stark ansteigen lassen [2].

Bild 4.10 Der 900-ccm-Vierzylinder-Viertaktmotor der Kawasaki Z1/Z900 mit rollengelagerter Kurbelwelle, hier mein Z900A4-Motor aus 1977 [2].

4.2 Die Pleuelstange

Der zweite Teil eines Kurbeltriebs ist die Pleuelstange, kurz das *Pleuel*. Es verbindet Kolbenbolzen durch das obere bzw. kleine Pleuellager mit dem Hubzapfen der Kurbelwelle durch das untere bzw. große Pleuellager. Dabei führt das obere Pleuellager nur eine Schwenkbewegung aus, wobei die Schmierverhältnisse zumindest bei Gleitlagern sehr schlecht sind: Durch die Hin-und Herbewegung kann sich kein stabiler *hydrodynamischer* Schmierfilm aufbauen – trotzdem funktioniert es millionenfach jeden Tag; eigentlich ein Schlag ins Gesicht der hydrodynamischen Schmiertheorie! Tatsächlich werden bei Viertaktmotoren fast immer Gleitlagerbuchsen verwendet; bei den Honda- und Kawasaki-Vierzylindern lief der Kolbenbolzen direkt im gehärteten oberen Pleuelauge der Stahlpleuel, aber auch bei modernen Honda-CBR-600-Motoren, Bild 4.13.

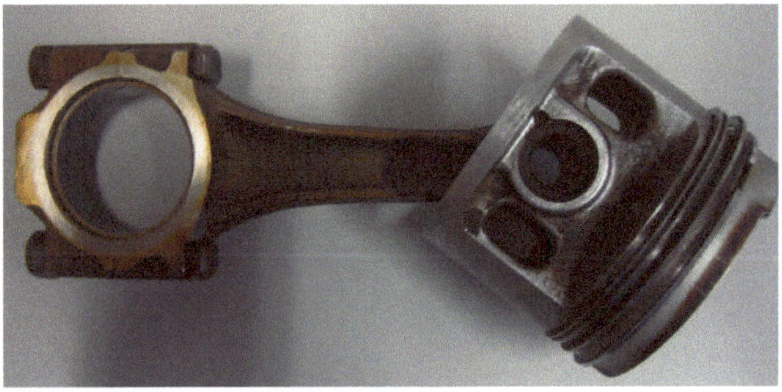

Bild 4.11 Pleuel mit Kolben eines 1,05-l-VW-Polo-Motors [2]

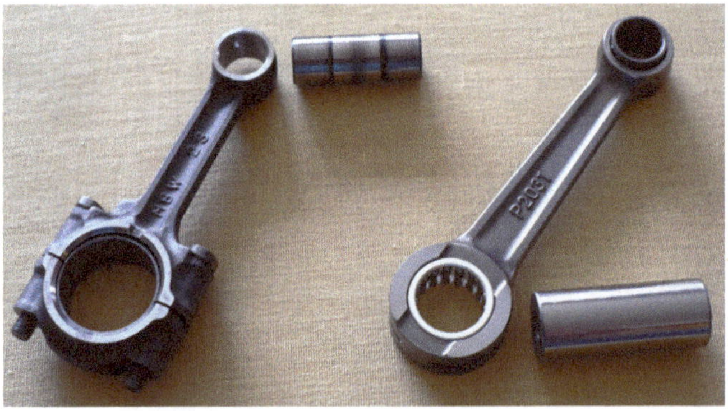

Bild 4.12 Links ein gleitgelagertes Viertakt-Pleuel einer Honda CBR 600, rechts ein rollengelagertes Zweitakt-Pleuel einer KTM SX 200 [2]

Bei Zweitaktern werden heute immer Nadellager für das obere Pleuellager genutzt, die Schmierung mit dem bisschen beigemischten oder zudosierten Öl ist einfach zu schlecht für Gleitlager. Früher bei den damals höheren Ölanteilen von 1:15 – 1:20 wurden auch Gleitlagerbuchsen verwendet. Dagegen macht das untere Pleuellager volle Umdrehungen und ist höchst beansprucht. Sehr sorgfältige Schmierung ist lebenswichtig! Bei Mehrzylinder-

Viertaktern werden heute praktisch immer in einem Stück geschmiedete Kurbelwellen verwendet, die teilbare Pleuelfüße mit Gleitlagerschalen verlangen, Bild 4.11. Die Pleuel selbst werden heute fast immer ebenfalls aus Stahl geschmiedet und mit Dehnschrauben der Festigkeitsklasse 12.9 verschraubt, Bild 4.14. Diese Schrauben bekommen wahnsinnig hohe schwellende Lasten ab, und man erneuert sie jedesmal, wenn sie geöffnet wurden. Was andernfalls passiert, zeigt Bild 4.15. Angezogen werden sie mindestens per Drehmomentschlüssel, heute eher *winkelgesteuert*, weil das viel präziser ist.

Bild 4.13 Der Kolbenbolzen läuft direkt im Stahlpleuel meiner früheren Kawasaki Z1-R. Das funktioniert völlig problemlos, wenn es richtig ausgeführt ist [2].

Bild 4.14 Pleuel des gleitgelagerten Motors der Honda CB 750 Four mit hochelastischen Dehnschrauben für die Teilfuge des unteren Pleuellagers: Der Kolbenbolzen läuft direkt im Stahlpleuel [2].

Wie wir gleich sehen werden, geht die Masse des Pleuels in die Berechnung der Kräfte am Kurbeltrieb ein. Es liegt daher nahe, ein leichtes Material zu verwenden. Besonders die Engländer bauten früher sehr oft Pleuel aus *Leichtmetalllegierungen* in ihre Motorradmotoren ein; der Grundgedanke ist an sich nicht falsch, aber Aluminiumlegierungen haben einen Schönheitsfehler: Sie sind nicht *dauerfest*! In der Tat verzogen sich früher bei englischen Motoren die unteren Pleuelaugen zu einem Oval, was der Funktion nicht wirklich dienlich ist. Wobei die Briten und Amerikaner weitaus bessere Aluminiumlegierungen als wir zur Verfügung hatten, auch die Gleitlager und Öle waren deutlich besser. BMW hat in

Bild 4.15 Abgerissenes Pleuel eines Vierzylinder-Automotors wegen Nicht-Erneuerns der Pleuelschrauben [2]

den 1960er-Jahren die BMW R 26 zunächst mit Leichtmetall-Pleueln ausgestattet, kehrte dann aber reumütig zu den schwereren, aber haltbaren Stahl-Schmiedepleueln zurück. Ein möglicher Leichtbau-Werkstoff ist *Titan*, und das ist *das* Pleuelmaterial für Wettbewerbs- und Rennmotoren. Aber Titan ist erstens sehr teuer, zweitens schwer zu beschaffen, drittens schwer zu bearbeiten und viertens ebenfalls nicht dauerfest, was bei Rennmotoren, die nach jedem Trainings- bzw. Rennlauf sowieso zerlegt und bei denen defekte Teile ersetzt werden, nicht tragisch ist.

Bei Pleueln mit Gleitlagern müssen die beiden Hälften sehr präzise gegeneinander positioniert werden, damit die Bohrung – die für absolute Rundheit und Zylindrizität gehont wird – wirklich rund ist. Früher wurde das mit Passstiften oder Passschrauben gemacht, heute werden die Pleuel häufig *gecrackt*, d. h. auf speziellen Maschinen an definierten Stellen gewollt gebrochen. Die Bruchflächen stellen eine hochpräzise Positionierung der beiden Hälften sicher, Bild 4.17. Die Gleitlagerschalen, die von spezialisierten Zulieferern kommen, werden mit leichter Vorspannung in die Pleuelhälften eingesetzt und durch eingeprägte Haltenasen gegen seitliches Verschieben gesichert.

4.3 Kräfte am Kurbeltrieb

Dieses Kapitel ist etwas mathematiklastig. Manchmal lässt sich das Rechnen einfach nicht vermeiden. Im Zweifelsfall können Sie den Abschnitt auch erst einmal überspringen, allerdings habe ich mich bemüht, die Berechnungen so verständlich wie möglich zu gestalten. Sie werden erstaunt sein, welche enormen Beschleunigungen und Kräfte in einem Motor auftreten und dass man diese Werte an sich recht einfach auch für den eigenen Motor selbst berechnen kann. Wir werden dies nach dem Herleiten der Gleichungen für den Kurbeltrieb einer Honda CB 750 Four machen.

Eine sehr wichtige Kenngröße des Kurbeltriebs ist das *Pleuelstangenverhältnis* λ, es ist wie folgt definiert:

$$\lambda = \frac{r}{l} \tag{4.1}$$

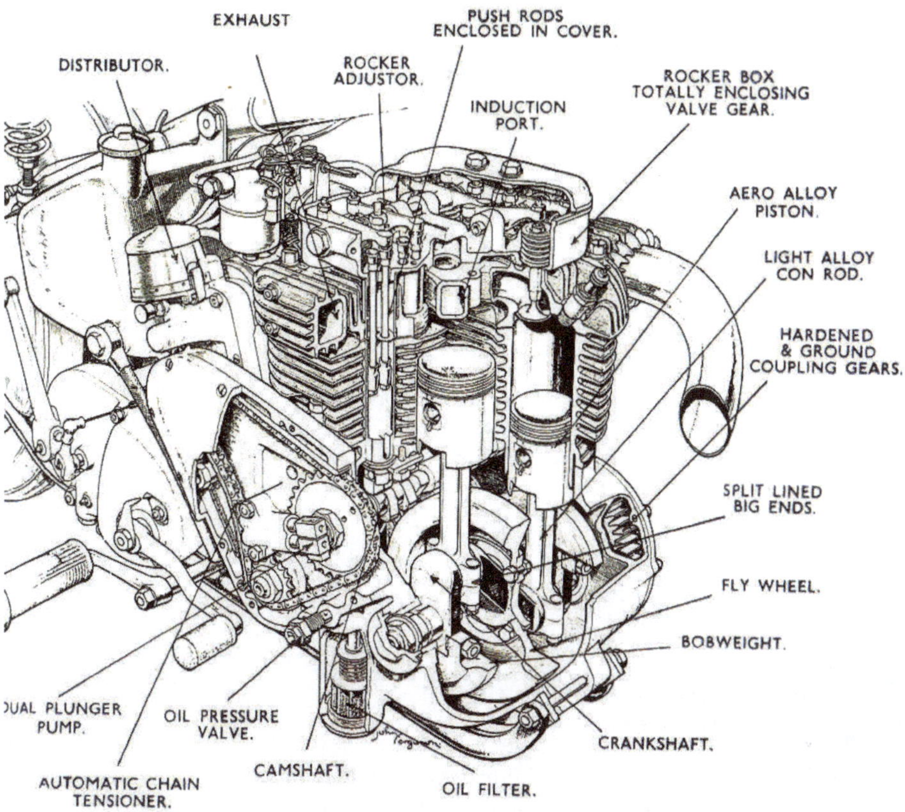

Bild 4.16 Motor der berühmten englischen Ariel Square Four mit Aluminium-Pleueln (light alloy con rod) [126]

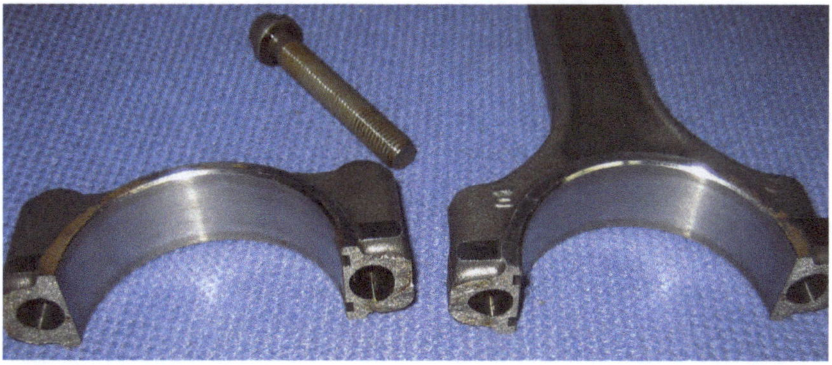

Bild 4.17 Gecracktes Pleuel [2]

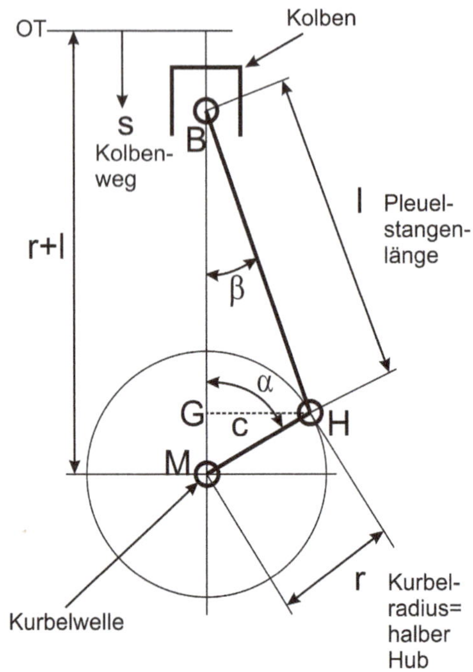

Bild 4.18 Kurbeltrieb, schematisch [2]

Dabei ist l der Abstand zwischen der Mitte des oberen und der Mitte des unteren Pleuelauges. Dieser Abstand wird dummerweise nie in den technischen Daten eines Motors angegeben, Sie müssen ihn selbst ausmessen, was wiederum nur bei zerlegtem Motor möglich ist, aber was wollen Sie machen?

Betrachten Sie Bild 4.18: Der Kolbenweg s beginnt im oberen Totpunkt OT und ist

$$s = r + l - r \cdot \cos\alpha - l \cdot \cos\beta \tag{4.2}$$

Hier stört der Winkel β, wir müssen ihn loswerden. Betrachten Sie dazu die beiden Dreiecke MGH und GBH: Die gemeinsame Strecke c ist:

$$c = r \cdot \sin\alpha = c = l \cdot \sin\beta$$

Daraus folgt mit Gleichung (4.1)

$$\sin\beta = \frac{r}{l} \cdot \sin\alpha = \lambda \cdot \sin\alpha \tag{4.3}$$

Damit können wir den Winkel β durch den Kurbelwinkel α beschreiben. Jeder mathematischen Formelsammlung, z. B. [45], Stichwort *Berechnung einer Funktion durch eine andere Funktion desselben Winkels*, entnehmen Sie diese Beziehung:

$$\cos\beta = \sqrt{1 - \sin^2\beta}$$

Setzen wir das mal in Gleichung (4.2) ein:

$$s = r + l - r \cdot \cos\alpha - l \cdot \sqrt{1 - \sin^2\beta}$$

Nun noch Gleichung (4.3) verwenden:

$$s = r + l - r \cdot \cos\alpha - l \cdot \sqrt{1 - \lambda^2 \cdot \sin^2\alpha}$$

Klammern wir r aus, dann haben wir die Ausgangsgleichung (4.2) passend umgeformt, sodass sie nur noch vom Kurbelwinkel α abhängig ist:

$$s = r(1 + \frac{1}{\lambda} - \cos\alpha - \frac{1}{\lambda} \cdot \sqrt{1 - \lambda^2 \cdot \sin^2\alpha}) \tag{4.4}$$

Fast gut, aber es stört erheblich der Wurzelausdruck, denn wir werden ja sehr bald zweimal differenzieren müssen. Dazu werden wir den Ausdruck (4.4) in eine *binomische Potenzreihe* entwickeln (vgl. hierzu [45] [46]):

$$(1 - x)^{\frac{1}{2}} = 1 - \frac{1}{2}x - \frac{1}{8}x^2 - \frac{1}{16}x^3 ..... \tag{4.5}$$

Da ja generell gilt

$$(1 - x)^{\frac{1}{2}} = \sqrt{1 - x}$$

können wir Gleichung (4.5) in Gleichung (4.4) einsetzen und brechen die Reihenentwicklung nach dem linearen Glied ab – sowas ist in der Technischen Mechanik und Physik vollkommen üblich; man nennt das *linearisieren*. Damit ist das Folgende nur noch eine Näherung, was aber für die Praxis reicht:

$$s = r(1 + \frac{1}{\lambda} - \cos\alpha - \frac{1}{\lambda} \cdot (1 - \frac{1}{2}\lambda^2 \sin^2\alpha)) \tag{4.6}$$

Nach Kürzen haben wir die endgültige Näherungsgleichung für den Kolbenweg:

$$\boxed{\text{Kolbenweg: } s = r(1 - \cos\alpha + \frac{\lambda}{2}\sin^2\alpha)} \tag{4.7}$$

Nun wissen Sie ja aus dem Physikunterricht, dass die erste Ableitung des Weges nach der Zeit die Geschwindigkeit und die zweite Ableitung nach der Zeit die Beschleunigung ist. Daher werden wir die Funktion des Weges (4.7) zweimal differenzieren und die *Kettenregel* anwenden, denn es gilt bei verschachtelten Funktionen: $y = f(u)$ äußere Funktion, $u = g(v)$ innere Funktion und $v = h(x)$ ganz innere Funktion:

$$f'(x) = \frac{dy}{dx} = f'(u) \cdot g'(v) \cdot h'(x)$$

Wir multiplizieren Gleichung (4.7) aus, dann wird's einfacher:

$$s = r - r\cos\alpha + r\frac{\lambda}{2}\sin^2\alpha \tag{4.8}$$

Unter Anwendung der Kettenregel auf $\sin^2(\alpha)$ entsteht diese Ableitung:

$$\frac{d}{d\alpha} \cdot \sin^2\alpha = 2\sin\alpha\cos\alpha \cdot \frac{d\alpha}{dt} \tag{4.9}$$

Für die Funktion des doppelten Winkels gilt z. B. [45]:

$$2\sin\alpha\cos\alpha = \sin 2\alpha \tag{4.10}$$

Setzen wir Gleichung (4.10) in Gleichung (4.9) ein, das wieder in Gleichung (4.8) sowie die Ableitung für cos (das ist – sin) in (4.8), dann bekommen wir die Funktion der Kolbengeschwindigkeit:

$$v = r\sin\alpha \cdot \frac{\mathrm{d}\alpha}{\mathrm{d}t} + r\frac{\lambda}{2}\sin 2\alpha \cdot \frac{\mathrm{d}\alpha}{\mathrm{d}t} \tag{4.11}$$

Die Ableitung des Winkels α nach der Zeit t ist die *Winkelgeschwindigkeit* ω:

$$\frac{\mathrm{d}\alpha}{\mathrm{d}t} = \omega \tag{4.12}$$

Gleichung (4.12) in Gleichung (4.11) eingesetzt:

$$v = r\sin\alpha \cdot \omega + r\frac{\lambda}{2}\sin 2\alpha \cdot \omega$$

und r und ω ausgeklammert:

$$v = r \cdot \omega(\sin\alpha + \frac{\lambda}{2}\sin 2\alpha) \tag{4.13}$$

Für die Winkelgeschwindikeit ω gilt diese Beziehung zur *Drehzahl* n:

$$\omega = 2 \cdot \pi \cdot n \tag{4.14}$$

Damit können wir Gleichung (4.13) in eine praxisgerechtere Form bringen:

$$\boxed{\text{Kolbengeschwindigkeit: } v = r \cdot 2\pi \cdot n(\sin\alpha + \frac{\lambda}{2}\sin 2\alpha)} \tag{4.15}$$

Differenzieren der Kolbengeschwindigkeit Gleichung (4.13) ergibt die Kolbenbeschleunigung:

$$a = \frac{\mathrm{d}}{\mathrm{d}t} r \cdot \omega(\sin\alpha + \frac{\lambda}{2}\sin 2\alpha) = r \cdot \omega(\cos\alpha \cdot \frac{\mathrm{d}\alpha}{\mathrm{d}t} + \frac{\lambda}{2} \cdot 2 \cdot \cos 2\alpha \cdot \frac{\mathrm{d}\alpha}{\mathrm{d}t}) \tag{4.16}$$

Mit Gleichung (4.12) entsteht:

$$a = r \cdot \omega(\cos\alpha \cdot \omega + \frac{\lambda}{2} \cdot 2 \cdot \cos 2\alpha \cdot \omega) \tag{4.17}$$

Nun nur noch die 2 kürzen und ω vor die Klammer ziehen:

$$a = r \cdot \omega^2(\cos\alpha + \lambda\cos 2\alpha) \tag{4.18}$$

Nun noch die unhandliche Winkelgeschwindigkeit ω durch die Drehzahl n ersetzen mit Gleichung (4.14):

$$\boxed{\text{Kolbenbeschleunigung: } a = r \cdot 4\pi^2 \cdot n^2(\cos\alpha + \lambda\cos 2\alpha)} \tag{4.19}$$

Daraus können wir sofort die *Massenkraft F* berechnen, die sich aufgrund der Kolbenmasse, der anteiligen Pleuelmasse und der Drehzahl ergibt, denn nach NEWTON ist Kraft das Produkt aus Masse und Beschleunigung:

$$F = m \cdot a$$

$$\boxed{\text{Massenkraft Kolben: } F = m \cdot a = m \cdot r \cdot 4\pi^2 \cdot n^2(\cos\alpha + \lambda\cos 2\alpha)} \quad (4.20)$$

Gleichung (4.20) kann man etwas vereinfachen, denn sie wird dann maximal, wenn der Cosinus 1 wird; das ist bei $\alpha = 0°$, wenn also der Kolben im oberen Totpunkt OT ist:

$$\boxed{\text{Massenkraft im OT: } F = m \cdot r \cdot 4\pi^2 \cdot n^2(1 + \lambda)} \quad (4.21)$$

Umgekehrt ist die Massenkraft im unteren Totpunkt UT, also bei $\alpha = 180°$:

$$F = m \cdot r \cdot 4\pi^2 \cdot n^2(-1 + \lambda)$$

Da der Cosinus bei 180° –1 wird, würde sich eine negative Massenkraft ergeben, was wohl nur bei Schwarzen Löchern vorkommt. Daher bilden wir den Betrag der Klammer, und so wird das schon besser:

$$F = m \cdot r \cdot 4\pi^2 \cdot n^2(1 - \lambda) \quad (4.22)$$

Nun können wir gleich ein praktisches Beispiel rechnen: Wie groß ist die Massenkraft des Kolbens plus anteilige Pleuelmasse bei einer Honda CB 750 Four, Baujahre von 1969 bis 1978, bei einer Nenndrehzahl von 8000 U/min? Der Hub beträgt 63 mm, die Masse des Kolbens samt Kolbenbolzen plus des translatorischen Anteils des Pleuels (Näheres dazu folgt gleich) beträgt 0,342 kg. Die Pleuellänge habe ich zu 120 mm ausgemessen. Damit gehen wir in Gleichung (4.21) und Gleichung (4.1):

$$\lambda = \frac{r}{l} = \frac{63/2}{120} = 0{,}26$$

$$a = r \cdot 4\pi^2 \cdot n^2(1 + \lambda) = \frac{0{,}063}{2} \cdot 4 \cdot \pi^2 \cdot \left(\frac{8000}{60}\right)^2 (1 + 0{,}26) = 27.856\ \text{m/s}$$

Hätten Sie gedacht, dass die maximale Beschleunigung des Kolbens rund 2800 g, also das 2800-fache der Erdbeschleunigung beträgt?

$$F = m \cdot a = 0{,}342 \cdot 27.856 = 9.527\ \text{N} \approx 10.000\ \text{N}$$

Das ist auch bemerkenswert: Rund 10.000 N entsprechen etwa 1 Tonne Gewicht, d. h., die Massenkräfte des Kolbens zerren am Pleuel und der Kurbelwelle mit rund 1 t Gewicht! Jetzt denken Sie das mal weiter: Die Honda CB 750 Four hat einen Vierzylinder-Reihenmotor mit konventioneller Kröpfung, d. h., Kolben 1 und 4 sind im OT und Kolben 2 und 3 sind im UT. An den beiden äußeren Kröpfungen der Kurbelwelle greifen je 1 t Gewicht nach oben an, während an den beiden inneren Kröpfungen der Kurbelwelle je 1 t Gewicht nach unten angreifen, Bild 4.22 – ganz schön heavy, oder? Jetzt verstehen Sie auch, warum man heute bei Hochleistungsmotoren zwischen jedes Pleuel links und rechts ein Kurbelwellenhauptlager setzt – einfach, um die Kurbelwelle stabil abzustützen und möglichst wenig Durchbiegung zu bekommen.

Wir hatten vorangehend von der „anteiligen Pleuelmasse“ gesprochen. Was hat es damit auf sich? Das Pleuel geht auf und ab, das bedeutet *translatorische*, also bewegte Masse. Es schwenkt aber auch hin und her, das bedeutet *rotatorische*, also drehende Masse. Man

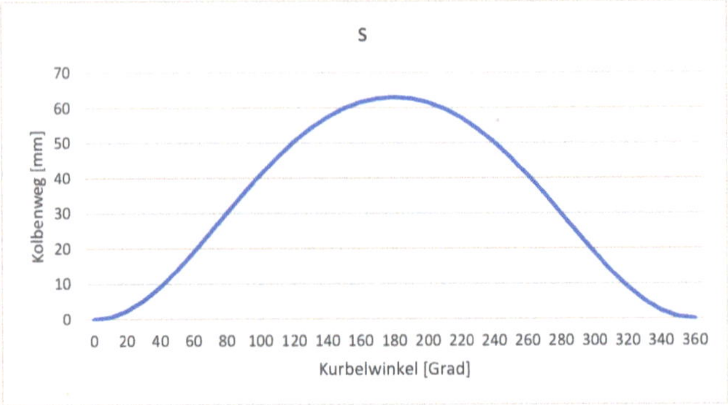

Bild 4.19 Kolbenweg über Kurbelwinkel bei einer Honda CB 750 Four [2]

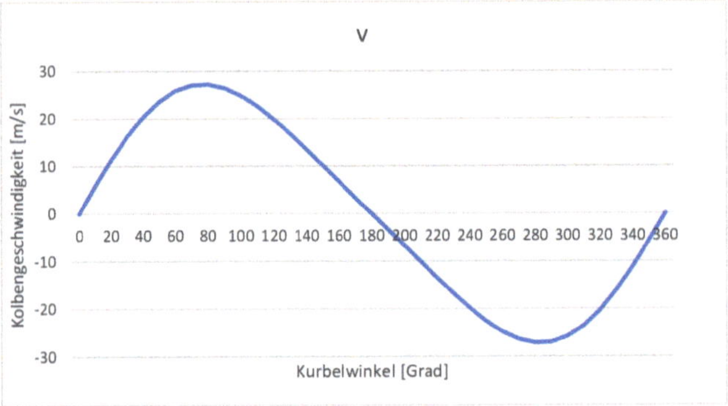

Bild 4.20 Kolbengeschwindigkeit über Kurbelwinkel bei einer Honda CB 750 Four [2]

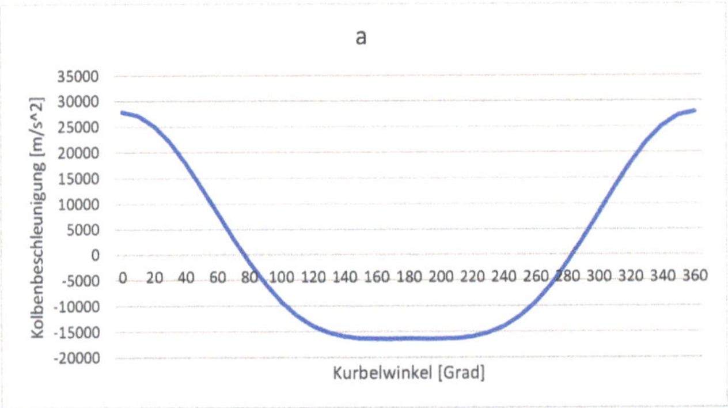

Bild 4.21 Kolbenbeschleunigung über Kurbelwinkel bei einer Honda CB 750 Four [2]

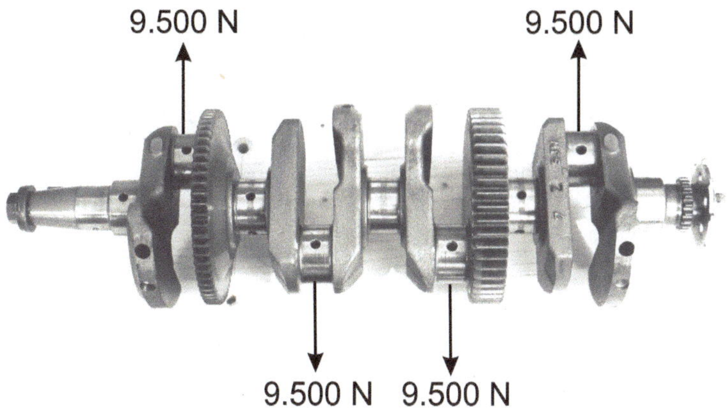

Bild 4.22 Massenkräfte aufgrund der Kolben plus anteiliger Pleuelmassen bei einer Nenndrehzahl von 8000 U/min einer Honda CB 750 Four. Als „Model" musste hier die Kurbelwelle einer Yamaha FJR 1300 herhalten [2].

kann diese Massen sehr präzise berechnen, z. B. [13], aber das brauchen Sie nicht: Wir kommen auch mit der nachfolgenden vereinfachten Betrachtung weit genug.

Man teilt das Pleuel in zwei Massen auf, eine translatorische bzw. oszillierende Masse m_{osz}, die gedanklich am oberen Pleuelauge angebracht wird und mit dem Kolben auf und ab geht, und eine rotatorische Masse m_{rot}, die mit dem Hubzapfen umläuft. In der Literatur wird häufig angenommen, vgl. [17]: $m_{\text{P-osz}} = \frac{1}{3} m_{\text{Pleuel}}$ und $m_{\text{P-rot}} = \frac{2}{3} m_{\text{Pleuel}}$. Wenden wir das auf die Daten der CB 750 an, wobei wir Kolben und Kolbenbolzen mit 219 g und das Pleuel mit $G = 370$ g gewogen haben:

$$m_{\text{Kolben}} + m_{\text{Kolbenbolzen}} = 219\,\text{g}$$

$$m_{\text{Pleuel}} = 370\,\text{g}$$

$$m_{\text{P-osz}} = \frac{1}{3} m_{\text{Pleuel}} = \frac{1}{3} 370 = 123\,\text{g}$$

$$m_{\text{osz}} = 219 + 123 = 342\,\text{g}$$

Prüfen wir einmal nach, ob das immer zutrifft. Dazu lagert man das untere Pleuelauge drehbar, und dabei genügt es, wenn es sich schön leicht auf dem Hubzapfen drehen lässt. Das obere Pleuelauge lagert man auf einer Briefwaage und liest den Wert ab, Bild 4.24. Im Fall der CB 750 habe ich 70 g abgelesen. Die Pleuellänge hatten wir bereits mit 120 mm ausgemessen. Dann gilt unter Bezug auf Bild 4.25:

Summe der Momente um P: $a \cdot G - l \cdot A = 0$

auflösen nach a: $a = \frac{A}{G} \cdot l = \frac{70}{370} \cdot 120 = 23\,\text{mm}$

dann wird b: $b = l - a = 120 - 23 = 97\,\text{mm}$

P ist daher: $P = G - A = 370 - 70 = 300\,\text{g}$

Probe: Summe der Momente um S: $-B \cdot a + A \cdot b = 0$

Sie erkennen: Die oszillierende Pleuelmasse ist mit 70 g nur etwa ein Fünftel der Pleuelgesamtmasse, und der rotatorische Anteil beträgt vier Fünftel. Also ist die oszillierende Masse

219 g plus 70 g, also 289 g oder 0,289 kg. Damit können wir unsere Massenkraftberechnung etwas genauer machen:

$$F = m \cdot a = 0{,}289 \cdot 27.856 = 8050\,\text{N, das entspricht etwa 800 kg}$$

Okay, anstatt rund 1 t Gewicht wirken nun nur noch 800 kg Gewicht auf jeden Hubzapfen. Aber wie sieht es bei höheren Drehzahlen aus? Machen wir einmal eine allgemeine Betrachtung für die Massenkraft:

$$\boxed{F_{\text{Masse}} = m \cdot a = m \cdot r \cdot 4\pi^2 \cdot n^2 (1+\lambda) \sim n^2} \quad (4.23)$$

Oder wissenschaftlich: Der Stufensprung der Massenkraft ist gleich dem Stufensprung der Drehzahl ins Quadrat:

$$\boxed{\varphi_{F_{\text{Masse}}} = \varphi_n^2} \quad (4.24)$$

Die Massenkraft steigt also mit dem Quadrat der Drehzahl. Das hat noch weitere Auswirkungen, aber nehmen wir zunächst einmal an, wir fahren mit der CB 750 ein langes Autobahngefälle hinunter und erreichen dabei 10.000 U/min. Damit steigt die Massenkraft auf das 1,56-fache – wie das?

$$\varphi_{F_{\text{Masse}}} = \varphi_n^2 = \left(\frac{10.000}{8000}\right)^2 = 1{,}56$$

$$F_{10.000} = F_{8000} \cdot \varphi_n^2 = 8050 \cdot 1{,}56 = 12.580\,\text{N}$$

Haben Sie einmal darüber nachgedacht, warum der Drehzahlmesser Ihres Motorrads oder Autos einen roten Bereich hat, Bild 4.27? Gemeinhin wird gerne behauptet, dass beim Hineindrehen in den roten Bereich der Ventiltrieb Schaden nehmen kann. Das mag mitunter durchaus sein, aber warum hat dann ein Zweitakter wie die Kawasaki H1 500 Mach III einen roten Bereich, wo der Motor doch keine Ventile hat? Den Kugel- und Rollenlagern dieses Motors macht diese Drehzahl wirklich nichts aus, also? Der Hauptgrund liegt woanders, und zwar in den *Massenkräften*, die dann zu hoch werden. Wir erinnern uns: Sie steigen mit dem Quadrat der Drehzahl, also überproportional. Bei Ottomotoren werden die Pleuel hauptsächlich durch *Zugkräfte*[2] beansprucht, und bei Überdrehzahlen reißen irgendwann die Pleuel aufgrund der zu hohen Massenkräfte ab, machmal reißen auch gleich die Kolbenhemden! Lassen Sie uns noch etwas mit dem Kurbeltrieb weitermachen.

4.4 Massenausgleich am Einzylinder

Nachdem wir gerade die Beschleunigungen und die daraus resultierenden Kräfte am Einzylinder-Kurbeltrieb berechnet haben, können wir uns nun dem Massenausgleich

[2] Bei Dieselmotoren werden die Pleuel hauptsächlich durch *Druckkräfte* belastet, weil Dieselmotoren bei weitem nicht so hoch drehen wie Ottomotoren, dafür aber weitaus höhere Verbrennungsdrücke haben.

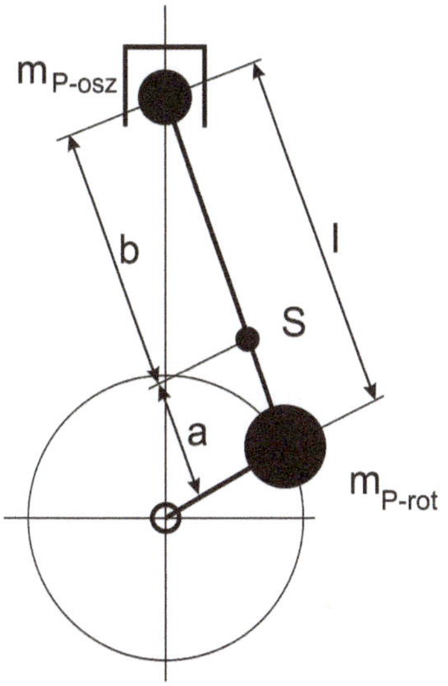

Bild 4.23 Skizze zur Bestimmung des oszillierenden und rotatorischen Massenanteils eines Pleuels [2]

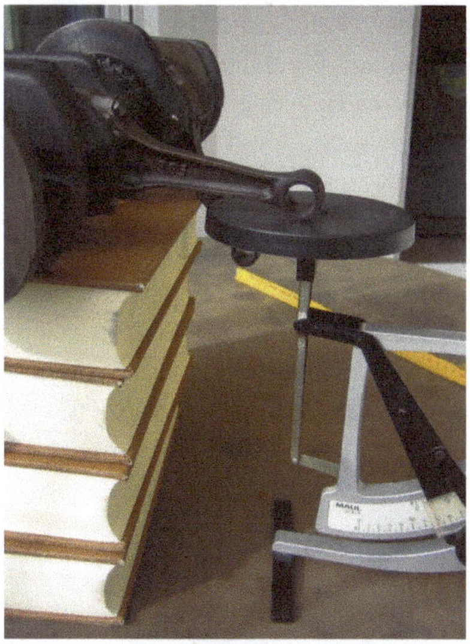

Bild 4.24 Zum Bestimmen des oszillierenden und rotatorischen Massenanteils wird derart gewogen, eine Briefwaage reicht [2].

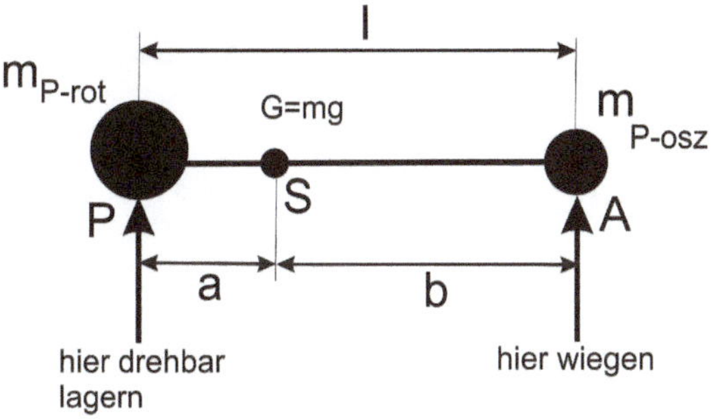

Bild 4.25 Zur Bestimmung der beiden Massenanteile [2]

Bild 4.26 Auswiegen eines montierten Pleuels [2]

Bild 4.27 Drehzahlmesser mit roten Bereichen: links Kawasaki H1 500 Mach III, rechts Honda CB 750 Four [2]

widmen. Betrachten Sie Bild 4.28: Der rotierende Massenanteil des Pleuels erzeugt eine umlaufende Fliehkraft. Um sie auszugleichen, brauchen wir nur gegenüber ein gleich schweres Gegengewicht anzubringen. Steht die Kurbelwelle auf 90° oder 270°, ist auch die Massenkraft aufgrund des oszillierenden Massenanteils des Pleuels null, weil nun die Beschleunigung verschwindet. Wenn der Kolben auf der halben Höhe des Hubs, also in der Mitte steht, dann ist zwar die Geschwindigkeit maximal, aber die Beschleunigung ist null. Das reicht für unsere Betrachtungen, in Wahrheit trifft das Gesagte nur bei einem unendlich langen Pleuel zu, was sich schwerlich realisieren lässt, aber hier im untersuchten Fall der CB 750 ist die Beschleunigung in Wahrheit bei ca. 80° null. Das stört nicht weiter, weil wir für einen Zylinder, den wir gerade betrachten, ohnehin keinen vollständigen Massenausgleich hinbekommen!

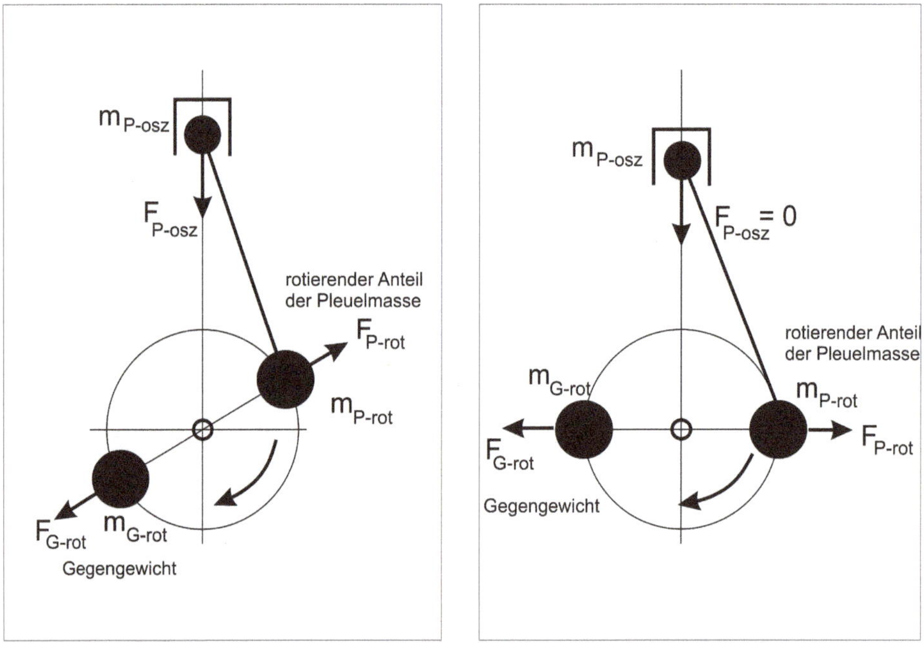

Bild 4.28 Links steht die Kurbelwelle in beliebiger Lage, rechts steht die Kurbelwelle auf 90°: Die Massenkraft des Kolbens ist nun annähernd 0, weil die Beschleunigung fast 0 ist. Nun wären die Massenkräfte ausgeglichen [2].

Es gibt zwei weitere Extremstellungen der Kurbelwelle: Steht sie auf 180°, dann ist der Kolben ganz unten und will aufgrund seiner trägen Masse weiter in Richtung der Kurbelwelle sausen, was aber das Pleuel durch Aufnahme der entstehenden Druckkräfte verhindert. Steht sie auf 0° bzw. 360°, dann ist der Kolben ganz oben und will aufgrund seiner trägen Masse durch den Zylinderkopf sausen. Das Pleuel stoppt diesen Kolbenwunsch und bekommt damit enorme Zugkräfte ab, die im Fall des Überdrehens dann gerne das Pleuel abreißen lassen!

Wie Sie in Bild 4.29 links sehen, sind die Kräfte jetzt nicht mehr ausgeglichen: Wohl heben sich die beiden Fliehkräfte aufgrund der rotierenden Pleuelmasse und des genau gleich schweren Gegengewichts auf, aber es bleibt die Massenkraft aus Kolben und Pleuelanteil.

Jetzt können wir hergehen und ein weiteres Gegengewicht wie in Bild 4.29 rechts anbringen, das nun die oszillierenden Massenkräfte ausgleicht, aber dann sind die rotierenden Massen nicht mehr im Gleichgewicht! Sie können sich auf den Kopf stellen, Sie werden niemals einen vollständigen Massenausgleich bei einem Einzylindermotor hinkriegen – es sei denn, man verwendet zusätzliche Ausgleichswellen.

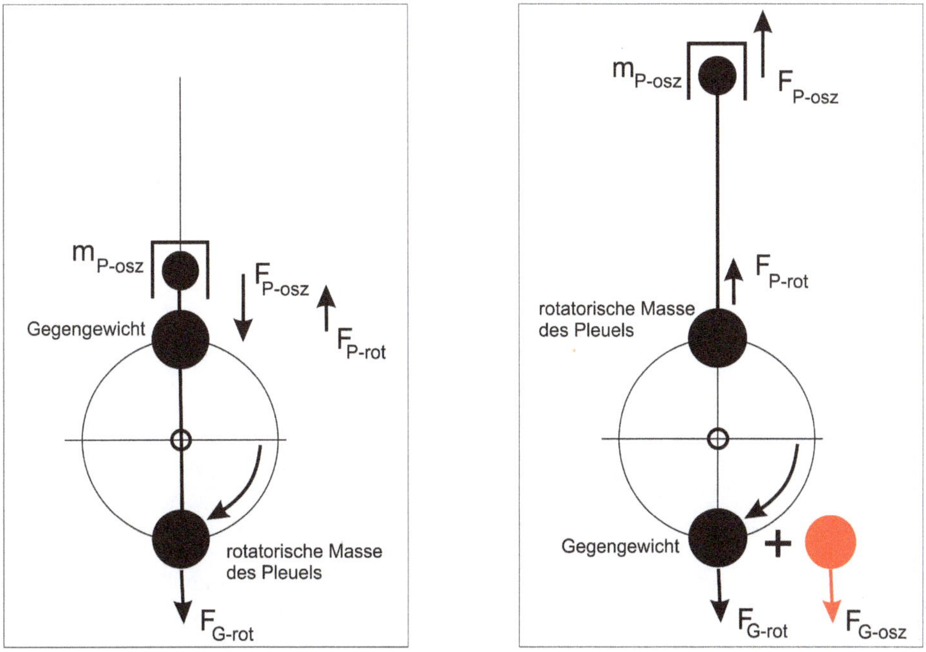

Bild 4.29 Links steht die Kurbelwelle auf 180°, der Kolben ist ganz unten und will weiter auf die Kurbelwelle zusausen, rechts steht die Kurbelwelle auf 0°, der Kolben ist ganz oben und will weiter nach oben durch den Zylinderkopf sausen. Um das zu verhindern, bringen wir das rote Zusatz-Gegengewicht an [2].

Man macht nun einen Kompromiss und schlägt dem Gegengewicht der rotierenden Masse noch etwa die Hälfte der oszillierenden Kräfte zu. Dazu brauchen wir die Formel für die *Fliehkraft*:

$$\boxed{F_\text{F} = m \cdot r \cdot \omega^2} \tag{4.25}$$

Dann gilt nach vorangehender Annahme, vgl. Bild 4.29 rechts:

$$F_\text{Gegengewicht} \stackrel{!}{=} F_\text{G-rot} + \frac{1}{2} F_\text{G-osz} \tag{4.26}$$

$$F_\text{Gegengewicht} = m_\text{G} \cdot r_\text{G} \cdot \omega^2 \stackrel{!}{=} m_\text{P-rot} \cdot r_1 \cdot \omega^2 + \frac{1}{2} m_\text{P-osz} \cdot r_2 \cdot \omega^2$$

Die Winkelgeschwindigkeit ω ist auf beiden Seiten der Gleichung identisch, wir können sie kürzen und es entsteht:

$$F_\text{Gegengewicht} = m_\text{G} \cdot r_\text{G} \cdot \stackrel{!}{=} m_\text{P-rot} \cdot r_1 + \frac{1}{2} m_\text{P-osz} \cdot r_2 \tag{4.27}$$

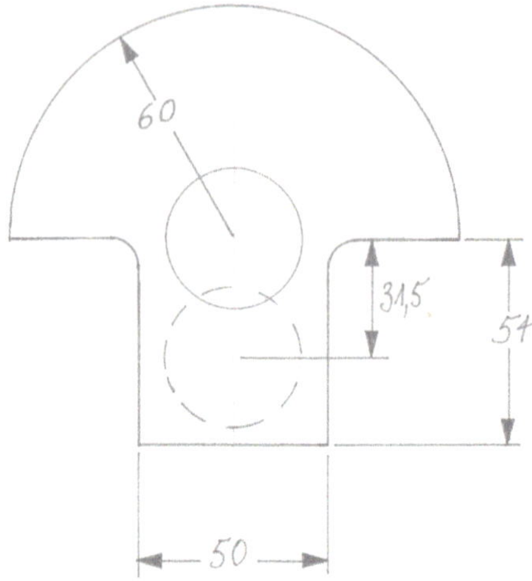

Bild 4.30 Kurbelwange für eine fiktive „Einzylinder-Honda-CB-750": Wir sehen zwei davon vor, links und rechts des Pleuels [2].

Nach [11] ergibt sich ein noch besserer Kompromiss nach dieser Formel:

$$F_{\text{Gegengewicht}} = m_G \cdot r_G \cdot \stackrel{!}{=} m_{\text{P-rot}} \cdot r_1 + (0{,}5 + 0{,}36 \cdot \lambda) \cdot m_{\text{P-osz}} \cdot r_2$$

Nun werden r_G, r_1 und r_2 praktisch immer identisch sein, aber wir brauchen diese Allgemeinheit trotzdem, wenn wir eine reale Kurbelwange betrachten, weil sie aus mehreren Teilmassen zusammengesetzt ist. Dann gilt in Erweiterung von Gleichung (4.25)

$$\boxed{F_F = m_1 \cdot r_1 \cdot \omega^2 + m_2 \cdot r_2 \cdot \omega^2 + \ldots + m_n \cdot r_n \cdot \omega^2} \qquad (4.28)$$

Machen wir das einmal spaßeshalber an einem fiktiven Beispiel: Wir nehmen an, dass der Vierzylindermotor der Honda CB 750 Four nur ein *Einzylindermotor* sei. In der Literatur wird oft behauptet, dass man sich einen Mehrzylindermotor aus mehreren Einzylindermotoren zusammengesetzt denken kann – in Bezug auf den Massenausgleich stimmt das nicht, wie wir in Abschnitt 4.6 sehen werden. Man kann die Gegengewichte der realen Vierzylinder-Kurbelwelle der CB 750 definitiv nicht mit dem vergleichen, das wir nun berechnen werden. Wir entwerfen ein ganz einfaches Gegengewicht für die „Einzylinder CB 750", das man so real nicht bauen würde, aber es ist schön einfach zu berechnen, Bild 4.30.

Die rotierenden Massen sind der rotierende Anteil der Pleuelmasse mit $m_{P-rot} = 300\,\text{g}$ und dem Radius 31,5 mm, also dem halben Hub, und die Masse des Hubzapfens. Der Hubzapfen hat einen Durchmesser von 36 mm und eine Länge von 23 mm zwischen den beiden Wangen, er wirkt auf dem Radius von ebenfalls 31,5 mm. Damit ergibt sich eine Masse von:

$$V = \frac{\pi \cdot d^2}{4} \cdot h = \frac{\pi \cdot 36^2}{4} \cdot 23 = 23.411\ \text{mm}^3$$

Dichte von Stahl: $\rho = 7850\ \text{kg/m}^3 = 0{,}00785\ \text{g/mm}^3$

$$m = 23.411\ \text{mm}^3 \cdot 0{,}00785\ \text{g/mm}^3 = 184\ \text{g}$$

Es fehlt auf Pleuelseite noch das untere Rechteck der Wange, wir nehmen an, dass sie 12 mm dick ist:

$$V = 50 \cdot 54 \cdot 12 = 32.400\,\text{mm}^3$$

$$m = 32.400\,\text{mm}^3 \cdot 0{,}00785\,\text{g/mm}^3 = 254\,\text{g}$$

$$\text{zwei Wangen: } 254 \cdot 2 = 509\,\text{g}$$

Dieses Viereck steuert also 509 g auf einem Radius von 27 mm bei. Damit wird die Summe bis jetzt:

$$300 \cdot 31{,}5 + 184 \cdot 31{,}5 + 509 \cdot 27 = 28.989\,\text{g·mm}$$

Nun soll noch die Hälfte der oszillierenden Masse (vgl. Abschnitt 4.3) berücksichtigt werden. Als Radius nehmen wir den Schwerpunkt des Gegengewichts – das sind 25,5 mm, die Erläuterung folgt gleich – an, weil ja das Gegengewicht diese Kraft zur Hälfte ausgleichen soll:

$$\frac{1}{2} m_{\text{osz}} \cdot r = 0{,}5 \cdot 289 \cdot 25{,}5 = 3685\,\text{g·mm}$$

Damit wirken insgesamt auf Pleuelseite:

$$28.989 + 3685 = 32.674\,\text{g·mm}$$

Diese 32.674 g·mm muss also das Gegengewicht liefern. Die Fläche ist ein Halbkreis und das Gegengewicht soll 14,5·mm dick sein:

$$A = \frac{\pi \cdot d^2}{8} = \frac{\pi \cdot 120^2}{8} = 5655\,\text{mm}^2$$

$$V = A \cdot h = 5655 \cdot 14{,}5 = 81.998\,\text{mm}^3$$

$$m = 81.998\,\text{mm}^3 \cdot 0{,}00785\,\text{g/mm}^3 = 644\,\text{g}$$

$$\text{zwei Wangen: } 644 \cdot 2 = 1288\,\text{g}$$

$$\text{Schwerpunkt: } r = \frac{4r}{3\pi} = \frac{4 \cdot 60}{3\pi} = 25{,}5\,\text{mm}$$

Damit liefert das Gegengewicht:

$$1.288 \cdot 25{,}5 = 32.844\,\text{g·mm gegenüber } 32.674\,\text{g·mm}$$

Damit ist der Ausgleich der rotatorischen und translatorischen (oszillierenden) Massen formal nach Gleichung (4.26) erfüllt. Aber das ist nur die halbe Wahrheit. Wie sich die beim Einzylinder ohne Ausgleichswelle immer vorhandenen hin- und hergehenden und die umlaufenden Massenkräfte, die aus dem zweiten Term der Gleichung (4.26) stammen, nämlich der Ausgleichsmasse für den translatorischen Massenanteil, in der Wirklichkeit auswirken, hängt von sehr vielen Faktoren ab. Bild 4.31 zeigt die Situation: Einerseits will der Motor – und damit das ganze Motorrad – durch F_1 schräg nach oben hin und her schwingen, andererseits sorgt die umlaufende Fliehkraft F_2 für ein umlaufendes Rütteln. Wie diese Schwingungen auf den Fahrer wirken, hängt u. a. auch von seinem Gewicht ab und davon, wo er sitzt (bei einer Sitzbank), weil sich damit der Fahrzeugschwerpunkt verschiebt. Als Federn in diesem System wirken die Fahrzeugfedern und die Reifen mit ihrer Dämpfung.

Insgesamt ist das ein recht komplexes Schwingungssystem, das schwer im Vorhinein zu beurteilen ist – obwohl es auf den ersten Blick nur ein *Einmassenschwinger* mit Fremderregung ist. Etwas besser ist ein Motor mit liegendem Zylinder, weil dessen Horizontalschwingungen in Fahrtrichtung zeigen und als weniger störend empfunden werden, z. B. Bild 4.32.

Nun könnte man auf die Idee kommen, den Motor im Fahrzeug elastisch mit *Silentblocs* aufzuhängen. Dann wird aus dem bisherigen Einmassenschwinger ein Zweimassenschwinger. Im Automobilbau ist das Standard, aber das Verhältnis Motor zu restlicher Fahrzeugmasse ist etwa 1:8 bis 1:10. So wiegt ein VW Golf 8 zwischen 1200 (leer) und 1700 kg (vollbesetzt). Der Motor samt angeblocktem Getriebe wiegt etwa 150 kg. Nehmen wir mal an, dass der Golf halbbesetzt ist und dann 1500 kg wiegt. Dann ist das Verhältnis 150 kg zu (1500 – 150) kg, also 1:9. Das schaut bei einem Motorrad ganz anders aus; nehmen wir als Beispiel eine Kawasaki Z1/Z900 aus 1977. Sie wiegt leer 240 kg. Setzen wir einen 90 kg schweren Fahrer drauf, dann sind das 330 kg. Der Motor der Maschine wiegt ca. 80 kg; ich habe das irgendwann mal bei meiner eigenen Maschine nachgewogen. Damit das Gewichtsverhältnis Motor zu Fahrzeugrestmasse 80 zu (330 – 90), das ist nur 1:3! Der Motor ist starr im Rahmen verschraubt, und zwar aus gutem Grund. Was glauben Sie, welches Eigenleben der Motor im Rahmen ausführt, würden Sie ihn elastisch aufhängen? Bei bestimmten Fahrsituationen würde der Motor in seiner elastischen Aufhängung den Fahrzeugschwingungen entgegenwirken – oder sie unkontrolliert verstärken! Man hat da in den 1950er-Jahren bei solchen Experimenten mitunter ganz üble Erfahrungen gemacht. Das heißt nicht, dass eine elastische Motoraufhängung im Motorrad unmöglich ist: Ein berühmtes Beispiel ist die *Isolastic-Aufhängung* der früheren Norton Commando. Aber der Motor war samt der Hinterradschwinge und dem Hinterrad in einem Hilfsrahmen aufgehängt, und dieser Hilfsrahmen war im Hauptrahmen elastisch aufgehängt.[3] Heute haben manche Harley-Davidson-Maschinen elastische Motoraufhängungen, um die *good vibrations* etwas zu entschärfen. Okay, das Ganze ist von einer berühmten Motorradfabrik ausgelegt und erprobt worden. Aber Sie selbst sollten von solchen gefährlichen Experimenten absehen, falls Sie sich nicht irgendwann im Acker wiederfinden wollen!

4.5 Kräfte und Momente I. und II. Ordnung

Sie erinnern sich bestimmt noch an Gleichung (4.20) zur Berechnung der Massenkräfte:

$$F = m \cdot a = m \cdot r \cdot 4\pi^2 \cdot n^2 (\cos\alpha + \lambda \cos 2\alpha)$$

Multiplizieren wir diese mal aus, dann erhalten wir zwei Kraftanteile:

$$F = m \cdot r \cdot 4\pi^2 \cdot n^2 \cdot \cos\alpha + m \cdot r \cdot 4\pi^2 \cdot n^2 \cdot \lambda \cos 2\alpha \qquad (4.29)$$

Sie sehen, dass im ersten Anteil $\cos\alpha$ steht, im zweiten Anteil aber $\cos 2\alpha$. Wenn also beispielsweise α 90° ist, dann ist der Winkel im zweiten Term doppelt so groß, also 180°. Das

3 Dieses sehr clevere und gut funktionierende System hat Dr. STEFAN BAUER, ein früherer Rolls-Royce-Ingenieur, entwickelt. Ein Medizinstudent aus unserer früheren Elefantentreffen-Motorradclique hatte so eine beeindruckende Maschine.

Bild 4.31 Translatorische und umlaufende Kräfte F_1 und F_2 an einem klassischen stehenden Einzylinder NSU Max ohne Ausgleichswellen (ergänztes Werkbild – leider habe ich kein schönes Foto meiner früheren Max)

Bild 4.32 Translatorische und umlaufende Kräfte F_1 und F_2 an einem klassischen liegenden Einzylinder Kreidler Florett ohne Ausgleichswellen [2], ca. 1971, ergänzt

bedeutet, dass der zweite Kraftanteil doppelt so schnell umläuft! Man nennt den ersten Term *Kraft I. Ordnung* und den zweiten Term *Kraft II. Ordnung*:

$$F = F_{\text{I}} + F_{\text{II}} \tag{4.30}$$

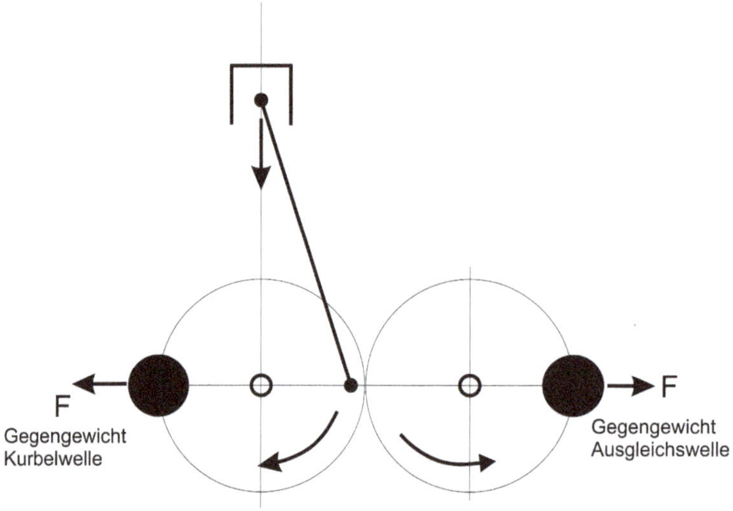

Bild 4.33 Ausgleich der Kräfte I. Ordnung bei einem Einzylindermotor: Das funktioniert in der Praxis ziemlich gut, obwohl durch die unsymmetrische Anordnung beider Wellen gegenüber der Zylinderachse ein Massenmoment auftritt [2].

Sie erkennen, dass der Massenausgleich beim Einzylinder in Wahrheit noch schwieriger ist als bisher angenommen. Man kann nun die Kräfte I. Ordnung mit einer *Ausgleichswelle* eliminieren, Bild 4.33. Diese Lösung ist beliebt für Motorradmotoren, und zwar nicht nur für Einzylinder wie die BMW GS 650 und BMW GS 310, sondern auch für *gleichlaufende Paralleltwins* wie die Kawasaki W800. Nachteilig ist hier, dass durch die unsymmetrische Anordnung ein *Massenmoment* entsteht. Man versucht das dadurch möglichst klein zu halten, dass man das Gegengewicht der Ausgleichswelle zwischen den Wangen der Kurbelwelle rotieren lässt. Die Kräfte II. Ordnung sind nicht ausgeglichen, aber aus eigener Erfahrung kann ich sagen, dass solche Motoren trotzdem recht ruhig laufen. Es ist theoretisch besser, zwei Ausgleichswellen für die Kräfte I. Ordnung zu verwenden, diese symmetrisch anzuordnen und über ein Zwischenrad anzutreiben, Bild 4.35 links. Eine interessante Anordnung zeigt der Briggs & Stratton-Motor in Bild 4.36. Eine weitere clevere Lösung mit einem hin- und hergehenden Ausgleichsgewicht zeigt Bild 4.37; derartige prinzipielle Anordnungen werden auch von BMW bei deren Paralleltwins gebaut.

Selbstverständlich kann man auch die Kräfte II. Ordnung ausgleichen, indem man zwei weitere Ausgleichswellen einbaut, die mit doppelter Drehzahl laufen, Bild 4.35 rechts. Das nennt man den Ausgleich nach LANCHESTER; die Idee ist über 100 Jahre alt. Aber diesen Aufwand betreibt man nur bei Prüfstandmotoren, nicht in der Serie. Bei manchen Automotoren wird das gebaut; wenngleich Automotoren über Silentblocs elastisch im Fahrzeug aufgehängt sind und die Vibrationen aus den Kräften II. Ordnung eigentlich nicht stören.

Bild 4.34 Ausgleich der Kräfte I. Ordnung bei einem Einzylindermotor BMW F650 GS mit einem rotierenden Ausgleichsgewicht gemäß Bild 4.33 [2]

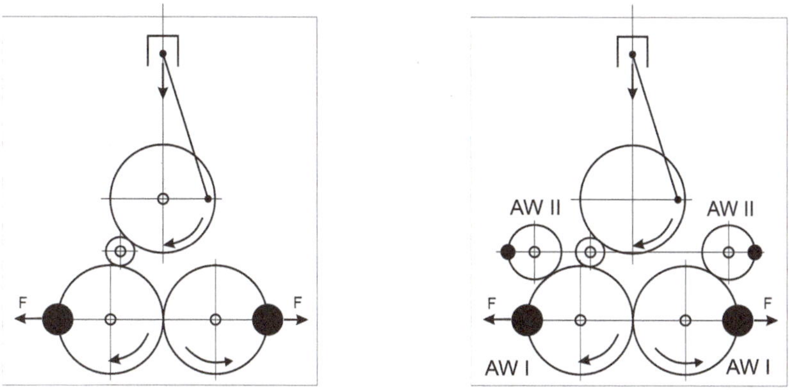

Bild 4.35 Links Ausgleich der Kräfte I. Ordnung bei einem Einzylindermotor, rechts Ausgleich der Kräfte I. und II. Ordnung: Die Ausgleichswellen AW II drehen sich doppelt so schnell wie die Ausgleichswellen AW I [2].

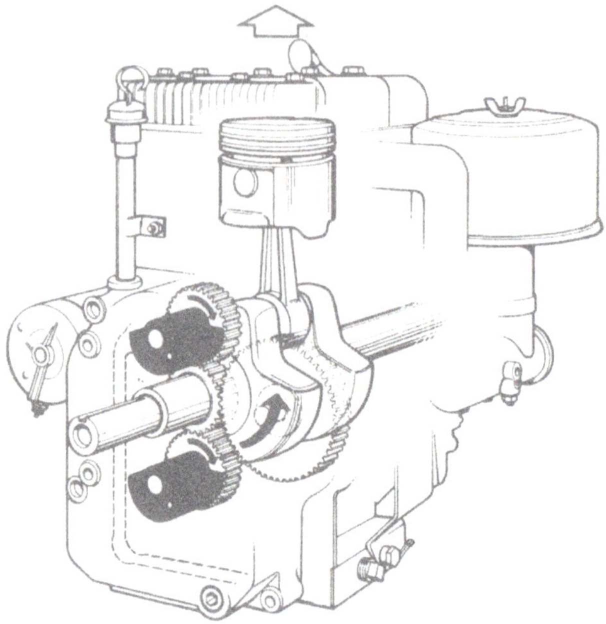

Bild 4.36 Ausgleich der Kräfte I. Ordnung bei einem Einzylindermotor Briggs & Stratton mit zwei Ausgleichswellen (Werkbild) [63]

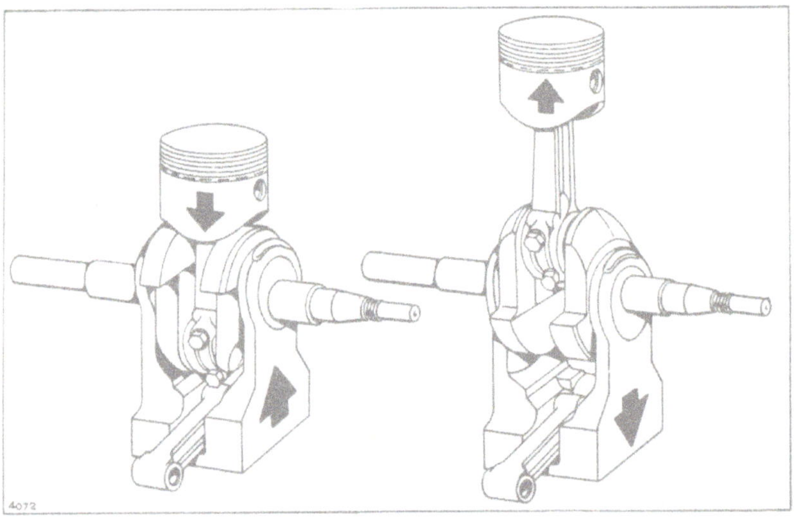

Bild 4.37 Ausgleich der Kräfte I. Ordnung bei einem Einzylindermotor Briggs & Stratton mit einem hin- und herschwingenden Ausgleichsgewicht (Werkbild) [63]

Bei den starr verschraubten 4-Zylinder-Reihenmotoren für Motorräder schaut das durchaus anders aus: Während die Honda CB 750 Four recht ruhig läuft, schlafen mir bei der Kawasaki Z1/900 nach spätestens einer Stunde die Hände ein, was aber auch teilweise durch die rollengelagerte Kurbelwelle kommt. Wobei es durchaus sehr aufwendige 4-Zylinder-Reihenmotoren gibt, die zwar keine Ausgleichswellen für die Kräfte I. Ordnung haben – weil sie die nicht brauchen, wie wir gleich sehen werden –, aber Ausgleichswellen für die Kräfte II. Ordnung wie die Yamaha FJR 1300 haben.

Es gibt Zweizylinder-Reihenmotoren, bei denen die Kolben gleichzeitig hoch- und runtergehen. Das nennt man *gleichlaufende Paralleltwins*, und solche Motoren waren früher besonders in England sehr beliebt. Den Anfang machte 1938 die Triumph 5T Speed Twin 500; deren Nachfolger wurden bis in die 1970er-Jahre gebaut. Während das bei den frühen 500-ccm-Maschinen noch ganz gut ging, traten bei den folgenden Hubraumvergrößerungen bis auf 850 ccm immer mehr Vibrationen auf, weil sich diese Gleichläufer von den Massenkräften her wie Einzylinder verhalten. Ihr einziger Vorteil gegenüber Einzylindern ist die doppelte Zündfolge und damit ein gleichmäßigeres Drehmoment. Auch durch diese mitunter enormen Vibrationen gerieten Firmen wie BSA, Ariel, Royal Enfield, Matchless, Norton und Triumph gegenüber den japanischen Motorradfirmen immer mehr ins Hintertreffen. Diese bauten gleichlaufende Paralleltwins gleich mit Ausgleichswellen, Bild 4.38 und Bild 4.39.

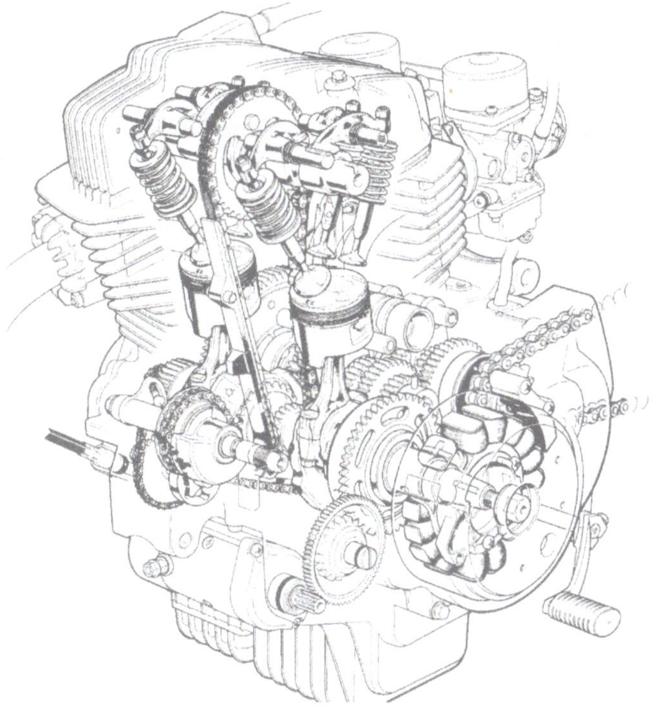

Bild 4.38 Ausgleich der Kräfte I. Ordnung bei einem gleichlaufenden Paralleltwin Honda 400T mit zwei Ausgleichswellen (Werkbild der Honda Motor Co., Ltd.) [90]

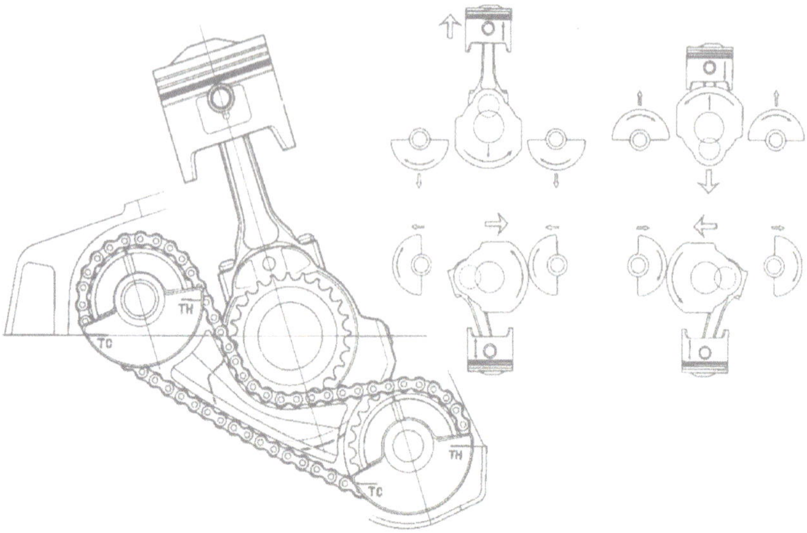

Bild 4.39 Ausgleich der Kräfte I. Ordnung bei einem gleichlaufenden Paralleltwin Honda 400T mit zwei Ausgleichswellen (Werkbild der Honda Motor Co., Ltd.) [90]

4.6 Massenausgleich am Mehrzylinder

Eine andere Möglichkeit, Zweizylinder-Reihenmotoren zu bauen, sind *Gegenläufer*. Hier sind die beiden Hubzapfen um 180° versetzt. Das führt bei Viertaktern zu einer ungleichmäßigen Zündfolge von 180° bzw. 540° – was einen unverkennbaren und durchaus angenehmen Sound liefert. Für Zweizylinder-Zweitakter ist das die natürliche Bauform bei Reihenmotoren, und hier ist der Zündabstand immer 180°. Die Kräfte I. Ordnung sind ausgeglichen, aber nun tritt durch den Zylinderabstand ein *Massenmoment* auf. Damit entsteht eine Art Schaukelpferdschwingung. Die Kräfte II. Ordnung addieren sich!

Wie kommen wir auf die Richtungen der Kräfte? Ganz einfach: Betrachten Sie Gleichung (4.29) und Bild 4.43:

$$F = m \cdot r \cdot 4\pi^2 \cdot n^2 \cdot \cos\alpha + m \cdot r \cdot 4\pi^2 \cdot n^2 \cdot \lambda \cos 2\alpha$$

Im ersten Kraftanteil vor dem Pluszeichen, den Kräften I. Ordnung, steht $\cos\alpha$, aber im zweiten Kraftanteil, also den Kräften II. Ordnung, steht $\cos 2\alpha$. Beginnen wir bei $\alpha = 0°$, das ist die Kröpfung des ersten Zylinders: Der Cosinus von 0 ist 1. Aber $\cos 2\alpha$ liefert auch 0, denn $2 \cdot 0$ ist immer noch 0. Nehmen wir an, dass positive Kräfte nach oben zeigen, dann zeigen beide Kraftanteile nach oben. Unterstellen wir hier einmal das gleiche Pleuelstangenverhältnis $\lambda = 0{,}26$ wie bei der CB 750, dann sehen Sie, dass die Kraft II. Ordnung nur etwa ein Viertel der Kraft I. Ordnung ist:

$$F = K \cdot \cos\alpha + K \cdot \lambda \cos 2\alpha$$

K ist hier der konstante Faktor $K = m \cdot r \cdot 4\pi^2 \cdot n^2$.

$$F = K \cdot 1 + K \cdot \lambda \cdot 1 = K + K \cdot \lambda = K + 0{,}26 \cdot K$$

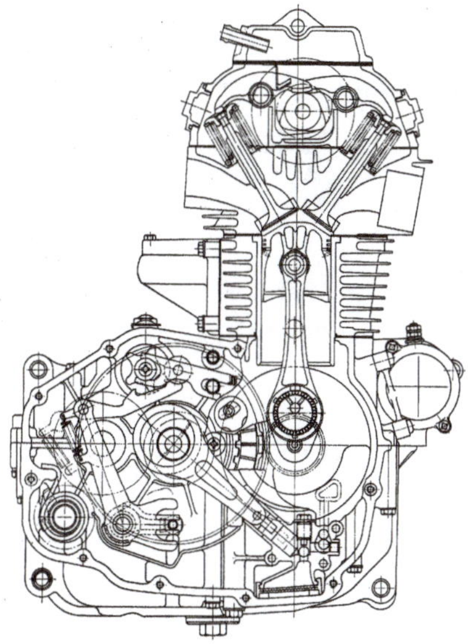

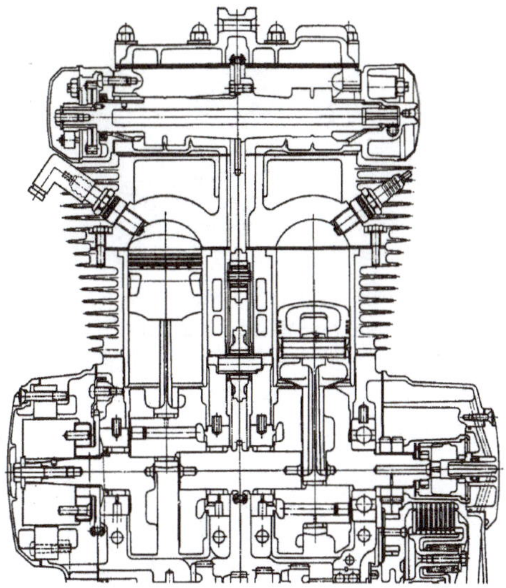

Bild 4.40 Ein Viertakt-Paralleltwin als Gegenläufer (Honda CB250/350, um 1970): Die Hubzapfen sind um 180° versetzt. Diese famosen Motoren lieferten 30 bzw. 36 PS bei 10.500 U/min (Werkbilder der Honda Motor Co., Ltd.).

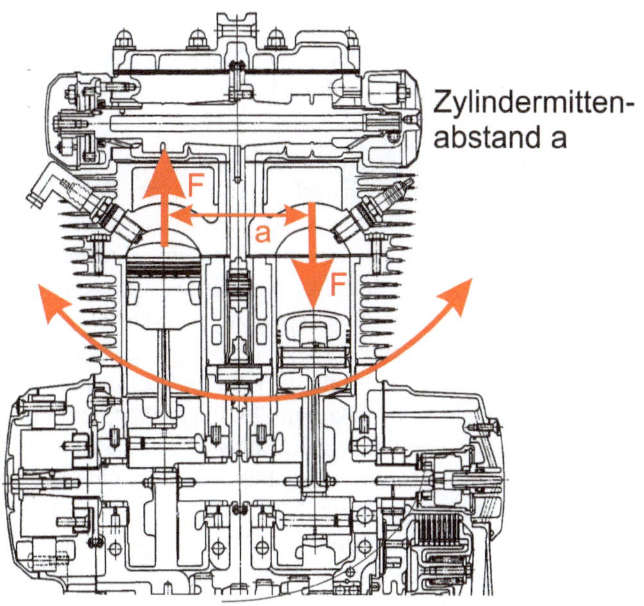

Bild 4.41 Ein Paralleltwin als Gegenläufer: Die Massenkräfte I. Ordnung F sind zwar ausgeglichen, aber es entsteht durch den Zylindermitten-Abstand a ein Massenmoment I. Ordnung $F \cdot a$ (ergänztes Werkbild der Honda Motor Co., Ltd.)

Bild 4.42 Links ein Viertakt-Paralleltwin als Gegenläufer: Honda CB 250. Rechts ein Zweitakt-Paralleltwin als Gegenläufer: Yamaha RD 250 [2]

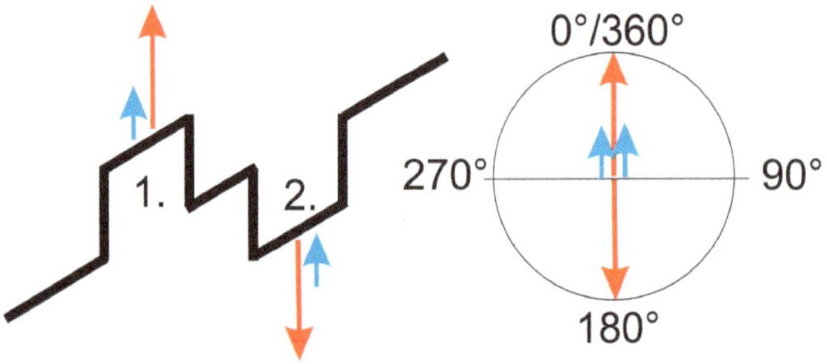

Bild 4.43 Gegenläufer-Paralleltwin: Die Massenkräfte I. Ordnung sind rot, die Massenkräfte II. Ordnung blau gezeichnet. Die rechte Darstellung nennt man den *Kurbelstern* [2].

Daraus können Sie folgenden Schluss ziehen: Je kleiner das Pleuelstangenverhältnis λ ist, d. h., je länger das Pleuel im Vergleich zum Kurbelradius ist, desto kleiner werden die Kräfte II. Ordnung.

Betrachten wir die Kurbelkröpfung des 2. Zylinders: Hier ist $\alpha = 180°$ und der Cosinus von 180° ist –1, daher zeigt die Kraft I. Ordnung nach unten. Aber der Cosinus von $2\alpha = 2 \cdot 180° = 360°$ ist +1, daher zeigt die Kraft II. Ordnung nach oben! So einfach geht das. Mit diesem Prinzip können Sie die Kräfte I. und II. Ordnung für *beliebige* Kurbelwellen untersuchen, indem Sie einfach Gleichung (4.29) für beide Summanden für ausgewählte Winkel auswerten. So ergibt sich Bild 4.44 für den klassischen Vierzylinder-Reihenmotor, wie er weltweit wohl am meisten von allen Verbrennungsmotoren gebaut wird. Beachten Sie, dass alle Kurbelkröpfungen in einer Ebene liegen, weil man das schön einfach schmieden kann und man gleichmäßige Zündabstände bekommt. Im Englischen nennt man das eine *flat-plane*-Kurbelwelle, weil es nur eine Ebene gibt. Dabei zeigen die Hubzapfen der Zylinder 1 und 4 nach 0°, die der Zylinder 2 und 3 nach 180°. Bei *cross-plane*-Kurbelwellen liegen meist Zylinder 1 und 4 in einer Ebene und Zylinder 2 und 3 in einer um 90° gedrehten Ebene. Das ist sehr teuer in der Herstellung und bedingt ungleichmäßige Zündabstände. Dieses Prinzip wird bei einigen Hochleistungs-Motorradmotoren realisiert, bei Alltagsmotoren für Automobile macht man das nicht. In Bild 4.45 habe ich die gängigen Zylinderanordnungen zusammengestellt: Von Haus aus perfekt ausgeglichen sind 6-Zylinder-Reihen- und -Boxermotoren; BMW und Porsche wissen schon, warum sie solche Motoren in ihre Autos einbauen. Nur sparen und downsizen bringt's halt nicht unbedingt.

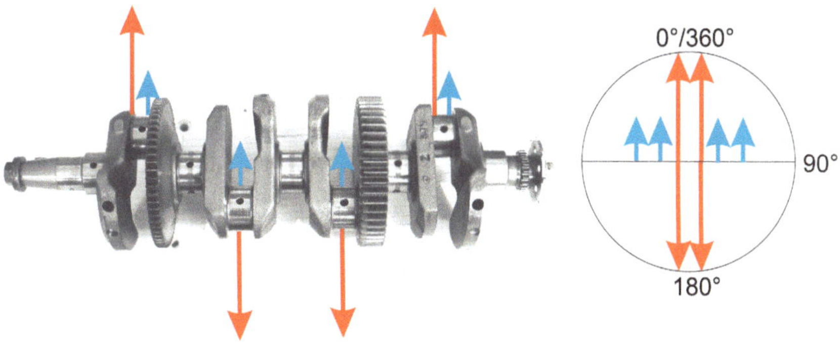

Bild 4.44 Vierzylinder-Reihenmotor als *flat plane*: Massenkräfte I. Ordnung sind rot, die Massenkräfte II. Ordnung sind blau gezeichnet. Die Kurbelwelle ist von einer Yamaha FJR 1300 [2].

Untersuchen wir zum Abschluss kurz die Gegengewichte der Kurbelwelle einer CB 750, Bild 4.46. Auf der Pleuelseite haben wir neben der rotierenden Pleuelmasse die Positionen 1 (Rechteck), 4 (Hubzapfen) und 5 (Abrundung). Diese Abrundung ist schwer zu fassen, weil sie obendrein schräg in der anderen Ebene zuläuft; wir werden sie berücksichtigen, indem wir den Hubzapfen rechnerisch 30 mm lang machen, während er in Wirklichkeit nur 23 mm lang ist. Auf der Gegengewichtseite sind 2 (Rechteck) und 3 (Kreisabschnitt). Wir haben also auf der Pleuelseite:

1. Rotierende Pleuelmasse: 300 g, $r = 31{,}5$ mm
2. Hubzapfen, Pos. 4: Durchmesser 36 mm, Länge angenommen 30 mm. Das ergibt eine Masse von 240 g auf einem Radius von 31,5 mm.
3. 2 × Rechteck, Pos. 1: Länge 86 mm, Höhe 28 mm, Dicke 12 mm. Für beide ergibt sich eine Masse von 454 g auf einem Radius von 14 mm.
4. Damit wird die Summe: $300 \cdot 31{,}5 + 240 \cdot 31{,}5 + 454 \cdot 14 = 23.366$ g·mm.

Anordnung	Kräfte 1.O.	Kräfte 2.O	Momente 1.O	Momente 2.O	Zündabstand
1-Zyl.	ja	ja	0	0	720°
2-Zyl. (Gleich)	ja	ja	0	0	360°
2-Zyl .(Gegen)	0	0	ja	ja	180°/540°
3-Zyl. Reihe	0	0	ja	ja	240°
4-Zyl. Reihe	0	ja	0	0	180°
4-Zyl. Boxer	0	0	0	ja	180°
5-Zyl. Reihe	0	0	ja	ja	144°
6-Zyl. Reihe	0	0	0	0	120°
6-Zyl. V 90°	0	0	ja	ja	120°
6-Zyl. V 60°	0	0	ja	ja	120°
6-Zyl. Boxer	0	0	0	0	120°
8-Zyl. V 90°	0	0	ja *)	0	90°
12-Zyl. V 60°	0	0	0	0	60°

Bild 4.45 Zusammenstellung gängiger Zylinderanordnungen. Anmerkung *: Die Massenmomente I. Ordnung bei 8-Zylinder-90°-V-Motoren sind durch Gegengewichte voll ausgleichbar [2].

Auf der Gegengewichtseite haben wir:

1. 2 × Rechteck, Pos. 2: Länge 86 mm, Höhe 39 mm, Dicke 12 mm. Für beide ergibt sich eine Masse von 632 g auf einem Radius von 19,5 mm.
2. 2 × Kreisabschnitt, Pos. 3: Fläche $A \approx \frac{2}{3} \cdot h \cdot s = \frac{2}{3} \cdot 19 \cdot 58 = 1.089$ mm. Der Schwerpunkt ist: $y_s = \frac{s^3}{12 \cdot A}$. Damit wird die Masse 205 g auf einem Radius von 49 mm.
3. Damit wird die Summe: $632 \cdot 19{,}5 + 205 \cdot 49 = 22.369$ g·mm.

Die Summen auf Pleuel- und Gegengewichtseite sind fast gleich, das bedeutet, dass die rotierenden Massen ausgeglichen sind, während die translatorischen Massen I. Ordnung von Kolben 1 bzw. 4 durch die gegenläufig laufenden Kolben 2 bzw. 3 ausgeglichen werden. Ein Massenausgleich der Kräfte II. Ordnung ist nicht vorhanden.

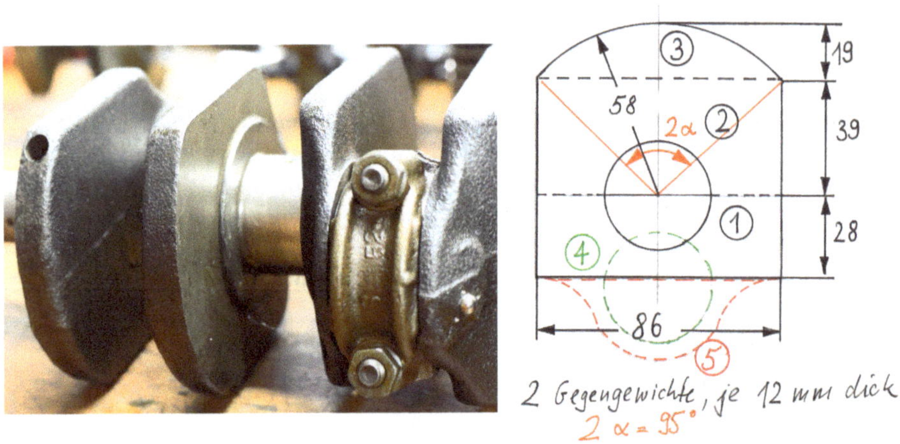

Bild 4.46 Links Ausschnitt der Vierzylinder-Kurbelwelle der Honda CB 750 Four, rechts Skizze der Gegengewichte [2]

4.7 Zylinderanordnungen

Die Zylinderanordnung und die Anzahl der Zylinder haben sehr großen Einfluss auf das Laufverhalten sowie die Massenkräfte und -momente von Verbrennungsmotoren, wie wir bereits gesehen haben. Ich zeige einige weitere Beispiele, die eine gewisse Bedeutung besonders für Oldtimerfreunde haben. Auf eine systematische Betrachtung sämtlicher möglicher und irgendwann einmal gebauter Zylinderanordnungen wie die des englischen Napier Deltic verzichte ich, dafür mögen Sie ZIMA [53] konsultieren.

Reihenmotoren kennen wir schon, aber es fehlen noch die V- und Boxermotoren. Ein sehr bekanntes Beispiel sind die 45°-2-Zylinder-V-Motoren von Harley-Davidson, Bild 4.47. Bei *echten* V-Motoren wie den Harleys arbeiten jeweils zwei Pleuel auf einen Hubzapfen, während bei *unechten* V-Motoren jedes Pleuel seinen eigenen Hubzapfen hat, z. B. bei der Honda Africa Twin. Dahinter steckt folgender Trick: Die Massenmomente eines 2-Zylinder-V-Motors kann man mit einem Kurbelwellen-Gegengewicht ausgleichen, wenn der Zylinderwinkel genau 90° ist. Daher haben die meisten 2-Zylinder-V-Motoren von Ducati einen Zylinderwinkel von 90°. Ist dieser „Gabelwinkel" α aus Bauraumgründen kleiner, sagen wir 60°, dann werden einfach die Hubzapfen um den Winkel β, hier 60°, versetzt und es entsteht ein *unechter* V-Motor, vgl. [17]:

$$\beta = 180^\circ - 2 \cdot \alpha$$

Wie Sie richtig vermuten, ist ein 45°-2-Zylinder-V-Motor mit nur einem Hubzapfen hinsichtlich der Massenkräfte nicht ausgeglichen, daher werden bei manchen Harley-Davidson-Motoren Ausgleichswellen[4] eingebaut, und bei den anderen sind das eben die *good vibrations.*

Die gleichen Überlegungen gelten übrigens auch für V-Motoren mit mehr als zwei Zylindern. Auch hier gibt es *echte* und *unechte* V-Motoren: Ab 1962 gab es den Ford-Taunus-V4-Motor als *unechten* V-Motor und mit einer Ausgleichswelle.

Bild 4.47 2-Zylinder-V-Motor Harley-Davidson 2023 Breakout 117 (Werkbild)

Bei einem *echten* V-Motor greifen immer zwei Pleuel an einem Hubzapfen an. Wie macht man das räumlich? Heute setzt man einfach beide Pleuel *nebeneinander* auf den Hubzapfen, Bild 4.51 links. Das ist vermutlich die robusteste Lösung, aber sie hat den Nachteil, dass die Zylinder um die Breite eines Pleuels versetzt sind und daraus ein (kleines) Massenmoment resultiert. Die zweite Möglichkeit besteht darin, die Pleuel ineinander zu schachteln: Das eine Pleuel ist gegabelt und das andere Pleuel wird in diese Gabellücke geschoben, Bild 4.50. Das wurde früher gerne bei V12-Flugmotoren gemacht, Bild 4.49, und kommt bei verschiedenen Harley-Davidson-V2-Motoren vor. Die dritte Variante besteht aus Haupt- und Nebenpleuel, Bild 4.51 rechts. Diese Variante wird, wie wir noch sehen werden, nicht nur bei Doppelkolben-Motoren gerne verwendet, sondern ist die Standardlösung bei *Sternmotoren.* Nachteilig an diesen Zoller-Pleueln ist, dass der Hubzapfen des Nebenpleuels keine Kreisbahn, sondern eine elliptische Bahn beschreibt – was aber in der Praxis kaum stört. Beachten Sie, dass für den Hubzapfen des Nebenpleuels eine einfache Buchsenlagerung ausreicht, weil das Nebenpleuel nur eine Schwenkbewegung gegenüber dem Hauptpleuel macht.

4 Der Harley-Davidson-Motor 88B hat zwei Ausgleichswellen (B für *balancer*).

Bild 4.48 Links ein V6, rechts ein V8: Chevrolet Performance ZZ632/1000 mit 10 l Hubraum und über 1000 PS (links: [122], rechts: Werkbild)

Bild 4.49 V12-Flugmotor Daimler-Benz DB 601 (Werkbild)

Bild 4.50 Gabelpleuel des V12-Flugmotors Daimler-Benz DB 601 [2]

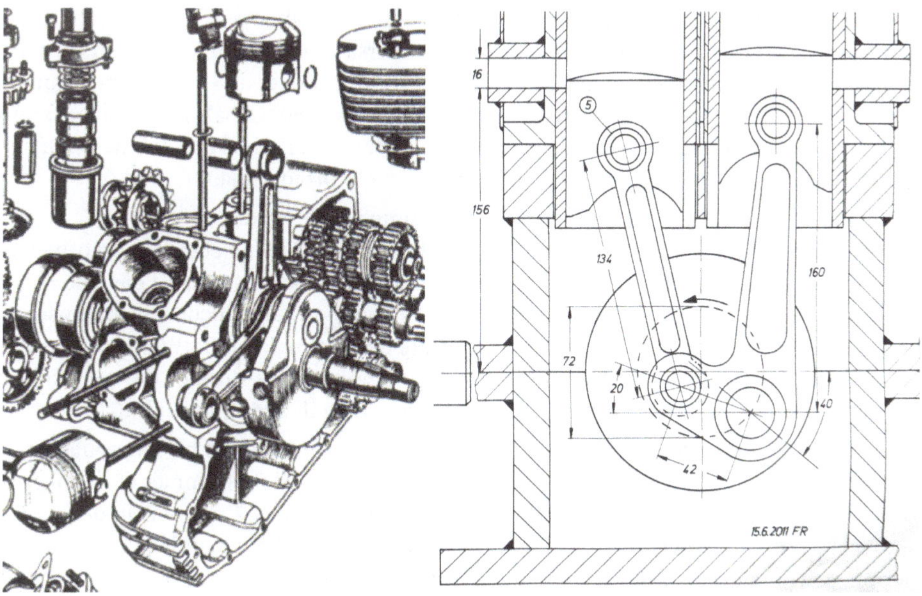

Bild 4.51 Links ist ein Ducati-V2-Motor zu sehen, bei dem die beiden Pleuel direkt nebeneinander sitzen. Rechts ist ein Hauptpleuel mit angelenktem Nebenpleuel eines von mir konstruierten Doppelkolben-Motors zu sehen (links: Werkbild, rechts: [2].

Insgesamt betrachtet, haben *V-Motoren* eine Reihe von Vorteilen: Sie bauen relativ kompakt und raumsparend. Die Kurbelwellen sind vergleichsweise kurz und damit steif und schwingungsfest. Daher sind manche Automobilfirmen dazu übergegangen, anstelle der relativ langen 6-Zylinder-Reihenmotoren kürzere und kompaktere 6-Zylinder-V-Motoren einzubauen. Ab acht Zylindern werden Reihenmotoren ohnehin sehr fragwürdig, weil die Kurbelwelle einfach viel zu lang wird und zu massiven Drehschwingungen neigt. Solche Motoren wurden vor dem 2. Weltkrieg[5] von Bugatti, Horch, Röhr, Daimler-Benz, Duesenberg, Pontiac und anderen hergestellt, aber diese Luxus-Automobile hatten repräsentative lange Motorhauben und Platz für solche riesigen Motoren, was heute wohl bei bestimmten gesellschaftlichen Gruppen zu einem Riesengeschrei und einer typisch deutschen Neiddebatte führen würde.

Von Zweizylindern ausgehend gibt es eine weitere Bauart: *Boxermotoren*, bei denen die Zylinder paarweise einander gegenüber liegen. Auch diese Motorbauart ist wie die V-Motoren sehr alt (Carl Benz nannte sie Contra-Motoren), und die berühmtesten 2-Zylinder-Boxermotoren in Motorrädern kommen seit genau 100 Jahren von BMW. Aber auch der unvergessene 2 CV von Citroën hatte einen 2-Zylinder-Boxermotor. 4-Zylinder-Boxermotoren haben nur noch Massenmomente II. Ordnung, alle anderen Kräfte sind ausgeglichen. Daher laufen solche Motoren – der berühmteste unter ihnen ist der VW-Käfermotor[6] – ausgesprochen ruhig, und sie wurden bzw. werden daher auch gerne für Flugzeuge genutzt, weil die sehr leichten Tragstrukturen von Flugzeugen keine vibrierenden Motoren mögen. Ein 6-Zylinder-Boxermotor ist in allen Kräften ausgeglichen, er läuft perfekt ruhig, daher werden auch sie sehr gerne für Flugzeuge verwendet, Bild 4.53.

Bei einem Boxermotor gehen immer gegenüber liegende Kolben gleichzeitig nach innen bzw. außen, daher muss zwischen beiden ein 180°-Versatz der beiden Hubzapfen vorhanden sein. Greifen aber beide Pleuel gegenüberliegender Zylinder an einem gemeinsamen Hubzapfen an, dann handelt es sich um einen V-Motor mit 180° Gabelwinkel. Ein bekanntes Beispiel sind 12-Zylinder-180°-V-Motoren von Ferrari. Die Firma Puch in Österreich hat früher einen 170°-V-Motor mit zwei Zylindern für ein Motorrad gebaut.

Noch einmal kurz zu den Reihenmotoren: Sie wurden bzw. werden mit 2, 3, 4, 5, 6 und 8[7] Zylindern gebaut. Betrachten Sie Bild 4.45: 3- und 5-Zylinder-Reihenmotoren haben Massenmomente I. und II. Ordnung. Vom Standpunkt der Auswuchtung ist das also nicht so ganz der Hit. 6-Zylinder-Reihenmotoren sind vollkommen ausgeglichen, nicht umsonst waren das früher die Standardmotoren für größere Limousinen von BMW und Mercedes. Weltweit die meistgebauten Motoren für PKW und Motorräder dürften die 4-Zylinder-Reihenmotoren sein, sie haben nur noch Massenmomente II. Ordnung, Bild 4.54.

Nun gibt es noch eine Zylinderanordnung, die früher fast ein Standard bei Flugzeugen mit Kolbenmotoren war: der *Sternmotor*, Bild 4.55. Sie haben praktisch immer eine ungerade Zylinderanzahl, und bekannt wurden Sternmotoren mit 3, 5, 7 und 9 Zylindern. Will man mehr Zylinder haben, dann kommen zwei Sternreihen nebeneinander, Bild 1.45: Der Doppel-Sternmotor BMW 801 hatte zwei Sternreihen mit je 7 Zylindern, also insgesamt 14 Zylinder. Das Maximum war der amerikanische Flugmotor Pratt & Whitney R-4360 Wasp

5 Von amerikanischen Firmen sogar bis in die 1950er-Jahre.

6 Einen Käfermotor können Sie auf einen Küchenstuhl legen und laufen lassen. Das Getöse des VW-Käfers kommt nicht vom eigentlichen Motor, sondern vom Kühlgebläse für die Motorkühlung.

7 Zahlen bis zehn schreibt man aus; ich habe hier nur zur Verdeutlichung Ziffern gewählt.

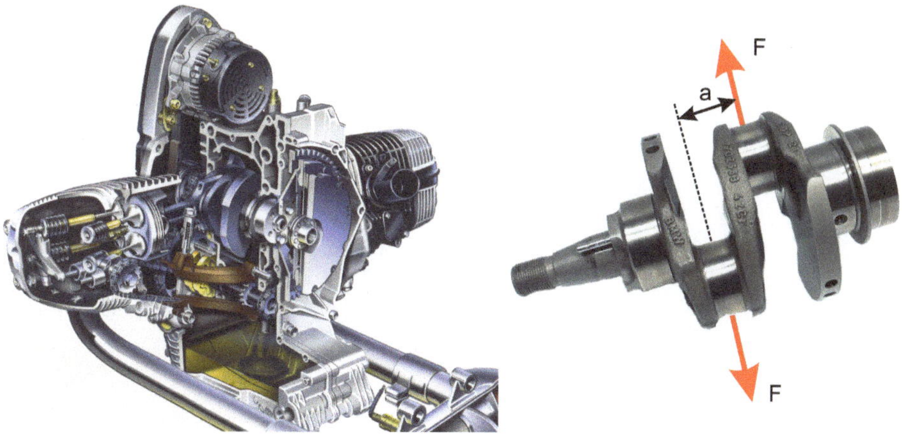

Bild 4.52 Links ein BMW-R1200-Boxermotor, rechts die Massenkräfte an der 2-Zylinder-Boxerkurbelwelle: Sie erzeugen ein *Massenmoment* (links: Werkbild, rechts: [2]).

Major mit vier Sternreihen zu je 7 Zylindern, also 28 Zylindern. Dabei ist die Besonderheit, dass die Zylinder der Sternreihen gegeneinander versetzt werden; beim R-4360 sind es 12,857°, damit die Kühlluft an alle Zylinder kommt.

Bild 4.53 Boxermotoren als beliebte Flugmotoren: Links ist eine Cessna 172 und rechts eine Cessna 152 zu sehen. Sie haben einen 6- bzw. 4-Zylinder-Boxermotor von Lycoming oder Continental [123] [2].

Sternmotoren laufen perfekt ruhig, denn es gibt nur eine umlaufende Massenkraft, die mit einem Kurbelwellen-Gegengewicht ausgeglichen werden kann. Nur damit Sie es einmal gehört haben: Wenn die Sternreihen eines Sternmotors *nicht* versetzt sind, spricht man von einem *Sternreihenmotor*, der dann zwangsläufig wassergekühlt ist. Die Sowjetunion hat seinerzeit einen Sternreihenmotor mit 56 Zylindern gebaut, und zwar 8 Sterne zu je 7 Zylindern in Reihe. Der Dieselmotor 56TschNSP16/17 war für Schnellboote vorgesehen und hatte 5400 PS.

In Landfahrzeugen waren Sternmotoren selten; allerdings gab es in den 1920er-Jahren ein Motorrad mit einem 5-Zylinder-Sternmotor im Vorderrad, Bild 4.57. Das war die berühmte Megola, die weder eine Kupplung noch ein Getriebe hatte. Für Renneinsätze – und die Maschine war erfolgreich bei Motorradrennen – wurde einfach ein größeres Vorderrad ein-

Bild 4.54 Vierzylinder-Reihenmotoren: Links der Motor der Honda CB 750 Four, rechts der Motor der Honda CB 500 Four (links: [2], rechts: Werkbild)

Bild 4.55 Linker 9-Zylinder-Sternmotor BMW 132 der berühmten dreimotorigen Ju 52/3 [2]

Bild 4.56 Der mittlere US-Panzer M4 Sherman mit 9-Zylinder-Sternmotor, dem Flugmotor Wright R-975 Whirlwind [118]

gebaut. Auf den ersten Blick sieht das Ganze recht seltsam aus, aber die Maschine war von dem genialen Konstrukteur Fritz Cockerell in allen Details durchdacht worden, vgl. [41]. Der Verkehr muss in den 1920er-Jahren doch deutlich schwächer als heute gewesen sein, wie sonst hätte man eine Maschine ohne Kupplung fahren sollen?

Die US-Amerikaner haben offensichtlich eine Schwäche für Flugtriebwerke in ihren Panzern: Im 2. Weltkrieg hatte der mittlere Panzer M4 Sherman, von dem über 50.000 Exemplare gebaut wurden, nicht etwa einen 12-Zylinder-V-Motor wie die deutschen und russischen Panzer, sondern einen 9-Zylinder-Sternmotor – und zwar einen waschechten Flugmotor, den Wright R-975 Whirlwind. Okay, der heutige M1 Abrams hat, wie wir bereits wissen, eine Gasturbine – vielleicht mussten bzw. müssen da Überproduktionen aus der Luftfahrtindustrie an den Mann, oder besser an den Soldaten, gebracht werden?

Bild 4.57 Wohl das einzige Motorrad mit Sternmotor im Vorderrad: Die berühmte Megola von Fritz Cockerell [121]: Es sollen ca. 2000 Exemplare in den 1920er-Jahren gebaut worden sein.

4.8 Radial- und Tangentialkräfte am Kurbeltrieb

Wir müssen nochmal in die Theorie des Kurbeltriebs einsteigen, weil das für das praktische Verständnis nicht uninteressant ist. Betrachten wir Bild 4.58: Auf den Kolben wirkt die Gaskraft P, die man vektoriell in die Pleuelstangenkraft S und die Kolbenseitenkraft N zerlegen kann. Der Winkel zwischen P und S ist β:

$$\cos\beta = \frac{P}{S} \text{ damit wird: } S = \frac{P}{\cos\beta} \tag{4.31}$$

$$\tan\beta = \frac{N}{P} \text{ damit wird: } N = P \cdot \tan\beta$$

Wenn wir die Gaskraft kennen, dann können wir die Pleuelstangenkraft und die Kolbenseitenkraft ausrechnen, denn der Winkel β ist mit Gleichung (4.3) bekannt:

$$\sin\beta = \frac{r}{l} \cdot \sin\alpha = \lambda \cdot \sin\alpha$$

Damit entsteht:

$$N = P \cdot \tan\beta = P \cdot \tan(\arcsin(\lambda \cdot \sin\alpha))$$

Das Maximum dieser Funktion liegt bei 90°, vgl. Bild 4.59. Da die Gaskraft aber mit dem herabgehenden Kolben stark abfällt, kann man so nicht direkt sagen, wann die Kolbenseitenkraft N am höchsten ist.

Wo bekommen wir den Druckverlauf her? Das ist schwierig, da derartige Verläufe niemals von den Motorenherstellern veröffentlicht werden und auch die einschlägige Literatur da recht schweigsam ist. Die Motorfabriken machen das durch *Indizieren*, d. h. es wird der Druck im Zylinder gemessen. Das hat schon Rudolf Diesel persönlich mit mechanischen Druckschreibern bei seinen ersten Motoren gemacht, aber die ersten Dieselmotoren machten nur ein paar Hundert Umdrehungen pro Minute. Heute nimmt man dafür piezoelektrische Drucksensoren, die natürlich sehr klein und sehr schnell sein müssen. Solche Zylinderdruck-Aufnehmer samt der zugehörigen Auswerteelektronik liefern die bekannten Messtechnik-Firmen, allerdings zu sehr stolzen Preisen. Es gibt sogar Mess-Zündkerzen mit integrierten Druckaufnehmern, aber für den Hobbyanwender ist das zu teuer. Damit wir hier eine brauchbare Untersuchung machen können, habe ich [17][8] eine Druckverlaufskurve entnommen, umgerechnet und in Excel eingetragen, Bild 4.60. Sie gilt zwar nur für einen unbekannten Motor bei 4000 U/min und hoher Last, aber besser als nichts!

Nun brauchen Sie nur noch beide Kurven Bild 4.59 und Bild 4.60 in Excel zu kombinieren und erhalten die Kurve Bild 4.61. Sie sehen, dass das Maximum der Kolbenseitenkraft N bei etwa 35° liegt und rund 1400 N beträgt. Die Kolbenseitenkraft liefert also einen erheblichen Anteil zur Reibungskraft im Motor; sie wird umso kleiner, je kleiner das Pleuelstangenverhältnis λ wird. Bei einer unendlich langen Pleuelstange ist die Kolbenseitenkraft null, aber wer hat das schon?

[8] Abb. 3.32, S. 82

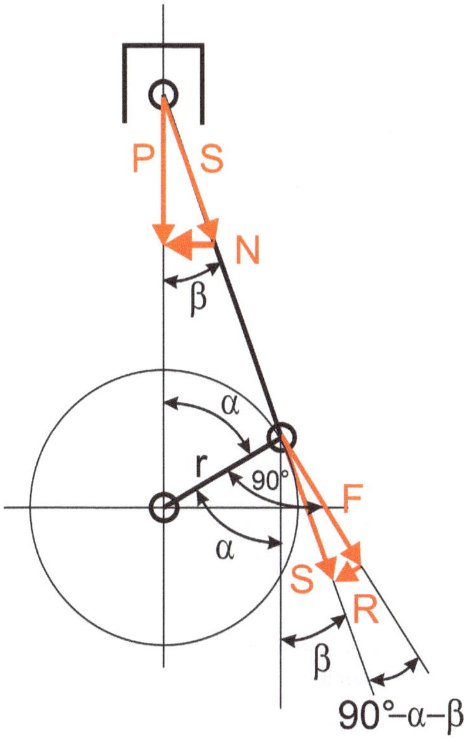

Bild 4.58 Zur Herleitung der Radial- und Tangentialkräfte am Kurbeltrieb [2]

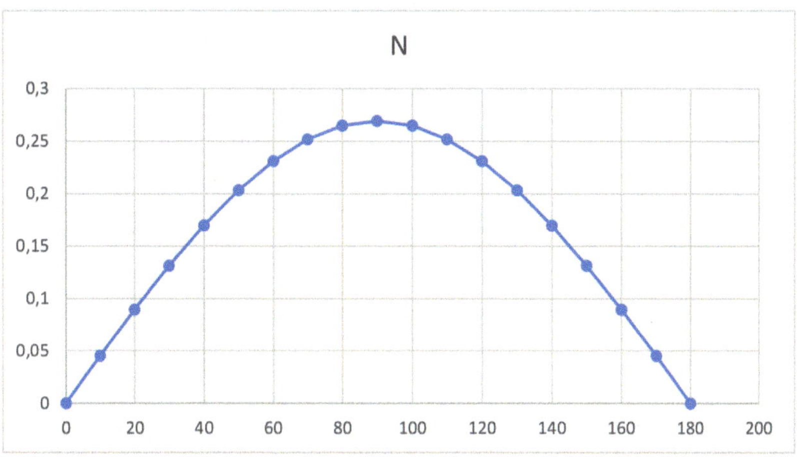

Bild 4.59 Kolbenseitenkraft N bei einem angenommenen $\lambda = 0{,}26$ und $P = 1$

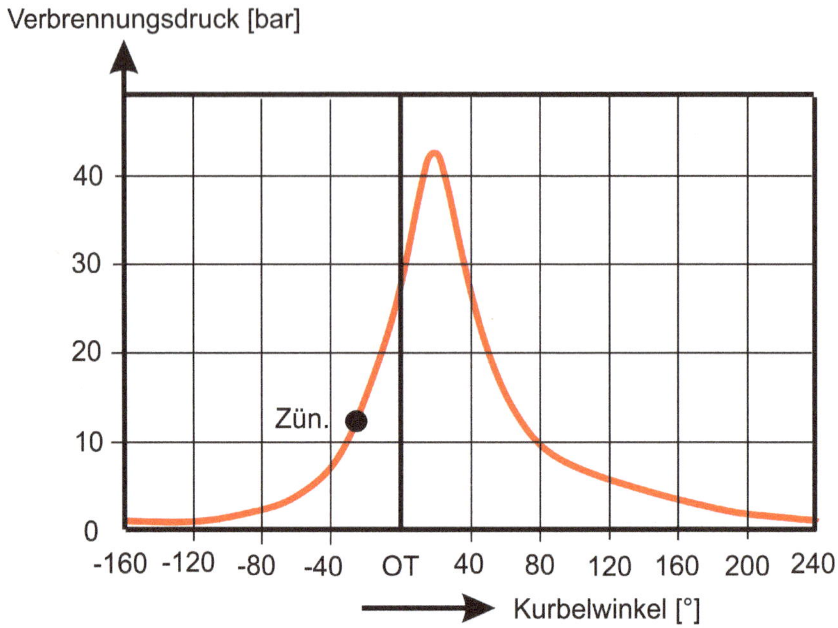

Bild 4.60 Verbrennungsdruckverlauf in Abhängigkeit vom Kurbelwinkel [2]: Den Druckverlauf habe ich sinngemäß aus [17] übernommen.

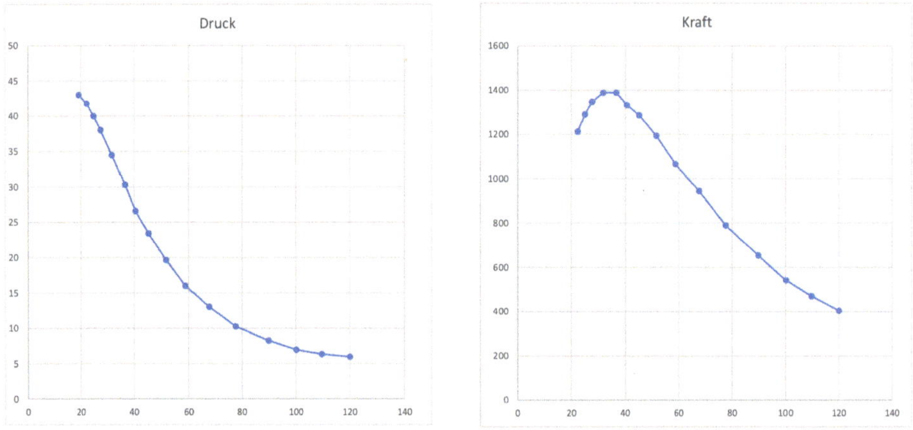

Bild 4.61 Links ist der Druckverlauf für den interessanten Kurbelwinkelbereich von 20° bis 120° dargestellt. Diese Werte wurden aus Bild 4.60 punktweise ausgemessen. Rechts ist der reale Kolbenseitenkraft-Verlauf über den Kurbelwinkel aufgetragen [2].

Nun können wir die Kräfte am Hubzapfen näher betrachten, Bild 4.58. Dort greift die Pleuelstangenkraft S an, wir zerlegen sie vektoriell in die Tangentialkraft F, die zusammen mit dem Kurbelradius r das Drehmoment T an der Kurbelwelle liefert, und eine Radialkraft R. Beachten Sie, dass F und r senkrecht aufeinander stehen, S und r aber nicht, auf wenn es auf den ersten Blick so aussieht! Die folgende Winkelbetrachtung ist etwas tricky und so in den meisten Quellen nicht ausgeführt:

Für das untere Krafteck gilt:

$$\cos(90° - \alpha - \beta) = \cos(90° - (\alpha + \beta)) = \frac{F}{S}$$

Nun gibt es in jeder mathematischen Formelsammlung diese schöne Komplementbeziehung:

$$\cos(90° - \gamma) = \sin\gamma$$

$$\text{daher: } \cos(90° - (\alpha + \beta)) = \sin(\alpha + \beta)$$

Damit haben wir die Formel für die Tangentialkraft F:

$$F = S \cdot \sin(\alpha + \beta) \tag{4.32}$$

Jetzt können wir die Pleuelstangenkraft S noch durch die Gaskraft P beschreiben, Gleichung (4.31), und bekommen:

$$\boxed{F = \frac{P}{\cos\beta} \cdot \sin(\alpha + \beta)} \tag{4.33}$$

Ein weiteres Auflösen und Umformen dieser Gleichung, wie in älteren Büchern vollzogen, lohnt sich heutzutage nicht; man wird sie eher zusammen mit Gleichung (4.3) per Computer auswerten oder in Excel auftragen:

$$\sin\beta = \lambda \cdot \sin\alpha \text{ , das bedeutet: } \beta = \arcsin(\lambda \cdot \sin\alpha)$$

$$\boxed{F = P \cdot \frac{\sin(\alpha + \arcsin(\lambda \cdot \sin\alpha))}{\cos(\arcsin(\lambda \cdot \sin\alpha))}} \tag{4.34}$$

Untersuchen wir einige ausgewählte Winkel α:

- Bei $\alpha = 0°$ bzw. $\alpha = 180°$ gilt: $F = 0$.
- Bei $\alpha = 90°$ gilt: $F = P$, weil gilt: $\sin(90 + \beta) = \cos\beta$.
- Bei $\alpha + \beta = 90°$ gilt: F = fast maximal.

Aus der Tangentialkraft F kann man mit dem Kurbelradius r das *Drehmoment* T berechnen; diese Formel gilt *immer*, egal, für welche Betrachtung und für welche Maschine!

$$\boxed{T = F \cdot r} \tag{4.35}$$

Beim Betrachten des Tangentialkraftverlaufs in Bild 4.62 fällt auf, dass das Maximum der Tangentialkraft F bei $\alpha + \beta = 90°$ gerade mal 1,05-mal größer als die Tangentialkraft $F = P$ bei $\alpha = 90°$ ist, sodass wir mit guter Näherung sagen können:

$$T \approx P \cdot r \tag{4.36}$$

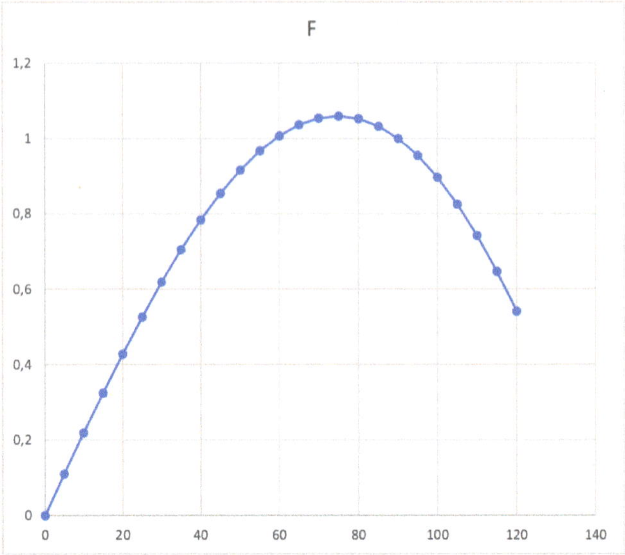

Bild 4.62 Tangentialkraftverlauf in Abhängigkeit vom Kurbelwinkel. Dabei wurde die Gaskraft P mit 1 und λ mit 0,26 angenommen. Das Maximum liegt wie ersichtlich bei etwa 75° Kurbelwinkel und beträgt etwa 1,05 [2].

Ist die Tangentialkraft F, die wir gerade ermittelt haben, die eigentliche Nutzkraft? Nein. Denn wir haben bis jetzt ganz bewusst die Massenkraft aus der Betrachtung herausgelassen, um sie nicht zu kompliziert zu machen. Aber jetzt müssen wir die Massenkraft berücksichtigen. Aus Bild 4.63 erkennen wir:

$$F_K = p \cdot A_K - F_M \tag{4.37}$$

Da aber blöderweise sowohl der Verbrennungsdruck p als auch die Massenkraft F_M vom Kurbelwinkel abhängen, wird Gleichung (4.37) mit Gleichung (4.20) zu

$$F_K(\alpha) = p(\alpha) \cdot A_K - F_M(\alpha) = p(\alpha) \cdot A_K - m \cdot r \cdot 4\pi n^2(\cos\alpha + \lambda\cos 2\alpha) \tag{4.38}$$

Dabei sind A_K die dem Druck zugewandte projizierte Kolbenfläche und m die Kolbenmasse plus Kolbenbolzen plus translatorischer Pleuelanteil.

Im OT sind die Gaskräfte ziemlich groß, vgl. Bild 4.60, die Massenkräfte sind maximal, aber entgegengerichtet. Untersuchen wir das einmal für die CB 750. Wir unterstellen im OT einen Verbrennungsdruck von, sagen wir, 50 bar, also $5\frac{\text{N}}{\text{mm}^2}$. Der Kolbendurchmesser ist 61 mm, damit ergibt sich eine Gaskraft P von

$$P = p \cdot A_K = 5\frac{\text{N}}{\text{mm}^2} \cdot \frac{\pi \cdot 61^2\,\text{mm}^2}{4} = 14.612\,\text{N}$$

Die Massenkraft hatten wir schon früher ausgerechnet, vgl. Abschnitt 4.3:

$$F = m \cdot a = 0{,}289 \cdot 27.856 = 8050\ \text{N}$$

Von den 14.612 N kommen also gerade mal 14.612 – 8050 = 6562 N an! Und das ist noch gar nichts: In Gleichung (4.38) steht im Subtrahend, also der Massenkraft, die Drehzahl im

Quadrat. Wenn wir einmal ganz grob unterstellen, dass der Verbrennungsdruck über die Drehzahl halbwegs konstant ist[9], die Massenkraft aber quadratisch ansteigt, dann hat die Massenkraft irgendwann die Gaskraft eingeholt – und die Leistung ist weg! Diesen Sachverhalt über zwei Kurbelumdrehungen betrachtet sehen Sie in Bild 4.64 qualitativ dargestellt. Diese Verläufe wurden in [18] für einen Einzylindermotor mit 150 mm Hub, einer Kolbenmasse von 3,3 kg und einem Pleuelstangenverhältnis von 0,261 bei 3600 U/min und Volllast gezeigt.

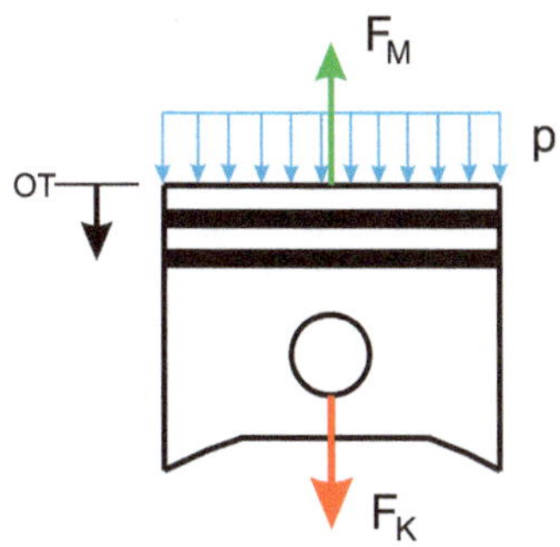

Bild 4.63 Kraftverhältnisse am Kolben im OT: Nach unten wirkt die Gaskraft $P = p \cdot A_K$, nach oben aber die Massenkraft F_M. Nur deren Differenz ist die eigentliche Nutzkraft F_K [2].

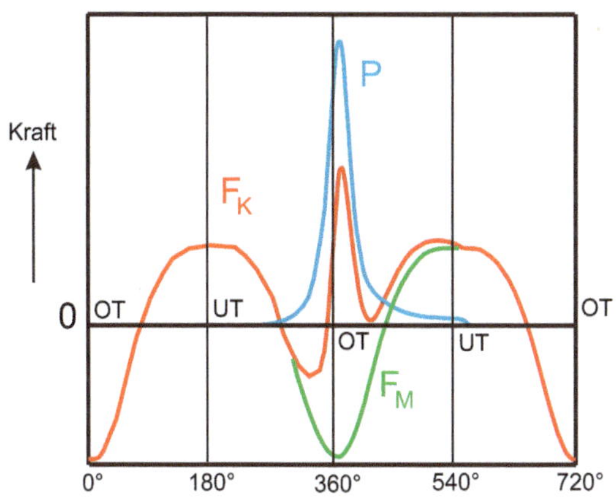

Bild 4.64 Gaskraft P und Massenkraft F_M über zwei Kurbelwellenumdrehungen aufgetragen: Nur deren Differenz ist die eigentliche Nutzkraft F_K. [2], nach [18].

9 Im mittleren Drehzahlbereich ist der Verbrennungsdruck tatsächlich einigermaßen konstant, aber bei recht geringen und sehr hohen Drehzahlen treten Strömungsverluste auf, sodass hier der Verbrennungsdruck abfällt.

5 Lager, Dichtungen und Schmierung

5.1 Kurbelwellen- und Pleuellager

5.1.1 Wälzlager

Wälzlager, das sind Kugellager, Rollenlager und Nadellager, werden nicht nur im Motorenbau verwendet: Es sind Universallager, die überall genutzt werden, wenn Wellen oder Achsen drehbar abgestützt werden sollen. Sie haben viele Vorteile: Sie sind relativ preiswert, international genormt und brauchen nur sehr wenig Schmierung. Denken Sie an die Radlager Ihres Autos oder Motorrads: Die Wälzlager dort haben heute eine Fettfüllung, die ein ganzes Fahrzeugleben hält. Sehr wichtig gerade für Eigenbau-Konstruktionen ist, dass die Lagersitze sowohl im Gehäuse als auch auf der Welle nur sauber gedreht sein müssen. Schleifen ist unnötig und nur dann erforderlich, wenn man auf genaue Passung achten muss. Wälzlager haben eine deutlich geringere Reibung als selbst unter fluidischer Reibung laufende Gleitlager, was gerade heute im Zeitalter der chronischen Energieeinsparung durchaus interessant ist. Aber sie haben auch Nachteile: Sie brauchen oft mehr Platz als Gleitlager, sie können nicht radial geteilt werden wie Gleitlager, womit sie für geschmiedete Mehrzylinder-Kurbelwellen mehr oder weniger ausscheiden, und sie laufen deutlich lauter und – was viele nicht wissen – erzeugen mitunter hochfrequente Vibrationen. Zudem sind sie recht stoßempfindlich.

Ich gebe hier nur einen Überblick, der für unsere Betrachtungen ausreichen sollte. Wälzlager sind ein riesiges Wissensgebiet, und es gibt unglaublich viele Ausführungen, Sondertypen und Spezialausführungen, z. B. Großwälzlager mit 6 m Durchmesser und 40 t Gewicht für Windkraftanlagen von z. B. Thyssenkrupp Rothe Erde. Falls Sie tiefer in die Materie einsteigen wollen, sollten Sie eines der bekannten Maschinenelemente-Bücher wie [61] konsultieren oder, wenn es noch genauer sein soll, direkt einen Katalog der einschlägigen Wälzlagerhersteller wie SKF, FAG, INA, Schaeffler oder anderen zu Rate ziehen. Wir gehen nun nach einer (in der Schule zu Recht gefürchteten) Ganzheitsmethode vor und springen auch etwas zwischen den Aspekten unter Verzicht auf Vollständigkeit, sonst wird es zu dröge und langweilig.

Es gibt allgemein betrachtet, egal, ob Wälz- oder Gleitlager, drei Typen, Bild 5.1: kombinierte Lager, die sowohl radiale als auch axiale Kräfte aufnehmen können, reine Radiallager, die nur radiale Kräfte aufnehmen können, und Axiallager, die nur axiale Kräfte aufnehmen können. Wir können gleich einmal festhalten: Eine sauber gelagerte Welle hat immer ein kombiniertes Lager und ein Radiallager.

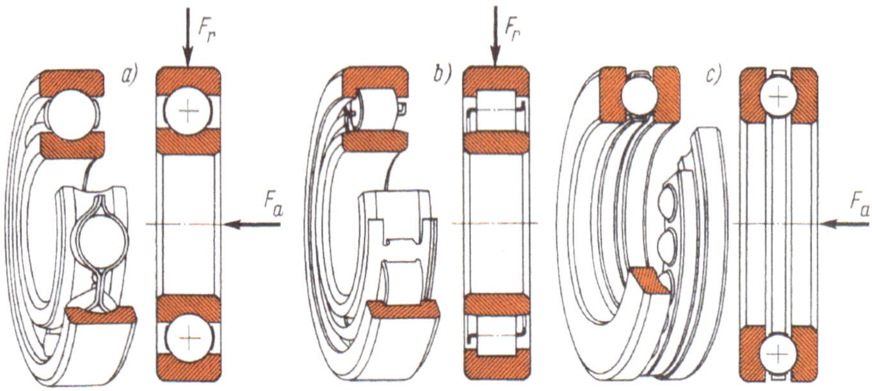

Bild 5.1 Generelle Typen von Lagern: a) Radiallager, das nur Radial- und Axialkräfte aufnimmt (typisch: Rillenkugellager), b) Radiallager, das nur Radialkräfte aufnimmt (typisch: Zylinderrollenlager), c) Axiallager, das nur Axialkräfte aufnimmt (typisch: Axial-Rillenkugellager) [61]

Wälzlager ist der Oberbegriff, nach der Wälzkörperform unterscheidet man, vgl. Bild 5.2:

- **Kugellager**, die wieder in eine Reihe von Untertypen zerfallen. Mit Abstand der am häufigsten verwendete Typ ist das *Rillenkugellager*, Bild 5.1a), da man es sehr schön als kombiniertes Lager verwenden kann. Da es in riesigen Stückzahlen hergestellt wird, ist es meist auch der mit Abstand kostengünstigste Lagertyp. Rillenkugellager werden im Fahrzeugbau für Kurbelwellenlager, Getriebelager und eigentlich überall und immer verwendet, wenn keine höherwertigen oder tragfähigeren Lager nötig sind.
- **Zylinderrollenlager**, auch hier gibt es mehrere Untertypen: Sie nehmen viel höhere Radialkräfte als Rillenkugellager auf, können aber so gut wie keine Axialkräfte verdauen. Sie werden im Motorenbau gerne für Pleuellager bei gebauten Kurbelwellen genutzt.
- **Kegelrollenlager**: Sie können hohe Radialkräfte und einseitige Axialkräfte aufnehmen. Sie werden praktisch immer paarweise eingesetzt und gerne für Radlager bei Autos und Motorrädern verwendet, aber auch als hochwertige Lenklager im Steuerkopf von Motorrädern. Ein insgesamt leistungsfähiger Lagertyp, der aber auf der konstruktiven Seite einige Sorgfalt erfordert.
- **Tonnenlager**: Sie können große Wellendurchbiegungen aufnehmen, sind aber meiner Meinung nach eher Notbehelfe für verunglückte Konstruktionen.
- **Nadellager**. Wenn die Zylinderrollen sehr lang und dünn werden, dann spricht man von Nadellagern. Die Grenzen sind fließend; manchmal weiß man nicht, ob das noch ein Rollenlager oder bereits ein Nadellager ist. Nadellager bauen radial sehr kompakt, daher werden sie gerne als obere Pleuellager bei Zweitaktmotoren verwendet. Sie können meist nur Radialkräfte aufnehmen.

Meist werden die Wälzkörper mit einem Käfig geführt und damit auf Abstand gehalten, Bild 5.3. Ohne einen solchen Käfig könnten die Lager im Werk gar nicht montiert werden, sonst würde man spezielle Einfüllöffnungen vorsehen müssen, was recht selten gemacht

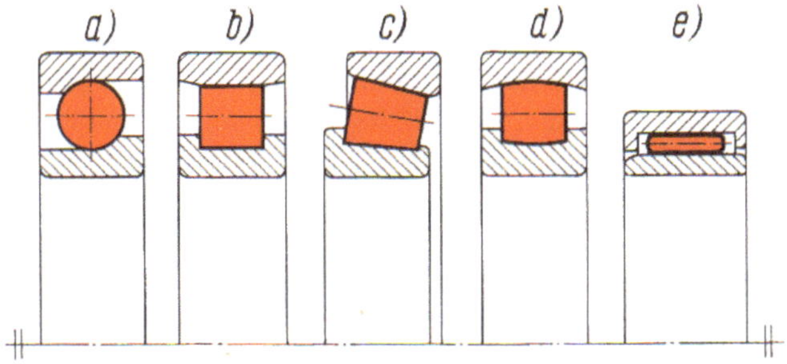

Bild 5.2 Formen der Wälzkörper: Kugel, Zylinder, Kegel, Tonne und Nadel [61]

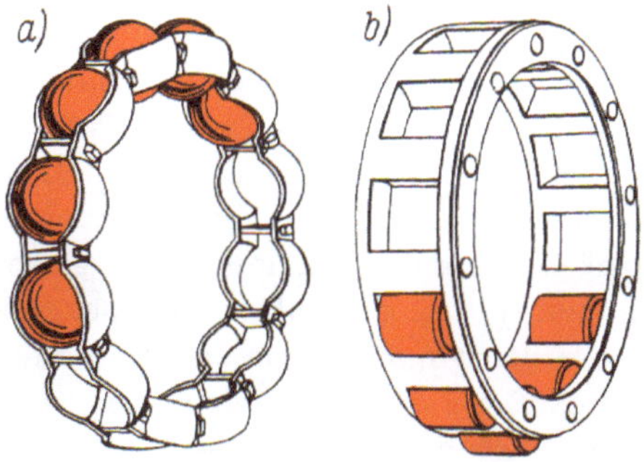

Bild 5.3 Wälzlager-Käfige aus gepresstem Blech bzw. Messing-Massivkäfig [61]

Bild 5.4 Die Eisenbahnbrücke über den Firth of Forth in Schottland: Gebaut 1890, war sie die erste Brücke der Welt aus Stahl [124].

wird, weil die Lager dann nur noch in einer Richtung axial belastet werden können, nämlich weg von der Einfüllöffnung. Käfiglose, vollrollige Lager, bei denen ein Wälzkörper direkt neben dem anderen läuft, haben zwar höhere Tragfähigkeiten, aber auch höhere Reibung, weil die Kugeln oder Rollen an ihren Berührstellen gegensinnig laufen; das macht man nicht so sehr gerne. Der Standard sind Käfiglager, und meist werden Käfige aus Stahlblech verwendet, die nach Montage des Lagers miteinander vernietet werden. Doch auch Kunststoffkäfige sind beliebt. Bei deren Einsatz im Motor oder Getriebe, sprich, wenn es heiß wird, müssen Sie allerdings auf die Temperaturgrenzen der Käfige achten. Für höherwertige Anwendungen werden auch Massivkäfige aus Messing oder Aluminium verwendet, z. B. für Rollenlager in gebauten Kurbelwellen.

Wenn Sie eine Welle abstützen wollen, dann brauchen Sie mindestens zwei Lager: Ein *Festlager* und ein *Loslager*. Was bedeutet das? Dazu brauchen Sie nur eine Eisenbahn- oder Autobahnbrücke näher zu betrachten: Die eine Seite der Brücke muss mit einem Festlager festgehalten werden, damit sie unter dem Verkehr nicht hin- und herrutscht, Bild 5.5. Die andere Seite der Brücke muss natürlich auch gestützt werden, aber hier wird nun ein Loslager verwendet, auf dem die Brücke hin- und herschieben kann, nämlich, wenn sie sich unter Wärmeeinfluss im Sommer ausdehnt oder im Winter zusammenzieht, Bild 5.6. Da reichen aber schon die unterschiedlichen Tagestemperaturen. Das ist das Minimum an Abstützungen, weitere sind möglich, Bild 5.4. Das macht man aber nur, wenn es sein muss, denn es wird nicht nur teurer, sondern ist auch viel schwieriger zu berechnen. Dieses lange bekannte Gedankengut aus Architektur und Bauingenieurwesen übertragen wir nun auf Wellen, Achsen, und speziell auf Kurbelwellen, aber auch Getriebewellen. Die physikalisch-mathematische Berechnung von Eisenbahnbrücken und Kurbelwellen erfolgt übrigens ganz identisch. Diese spezielle Disziplin nennt man *Technische Mechanik*, kurz TM genannt, das Horrorfach der Maschinenbau- und Bauingenieurstudenten, die an den Universitäten und Fachhochschulen meist zusammen in derselben TM-Vorlesung sitzen. Nebenbei werden auch die Tragflächen von Flugzeugen nach denselben Prinzipien berechnet.

Bild 5.5 Festlager: Brücke in Hamburg [2]

Bild 5.6 Loslager: Brücke in Hamburg [2]

Aus Sicht der Technischen Mechanik sind das alles sogenannte *Balken*. Wird der Balken nur einseitig gestützt, also in der Wand eingemauert oder festgeschweißt – nur auflegen reicht

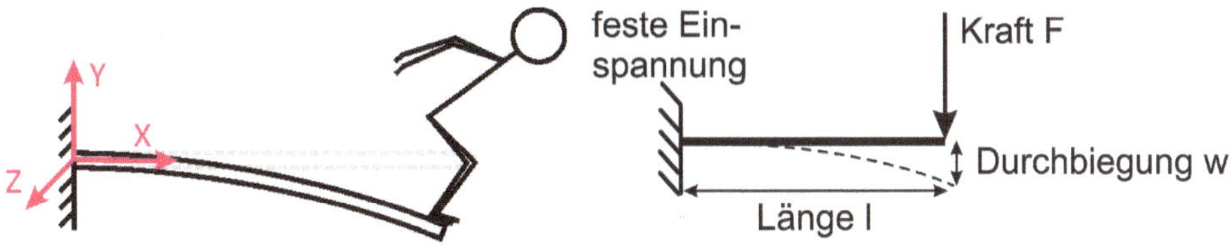

Bild 5.7 Einseitig gestützter Balken, ein *Kragbalken* [61] [69]

logischerweise nicht – dann spricht man von einem *Kragbalken*, Bild 5.7. Für Kurbelwellen, Getriebewellen, eigentlich ganz allgemein im Maschinen- und Fahrzeugbau, kommt das nicht infrage, zwei Lager braucht es mindestens, Bild 5.8. Hat der Balken genau zwei Lager mit einem Festlager und einem Loslager, dann ist der Balken *statisch bestimmt* und lässt sich ganz leicht berechnen, d. h. die Lagerkräfte und Durchbiegungen. Ein solcher Balken macht keinen Stress bei Temperaturänderungen und kann einfach montiert werden. Er verhält sich in jeder Hinsicht gutmütig und vorhersagbar. Daher wird jedem Maschinenbaustudenten in den Konstruktionsvorlesungen eingebleut, Wellen immer so – und nur so – zu lagern. Eine gute Empfehlung! Aber wenn unser Student dann in der Industrie ist, werden alle guten Vorsätze vergessen, und es wird auf Teufel heraus billig konstruiert; wir werden uns diese Billigkonstruktionen noch näher betrachten. Bemerkenswert ist, dass besonders japanische Motorradkonstruktionen genau diesem perfekten Konstruktionsprinzip *eindeutig – einfach – sicher* [47], das unser Student in seinen Vorlesungen und Übungen gelernt hat, konsequent folgen, Bild 5.12 und Bild 5.13. Nicht umsonst sind die japanischen Motoren und Getriebe so langlebig und störungsfrei! Wie hält man die Lager fest? Betrachten Sie dazu Bild 5.14: Der Außenring des Festlagers links ist im Gehäuse durch eine Gehäuseschulter und einen Deckel fixiert, er kann sich nicht mehr axial verschieben. Gleichzeitig ist der Innenring auf der Welle durch einen Wellenabsatz und einen Seegerring axial fixiert. Es sind also Innen- und Außenring fixiert, und damit wird das Kugellager zum Festlager. Das rechte Kugellager ist das Loslager: Zwar ist der Innenring wieder so wie links auf der Welle mit Wellenschulter und Seegerring fixiert, aber der Außenring des Lagers ist frei und kann sich axial verschieben, wenn die Welle wärmer wird als das Gehäuse, was meist der Fall ist. Außerdem spielen nun Axialtoleranzen keine Rolle mehr.

Was Sie aber beachten sollten: Die Wälzlager vertragen je nach Typ nur sehr begrenzte *Einstellwinkel* ψ, Bild 5.8. Eine Welle oder Achse[1], also ein Balken, biegt sich nicht nur durch, sondern stellt sich auch noch um den Neigungs- oder Einstellwinkel ψ schräg. Wenn man die auf den Balken wirkenden Kräfte kennt, dann kann man diesen Neigungswinkel sehr genau ausrechnen. Und das wird der Konstrukteur auch unbedingt machen, weil Lager, egal ob Wälz- oder Gleitlager, nur einen maximalen Neigungswinkel verkraften, ohne dass sie das Klemmen anfangen. Der maximal zulässige Winkel ψ hängt vom Lagertyp ab. Wir reden hier nicht von Winkelgraden, sondern Winkelminuten. Es sind bei Rillenkugellagern bei den Baureihen 62, 63 und 64 5'–10' bei niedriger Belastung und 8'–16' bei hoher Belastung. Die Rillenkugellager-Baureihen 160 und 60 erlauben nur 2'–6' bei niedriger Belastung und 5'–10' bei hoher Belastung. Bei Zylinderrollenlagern und Kegelrollenlagern sind aber nur höchstens 4' drin. Dagegen lassen Tonnenlager rund 4° aus der Mittellage zu,

[1] Eine Welle leitet Drehmomente weiter, eine Achse nicht.

Pendelrollenlager bis 2°. Nur damit Sie mal eine Idee haben, wie die Gleichungen für Wellendurchbiegung und Neigungswinkel aussehen, betrachten wir die beiden Belastungsfälle aus Bild 5.8:

$$\text{Balken mit Einzellast: } w = \frac{Fl^3}{48EI}, \psi = \frac{Fl^2}{16EI} \tag{5.1}$$

$$\text{Balken mit Gleichstreckenlast: } w = \frac{5}{384}\frac{ql^4}{EI}, \psi = \frac{ql^3}{24EI} \tag{5.2}$$

Dabei sind F die Kraft in N, q die Gleichstreckenlast in N/mm, E der Elastizitätsmodul, der bei Stahl 206.000 N/mm² ist und I das Flächenträgheitsmoment in mm⁴, bei einem runden Vollquerschnitt (Welle) ist $I = \frac{\pi \cdot d^4}{64}$. Genauere und weiterführende Erläuterungen dazu finden Sie z. B. in [61].

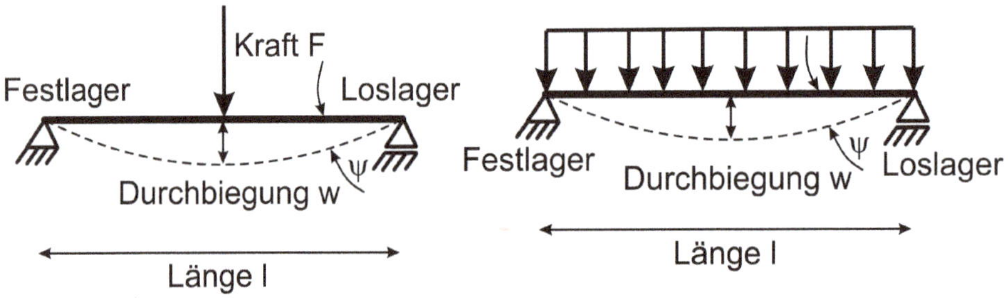

Bild 5.8 Zweiseitig gestützter Balken, ein *statisch bestimmter Balken* [69]. Links mit einer Einzelkraft bei z. B. einer Einzylinderkurbelwelle, rechts eine gleichmäßig verteilte Last, eine sogenannte *Gleichstreckenlast*, z. B. Stau auf einer Autobahnbrücke.

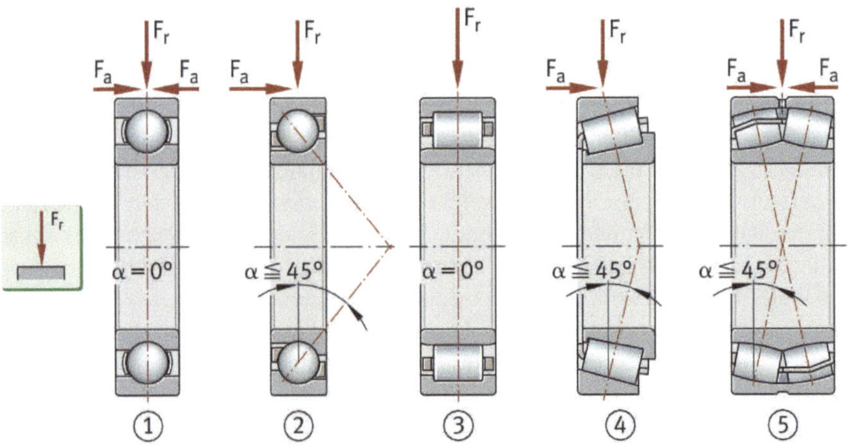

Bild 5.9 Aufnahme von Radial- und Axialkräften: 1) Rillenkugellager, 2) Schrägkugellager, 3) Zylinderrollenlager, 4) Kegelrollenlager, 5) Pendelrollenlager (mit freundlicher Genehmigung der Schaeffler Technologies AG & Co. KG)

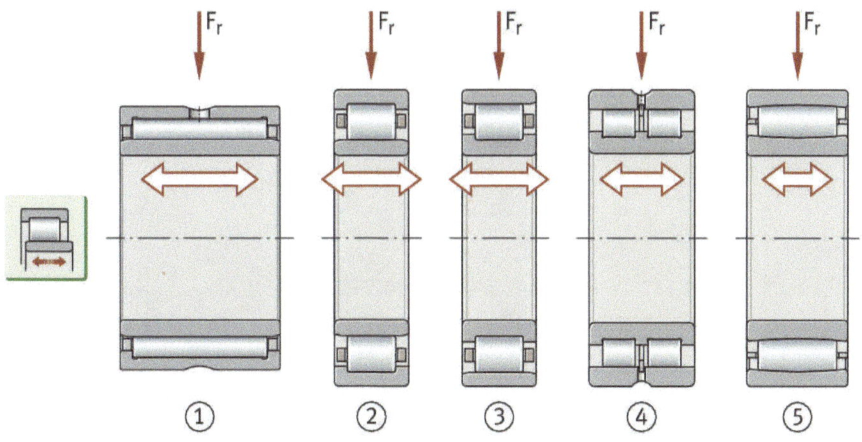

Bild 5.10 Loslager (mit freundlicher Genehmigung der Schaeffler Technologies AG & Co. KG)

Was wären die Alternativen? Sehr beliebt ist in Industriekreisen die *schwimmende Lagerung*, Bild 5.15. Sie spart Seegerringe und Gehäuseschultern ein und wird daher billiger, dafür weiß die Welle nicht so genau, was sie tun soll: Je nach Axialkraft legt sich einmal das linke, einmal das rechte Lager an. Diese Lagerungen sind toleranzempfindlich; damit die Welle nicht zu sehr hin- und hertanzt, aber auch nicht unter Zwang durch zu enge Seitentoleranzen gerät, werden *Ausgleichscheiben* beigelegt. Dieses Spiel mit den Ausgleichsscheiben, besonders im Reparaturfall, hat der Teufel gesehen, Bild 5.19. Ich habe das bisher ein halbes Dutzend Mal bei BMW-Motorradgetrieben der Serien /6 und /7 gemacht – recht heavy, noch dazu, weil das Gehäuse für diese Arbeiten auf ca. 100 °C erwärmt werden muss, damit sich die Lagersitze lösen.

Kegelrollenlager und Schrägkugellager können auf zwei Arten paarweise angeordnet werden, Bild 5.25: Die *O-Anordnung* ist insofern thermostabil, als dass sich die Lager bei Erwärmung der Welle nicht unkontrolliert verspannen; es kann aber dafür passieren, dass sie sich lockern! Bei der *X-Anordnung* ist es genau umgekehrt: Bei Erwärmung der Welle und damit deren Ausdehnung verspannen sich die Lager unkontrolliert – und solche Thermoschübe können enorme Kräfte erzeugen! Beide Anordnungen sind, wenn Wärme ins Spiel kommt, nichts für Anfänger, es braucht sehr viel Erfahrung und praktische Tests, um solche Lageranordnungen sicher nutzen zu können. Unkritisch und vernünftig sind Kegelrollenlager bei z. B. Steuerkopflagern und Schwingenlagern von Motorrädern (z. B. BMW der Serien /5, /6, /7) oder auch Radlagerungen, weil hier mit keiner größeren Erwärmung zu rechnen ist. Aber: Falls Sie selbst eine Wälzlagerung konstruieren bzw. bauen wollen, dann verwenden Sie unbedingt die langweilige und etwas teurere Fest-Loslagerung; damit sind Sie auf der sicheren Seite. Kommen wir ruhig noch mal auf die so wichtige Fest-Loslagerung zurück: Bild 5.21 zeigt verschiedene Möglichkeiten, die Wälzlager-Innenringe festzulegen, dabei sind die Lösungen b) und d) die gängigsten und preiswertesten. Bild 5.22 zeigt verschiedene Möglichkeiten, die Wälzlager-Außenringe festzulegen, dabei sind die Lösungen a) und d) die gängigsten und preiswertesten. Besonders Lösung d) bietet sich bei horizontal geteilten Motor- und Getriebegehäusen geradezu an und wird sehr gerne bei japanischen Motorradkonstruktionen genutzt – sehr zu Recht, denn das ist eine sehr preiswerte, aber

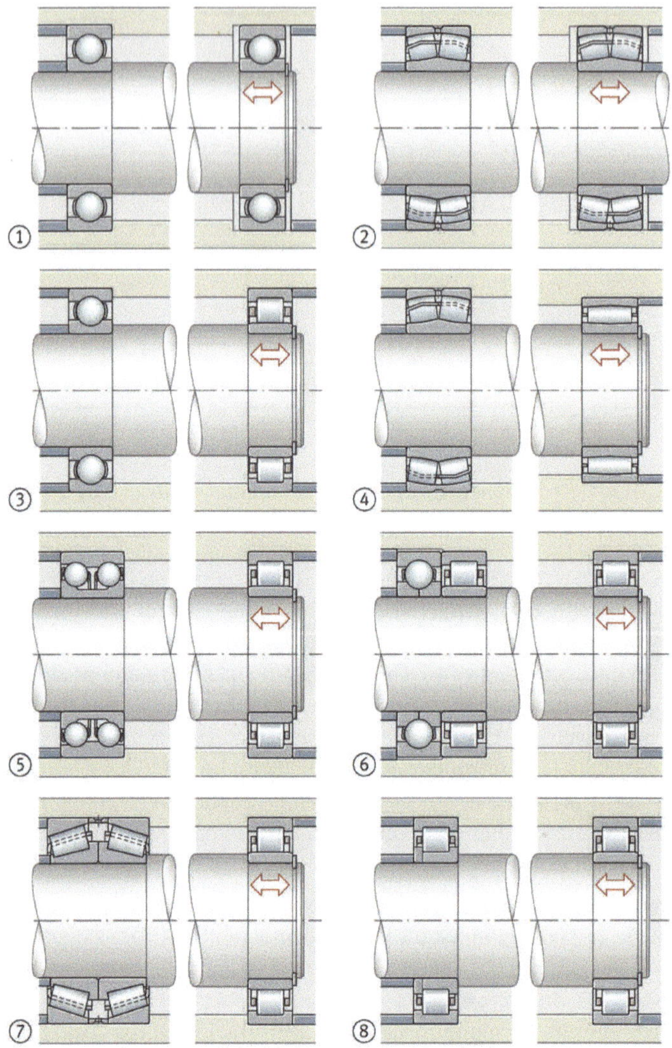

Bild 5.11 Verschiedene Möglichkeiten von Fest-Loslagerungen: 1) zwei Kugellager, 2) zwei Pendelrollenlager, 3) Kugel- und Zylinderrollenlager, 4) Pendelrollen- und Nadellager, 5) Doppel-Schrägkugel- und Zylinderrollenllager, 6) Kugel- und Rollenllager kombiniert bilden das Festlager (Zylinderrollenlager als Loslager). 7) Zwei Kegelrollenlager bilden das Festlager (Zylinderrollenlager als Loslager). 8) Zwei Zylinderrollenlager (nur für kleine Axialkräfte); mit freundlicher Genehmigung der Schaeffler Technologies AG & Co. KG

Bild 5.12 Die Getriebe-Eingangswelle einer Honda CB 750 Four aus 1975: Zwei Kugellager (orange Pfeile) 6205 und 6304 sorgen für eine saubere statisch bestimmte Lagerung. Blauer Pfeil: das erste Kurbelwellen-Hauptlager als Gleitlager [2].

Bild 5.13 Die Getriebe-Eingangswelle einer Kawasaki H1 500 Mach3 aus 1971: Ein Kugellager links als Festlager und ein Nadellager rechts als Loslager sorgen für eine saubere statisch bestimmte Lagerung [2].

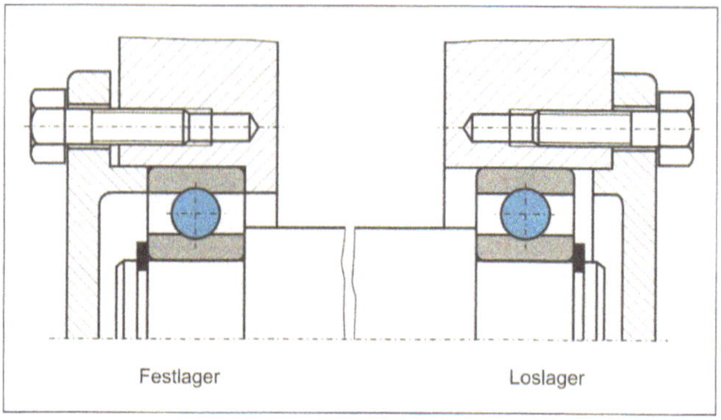

Bild 5.14 Festlager und Loslager sorgen für eine saubere statisch bestimmte Lagerung [48].

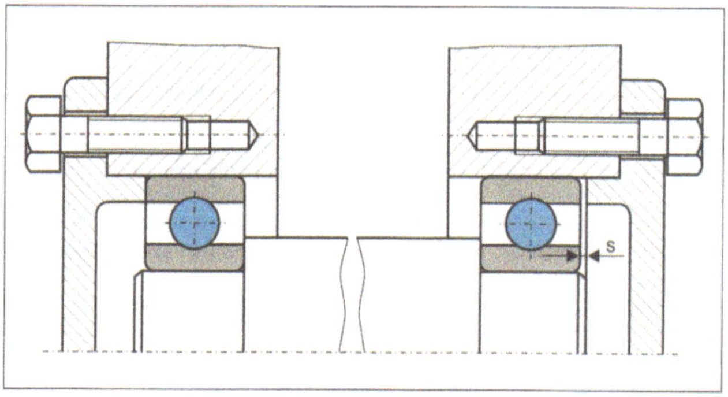

Bild 5.15 Schwimmende Lagerung – eine Billigbauweise, die Seegerringe und Gehäuseschultern einspart [48]

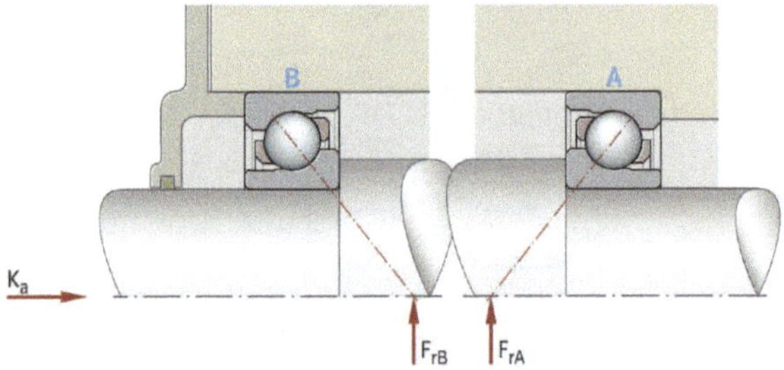

Bild 5.16 Das Schulterkugellager wird gerne bei Einzylinder-Zweitakt-Kurbelwellen eingesetzt. Es lässt sich gut montieren, wenn – an und für sich ungute – vertikal geteilte Motorgehäuse vorliegen (mit freundlicher Genehmigung der Schaeffler Technologies AG & Co. KG).

konstruktiv perfekte Lösung, vgl. Bild 5.12 und 5.13. Verschiedene Varianten von Festlagerungen zeigt Bild 5.23: a) ist eine Standardlösung und einwandfrei, b) eher ein Sonderfall, c) ist eigentlich schlecht, weil Zylinderrollenlager keine Axialkräfte aufnehmen können und die Rollen an ihren Stirnseiten nicht mehr rollen, sondern nur noch rutschen. Das funktioniert nur für sehr kleine Seitenkräfte. d) ist eine einwandfreie Lösung für schwerste Beanspruchung. Last, but not least ein paar Gestaltungsmöglichkeiten für Loslagerungen Bild 5.24: a) ist eine Standardlösung und einwandfrei, b) eher ein Sonderfall, c) ist hier einwandfrei, die Verschieblichkeit des Lagers ist im Lager selbst, der Innenring wandert unter der Rollenreihe hin und her. Wir sprechen hier von vielleicht wenigen Hundertstel oder Zehntel Millimetern, die das Rollenlager problemlos abkann, ohne dass der Innenring auf einmal in der Luft hängt. Lösung d) ist an und für sich okay, aber ich mag Pendelkugellager gar nicht.

Jetzt folgt schon das nächste Stichwort: Welche Wälzlagertypen sollen Sie für eigene Konstruktionen verwenden?

- Verwenden Sie ganz gewöhnliche *Rillenkugellager*, wann immer es geht. Sie sind weltweit genormt, preiswert, schnell verfügbar und sowohl als Fest- als auch als Loslager einsetztbar. Es gibt sie auch mit Dauerfettfüllung und entsprechend abgedichtet.
- *Zylinderrollenlager* nehmen Sie dann, wenn Sie hohe Radiallasten aufnehmen wollen und bei gleichem Bauraum Rillenkugellager nicht mehr ausreichen. Denken Sie aber daran, dass Zylinderrollenlager als Festlager praktisch ungeeignet sind.
- *Nadellager* bauen sehr flach und sind daher sehr geeignet, wenn wenig Platz ist. Ihre typische Anwendung sind untere und obere Pleuellager bei Zweitaktmotoren – natürlich funktionieren sie auch bei Viertaktmotoren. Aber auch Getriebewellen können auf der Loslagerseite sehr schön mit Nadellagern gestützt werden, Bild 5.13. Wie Zylinderrollenlager sind sie fast nie geeignet, um Axialkräfte aufzunehmen.
- *Kegelrollenlager* werden immer paarweise verwendet, nehmen hohe Radial- und Axialkräfte auf und sind sehr geeignet für z. B. Radlager oder Schwingenlager. Vorsicht bei unterschiedlicher Erwärmung von Welle und Gehäuse! In Präzisionsausführung sind Kegelrollenlager auch gut als einfache Spindellagerung von Dreh- und Fräsmaschinen geeignet.
- Und nun der Joker: Wenn nichts mehr hilft, schwerste Belastungen auftreten, eventuell kombiniert mit größeren Wellendurchbiegungen, dann nehmen Sie *Pendelrollenlager*, Bild 5.17. Die haben mir in der beruflichen Praxis schon mehr als einmal aus der Patsche geholfen! Wie alle wirklich guten Sachen haben sie nur einen Nachteil: Sie sind teuer.
- Falls Sie mit großen Wellendurchbiegungen mit entsprechenden Schiefstellungen der Lager rechnen müssen, Bild 5.8, dann können Sie an *Pendelkugellager* oder *Tonnenlager* denken. Aber es sind eher Notbehelfe: Wenn sich eine Welle so stark verbiegt, dass sie solche Lager braucht, dann stimmt eher die ganze Wellenauslegung nicht.
- Mitunter können Sie auch zwei Lager kombiniert als Festlager verwenden, das macht man gerne, wenn man in radialer Richtung etwas beschränkt mit dem Platz ist, Bild 5.18.

Da Rillenkugellager so beliebt sind, will ich einmal kurz die Typenbezeichnung solcher Lager erläutern. Wir machen das am besten an einem Beispiel, an einem nicht abgedichteten Standard-Rillenkugellager mit Innendurchmesser 30 mm, Außendurchmesser 62 mm, Breite 16 mm. Dieses Lager hat die Normbezeichnung 6207. Wie das? Die Ziffern bedeuten:

- die erste Ziffer, d. h. 6: Rillenkugellager.

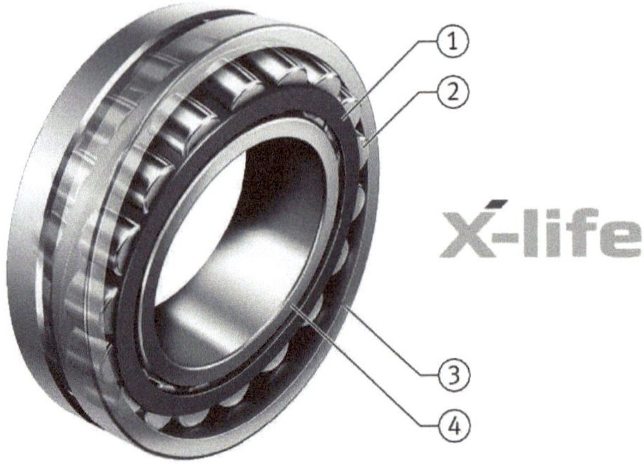

Bild 5.17 Pendelrollenlager sind der Joker, wenn sonst nichts mehr hilft. Diese Lager sind für schwerste Lasten und große Wellendurchbiegungen geeignet (mit freundlicher Genehmigung der Schaeffler Technologies AG & Co. KG).

- die zweite Ziffer, d. h. 2: mittlere Baureihe. Das bestimmt mittelbar den Außendurchmesser des Lagers. Wir sehen gleich, wie.
- die letzen beiden Ziffern, also 07: Ab Lager-Innendurchmesser 20 mm gilt: Diese Zahl mal 5 ergibt den Lager-Innendurchmesser. Daher: $7 \cdot 5 = 35$. Unter 20 mm: 03 bedeutet 17 mm, 02 bedeutet 15 mm, 01 bedeutet 12 mm und 00 10 mm Lager-Innendurchmesser.

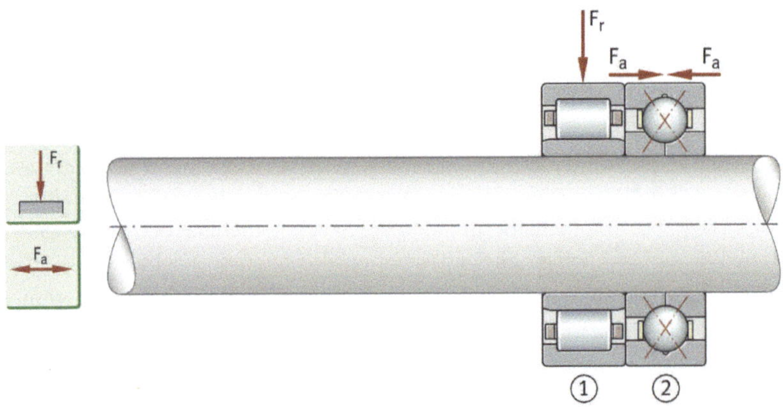

Bild 5.18 Zwei Lager bilden das Festlager: Das Zylinderrollenlager 1 nimmt die Radialkräfte auf und das *Vierpunktlager* (ein spezielles Kugellager) 2 nimmt die Axialkräfte auf (mit freundlicher Genehmigung der Schaeffler Technologies AG & Co. KG).

Die zweite Ziffer gibt an, wie sich Lager-Außendurchmesser und -Breite im Verhältnis zum Lager-Innendurchmesser – der immer das bestimmende Maß ist – verhalten. Wieder an

Tabelle 5.1 Geometrie- und Tragfähigkeitswerte der Lager 16007, 6007, 6207, 6307 und 6407 nach [42]

Lager	Innend.	Außend.	Breite	C	C_0
16007	35	62	9	12.200	8800
6007	35	62	14	16.000	10.200
6207	35	72	17	25.500	15.300
6307	35	80	21	33.500	19.000
6407	35	100	25	53.000	31.500

Beispielen, betrachten wir die Lager 16007[2], 6007, 6207, 6307 und 6407, Tabelle 5.1. Sie sehen, mit zunehmender zweiter Ziffer werden die Lager immer „schwerer", d. h. größer und damit belastbarer. Ein Maß für die Tragfähigkeit sind die dynamischen und statischen Tragzahlen C und C_0. Jetzt hängen wir an unser Beispiellager einen Zusatz 6207-2RSR an. Das Lager hat dieselben Abmessungen wie oben, hat aber eine Dauerfettfüllung und ist abgedichtet mit zwei Dichtringen ähnlich Radialwellendichtringen links und rechts – genau das Richtige für Radlager. Heißt das Lager 6207-2Z, dann ist es ebenfalls fettgefüllt, hat aber nur zwei Deckscheiben, ist also nicht 100 % wasserdicht. Das wäre etwas für eine Kreissägenwelle. Je nach Lagertyp kann es sein, dass RSR oder Z angehängt ist: Dann ist nur jeweils eine Dicht- bzw. Deckscheibe vorhanden.

Bild 5.19 Die Getriebewellen einer BMW R 100 RS aus 1982: schwimmende Lagerung aller drei Wellen im Tunnelgehäuse, Anpassung des Seitenspiels mit Ausgleichsscheiben (Pfeile) [2]

Wir haben gesehen, dass die Lagerringe formschlüssig über Wellenabsätze, Gehäuseschultern, Deckel, Seegerringe und Wellenmuttern festgehalten werden müssen. Würde nicht ein Presssitz reichen? In sehr einfachen Fällen bei ganz geringen Belastungen vielleicht, aber das ist nichts Genaues.

[2] Das ist ein *Dünnringlager.*

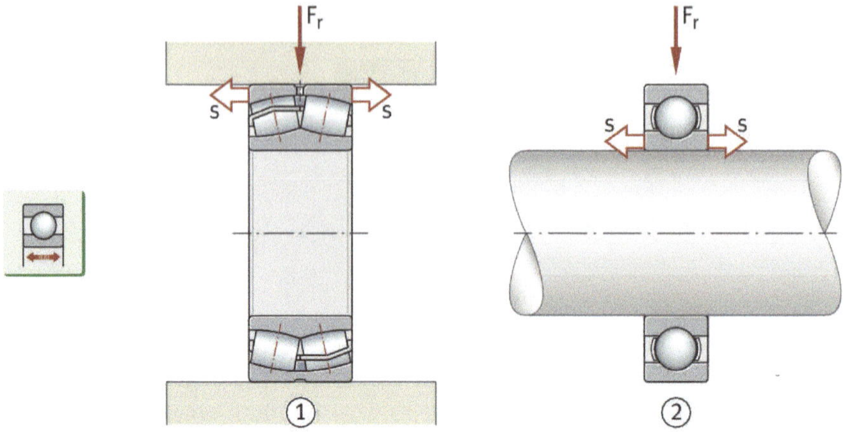

Bild 5.20 Je nachdem, ob Umfangs- oder Punktlast für Innen- oder Außenring vorliegen, wird der Ring fixiert. 1) Der Außenring hat hier Punktlast. Er soll schieben können. 2) Der Innenring hat hier Punktlast. Er soll schieben können (mit freundlicher Genehmigung der Schaeffler Technologies AG & Co. KG).

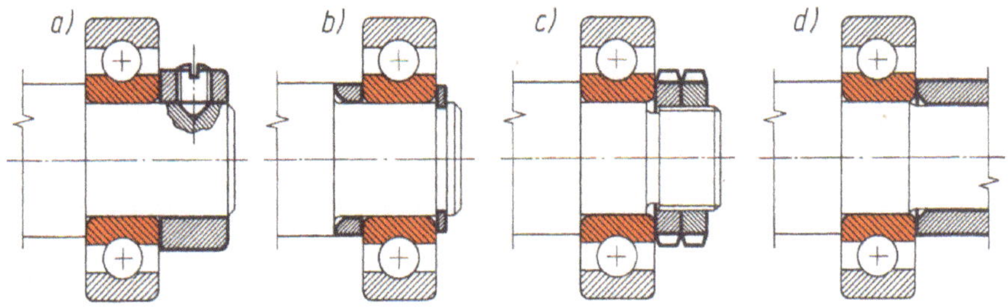

Bild 5.21 Fixierung der Lager-Innenringe: a) Stellring, b) Seegerring, c) Wellenmuttern, d) Abstandshülse [61]

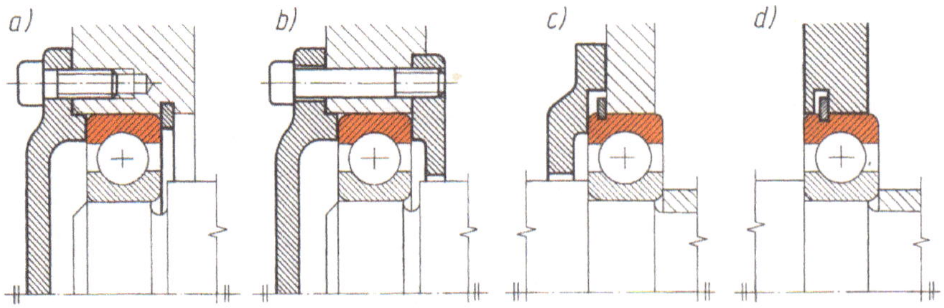

Bild 5.22 Fixierung der Lager-Außenringe: a) Deckel und Seegerring, b) zwei Deckel, c) Deckel und Lager mit Sprengring, d) Lager mit Sprengring [61]

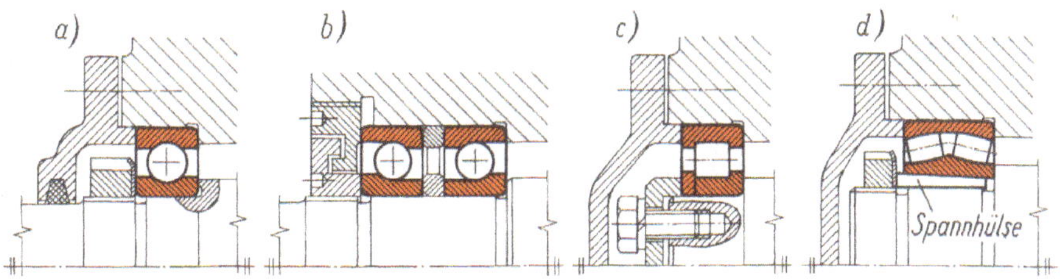

Bild 5.23 Beispiele für die Gestaltung von Festlagern: a) mit Rillenkugellager, b) mit zwei Schrägkugellagern, c) mit Zylinderrollenlager, d) mit Pendelrollenlager [61]

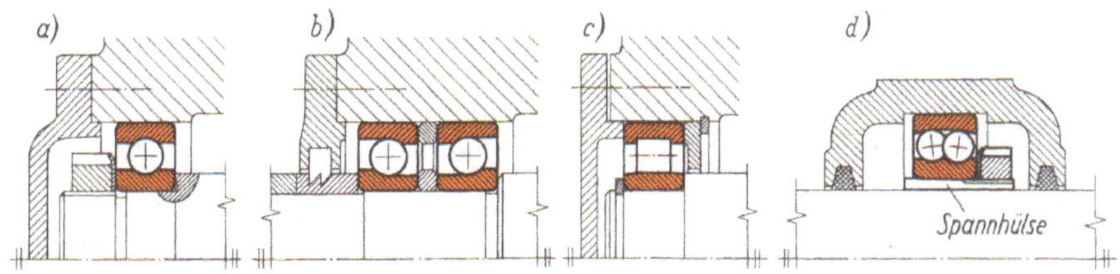

Bild 5.24 Beispiele für die Gestaltung von Loslagern: a) mit Rillenkugellager, b) mit zwei Schrägkugellagern, c) mit Zylinderrollenlager, d) mit Pendelkugellager [61]

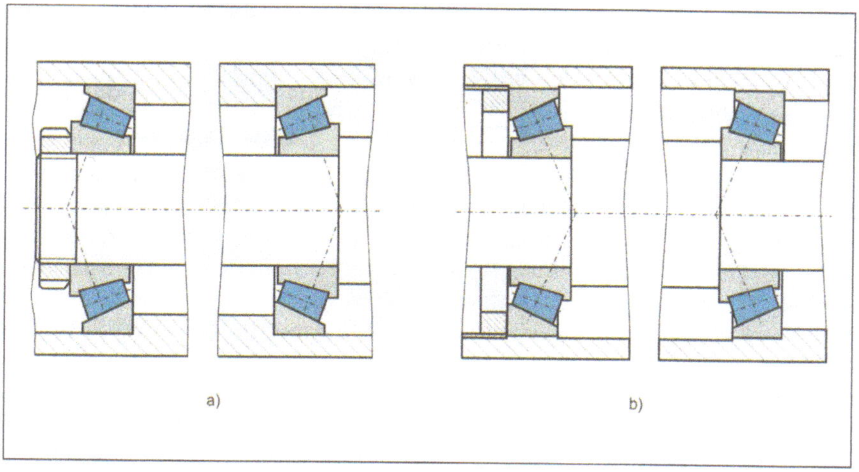

Bild 5.25 Die Anordnung von Kegelrollenlagern: a) O-Anordnung, b) X-Anordnung [48]

Es braucht auch bei ordentlicher formschlüssiger Axialfixierung einige Passungen. Genaueres zu Thema Passungen erfahren Sie in Abschnitt 5.1.2 – und zwar so:

- Der Ring (Innenring oder Außenring), der *Umfangslast* hat, bekommt eine leichte Presspassung der Klasse j6 oder k6, K7.
- Der Ring (Innenring oder Außenring), der *Punktlast* hat, bekommt eine Übergangspassung der Klasse h6, H7 oder H6.
- Bei hohen Belastungen und großen Lagerdurchmessern kommen auch festere Passungen wie m6, n6, p6 bzw. M7, N7 oder P7 in Betracht [42].

Nun fehlen uns die beiden neuen Begriffe *Umfangslast* und *Punktlast*. Der Ring eines Lagers hat Punktlast, wenn die Last immer auf dieselbe Stelle des Rings wirkt. Bei Umfangslast wandert die Last auf dem Ring herum. Das erklärt sich am besten an Beispielen: Bei der Kurbelwelle, Bild 5.27, stehen die Außenringe der drei Kugellager im Kurbelgehäuse still, und die Last durch den Kolben, also Gas- und Massenkräfte, wirkt mehr oder weniger immer in senkrechter Richtung. Damit wirken die Lasten immer auf dieselbe Stelle, oder besser gesagt, dieselben Bereiche des Außenrings. Das ist eine Punktlast. Dagegen drehen sich die Innenringe mit der Kurbelwelle und die senkrechte Last wirkt immer auf eine andere Stelle des Innenrings, der sich sozusagen unter der Last weiterdreht. Das ist eine Umfangslast. Wieso sind hier eigentlich *drei* Kugellager? In der Tat wird die Kurbelwelle für einen Einzylindermotor üblicherweise mit *zwei* Wälz- oder Gleitlagern abgestützt. Aber mitunter werden drei Lager, zwei auf der einen Seite und eines auf der anderen Seite verwendet, das hat aber andere Gründe, die nicht in der Technischen Mechanik begründet sind.

Nun der umgekehrte Fall: das Radlager, Bild 5.28. Die Innenringe sind mit der Steckachse drehfest in der Gabel festgeschraubt und die Last wirkt mehr oder weniger senkrecht. Damit sieht immer dieselbe Stelle der Innenringe die Last, also eine Punktlast. Dagegen drehen sich bei einem Radlager, egal ob Motorrad oder Auto, die Außenringe, und sie wandern unter der Last durch, sehen also eine Umfangslast. Nun ein paar Worte zur Schmierung. Wälzlager haben gegenüber Gleitlagern den großen Vorteil, dass sie sehr anspruchslos hinsichtlich der Schmierung sind. Bei relativ niedrigen Drehzahlen, wie sie bei Radlagern vorkommen, d. h. 1000–2000 U/min[3], reicht ohne Weiteres Fettschmierung – und das für sehr lange Zeit. Gerade bei Radlagern werden gerne Lager des Typs 2Z oder 2RSR verwendet, die mit einer Lebensdauerfettfüllung vom Lagerhersteller ausgestattet sind. Als Fett nutzt man *Wälzlagerfett* (dazu später mehr). Aber auch die Läufer von Drehstrommotoren werden mit fettgefüllten Kugellagern abgestützt, und da sind auch 3000 – oder in den USA – 3600 U/min kein Problem. Bei höheren Drehzahlen, wie sie in Motoren und Getrieben vorkommen, schmiert man mit Öl. Da wird häufig nach dem bewährten Apothekermotto „Viel hilft viel“ ziemlich gesündigt, indem die Wälzlager völlig unter Öl stehen und darin ersaufen. Ganz im Ernst: Das ist völliger Unfug, auch wenn das namhafte Motorrad- und Automobilfirmen gemacht haben. Außer, dass sich das Öl dadurch unnötig erwärmt, bringt das absolut nichts. Sie glauben mir nicht? Okay, aber vielleicht glauben Sie einem der größten Wälzlager-Hersteller der Welt, Bild 5.29; der sollte eine gewisse Ahnung von diesen Dingen haben. Je nachdem sind richtig [42]:

[3] Angenommen, das Hinterrad unseres Motorrads hat einen Umfang von 2 m, dann bedeutet das bei 100 km/h etwa 800 U/min für die Radlager.

<table>
<tr><td>Bewegung</td><td>IR
AR
LR</td><td>rotiert
steht still
unveränderlich</td><td>steht still
rotiert
rotiert
mit AR</td><td>steht still
rotiert
unveränderlich</td><td>rotiert
steht still
rotiert
mit IR</td><td rowspan="2">Kombination von verschiedenen Bewegungsverhältnissen oder wechselnde Bewegungsverhältnisse</td></tr>
<tr><td colspan="2">Schema</td><td></td><td>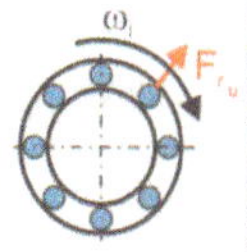</td><td>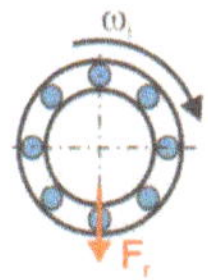</td><td>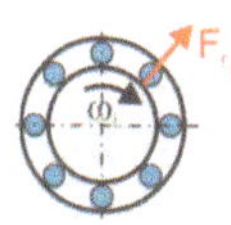</td></tr>
<tr><td colspan="2">Lastfall</td><td colspan="2">IR: Umfangslast
AR: Punktlast</td><td colspan="2">IR: Punktlast
AR: Umfangslast</td><td>IR: unbestimmt
AR: unbestimmt</td></tr>
<tr><td colspan="2">Passung</td><td colspan="2">IR: feste Passung erforderlich
AR: lose Passung zulässig</td><td colspan="2">IR: lose Passung zulässig
AR: feste Passung erforderlich</td><td>Passung und Toleranzlage werden jeweils bestimmt von dem dominierenden Lastfall sowie Montierbarkeit und Einstellbarkeit der Lagerung</td></tr>
<tr><td colspan="7">IR - Innenring AR - Außenring LR - Lastrichtung</td></tr>
</table>

Bild 5.26 Umfangslast und Punktlast: verschiedene Fälle [48]

Bild 5.27 Eine Einzylinder-Kurbelwelle: Die Kräfte darauf wirken mehr oder weniger in senkrechter Richtung. Die Außenringe der drei Kugellager haben Punktlast, die Innenringe haben Umfangslast [2].

Bild 5.28 Zwei Motorrad-Räder mit Kugellagern: Die Kräfte darauf wirken mehr oder weniger in senkrechter Richtung. Die Außenringe der drei Kugellager haben Umfangslast, die Innenringe haben Punktlast [2].

- Öltropfschmierung, verwendbar für schnell laufende Lager: Ein Daumenwert sind 3 Tropfen/min bis 50 Tropfen/min. Achten Sie darauf, dass das Öl ablaufen kann.
- Minimalmengenschmierung mit Öl-Luftgemisch für schnell laufende und gering belastete Lager.
- Ölbadschmierung, Bild 5.29: Der Ölstand soll bis zur Mitte des untersten Wälzkörpers stehen. Ein zu hoher Ölstand führt zu Planschverlusten und Ölschaumbildung!
- Ölumlaufschmierung, wie z. B. in Motoren üblich: Achten Sie auf guten, drucklosen Ölablauf.
- Öleinspritzschmierung für schnell laufende Lager: Das Öl wird in den Spalt zwischen Käfig und Lagerring eingespritzt. Das kann u. U. zu großen Verlustleistungen und Erwärmung führen.

Eine Besonderheit ist der Ein- und Ausbau von Wälzlagern. Nach Untersuchungen der einschlägigen Wälzlagerhersteller fallen rund 50 % aller Wälzlager vorzeitig durch falsche Montage aus! Dabei ist es ganz leicht zu merken:

Die Einpress- oder Ausziehkraft darf niemals über die Wälzkörper gehen!

Das sehen Sie sehr schön an Bild 5.30 und Bild 5.31. Das Auftreiben eines Lagerrings mit einer Schlaghülse ist vollkommen in Ordnung, egal, was irgendwelche selbsternannten „Experten“ im Internet oder sonstwo behaupten. Der Standard-Wälzlagerstahl 100Cr6 ist einer der härtesten und zähesten Stähle, die man kennt. Über solche „Belastungen“ lacht er nur, wobei es kein Fehler ist, wenn die Schlaghülse aus Messing oder weichem Automatenstahl gefertigt ist. Zur Not können Sie auch mit einem Durchschlag und Hammer immer rundherum auf den fraglichen Lagerring klopfen, Hauptsache, die Schlagkraft geht nicht über die Kugeln, Rollen oder Nadeln. Wenn gleichzeitig Innen- und Außenring mit leichter

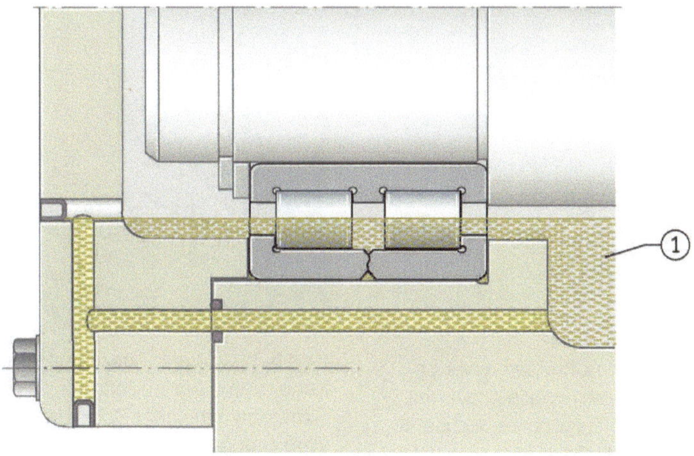

Bild 5.29 Der Ölstand soll nur bis zur halben Wälzkörperhöhe reichen (mit freundlicher Genehmigung der Schaeffler Technologies AG & Co. KG).

Presspassung eingebaut werden müssen, sollten Sie sich eine spezielle Schlaghülse drehen, die gleichzeitig auf Innen- und Außenring drückt.

Dagegen kann der Ausbau von Wälzlagern sehr tricky sein. Es gibt hier eine Reihe von Spezialwerkzeugen, welche die Wälzlagerhersteller oder unabhängige Werkzeugfabriken liefern; gute Werkstätten und Reparaturbetriebe sollten sowas haben. Wenn Sie oft mit der Demontage von Wälzlagern zu tun haben, kann sich eine solche, meist nicht ganz billige Anschaffung lohnen. Mitunter oder in Ermangelung solcher Spezialabzieher lässt es sich nicht vermeiden, dass die Ausziehkraft über die Wälzkörper geht. Das ist nicht tragisch, solange Sie dann hinterher das Lager wegwerfen. Richtig gehört – derart malträtierte Lager sind bereits unsichtbar vorgeschädigt und warten nur darauf, dann später nach Wiedereinbau bald auszufallen.

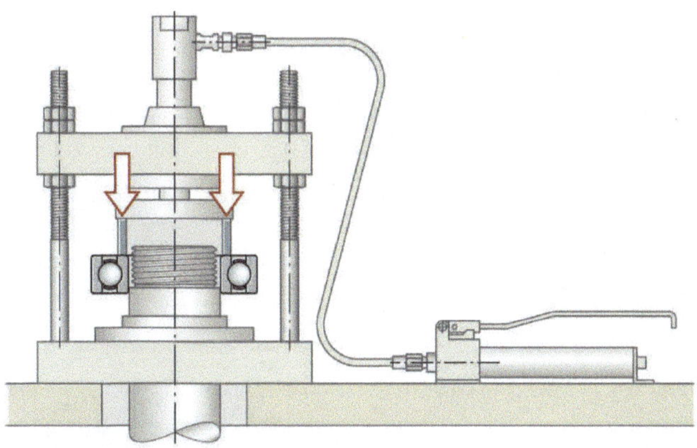

Bild 5.30 Korrekt: Aufpressen eines Lagers mit hydraulischer Presse (mit freundlicher Genehmigung der Schaeffler Technologies AG & Co. KG)

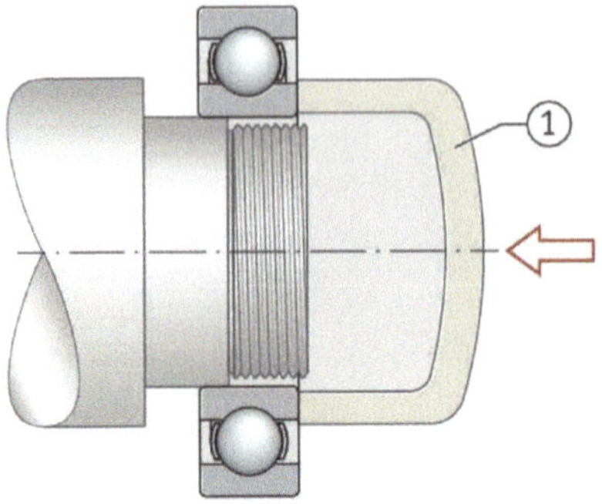

Bild 5.31 Korrekt: Auftreiben eines Lagers mit Schlaghülse – völlig okay! (mit freundlicher Genehmigung der Schaeffler Technologies AG & Co. KG)

Bild 5.32 Korrekt: Ausziehen eines Kegelrollenlager-Außenrings aus einer BMW-Schwinge mit einem Spezialwerkzeug der Kukko Werkzeugfabrik [2]

Bild 5.33 Typischer Fall – Ersetzen der Kugellager eines Elektromotors: Die Außenringe haben Schiebesitz im Motorgehäuse, die Innenringe sind aber recht stramm auf die Läuferwelle aufgepresst [2].

Bild 5.34 Nicht korrekt, aber man hat keine Chance, die recht beträchtliche Abziehkraft nicht über die Kugeln zu leiten! Also sind die Lager nach Ausbau reif für die Schrotttonne – aber das ist ja auch der Sinn des Lagerwechsels [2].

Vielleicht haben Sie schon einmal den Begriff *Lagerluft* gehört. Das ist das Spiel bei ausgebautem Lager in radialer Richtung. Dabei ist die Lagerluftgruppe CN der Normalfall und wird in der Lagerbezeichnung nicht angegeben. C2 bedeutet eine geringere Lagerluft als bei CN und wird bei starken Wechselbelastungen und gleichzeitigen Schwenkbewegungen empfohlen [42]. C3 bedeutet größere Lagerluft als CN und wird gerne bei Getriebewellen angewandt; wahrscheinlich, um an sich zu große Einstellwinkel abzufangen. Denn nach [42] nimmt man C3 oder die noch größeren C4 und C5 bei Presspassungen der Lagerringe und größeren Temperaturunterschieden zwischen Innen- und Außenring.

Die Berechnung der Wälzlager ist erschreckend einfach – im Gegensatz zu Gleitlagern. Wir unterscheiden *statische* und *dynamische* Belastung, die getrennt untersucht werden. Ich verwende hier die Bezeichnungen und Formeln des bekannten Lehrbuchs von DECKER [61]; die Wälzlagerhersteller sowie die DIN ISO nutzen t. w. andere Bezeichnungen und legen detailliertere Berechnungen in ihren Katalogen vor. In Kurzform läuft die Berechnung so: Aus gegebenen Radial- und Axialkräften berechnen Sie eine äquivalente Belastung und vergleichen diese mit Kennwerten aus dem Lagerkatalog. Diese Kennwerte der Lagerkataloge kann ich hier nicht wiedergeben; es ist viel zu viel Material. Mir geht es darum, dass Sie sehen, wie die Berechnung prinzipiell abläuft.

Die dynamische äquivalente Belastung ist:

$$P = X \cdot F_\mathrm{r} + Y \cdot F_\mathrm{a} \tag{5.3}$$

F_r bzw. F_a sind die radialen bzw. axialen Kräfte während des Laufs. X ist der Radialfaktor und Y der Axialfaktor, die Sie Tabellen entnehmen wollen.

Anschließend berechnen Sie die *nominelle Lebensdauer*, das ist die Anzahl der Umdrehungen unter der Belastung P bis zur Werkstoffermüdung:

$$L_{10} = \left(\frac{C}{P}\right)^p \cdot 10^6 \tag{5.4}$$

Dabei ist P die Belastung aus Gleichung (5.3), C ist die dynamische Tragzahl, die Sie Tabellen entnehmen wollen, vgl. auch Tabelle 5.1, und p ist der Lebensdauerexponent: $p = 3$ für Kugellager und $p = 10/3$ für Rollenlager.

Praktischer ist die nominelle Lebensdauer in Betriebsstunden

$$L_{10\mathrm{h}} = \frac{L_{10}}{n} \tag{5.5}$$

mit L_{10} aus Gleichung (5.4) und n, der Betriebsdrehzahl in Stunden. Das ist doch bemerkenswert: Sie können vorab berechnen, wieviele Stunden das Lager hält! Wobei dem statistische Werte der Lagerhersteller aus unzähligen Versuchen zugrunde liegen, die sich auf eine Überlebenswahrscheinlichkeit von 90 % beziehen. Das bedeutet, dass 90 % der betrachteten Lager diese Lebensdauer erreichen werden, 10 % aber u. U. nicht. Wundern Sie sich also nicht, wenn mal ein Radlager Ihres Autos oder Motorrads vorzeitig ausfällt. Es gehört dann eben zu den 10 % der Lager, die es nicht schaffen.

Untersuchen wir noch schnell die *statisch äquivalente Belastung*:

$$P_0 = X_0 \cdot F_{\mathrm{r}0} + Y_0 \cdot F_{\mathrm{a}0} \tag{5.6}$$

Tabelle 5.2 Reibwert μ verschiedener Wälzlager, Auszug aus [12]

Rillenku.	Schrägku. einreihig	Schrägku. zweireihig	Zylinderrol. mit Käfig	Zylinderrol. vollrollig	Nadellager
0,0015	0,0020	0,0024	0,0013	0,0020	0,0025

Dabei ist X_0 der Radialfaktor und Y_0 der Axialfaktor, die Sie Tabellen entnehmen wollen, und F_{r0} bzw. F_{a0} sind die radialen bzw. axialen Kräfte während des Stillstands. Sie vergleichen wieder, indem Sie die *statische Kennzahl* ermitteln:

$$f_s = \frac{C_0}{P_0} \tag{5.7}$$

C_0 ist die statische Tragzahl, die Sie Tabellen entnehmen wollen. Nun können Sie den Nachweis führen: f_s sollte 1,5–2,5 bei hohen, 1,0–1,5 bei mittleren und 0,7–1,0 bei geringen Ansprüchen an Laufruhe und Reibverhalten sein. Ist $f_s > 8$, dann ist das Wälzlager dauerfest.

Der Reibwert μ kann sehr detailliert bestimmt werden [12], aber für unsere Zwecke genügt eine kleine Übersicht nach Tabelle 5.2.

Wenn Sie Tabelle 5.2 betrachten, dann sehen Sie, dass die Reibwertunterschiede zwischen Zylinderrollenlagern mit Käfig und vollrolligen Zylinderrollenlagern beträchtlich sind. Und vollrollige Lager, besonders Nadellager, haben noch einen Nachteil, den Käfiglager nicht haben: Wenn das Spiel im Lager zu groß wird oder schon von Anfang an ist, dann neigen die Rollen bzw. Nadeln zum *Schränken*, d. h., sie können sich schräg stellen und damit blockieren!

Wälzlagerschäden haben verschiedene Ursachen. Darüber gibt es umfangreiche Literatur, aber die Hauptursache ist zu hohe *Hertz'sche Pressung*. Was ist das? Die Theorie des berühmte Physikers Heinrich Hertz[4] beschreibt die Verhältnisse im Kontaktbereich zweier Körper mit gekrümmten Flächen, auf die eine Druckkraft wirkt. Genau das passiert bei den Flanken von Zahnrädern oder bei Wälzlagern zwischen Wälzkörpern und Laufringen. Die Hertz'sche Theorie kennt diese Fälle, vgl. Decker [61]:

- Kontakt Kugel-Kugel
- Kontakt Kugel-Ebene
- Kontakt Zylinder-Zylinder
- Kontakt Zylinder-Ebene

Ohne tiefer in die Theorie und die betreffenden Formeln einzusteigen, können wir anhand Bild 5.35 feststellen, dass die höchsten Spannungen *unter* der Oberfläche entstehen. Bei zu hohen Hertz'schen Spannungen bröckelt das Material von innen wie bei Karies aus. Man nennt das *Pittingbildung*.[5] Damit verstehen Sie sicher auch, dass geteilte Wälzlager, d. h. geteilte Laufringe, an sich Mumpitz sind, weil das Material genau an der Stoßstelle ausbröckeln wird. Zwar hat die vormalige Zweiradfirma Zündapp einteilige Kurbelwellen mit geteilten Pleueln wie bei Viertaktern und somit zwangsläufig geteilten Nadellagern her-

4 Er ist der Entdecker der elektromagnetischen Wellen, dadurch kennen Sie ihn wohl eher.

5 Pittingbildung wird mitunter auch „Grübchenbildung" genannt.

gestellt, aber das Wahre war das nicht. Was man dagegen problemlos teilen kann, ist der Käfig.

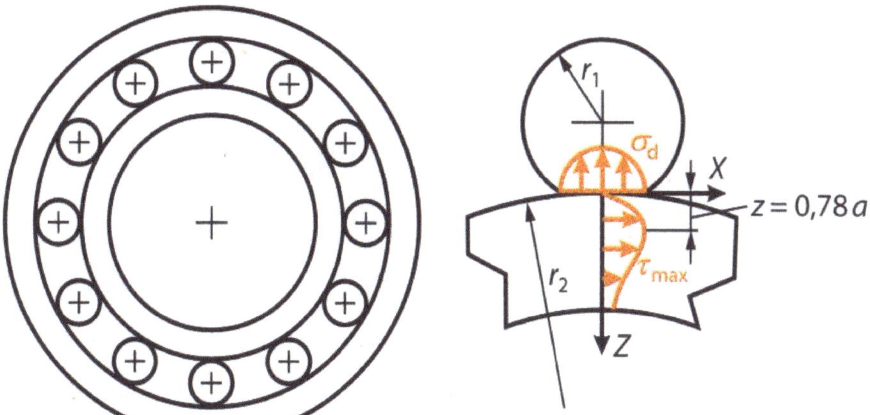

Bild 5.35 Resultierende Spannungsverhältnisse infolge Hertz'scher Pressung zwischen zwei Zylindern am Beispiel eines Wälzlagers [61].

Bild 5.36 und Bild 5.37 zeigen den typischen Wälzlagerschaden aufgrund der Hertz'schen Pressung: Es handelt sich um ein Getriebeausgangslager einer Kawasaki Z900. Ob das Lager wegen einer zu straff gespannten Antriebskette zum Hinterrad ausgefallen ist oder einfach wegen Ermüdung sein Lebensdauerende erreicht hat, war im Nachhinein nicht mehr festzustellen.[6] Wie Sie gerade oben bei der Berechnung von Wälzlagern gesehen haben, können Sie eine Lebensdauer eines Lagers berechnen. Besonders bei Wälzlagern in Kraftfahrzeugen können Sie unterstellen, dass die dort verwendeten Wälzlager *nicht dauerfest* sind, weil sie sonst viel zu groß, vielleicht auch zu teuer würden. Machen wir doch mal eine schlichte Überlegung: Angenommen, Sie trödeln mit Ihrem Auto oder Motorrad mit 100 km/h über die Autobahn, dann sind 100.000 km in 1000 Stunden oder 42 Tagen erreicht! Wenn Sie eine Lebensdauer eines Mittelklassewagens oder eines sehr hochwertigen schweren Motorrads von 250.000 km unterstellen, dann ist das Fahrzeug nach 100 Tagen bei 24-Stunden-Betrieb im Eimer. Das ist gar nichts! Industriemotoren, die rund um die Uhr laufen, absolvieren damit in einem Jahr 8760 Stunden Laufzeit, und die müssen bis zur Revision mehrere Jahre halten. Oder denken Sie an eine Windkraftanlage: Die Propeller – und die Generatoren sowieso – sind wälzgelagert. Was würde wohl der Betreiber sagen, wenn er nach etwa 100 Tagen die Wälzlager auswechseln lassen müsste, in luftigen Höhen von heute mehr als 100 m Höhe?

[6] Ich hatte die Maschine von einem ehrenwerten Mann, der technischer Laie war, gekauft. Er hatte die Maschine vorher in gutem Glauben von einer Fachwerkstatt überholen lassen; die Rechnung lag vor. Bei meiner Revision stellten wir u. a. dieses kaputte Lager fest, das rund 2 mm Spiel hatte. Außerdem war das Kettenritzel auf der Welle festgeschweißt, weil Frau oder Herr Monteur dachten, damit das große Spiel überdecken zu können.

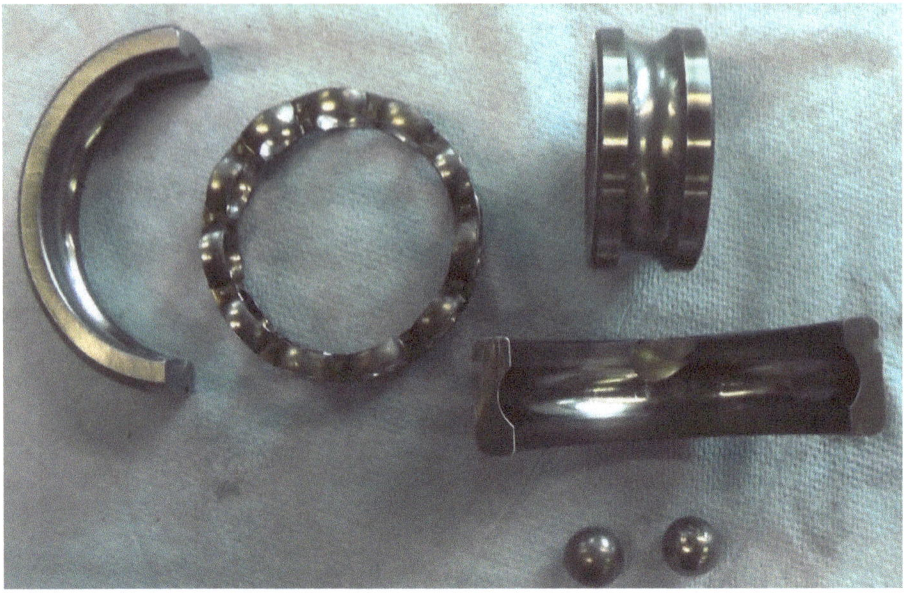

Bild 5.36 Ein per Winkelschleifer zerlegtes defektes Getriebeausgangslager eines Kawasaki-Z900-Motors [2]

Bild 5.37 Kugel und Innenring des Lagers aus Bild 5.36: Pittings wie aus dem Bilderbuch [2]

5.1.2 Passungen

Passungen sind für sehr viele Anwendungsfälle in der Technik wichtig, nicht nur für Wälzlager, vgl. [69]. Nicht-Techniker glauben häufig, dass man ein Bauteil 100 % genau herstellen kann, also z. B. einen Durchmesser von 50,000000 mm. Theoretisch ginge das vielleicht, aber es wäre unbezahlbar. Im Sinne einer Austauschbarkeit und einer rationellen Serienproduktion verwendet man in der Fertigungsindustrie seit Jahrzehnten das *ISO-Toleranzsystem.* Man erlaubt bei der Herstellung eines jeden Bauteils gewisse *Toleranzen.* So darf eine Bohrung 50^{H7} als Mindestwert – also auf keinen Fall kleiner – genau 50,000 mm haben, sie darf aber bis 50,025 mm als Maximalmaß haben. Eine Welle 50_{k6} muss als Minimaldurchmesser 50,002 mm aufweisen, darf aber maximal 50,018 mm Durchmesser haben. Wenn wir diese Welle mit dieser Bohrung paaren, dann entsteht eine *Übergangspassung*: Wenn die dünnste Welle mit 50,002 mm auf die größte Bohrung 50,025 mm trifft, liegt ein Spiel von (50,025 – 50,002) = 0,021 = 21 μm vor. Trifft die dickste Welle mit 50,018 mm auf die kleinste Bohrung 50,000 mm, dann liegt ein „Spiel" von (50,000 – 50,018) = –0,018 = –18 μm, also eine ganz leichte Pressung vor.

Mit dem vorangegangenen Beispiel haben wir bereits zwei Regeln implizit kennengelernt:

- Bohrungen: hochgestellte Großbuchstaben mit einer nachfolgenden Zahl
- Wellen: tiefgestellte Kleinbuchstaben mit einer nachfolgenden Zahl

Beginnen wir mit der nachgestellten Zahl: Sie kennzeichnet die *Breite des Toleranzfeldes.* Je größer diese Zahl ist, desto breiter, desto gröber darf das Toleranzfeld sein. In Tabelle 5.3 finden Sie einen Ausschnitt der Grundtoleranzen IT5 bis IT11 – die anderen sind selbst für den allgemeinen Industriegebrauch nicht alltäglich, beschränkt auf den für Hobbyschlosser interessanten Durchmesserbereich von 10 bis 180 mm. Wenn Sie Genaueres wissen wollen: [61].

Arbeiten wir sofort mit Tabelle 5.3:

- Bohrung 50^{H7}: Minimalwert 50,000 mm, Maximalwert 50,025 mm, Differenz 0,025 mm. Sie lesen aus der Tabelle für IT7 25 μm ab.
- Welle 50_{k6}: Minimalwert 50,002, Maximalwert 50,018, Differenz 0,016 mm. Sie lesen aus der Tabelle für IT6 16 μm ab.

Die *Grundtoleranz IT*, die Toleranzfeldbreite, ist also die Differenz zwischen Minimal- und Maximalwert der Toleranz.

Nachdem wir die Breite des Toleranzfelds, also die Fein- bzw. Grobheit der Toleranz kennen, ist die Frage, *wo* das Toleranzfeld beginnt: Das nennt man die *Lage des Toleranzfelds.* Dazu braucht man zunächst einen Bezugspunkt, das kann die Welle oder die Bohrung sein. Da Bohrungen i. A. schwieriger als Wellen, also Außendurchmesser, herzustellen sind, verwendet man in der deutschen Fertigungsindustrie weitgehend das System der *Einheitsbohrung* – wobei es auch ein System Einheitswelle gibt. Beiden Systemen ist aber eines gemeinsam: Die Toleranzfeldlage H der Bohrung bzw. h der Welle ist immer 0! Daher ist der Minimalwert der Bohrung 50^{H7} 50,000 mm. Darauf addiert man die Breite des Toleranzfelds, im Fall IT7 also 25 μm, das ergibt 50,025 mm. Eigentlich doch ganz einfach. Gehen wir im Weiteren also von Bohrungen der Toleranzlage H aus; damit liegen Sie häufig auch in der Praxis richtig.

Zum weiteren Verständnis betrachten Sie die Tabelle 5.4 und Tabelle 5.5; diese Tabellen sind gegenüber den Originalen stark verkürzt, um das Wesentliche besser erkennen zu

Tabelle 5.3 Grundtoleranzen IT5 bis IT11 in µm im Bereich von 10 bis 180 mm Nennmaß, Auszug aus [61]

Nennmaß		Grundtoleranz IT						
über	bis	5	6	7	8	9	10	11
10	18	8	11	18	27	43	70	110
18	30	9	13	21	33	52	84	130
30	50	11	16	25	39	62	100	160
50	80	13	19	30	46	74	120	190
80	120	15	22	35	54	87	140	220
120	180	18	25	40	63	100	160	250

können. Wenn Sie sich ernsthaft mit Passungen befassen wollen, werden Sie um die sehr umfangreichen Originaltabellen (die ich hier einfach aus Platzgründen nicht wiedergeben kann) nicht umhin kommen: [61] [71].

Bei der Welle 50_{k6} gehen Sie wie folgt vor: Zum Nennmaß 50,000 addieren Sie das Abmaß nach Tabelle 5.4; dort lesen Sie für den Nennmaßbereich 30 bis 50 mm für die Passung k6 2 µm ab, also ist der Minimalwert 50,000 + 0,002 = 50,002 mm. Den Maximalwert bekommen Sie, indem Sie zum Minimalwert die Grundtoleranz addieren: 50,002 + 0,016 = 50,018 mm.

Die Besonderheit des Passungssystems ist, dass Sie ohne genaue Maße angeben zu müssen, sofort geeignete Paarungen Bohrung-Welle für verschiedene Einsatzzwecke angeben können [61]:

- H11/d9: sicheres Bewegungsspiel z. B. für Lager für Rollen und Führungen
- H8/f7: leichter Laufsitz z. B. für Hauptlager von Kurbelwellen, Pleuelstangen und Kolben
- H7/h6: Gleitsitz z. B. für Wechselräder auf Wellen. *Von Hand noch verschiebbar*
- H7/k6: Haftsitz z. B. für Zahnräder und Riemenscheiben auf Wellen. *Mit Handhammer fügbar*
- H7/r6: mittlerer Presssitz z. B. für Bronzekränze auf Graugussnaben. *Mit mechanischer Presse oder thermisch fügbar*
- H7/x6: starker Presssitz z. B. für Zahnräder auf Getriebewellen in Auto- und Motorradgetrieben zur unmittelbaren Drehmomentübertragung. *Mit hydraulischer Presse oder thermisch fügbar*

Was heißt eigentlich *thermisch fügen*? Man nutzt das physikalische Phänomen der Wärmeausdehnung: Das Bauteil mit der Bohrung wird auf 150–200 °C erwärmt, damit wird die Bohrung größer. Dann fällt die Welle fast von selbst in die Bohrung, und nach Abkühlung hat sich die Bohrung mit großer Kraft zusammengezogen und hält die Welle bombenfest. Manchmal wird zusätzlich in der Industrie die Welle mit flüssigem Stickstoff abgekühlt, dann sind noch größere Überdeckungen möglich. Beim thermischen Fügen von Wälzlagern in Gehäuse oder auf Wellen erwärmt man vorsichtig nur auf etwa 100 °C.

Bei dem BMW-Motorradgetriebe, Bild 5.19, erwärmen Sie das Aluminiumgehäuse per Backofen, elektrischer Heizplatte oder sehr vorsichtig bewegter Propangasflamme auf

Tabelle 5.4 Untere Abmaße von Wellen im Bereich von 10 bis 180 mm Nennmaß, Toleranzfeldlagen j bis p, Auszug aus [61]

Nennmaß		Abmaße					
über	bis	j5-6	j7	k4-7	m	n	p
10	18	−3	−6	+1	+7	+12	+18
18	30	−4	−8	+2	+8	+15	+22
30	50	−5	−10	+2	+9	+17	+26
50	80	−7	−12	+2	+11	+20	+32
80	120	−9	−15	+3	+13	+23	+37
120	180	−11	−18	+3	+15	+27	+43

Tabelle 5.5 Untere Abmaße von Wellen im Bereich 10 bis 100 mm Nennmaß, Toleranzfeldlagen r bis z, Auszug aus [61]

Nennmaß		Abmaße							
über	bis	r	s	t	u	v	x	y	z
10	14	+23	+28	-	+33	-	+40	-	+50
14	18	+23	+28	-	+33	+39	+45	-	+60
18	24	+28	+35	-	+41	+47	+54	+63	+73
24	30	+28	+35	+41	+48	+55	+64	+75	+88
30	40	+34	+43	+48	+60	+68	+80	+94	+112
40	50	+34	+43	+54	+70	+81	+97	+114	+136
50	65	+41	+53	+66	+87	+102	+122	+144	+172
65	80	+43	+59	+75	+102	+120	+146	+174	+210
80	100	+51	+71	+91	+124	+146	+178	+214	+258

eben diese 100 °C. Damit lösen sich die Lagersitze, weil der Ausdehnungskoeffizient von Aluminium etwa 2,5-mal so hoch wie der von Stahl ist.

5.1.3 Gleitlager

Gleitlager sind heute die Standardlager für Viertaktmotoren. Früher wurden, wie Sie wissen, sehr gerne Wälzlager genutzt, aber nur, weil man die Theorie, die hinter Gleitlagern steht, nicht kannte oder nicht begriffen hatte. Erst seit etwa 1960 versteht man durch die grundlegenden Arbeiten von VOGELPOHL [39] die Funktionsweise von Gleitlagern wirklich und kann sie genau berechnen, was sehr aufwendig ist – denn sie arbeiten *hydrodynamisch.* Was ist ein hydrodynamisches Gleitlager? Das können Sie sich wie beim Wasserskifahren vorstellen, vgl. Bild 5.38: Zwischen Lager und Welle wird Öl gepumpt, und ab einer bestimmten Drehzahl der Welle, dem *Ausklinkpunkt,* fängt die Welle an, auf dem Ölfilm aufzuschwimmen wie ein Wasserskiläufer, und es gibt keine metallische Berührung mehr zwischen Welle und Lager! Das Lager arbeitet ab dann verschleißfrei. Derartige hydrodynamische Gleitlager sind in Ihrem Automotor verbaut, im Falle des 4-Zylinder-Reihenmotors fünf Kurbelwellenlager und vier Pleuellager. Wenn Sie jetzt mitgedacht haben, dann erkennen Sie, dass es für ein Gleitlager umso besser ist, je weniger es gestoppt wird. Denn am Anfang, wenn das Lager steht oder dann nach dem Starten langsam dreht, kann sich noch kein hydrodynamischer Ölfilm aufbauen – wir sind im Gebiet der Trockenreibung, dann der Mischreibung. Ein Gleitlager wird am liebsten einmal angefahren und bleibt dann auf einer Drehzahl jenseits des Ausklinkpunkts. *Das* ist der Grund, warum Taxi- und LKW-Motoren so viel länger als normale PKW-Motoren halten – weil sie praktisch Tag und Nacht laufen und relativ selten gestoppt werden. Und nun eine politisch ganz unkorrekte Bemerkung: Können Sie sich nach dem Gesagten vorstellen, wie gut eine modische Start-Stopp-Automatik für die Gleitlager Ihres Motors ist? Das Öl wird bei Ihrem Auto- bzw. Motorradmotor mit Drücken zwischen ca. 0,5 bar im Leerlauf und 6 bar bei Vollgas zugeführt, aber die hydrodynamisch entstehenden Drücke können im Extremfall bis zu 10.000 bar erreichen.

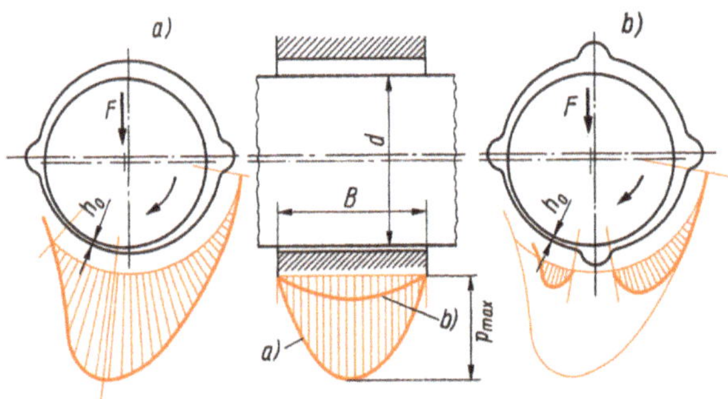

Bild 5.38 Hydrodynamisch geschmiertes Gleitlager bei richtiger Ölzufuhr (links) und bei falscher Ölzufuhr (rechts) [61]

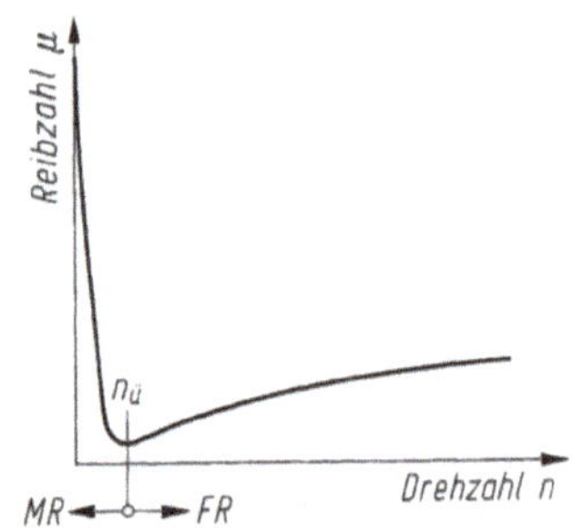

Bild 5.39 Die STRIBECK-Kurve: Links der Übergangsdrehzahl, dem Ausklinkpunkt, liegt das Mischreibungsgebiet, rechts davon das Gebiet der Flüssigreibung [61].

Wenn Sie einmal Bild 5.38 näher betrachten, dann wird klar, dass die Welle etwas dünner sein muss als der Lagerdurchmesser, sonst würde ja kein Öl dazwischen passen. Dieses Lagerspiel beträgt bei gängigen Auto- und Motorradmotoren etwa ein Promille des Lagerinnendurchmessers: Wenn also ein Gleitlager einen Nenndurchmesser von 45 mm hat, dann würde das Lagerspiel ca. 0,045 mm, also rund fünf Hundertstel Millimeter betragen, und für einen Automotor sind diese fünf Hundertstel überhaupt kein Problem. Selbst wenn das Gleitlager nun im reinen *Fluidbetrieb*, also jenseits des Ausklinkpunkts, läuft und nur noch Reibung innerhalb des Öls selbst auftritt – diese Reibung im Öl ist nicht zu vernachlässigen! Ich habe es einmal für eine Honda CB 750 Four von 1975 ausgerechnet: Die Reibungsverluste im hydrodynamischen Betrieb in den insgesamt neun Gleitlagern dieses Reihenvierzylinders betragen rund 7 PS! Und wenn wir gerade beim Thema sind: Dickeres Motoröl erzeugt gegenüber einem dünneren Motoröl zwar einen früheren Ausklinkpunkt, d. h. das Lager geht früher in den verschleißfreien Fluidbetrieb, aber dafür ist bei zunehmenden Drehzahlen die Ölreibung deutlich höher – und damit die Verluste! Man steht also vor dem Dilemma, einerseits bei niedrigen Drehzahlen gerne dickes Öl zu haben, um möglichst früh in den reinen Fluidbetrieb zu kommen, andererseits für hohe Drehzahlen möglichst dünnes Öl für geringe Reibungsverluste zu haben. So richtig lösen kann man das

Problem nicht, daher sind die von den Fahrzeugwerken vorgesehenen Öle hinsichtlich ihrer Viskosität ein Kompromiss.

Um die verschiedenen Randbedingungen besser verstehen zu können, schalten wir kurz die Gleitlager-Berechnung, und zwar den Hauptaspekt, den *Nachweis der Tragfähigkeit*, vor. Die Berechnung von Gleitlagern ist kompliziert und langwierig, aber versuchen wir es einmal einfach und sozialverträglich:

Die wichtigste Kennzahl für Gleitlager ist die *Sommerfeld-Zahl So*, Gleichung (5.8). Für sie gilt:

- $So \leq 1$: hohe Drehzahlen, geringe Lasten
- $So > 1-3$: mittlere Lasten und Drehzahlen
- $So > 3$: niedrige Drehzahlen, hohe Lasten

$$So = \frac{p \cdot \psi^2}{\eta \cdot \omega} \tag{5.8}$$

Dabei ist p die *spezifische Lagerbelastung*:

$$p = \frac{F}{B \cdot D} \tag{5.9}$$

ψ ist das *relative Lagerspiel*, wobei $S = D - d$ das Lagerspiel ist. Ein gängiger Wert für Fahrzeugmotoren ist $\psi = 0{,}001$, also ein Promille:

$$\psi = \frac{S}{d} \tag{5.10}$$

η ist die *dynamische Viskosität* des Öls, Tabelle 5.6. ω ist die Winkelgeschwindigkeit, die leicht aus der Drehzahl n gewonnen werden kann:

$$\omega = 2\pi \cdot n \tag{5.11}$$

Die Schmierspaltdicke an der engsten Stelle h_0, vgl. Bild 5.40, berechnet sich wie folgt:

$$h_0 = \frac{1}{2} S(1 - \epsilon) \tag{5.12}$$

Die Reibleistung P_V, also die Verlustwärme eines Gleitlagers ist:

$$P_V = \mu \cdot F \cdot u \tag{5.13}$$

mit der Umfangsschwindigkeit $u = d \cdot \pi n$.

Der Reibwert des Gleitlagers im Fluidbetrieb ist nach neueren Erkenntnissen sehr kompliziert und langwierig zu berechnen [61]; ohne ein Rechenprogramm wie XGLEIT, YGLEIT, ZGLEIT, PYGLEIT [147] wird das abendfüllend. VOGELPOHL [39] gibt die älteren, sehr einfachen Beziehungen nach GÜMBEL/FALZ an, die für unsere Zwecke vollkommen genügen, wobei in [14] anstelle der 3 im Zähler auch π vorkommt (was kaum etwas ausmacht):

Für $So < 1$ ist

$$\mu = \frac{3 \cdot \psi}{So} \tag{5.14}$$

Tabelle 5.6 SAE-Ölklassen und dynamische Viskositäten in mPa·s nach [18]

Ölsorte	5W-40	5W-50	10W-40	10W-60	15W-40	15W-50	20W-50
η bei 100 °C	11,8	14,4	11,5	18,6	11,9	14,7	14,5
η bei 150 °C	4	4,5	4,2	6	4	4,8	4,7

Für $So > 1$ ist

$$\mu = \frac{3 \cdot \psi}{\sqrt{So}} \tag{5.15}$$

Als wichtiges Rechenergebnis brauchen wir die *relative Exzentrizität* ϵ:

$$\epsilon = \frac{2 \cdot e}{S} \tag{5.16}$$

Diese relative Exzentrizität kann aus Bild 5.42 gewonnen werden. In DECKER [61] finden Sie auch einen umfangreichen Formelsatz dazu von mir; sowas braucht man, um Computerprogramme zur Gleitlagerberechnung programmieren zu können, z. B. ZGLEIT aus [147].

Mit diesen wenigen Gleichungen lassen sich die wichtigsten Eckdaten für die Konstruktion einer Gleitlagerung zumindest überschlägig berechnen, aber eine Frage bleibt offen, welche auch die einschlägige Literatur [8] [9] [10] [11] nicht befriedigend beantwortet: Welche Kraft F setzen wir in Gleichung (5.9) ein? Hier empfiehlt VOGELPOHL[7], die Massenkräfte bei der höchsten Drehzahl einzusetzen, denn „bei Verbrennungsmotoren geht allerdings der Arbeitstakt mit der Verbrennungsperiode darüber hinaus. Die Zeitdauer dieses Vorgangs macht aber kaum 10 % des gesamten Arbeitsspiels aus und beeinflußt die mittlere Lagerbelastung daher nur unwesentlich."

Tatsächlich werden heute die Belastungskräfte für die Pleuel- und Kurbelwellenlager mit sehr aufwendigen Computerprogrammen berechnet, die aber nicht der Öffentlichkeit zugänglich sind. Wenn Sie Bild 4.64 betrachten, dann dämmert Ihnen, dass das ein sehr schwieriger Job ist. Bleiben wir also für den Hausgebrauch bei den Massenkräften bei höchsten Drehzahlen, das wird zumindest für Ottomotoren nicht ganz falsch sein. Wenn Sie sich für die Komplexität der Lagerkraftbestimmung tatsächlich interessieren, dann gibt es da das Standardwerk von LANG [13]. Aber seien Sie gewarnt: Das ist sehr harte Kost!

Wir machen einen Rechengang am besten einmal an einem Beispiel, dann kapiert man den Gang der Handlung am besten: Pleuellager einer Honda CB750 Four, lt. Hersteller: $S =$ 0,020 – 0,046 mm, Lagerbreite 19 mm, Lagerdurchmesser 36 mm.

Nehmen wir folgendes an: Ein mittleres Spiel $S = 0{,}036$ mm, 8000 U/min, eine Radialkraft $F = 8050$ N, resultierend aus der Massenkraft. Als Öl unterstellen wir SAE 20W-50, damit ist η 14 mPa·s nach Tabelle 5.6, das sind $14 \cdot 10^{-9}$ Ns/mm². Damit können wir losrechnen:

$$\psi = \frac{S}{d} = \frac{0{,}036}{36} = 0{,}001 = 1 \text{ Promille}$$

$$\frac{D}{B} = \frac{36}{19} = 1{,}9$$

$$p = \frac{8050}{19 \cdot 36} = 12\,\text{N/mm}^2$$

[7] a. a. O., S. 93

$$\omega = 2\pi \cdot n = 2\pi \frac{8000}{60} = 838\,1/s$$

$$So = \frac{p \cdot \psi^2}{\eta \cdot \omega} = \frac{12 \cdot 0{,}001^2}{14 \cdot 10^{-9} \cdot 838} = 1{,}03 \approx 1$$

Mit der Sommerfeld-Zahl 1 gehen wir in Bild 5.42 und lesen ungefähr 0,75 für die relative Exzentrizität ϵ ab. Aus der Gleichung (5.12) können wir die Schmierspaltdicke an der engsten Stelle berechnen:

$$h_0 = \frac{1}{2} S(1-\epsilon) = \frac{1}{2} 0{,}036(1-0{,}75) = 0{,}0045\,\text{mm}$$

Was bedeutet das? Der Schmierspalt ist an der engsten Stelle gerade einmal knapp fünf Tausendstel Millimeter dick. Wenn das Lager verschleißfrei arbeiten soll, dann darf keine metallische Berührung zwischen Lagerschale und Welle stattfinden, d. h. die Berge und Täler der Rauigkeiten dürfen sich nicht berühren. Da die Welle härter ist als das relativ weiche Lagermaterial, gewichtet man nach PEEKEN wie folgt:

$$h_{0,\text{min}} = 1{,}5 \cdot R_{\text{z,Welle}} + 0{,}5 \cdot R_{\text{z,Bohrung}}$$

Nachweis der Tragfähigkeit: Da die Gleichung nach PEEKEN einen Wert ergeben muss, der kleiner als die oben berechneten 0,0045 mm ist, muss das Bearbeitungsverfahren entsprechend niedrige Rautiefen sicherstellen – einfaches Drehen, wie es bei Wälzlagern ausreicht, genügt hier auf keinen Fall: Die Oberflächen müssen spiegelglatt sein. Nachgemessen habe ich sie leider nicht bei meiner Honda CB 750 Four, da mir ein sehr teures Rautiefenmessgerät fehlt; aber wir dürfen unterstellen, dass die R_z-Werte von Honda passen.

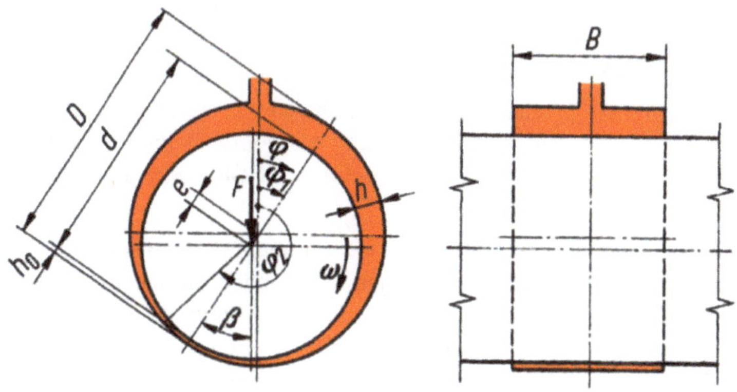

Bild 5.40 Zur Berechnung des Gleitlagers [61]

Die Verlustwärme wird mit den älteren, einfachen Gleichungen (5.14) bzw. (5.15):

$$u = d \cdot \pi n = 0{,}036 \cdot \pi \cdot \frac{8000}{60} = 15{,}1\,\text{m/s}$$

$$\mu = \frac{3 \cdot \psi}{So} = \frac{3 \cdot 0{,}001}{1} = 0{,}003$$

$$P_V = \mu \cdot F \cdot u = 0{,}003 \cdot 8050 \cdot 15{,}1 = 365\,\text{W}$$

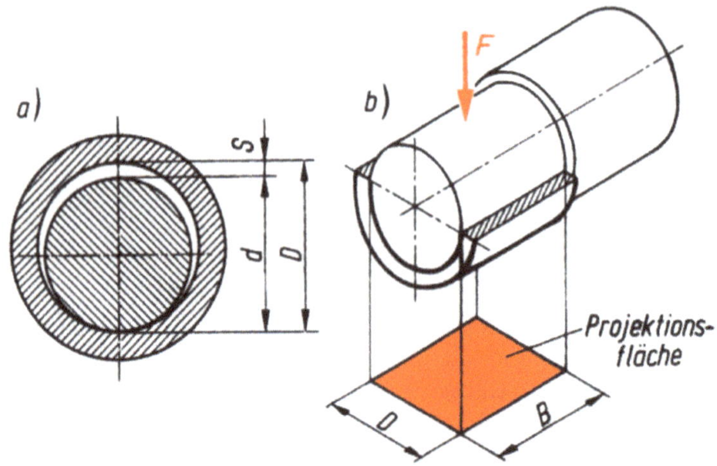

Bild 5.41 Die spezifische Lagerbelastung des Gleitlagers [61].

Rechnet man mit den Gleitlagerprogrammen aus [147], die die moderneren, aber viel aufwendigeren Beziehungen nutzen, dann werden 569 W bei $\mu = 0{,}0047$ ausgewiesen. So oder so: Wir reden hier von $\frac{1}{2}$ oder $\frac{3}{4}$ PS – pro Lager. Das wären bei 9 Lagern (4 Pleuelllager und 5 Kurbelwellenlager[8]) im günstigsten Fall 4,5 PS, im ungünstigsten Fall 7 PS Verlustleistung! Zum Vergleich dazu haben Rillenkugellager einen Reibwert von 0,0015 und Zylinderollenlager mit Käfig 0,0013, vgl. Tabelle 5.2 – das ist ein Drittel bis ein Viertel des o. g. Gleitlagerreibwerts von 0,0047. Also haben rollengelagerte Kurbelwellen viel geringere Lagerreibungsverluste als gleitgelagerte. Dafür haben sie andere Nachteile; es gibt nie etwas umsonst in der Technik.

Weitere Berechnungsgänge brauchen wir hier nicht; wenn Sie Genaueres dazu wissen wollen: In DECKER [61] und anderen Büchern über Maschinenelemente werden Sie fündig. Man kann z. B. den Verlagerungswinkel β berechnen, die Ölaustrittstemperaturen aus dem Lager und vieles mehr.

Nachdem klar ist, dass wir es mit höchsten Oberflächengüten und sehr geringen, aber genau definierten Spielen zu tun haben, können wir nun den Aufbau von Gleitlagerschalen betrachten. Sie werden von spezialisierten Firmen hergestellt; kein Autohersteller macht das selbst, weil enorm viel Know-how nicht nur für den Herstellprozess, sondern auch für die Gestaltung des Schichtaufbaus nötig ist. Damit sind wir beim Thema: Moderne Gleitlager für Fahrzeugmotoren bestehen aus einem Mehrschichtaufbau: Auf eine etwa 1 – 2 mm dicke Stahl-Stützschale, die *Tragschicht*, folgt eine *Gleitschicht*, dann eine *Laufschicht*, die mitunter im PVD-Verfahren aufgesputtert wird, dazwischen kann ggf. eine nur wenige Tausendstel dicke Nickelschicht als *Diffusionssperre* sein (die man aber nicht mitzählt), vgl. Bild 5.43. Mitunter wird noch ein sehr dünner *Flash* als Korrosionsschutz vor dem Einbau aufgebracht, vgl. Bild 5.44. Die Dauerfestigkeit des Lagermetalls ist umso höher, je geringer die Schichtdicke ist. Andererseits braucht man eine Mindestschichtdicke, um Fremdkör-

[8] Wir unterstellen, dass die Kurbelwellenlager die gleichen Verluste pro Lager wie die Pleuellager haben.

per einbetten zu können. Bei diesen Fremdkörpern handelt es sich um *Urschmutz* aus der Motorherstellung oder -überholung sowie Abriebpartikel.

Als Gleitwerkstoffe sind typisch:

- Weißmetall auf Bleibasis, z. B. LgPbSn5 (76 % Blei, 15 % Antimon, 6 % Zinn): sehr gute Gleiteigenschaften, sehr gute Einbettfähigkeit, sehr gute Notlaufeigenschaften, aber nur ausreichende Belastbarkeit und mangelhafte Korrosionsfestigkeit
- Weißmetall auf Zinnbasis, z. B. LgSn80 (80 % Zinn, 12 % Antimon, 6 % Kupfer): gute Gleiteigenschaften, gute Einbettfähigkeit, gute Notlaufeigenschaften, aber nur befriedigende Belastbarkeit und Korrosionsfestigkeit
- Bronze auf Bleibasis, z. B. G-CuPb25 (74 % Kupfer, 25 % Blei, 1 % Zinn): befriedigende Gleiteigenschaften und Einbettfähigkeit, gute Notlaufeigenschaften, gute Belastbarkeit bei ausreichender Korrosionsfestigkeit
- Bronze auf Blei-Zinnbasis, z. B. G-CuPb10Sn (80 % Kupfer, 10 % Blei,10 % Zinn)
- Bronze auf Zinnbasis, z. B. G-CuSn10Zn (88 % Kupfer, 10 % Zinn, 2 % Zink): befriedigende Gleiteigenschaften, Einbettfähigkeit und Notlaufeigenschaften, aber gute Belastbarkeit bei befriedigender Korrosionsfestigkeit
- Rotguss, z. B. G-CuSn7ZnPb (83 % Kupfer, 7 % Zinn, 4 % Zink, 6 % Blei)
- Messing, z. B. G-CuZn31Si (68 % Kupfer, 31 % Zink)
- Aluminium-Bronze, z. B. CuAl9Mn (88 % Kupfer, 9 % Aluminium): befriedigende Gleiteigenschaften und Einbettfähigkeiten, gute Notlaufeigenschaften, gute Belastbarkeit und Korrosionsfestigkeit
- Aluminium-L, z. B. AlZn5Si (91 % Aluminium, 5 % Zink, 1 % Kupfer, 1 % Blei): befriedigende bis gute Gleiteigenschaften und Einbettfähigkeiten, gute bis sehr gute Notlaufeigenschaften, gute Belastbarkeit und Korrosionsfestigkeit

Vor dem 2. Weltkrieg wurden die Lagerstellen in Kurbelgehäusen und Pleueln mit Lagermetall, meist irgendeinem Weißmetall, *in situ* ausgegossen, dann gebohrt und eingeschabt. Bei den damaligen Produktionszahlen mag das funktioniert haben. Das betrifft heute nur noch Besitzer von sehr alten Oldtimern. Spezialbetriebe können noch Lagerstellen ausgießen, aber vielleicht ist der Einsatz von modernen Lagerschalen gescheiter und nachhaltiger. Sehr gern wurden früher einfache Lagerbuchsen aus Messing oder Bronze als Kurbelwellenlager genutzt, besonders die Engländer haben das oft bei ihren Motorradmotoren gemacht. Besonders lang gehalten haben diese Einfach-Gleitlager nicht.

Wenn Sie sich Bild 5.39 einmal näher betrachten, dann fällt auf, dass der an sich verschleißfreie Fluidbetrieb erst ab einer bestimmten Drehzahl einsetzt. Das bedeutet: Gleitlager wollen möglichst nur einmal angefahren werden und dann dauerhaft jenseits des Ausklinkpunkts laufen. Von daher ist Kurzstreckenbetrieb Gift für die Gleitlager Ihres Motors und modischer Start-Stopp-Betrieb des Motors ist technisch gesehen reiner Unfug! Ist der Fluidbetrieb wirklich verschleißfrei? Nicht ganz. Es treten Ermüdungserscheinungen in dynamisch beanspruchten Gleitlagern durch Schubspannungen unter der Lauffläche auf, wenn die Dauerfestigkeit des Werkstoffs überschritten wird. Auslöser sind der zeitlich veränderte Schmierfilmdruck als Wechselbeanspruchung und der örtliche Druckgradient. Obwohl keine Oberflächenberührung stattfindet, bröckelt der Lagerwerkstoff wegen interkristallin entstehenden Rissen pflastersteinartig aus, und man nennt diesen Schaden *Pflastersteinbildung*. Falls diese Ermüdungsrisse nur in den dünnen Gleitschichten

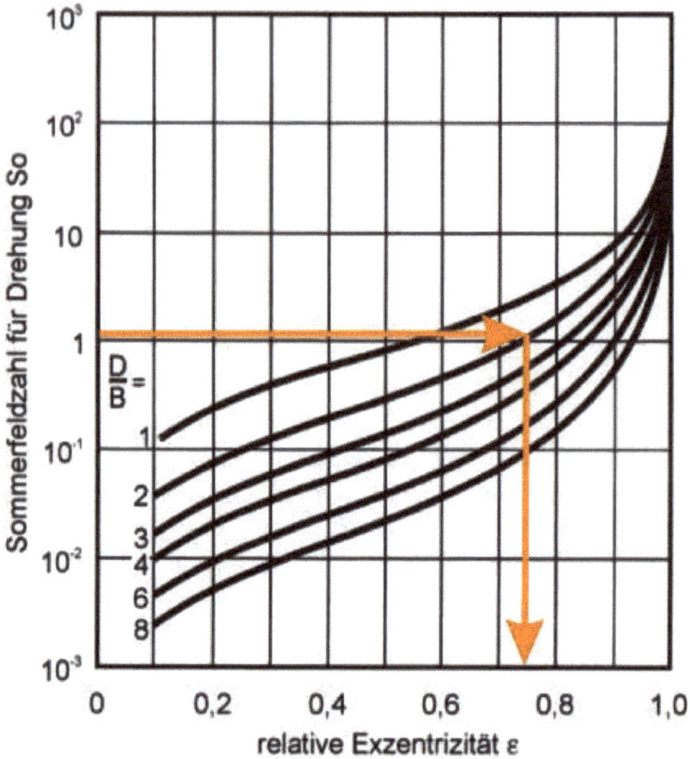

Bild 5.42 Sommerfeld-Zahl *So* über der relativen Exzentrizität ϵ [61]. Für unser Rechenbeispiel: $D/B = 1{,}9 \approx 2$. Damit liest man etwa 0,75 für ϵ ab. In [61] finden Sie exakte Rechenformeln, die ich dafür erstellt habe.

auftreten, sind die Risse feiner und erinnern an die Fraßspuren des Borkenkäfers. Dieses Schadensbild heißt daher *Borkenkäfer*. *Kavitationsschäden* entstehen durch örtlich starke Geschwindigkeitserhöhungen, wodurch der Druck bis zum Dampfdruck absinkt. Es gibt noch weitere Gleitlagerschäden, die aber nur der wirkliche Lagerfachmann beurteilen kann. In Verbrennungsmotoren kann man mit etwas Erfahrung nach dem Störgeräusch auf mutmaßliche Schäden schließen: Kurbelwellenlagerschäden sind durch ein tiefes Rumpeln, Pleuellagerschäden dagegen durch ein hartes metallisches Hämmern zu erkennen.

Kurbel- und Pleuellager sind rotierende Lager, auf die die hydrodynamische Schmiertheorie zutrifft. Aber die oberen Pleuellager, also zwischen Pleuel und Kolbenbolzen, machen nur eine Schwenkbewegung. In den Endlagen bricht zumindest theoretisch der Schmierfilm jedesmal zusammen, und eigentlich dürften solche Lagerstellen gar nicht funktionieren! Es gibt aber gerade im Motorenbau eine Reihe von Phänomenen, die sich physikalisch-ingenieurwissenschaftlichen Betrachtungen entziehen; dieses hier gehört dazu. Ich habe dahingehend mit anderen Fachleuten gesprochen, aber keiner konnte mir eine überzeugende Erklärung für die Funktion oberer Pleuellager geben. Leben wir damit, dass es trotzdem funktioniert, wie man seit vielen Jahrzehnten weiß.

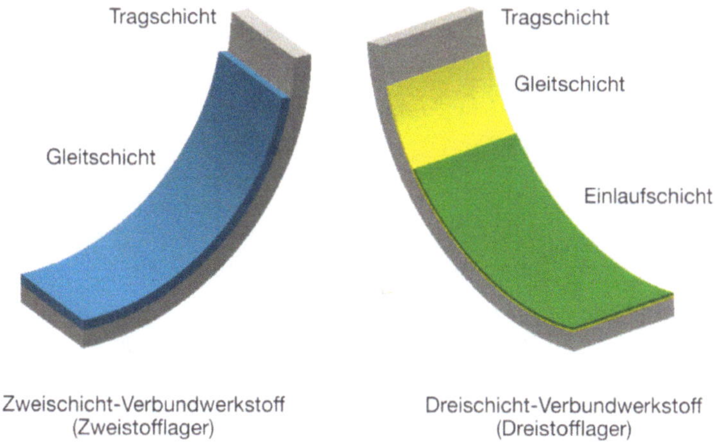

Bild 5.43 Zwei- und Dreischichtlager (mit freundlicher Genehmigung der KS Gleitlager GmbH [72])

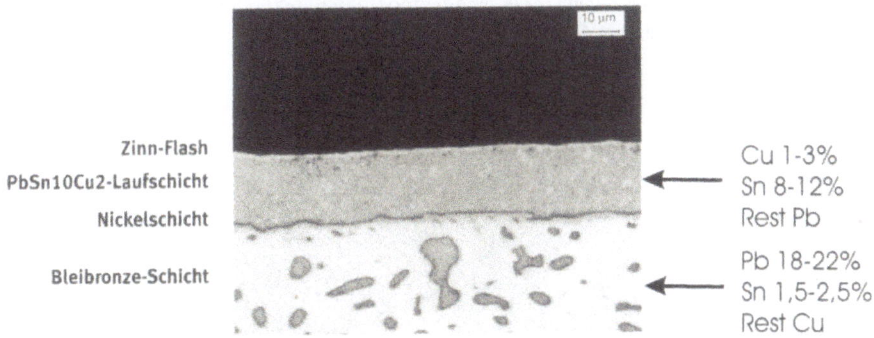

Bild 5.44 Schnitt durch die Schichten einer Pleuellagerschale für Otto- und Dieselmotoren mittlerer Leistung. Der Werkstoff ist KS S30G und bis 65 N/mm^2 belastbar [61].

In jedem Fall brauchen hochbeanspruchte und schnelldrehende Gleitlager eine perfekte Ölversorgung. Wichtig ist, dass das Öl außerhalb der Zone zugeführt wird, in der das Lager seinen sehr hohen dynamischen Druck aufbaut, vgl. Bild 5.38. Wir haben Abschnitt 5.3 über Schmiersysteme, aber soviel schon vorab: Das Öl wird mit einem Druck zwischen 0,5 bar im Leerlauf und vielleicht 6 bar bei Vollgas zugeführt und der Ölstrom muss so bemessen sein, dass das Lager in jedem Fall hydrodynamisch aufschwimmen kann. Diese Menge hängt natürlich von der Lagergeometrie ab, besonders vom Lagerspiel. Vergrößert sich im Lauf der Zeit dieses Spiel – was es eigentlich nicht sollte –, dann braucht es eine größere Ölzufuhr. Ist dieses Spiel zu groß, dann spritzt das Öl mehr oder weniger ungenutzt seitlich aus dem Lager, es baut sich kein Lagerdruck mehr auf und die Lagerstelle kollabiert. Für

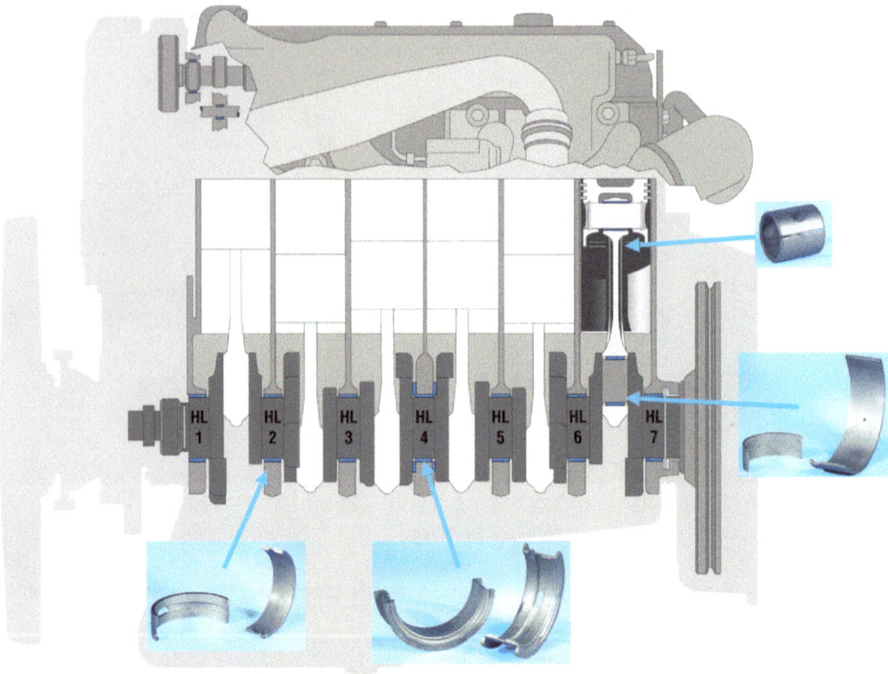

Bild 5.45 Die verschiedenen Gleitlager in einem modernen Fahrzeugmotor (mit freundlicher Genehmigung der KS Gleitlager GmbH [72])

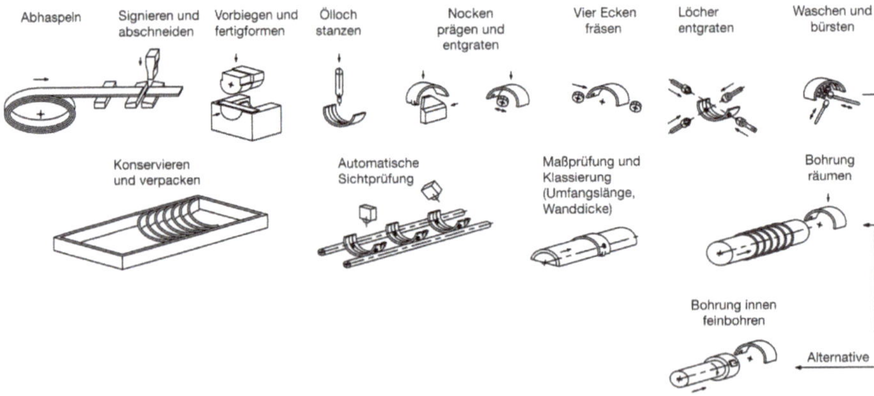

Bild 5.46 Herstellprozess von Gleitlagerschalen (mit freundlicher Genehmigung der KS Gleitlager GmbH [72])

diesen Fall gibt es mitunter *Lagerschalen mit Übermaß*, und die Lagerzapfen können in einer *Zylinder- und Kurbelwellenschleiferei* auf passendes Untermaß geschliffen werden. Betrachten Sie für eine Besonderheit Bild 5.48, Bild 5.50 und Bild 5.52: Die Pleuellager werden über die jeweils nächstgelegenen Kurbelwellenlager versorgt, und zwar über eine Nut in den Kurbelwellenlagerschalen. Im Kurbelwellenzapfen ist eine Bohrung, die wiederum mit einer schrägen Bohrung, die zum Pleuellager führt, verbunden ist. Da man nicht im Inneren eines Bauteils bohren kann, werden diese schrägen Bohrungen natürlich von außen eingebracht, und die Bohrungsenden müssen wieder verschlossen werden, vgl. Pos. 9 in Bild 5.48.

Daraus können Sie auch auf den Zustand der Kurbelwellenlager schließen, denn wenn die im Eimer sind, dann kommt nicht mehr genug Öl zu den Pleuellagern und die sind ebenfalls ruckzuck defekt. Das ist zum Beispiel interessant bei älteren BMW-Motorrädern mit Boxermotor: Hier können Sie sehr leicht die Zylinder ziehen und kommen dann leicht an die Pleuellager. Wenn die okay sind, können Sie relativ sicher sein, dass auch die Kurbelwellenlager in Ordnung sind.

Selbst im Normalzustand ist es sehr oft vorgesehen, dass es verschieden dicke Gleitlagerschalen vom Hersteller gibt, und zwar aus einem ganz simplen Grund: Die Spiele sind so eng toleriert, dass in die Betrachtung auch die Toleranzen von Gehäusebohrung und Lagerzapfen einfließen müssen. Wie Sie wissen, kann man Bohrungen und Wellen aus wirtschaftlichen Gründen nicht auf Tausendstel Millimeter genau herstellen. Man macht etwas anderes: Nach der Herstellung werden die nun entstandenen Lagerbohrungen, welche die Lagerschalen aufnehmen sollen, und die jeweiligen Lagerzapfen in der Fabrik gemessen. Diese Maße werden kodiert an den Lagerstellen markiert. Aufgrund der realen Maße werden nun jeweils Gleitlagerschalen ausgesucht, die im Zusammenspiel der real gemessenen Maße von Bohrung und Zapfen das korrekte Lagerspiel ergeben, Bild 5.48.

Das Nachmessen von Gleitlagern, Gleitlagerzapfen bzw. deren Aufnahmebohrungen in den Kurbelwellen-Lagerstühlen oder in den Pleueln ist insofern nicht ganz einfach, weil Messzeuge, die aufs Hundertstel messen wie Mikrometer, Innenmikrometer und Subito, streng genommen ungeeignet sind, weil es um Toleranzen im Tausendstel-Bereich geht. Eine einfachere Variante ist Plastigauge: Das sind Kunststoffstreifen bestimmter Dicke, von denen Sie ein Stück passender Länge zwischen Wellenzapfen und Gleitlagerschale geben und das Ganze verschrauben – und zwar mit dem für die Verbindung richtigen Drehmoment. Dann demontieren Sie die Verbindung und halten eine mitgelieferte Lehre neben den nun mehr oder weniger plattgedrückten Plastigauge-Streifen. Damit erhalten Sie recht genau das reale Lagerspiel.

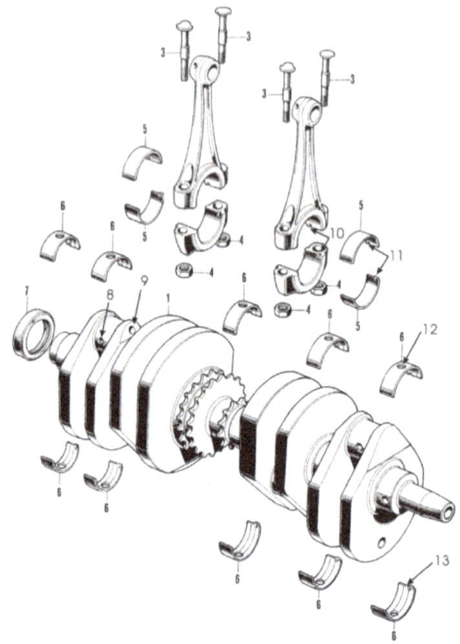

Bild 5.47 Explosionszeichnung des Kurbeltriebs der Honda CB 750 Four: 3 Dehnschrauben, 5 Pleuellagerschalen, 6 Kurbelwellenlagerschalen, 8 Bohrungen in der Kurbelwelle, 9 Stopfen, 10 Lagersitze, 11 Haltenasen (modifiziertes Werkbild von Honda Motors) [61]

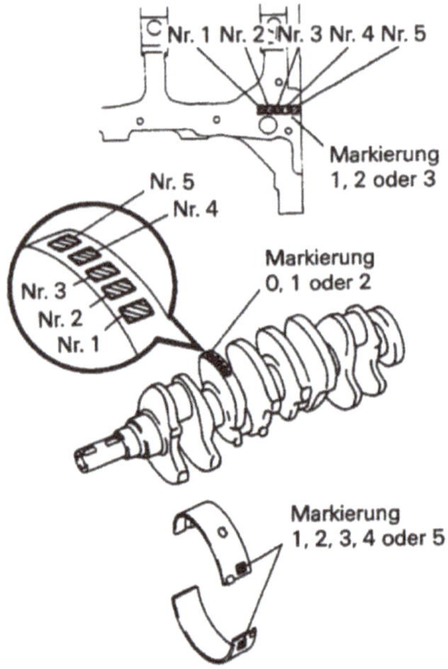

Bild 5.48 An diesen Stellen sind die jeweiligen Realmaße der Bohrungen und Zapfen vom Herstellerwerk kodiert; andere Hersteller machen das sinngemäß (Werkbild von Toyota Motors) [61].

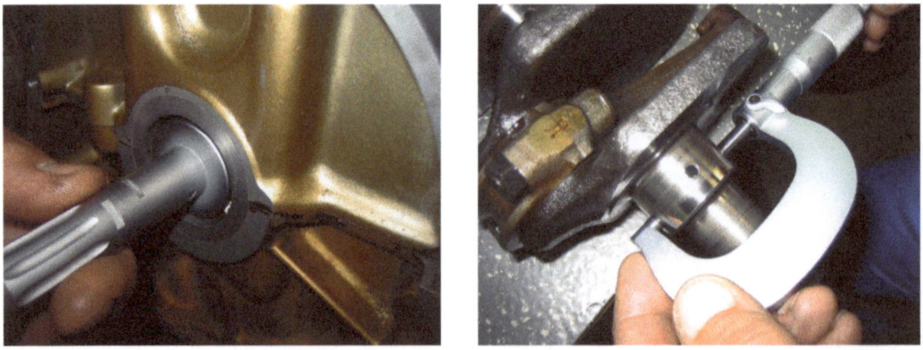

Bild 5.49 Nachmessen der Gleitlager-Aufnahmebohrung im Motorgehäuse einer Honda CB 750 Four mit einem teuren Innen-Mikrometer bzw. des Kurbelwellen-Lagerzapfens mit einem Mikrometer. Aber eigentlich ist das nicht genau genug [2].

Bild 5.50 Die neun Gleitlager eines Vierzylinder-VW-Motors: fünf Kurbelwellenlager, vier Pleuellager [2].

Bild 5.51 *Das* ist der ganz große Vorteil von Gleitlagern gegenüber Wälzlagern: Sie lassen sich teilen, was stabile Kurbelwellen aus einem Stück erlaubt [2].

Bild 5.52 Die Kurbelwellenlager haben Nuten für die Versorgung der Pleuellager [2].

5.2 Radialwellendichtungen

Das Abdichten einer schnell drehenden Welle gegenüber einem Gehäuse ist eine recht schwierige Angelegenheit. Während man früher Filzdichtungen, Lederdichtungen und Hanfpackungen mehr oder weniger unzureichend verwendete – Undichtigkeiten waren an der Tagesordnung, was aber damals weder Bürger noch Umwelt besonders störte –, brachte die Erfindung des *Simmerrings* die Lösung des Problems. Der Simmerring wurde 1929 bei der Firma Carl Freudenberg, heute Freudenberg Sealing Technologies, in Weinheim an der Bergstraße durch WALTHER SIMMER entwickelt. Offiziell und sehr amtlich nach DIN/ISO heißen sie *Radialwellendichtringe*, aber jeder Praktiker sagt „Simmerring".[9]

Weit verbreitet sind Radialwellendichtringe DIN 3760 in den Formen A mit einer Dichtlippe und AS mit einer zusätzlichen Schutzlippe. Es sind unter radialer Federspannung stehende Manschetten aus Elastomeren; das Elastomermaterial wird je nach Anwendungsfall gewählt. Die Form AS bietet den Vorteil, dass Verschmutzungen von der eigentlichen Dichtstelle ferngehalten werden. Zweckmäßig wird der Raum zwischen beiden Lippen bei der Ausführung AS mit Fett gefüllt, um den Verschleiß der Dichtlippe zu verringern und die Korrosion der Welle zu vermeiden. Die Dichtlippe soll immer dem abzudichtenden Medium zugekehrt sein und darf nicht trocken laufen, das ist sehr wichtig. Als Elastomere werden verwendet: Acrylnitril-Butadien-Kautschuk NBR und Fluor-Kautschuk FKM, aber auch Teflon PTFE, ACM Acrylat-Kautschuk und nitrierter NBR HNBR. Radialwellendichtringe können nicht gegen hohe Drücke abdichten; bei Motoranwendungen soll der maximale Druck höchstens 0,5 bar sein. Es ist daher sehr wichtig, dass das Kurbelgehäuse eine gute Be- und Entlüftung hat. Ganz besonders kritisch sind hier Zweizylinder-Boxermotoren wie z. B. BMW-Motorradmotoren oder gleichlaufende Paralleltwins wie frühere englische Zwei-

[9] Simmerring® ist ein eingetragenes Warenzeichen der Freudenberg Sealing Technologies.

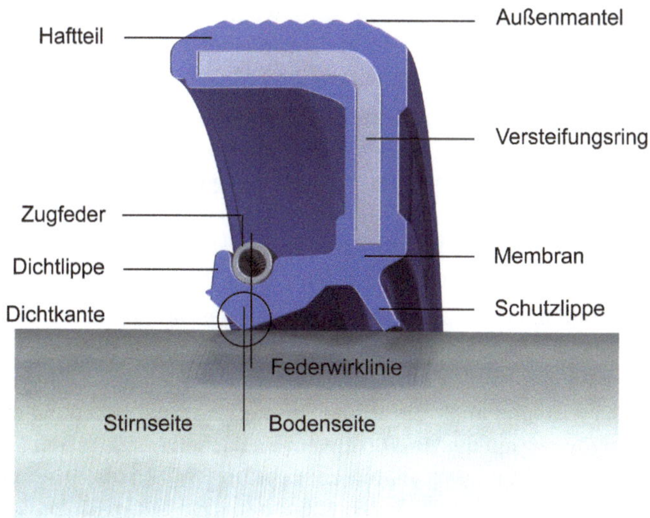

Bild 5.53 Aufbau eines typischen Simmerrings (mit freundlicher Genehmigung der © Freudenberg Sealing Technologies [86])

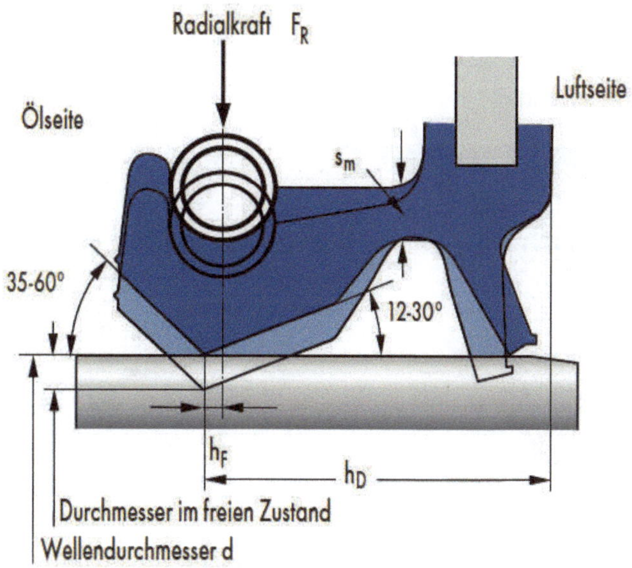

Bild 5.54 Abmessungen eines typischen Simmerrings (mit freundlicher Genehmigung der © Freudenberg Sealing Technologies [86])

zylinder, bei denen die Kolben gleichzeitig nach innen laufen und dadurch einen nicht unbeträchtlichen Druck im Kurbelgehäuse aufbauen. Bei früheren derartigen Motoren übernahm diesen Druckausgleich oft eine Art Drehschieber, später nutzte man gerne – wohl aus Kostengründen – Flatterventile. Ideal ist es, wenn sich einerseits kein Überdruck im Kurbelgehäuse aufbaut und andererseits ein sogar leichter Unterdruck im Kurbelgehäuse vorhanden ist; das hilft den Simmerringen bei ihrer Abdichtarbeit.

Da die Dichtlippe durch den abzudichtenden (geringen) Druck an die Welle angepresst wird, ist der Simmerring *selbstverstärkend*, vgl. [47]. Wird aber der Druck zu groß, dann zerstört sich der Simmerrring selbst, weil er zu stark angepresst wird! Mit Stützringen und Sonderkonstruktionen kann man mit ihnen gegen höchstens 10 bar abdichten, aber das würde ich nicht empfehlen – dafür gibt es passendere Dichtkonstruktionen wie z. B. *Gleitringdichtungen.*

Den Aufbau zeigt Bild 5.53. Das Besondere daran ist die Dichtlippe mit ihrer Dichtkante, die links und rechts verschiedene Winkel aufweist. Der Winkel auf der Ölseite beträgt 35–60°, der luftseitige Winkel 12–30°, Bild 5.54. Durch eine Schlauchfeder wird die Dichtlippe angepresst. Es entsteht eine ungleichförmige Pressungsverteilung mit einem Druckmaximum und steilem Anstieg auf der Ölseite und einem flachen Abfall auf der Luftseite. Durch diese asymmetrische Pressungsverteilung entsteht im RWDR eine unsymmetrische Verformungsstruktur, ein „Mikrodrall", der Dichtlippe in der Kontaktfläche, Bild 5.55. Dieser Mikrodrall ergibt zusammen mit der rotierenden Welle eine Mikro-Pumpwirkung, die das Öl wieder auf die Ölseite zurückfördert, Bild 5.56. Deshalb benötigen derartige RWDR eine Einlaufphase, und es muss von Anfang an für ausreichende Schmierung schon bei der Montage, z. B. durch Fett, gesorgt werden. Die Welle darf auf keinen Fall trocken laufen. Mit beginnender Rotation der Welle geht der Reibungszustand ähnlich wie bei einem Gleitlager von der Grenzreibung über die Mischreibung zur hydrodynamischen Schmierung über. Es muss also darauf geachtet werden, dass der RWDR Schmiermittel erhält.

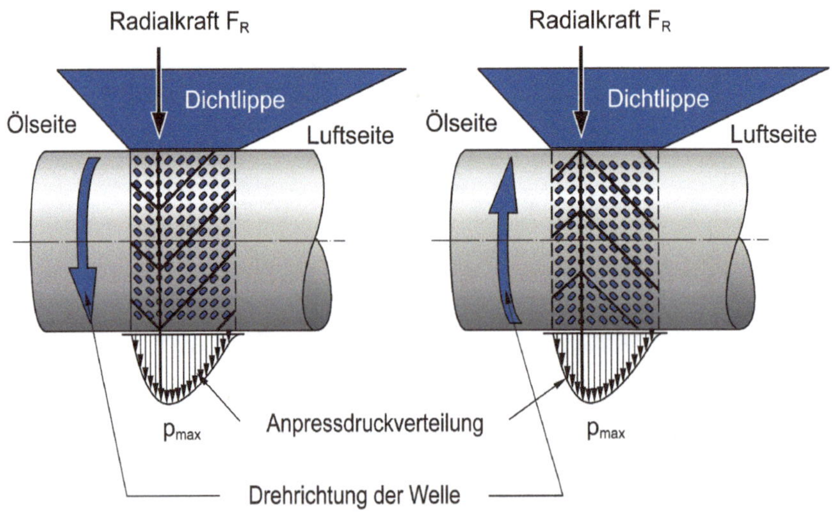

Bild 5.55 Verformungsstruktur (Mikrodrall) des Elastomers in der berührenden Kontaktfläche der Dichtlippe (mit freundlicher Genehmigung der © Freudenberg Sealing Technologies [86])

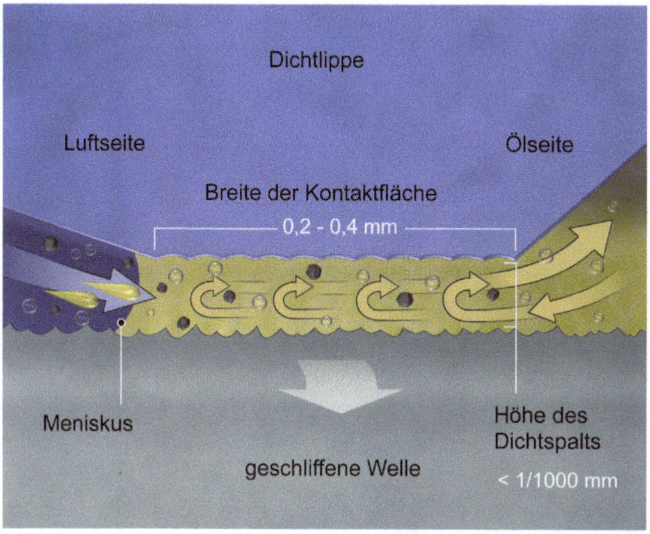

Bild 5.56 Mikro-Pumpwirkung der Dichtlippe in der Kontaktzone Welle-Dichtlippe (mit freundlicher Genehmigung der © Freudenberg Sealing Technologies [86])

Um die Abdichtung zwischen Lippe und Welle ordentlich sicherzustellen, soll die Welle im Laufflächenbereich eine Rautiefe $R_z = 1 - 4\,\mu m$ haben. Die Bearbeitung soll keine Drallorientierung zeigen, die bei Undichtheit das Medium hinausbefördert; daher soll die Welle im Einstich geschliffen werden, auch Hartdrehen funktioniert nach meiner Erfahrung. Die Wellenoberfläche soll eine Härte von mindestens 45 HRC aufweisen, bei Zutritt von verschmutzten Medien oder bei Umfangsgeschwindigkeiten über 12 m/s eine Härte von mindestens 60 HRC und eine Einhärtetiefe von mindestens 0,3 mm[61].

Der äußere Umfang des Simmerrings kann je nach Anforderungen unterschiedlich gestaltet sein, Bild 5.57, im Normalfall wird er in die Gehäusebohrung eingepresst oder mit vorsichtigen Hammerschlägen und Dorn oder passender Schlagbüchse eingetrieben. Aufgrund des komplexen Funktionsmechanismus werden Radialwellendichtringe durch falsche Rauigkeiten der Welle, Kratzer, Poren und andere Beschädigungen von Welle und Dichtlippe, Verunreinigungen und Zersetzungsprodukte des Öls und Verhärtungen und Risse in der Dichtkante undicht. Schon bei der Montage muss man durch spezielle Montagehülsen oder z. B. Tesaband eventuell vorhandene scharfe Wellenabsätze abdecken[10], weil sonst die sehr empfindliche Dichtlippe sofort beschädigt wird. Schlechte Montage ist übrigens eine häufige Ausfallursache.

Die Reibleistung eines Radialwellendichtrings ist nicht unbeträchtlich: Sie beträgt bei einem Wellendurchmesser von 80 mm, einer Drehzahl von 3000 U/min, bei Motorenöl SAE 20 und einer Temperatur von 100 °C immerhin 150 W. Selbst bei kleineren PKW-Motoren ergeben sich sehr schnell unerwartet hohe Reibleistungen: 85 mm Dichtlippendurchmesser am Schwungscheibenflansch und eine Nenndrehzahl von 5600U/min ergeben beim

[10] Bei der Montage des sehr großen Radialwellendichtrings bei den früheren BMW-Motorrad-Boxermotoren hilft eine abgeschnittene Colaflasche, die genau vom Durchmesser her passt. Diesen gut funktionierenden Tipp habe ich aus [151].

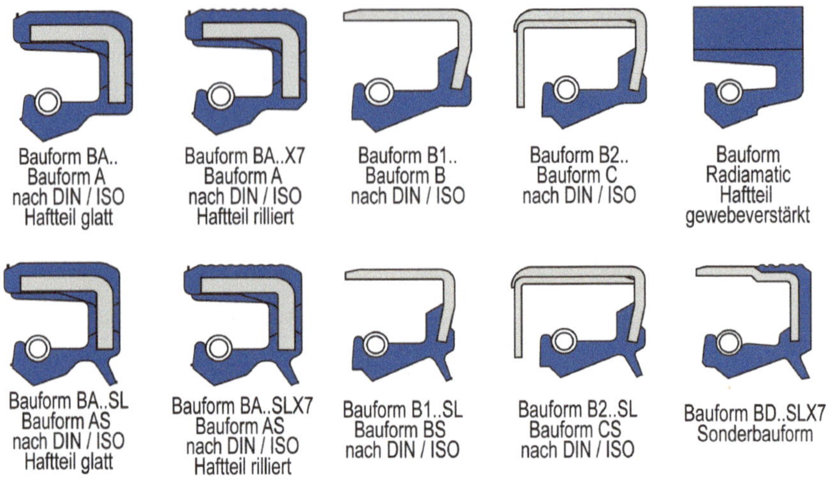

Bild 5.57 Varianten des Haftteils der Simmerringe (mit freundlicher Genehmigung der © Freudenberg Sealing Technologies [86])

VW-1,05-l-Ottomotor eine Umfangsgeschwindigkeit von 25 m/s und eine Leistung von fast 300 W – das ist über den Daumen fast ein halbes PS![11] Dadurch stellen sich an der Dichtlippe recht sportliche Übertemperaturen ein [61]: Im Fall des o. g. VW-1,05-l-Ottomotors sind das nach Bild 5.58 immerhin 50 °C. Daher finden sich auf den Schwungscheibenabsätzen länger gelaufener Motoren nicht selten regelrechte Brandspuren.

Gerade bei Fahrzeugmotoren ist die Wahl des passenden Materials für den Radialwellendichtring entscheidend, Bild 5.61 und Bild 5.62, weil wir es einerseits mit hohen Wellendrehzahlen zu tun haben und andererseits mit hohen Öltemperaturen – keine idealen Bedingungen für Kunststoffe, aus denen die Dichtlippen sind! Dann muss das Ganze auch noch über mitunter Hunderttausende Kilometer dicht sein, weil der TÜV sofort Stress macht, wenn sich bei der Hauptuntersuchung nur ein Tropfen Öl am Boden findet. Das Auswechseln eines undichten Kurbelwellen-Simmerrings bei einem Auto oder älteren BMW-Boxer-Motorrad ist eine abendfüllende Angelegenheit, weil dazu immer entweder der Motor oder aber das Getriebe ausgebaut werden muss. Wie baut man einen Simmerring aus? Entweder mit einem Schraubenzieher heraushebeln oder eine Spaxschraube in seinen seitlichen Rand einschrauben und dann an der Schraube herausziehen.

[11] 1 PS sind 736 W. Ich weiß, dass PS keine gesetzliche Einheit mehr ist – aber alle Welt benutzt es weiter. Es ist halt griffig und hat sich seit vielen Jahrzehnten eingebürgert. Ebenso ist mir durchaus bekannt, dass heute Drehzahlen „Drehfrequenzen“ heißen und in 1/min gezählt werden. Aber kein normaler Mensch spricht so.

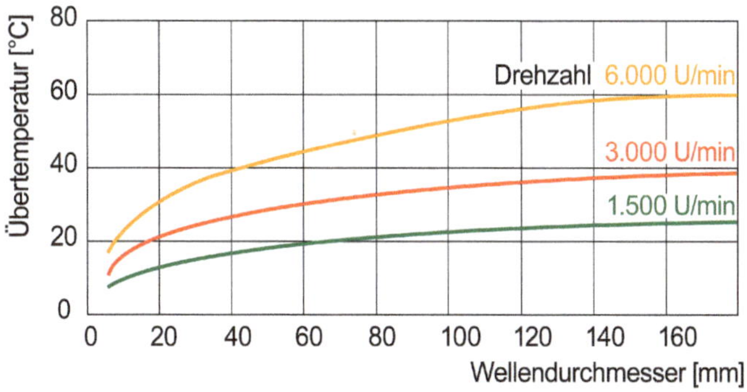

Bild 5.58 Übertemperatur an der Dichtlippe eines Simmerrings in Abhängigkeit von der Drehzahl: Öltemperatur 100 °C, Motorenöl SAE 20, Ölstand Mitte Welle (mit freundlicher Genehmigung der © Freudenberg Sealing Technologies [86])

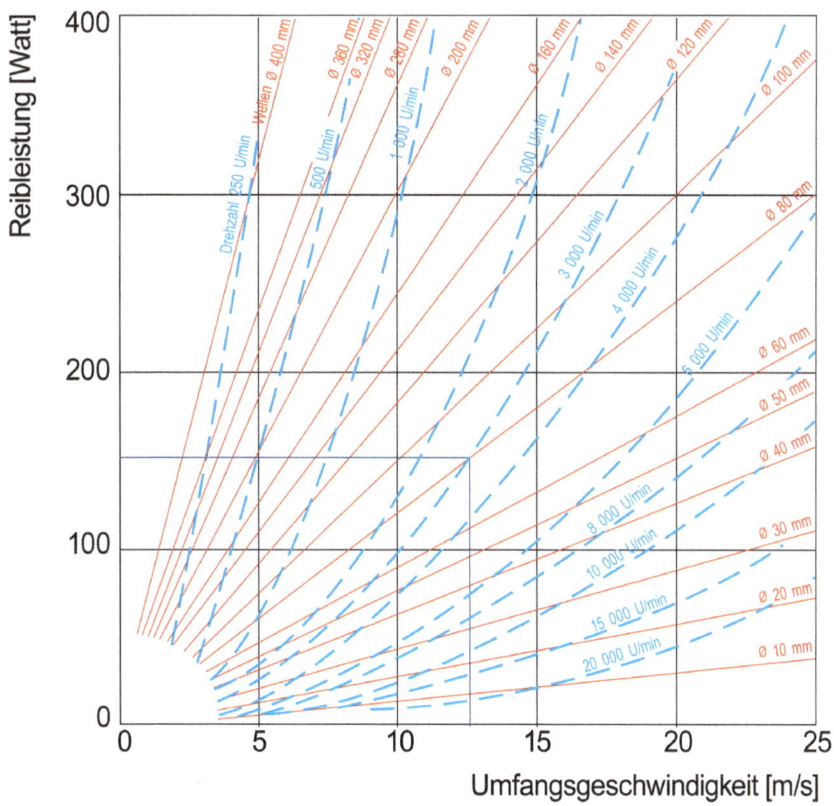

Bild 5.59 Anhaltswerte für die Reibleistung eines Simmerrings in Motorenöl SAE 20 bei 100 °C. Beispiel: Wellendurchmesser 80 mm, Drehzahl 3000 U/min bedeutet eine Reibleistung von etwa 150 W (mit freundlicher Genehmigung der © Freudenberg Sealing Technologies [86])

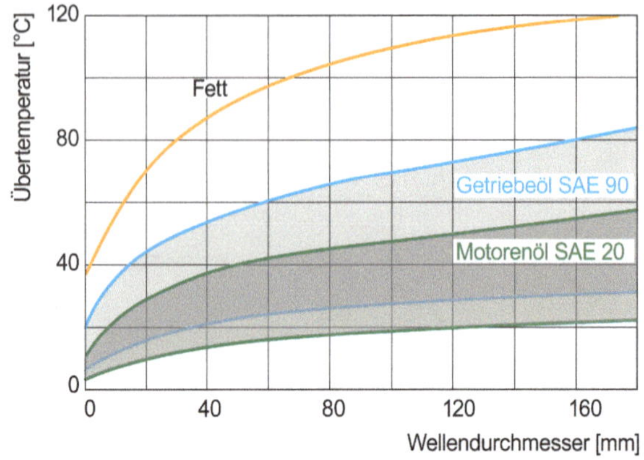

Bild 5.60 Übertemperatur an der Dichtlippe eines Simmerrings bei Abdichtung unterschiedlicher Medien: Öltemperatur 100 °C, Drehzahl 3000 U/min (mit freundlicher Genehmigung der © Freudenberg Sealing Technologies [86])

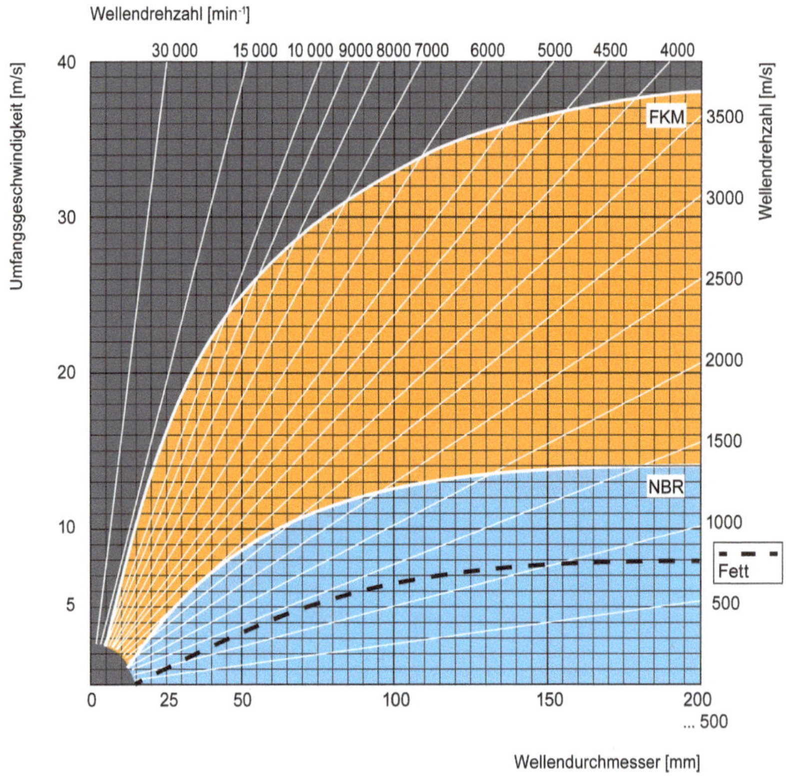

Bild 5.61 Zulässige Umfangsgeschwindigkeit für Simmerringe (Richtwerte) aus den Werkstoffen NBR (72 NBR 902) und FKM (75 FKM 585) gegen Motoröl SAE 20 (mit freundlicher Genehmigung der © Freudenberg Sealing Technologies [86])

Werkstoff		72 NBR 902	75 FKM 585[1)]	75 FKM 595[1)]	PTFE 10/F56101	75 NBR 106200
Farbe		blau	dunkelbraun	rotbraun	dunkelgrau	schwarz
Dichte (g/cm³)	(DIN 53479)	1,46	2,06	2,01	–	1,44
Härte (Shore A)	(DIN 53505)	75	74	75	–	75
Spannungswert/100% (N/mm²)	(DIN 53504)	>4,5	>5,5	>4	–	>4
Zugfestigkeit (N/mm²)	(DIN 53504)	>10	>10	7,5	–	>10
Reißdehnung (%)	(DIN 53504)	>300	>210	>230	–	>250
Klassifizierung nach ASTM D 2000		M2 BG 710	M2 HK 710	M2 HK 810	–	M2 BG 710
Temperaturbereich an der Dichtlippe (°C)		-40/+100	-30/+200	-30/+200	-80/+200	-40/+120
Abzudichtende Medien mit Angabe der Dauertemperatur (in °C)						
Mineralöle						
Motorenöle		100	150	150	150	100
Getriebeöle		100	150	150	150	100
Hypoidgetriebeöle		90	140	140	150	90
ATF-Öle		100	150	150	150	100
Druckflüssigkeiten gem. DIN 51524		100	150	150	150	100
Fette		100	150	150	150	100

Bild 5.62 Standardwerkstoffe für Simmerringe (mit freundlicher Genehmigung der © Freudenberg Sealing Technologies [86])

5.3 Das Schmiersystem

5.3.1 Öle

Öl ist nicht nur irgendein Add-on bei Verbrennungsmotoren, es ist ein unverzichtbarer Baustein, ein regelrechtes *Maschinenelement*, und kein einziger Motor kommt ohne es aus. Es wird zwar seit längerer Zeit daran geforscht, eine Trockenschmierung für Verbrennungsmotoren, insbesondere der Kolben, zu realisieren, aber das ist sehr schwierig, denn FELIX WANKEL hat herausgefunden, dass ohne Schmiermittel alle dynamischen Dichtungsaufgaben in Motoren scheitern [54]. Ohne Öl geht's also nicht! Während Dampfmaschinen und Verbrennungsmotoren in ihrer Anfangszeit mit Tran, Schmalzöl, Rapsöl und Palmöl geschmiert wurden, wurden zunehmend auch Mineralöle verwendet, die mit heutigen Hochleistungsölen aber in keiner Weise vergleichbar waren. Im 1. Weltkrieg stellten besonders die Flugmotoren ganz neue Anforderungen: Besonders die *Umlaufmotoren*[12] mit ihrer hohen Coriolisbeschleunigung brauchten *Rizinusöl*, das ist ein Pflanzenöl mit überragenden Schmiereigenschaften.

Vollständig kugel- und rollengelagerte Viertaktmotoren kommen mit relativ wenig Öl aus, aber da praktisch alle Automotoren und die allermeisten Motorradmotoren gleitgelagert sind und große Ölumlaufmengen brauchen, lohnt es sich, dass wir uns etwas mit dem Motorenöl befassen. Eine der wichtigsten Kenngrößen ist die *Viskosität*, das ist die Zähflüssigkeit des Schmierstoffs. Sie kennen das aus der Küche: Wasser ist viel dünnflüssiger als Honig, und wenn Sie Sahne schlagen, dann verändert sich die Zähflüssigkeit, indem die entstehende Sahne immer steifer wird. Und Sie merken, dass das Rühren immer schwerer geht! Genau diese Aspekte treffen auch für Motorenöle zu; natürlich auch für andere Öle: In der Technik kennt man *Hydrauliköle, Kältemaschinenöle, Silikonöle, Hypoidöle, Gleitbahnöle* und viele andere. Näheres dazu finden Sie in DECKER [61]. Diesem Standardwerk sind auch die folgenden Informationen entnommen.[13] Die Viskosität ist wie folgt definiert:

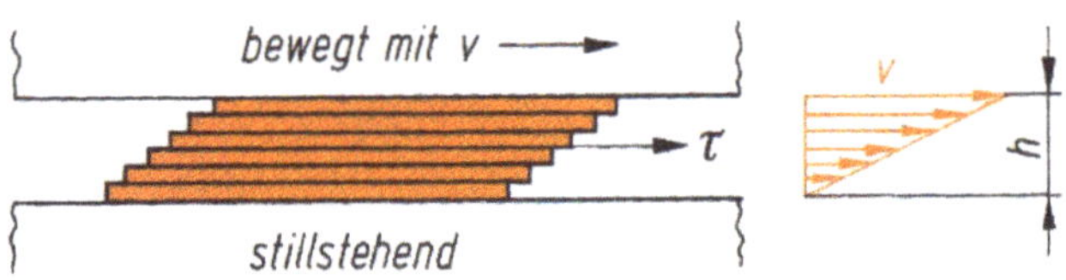

Bild 5.63 Viskosität: Verschiebung der Ölschichten [61].

$$\tau = \eta \cdot \frac{v}{h} \qquad \text{also} \qquad \eta = \tau \cdot \frac{h}{v} \tag{5.17}$$

Gleichung (5.17) stellt den Sachverhalt dar: Die obere Platte wird mit der Geschwindigkeit v bewegt, die daran unmittelbar haftende Ölschicht also auch. Die untere Platte steht, und

[12] Das sind Sternmotoren, bei denen die Kurbelwelle festgehalten wird und das Motorgehäuse samt den Zylindern mit dem daran befestigten Propeller rotiert. Das machte man u. a. aus Kühlungsgründen, aber durch das sehr hohe Kreiselmoment waren die mit Umlaufmotoren ausgestatteten Flugzeuge schwer zu steuern!

[13] Die Kapitel über Schmierung und Gleitlager sind von mir verfasst.

damit auch die unmittelbar haftende Ölschicht. Handelt es sich um eine *Newtonsche Flüssigkeit* wie u. a. Motoröle, dann steigt die Geschwindigkeit der Ölschichten linear an, also von 0 bis v. Zwischen den verschiedenen Ölschichten herrscht eine gewissen Reibung, sozusagen zwischen den Molekülen, und ein Maß für diese Flüssigkeitsreibung ist eben die Viskosität. Sie hat die Einheit:

$$[\eta] = [\tau \cdot \frac{h}{v}] = \frac{\mathrm{N}}{\mathrm{m}^2} \cdot \frac{\mathrm{m}}{\mathrm{m/s}} = \frac{\mathrm{N \cdot s}}{\mathrm{m}^2} = \mathrm{Pa \cdot s} \tag{5.18}$$

Für die Auslegung von Gleitlagern ist nur die *dynamische Viskosität* η maßgeblich während als Lieferangabe meist die *kinematische Viskosität* ν angegeben wird, weil sie sich leichter messen lässt als die dynamische Viskosität. Die Einheiten sind für die dynamische Viskosität Pa·s (eine Einheit ohne jeglichen physikalischen Aussagewert) bzw. früher cP für Centi-Poise und mm^2/s bzw. früher cSt für Centi-Stokes für die kinematische Viskosität. Dabei hat Wasser bei 20 °C[14] ziemlich genau 1 cP.

Zwischen der dynamischen und der kinematischen Viskosität besteht dieser Zusammenhang:

$$\nu = \frac{\eta}{\rho} \quad \text{mit der Dichte } \rho \tag{5.19}$$

Alle flüssigen Schmierstoffe werden mit steigender Temperatur dünnflüssiger, d. h. ihre Viskositäten nehmen ab, vgl. Bild 5.64. Deshalb wird die Viskosität immer im Zusammenhang mit der Temperatur angegeben, z. B. bei 80 °C. Auch die Dichte nimmt mit steigender Temperatur ab, und die Dichte wiederum ändert sich mit dem hydrodynamischen Druck im Schmierspalt. In der Praxis berücksichtigt man diese Einflüsse nicht und nimmt einen mittleren Dichte-Wert von 900 $\mathrm{kg/m}^3$ an. Somit können Sie mit Gleichung (5.19) die beiden Viskositäten einigermaßen ineinander umrechnen.

Während bei Industrieölen meist die ISO-VG-Klasse angegeben wird, werden Motoren- und Getriebeöle eigentlich immer in SAE-Klassen[15] angegeben. Dabei wird die *SAE-Winter-Viskosität* mit dem Zusatzbuchstaben W bei etwa –18 °C mit einem Rotationsviskosimeter gemessen: Ein Elektromotor mit konstantem Drehmoment treibt einen Rotor, dessen Drehzahl sich entsprechend der Zähflüssigkeit der zu messenden Flüssigkeit einstellt, und mittels einer Eichkurve, die unter Verwendung von Eichölen aufgestellt wurde, wird die dynamische Viskosität ermittelt. Dabei erfolgt die Einteilung in die Winter-Viskositätsklassen 0W, 5W, 10W, 15W, 20W und 25W. Je kleiner die Zahl ist, umso dünnflüssiger ist das Öl in der Kälte. Die Sommer-Viskosität – sie wird ohne Zusatzbuchstaben angegeben – wird bei einer Prüftemperatur von etwa 100 °C mit einem Kapillarviskosimeter gemessen. Es ist also eine kinematische Viskosität. Man unterscheidet die SAE-Sommer-Viskositätsklassen 20, 30, 40, 50 und 60. Je größer die Zahl ist, umso dickflüssiger ist das Öl bei etwa 100 °C.

Auffallend ist, dass Motor- und Getriebeöle unterschiedliche Bezeichnungen für die gleiche Viskosität haben: Ein Getriebeöl SAE 80W ist nicht etwa doppelt so viskos wie ein Motorenöl SAE 40, sondern entspricht in seiner Viskosität etwa einem Motorenöl SAE 20W/20, ein Getriebeöl SAE 90 etwa einem Motorenöl SAE 40 oder SAE 50, vgl. Tabelle 5.7.

[14] Genaugenommen 20,2 °C

[15] SAE = American Society of Automotive Engineers

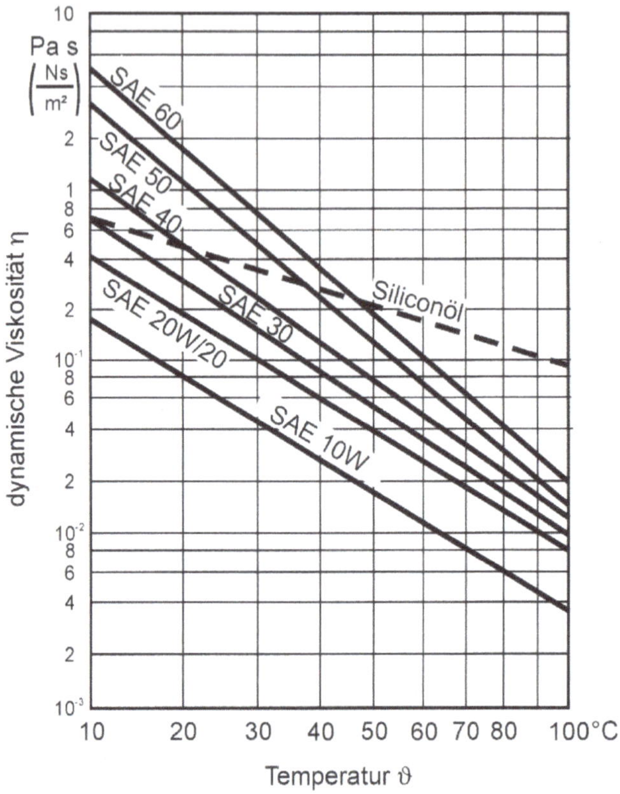

Bild 5.64 Viskositäts-Temperatur-Verhalten von Motorölen und Silikonöl im doppelt-logarithmischen Diagramm [61]

Tabelle 5.7 Umschlüsselung von SAE- und ISO-VG-Klassen nach Castrol

SAE-Motorenöl	SAE-Getriebeöl	ISO-VG
5W	—	22
10W	75W und ATF	32
15W	—	46
20W und 20	80W	68
30	—	100
40	—	150
50	90	220
—	140	460
—	250	1000

Besonders Motorenöle müssen sehr vielfältige Aufgaben bewältigen (nach Angaben von Aral):

- Schmieren: Bei Gleitlagern für Kurbelwellen und Nockenwellen tritt ab einer bestimmten Drehzahl Flüssigreibung auf, bei oszillierenden Kontakten (von z. B. Kolben und Zylinderlaufbahnen, den Ventilschäften in den Ventilführungen) in den Umkehrpunkten jeweils kurz Teilschmierung, während im Bereich höherer Gleitgeschwindigkeiten Vollschmierung herrscht. Ferner ist je nach konstruktiver Auslegung mit Teilschmierung an der Paarung von Nocken und Stößel zu rechnen. Um bei Teilschmierung überhöhten Verschleiß durch metallischen Kontakt zu verhindern, werden den Ölen Verschleißschutzadditive zugegeben.
- Kräfteübertragung: Bei Kolben und Pleueln werden die auf den Kolben ausgeübten Verbrennungsdrücke bzw. Massenkräfte durch das im oberen und unteren Pleuellager vorhandene geringe Motorölvolumen im Schmierspalt auf die Kurbelwelle übertragen. Wenn dieser Schmierfilm infolge der hohen dynamischen Kräfte auch nur kurzzeitig durchbrochen wird, kommt es zu metallischer Berührung der Reibpartner unter hoher Last und damit zu Verschleiß und Motorschaden. Gleiches gilt auch für den Bereich Nocken/Stößel oder Nocken/Schlepphebel bzw. für Getriebe, die vom Motorenöl mitversorgt werden, z. B. in vielen Viertakt-Motoren von Motorrädern. Die dabei entstehenden Drücke im sehr dünnen Schmierfilm können bis zu 10.000 bar betragen.
- Kühlung: Die durch die Verbrennung thermisch hochbelasteten Kolben können konstruktionsbedingt nur mithilfe des Motorenöls gekühlt werden. Einerseits wird die Wärme vom Kolben über die Kolbenringe und das abdichtende Motorenöl an die Zylinderlaufflächen und weiter an das Kühlmittel geleitet, andererseits kühlt das im Kurbelgehäuse umherspritzende Motorenöl den Kolben direkt. Bei großen Kolben, z. B. bei Kreuzkopfmaschinen, wie sie im Schiffsmaschinenbau üblich sind, wird das Kühlöl über die Schubstangen in Kühlkanälen in den Kolben zugeführt.
- Abdichtung: Die eigentliche Abdichtung von Kolben und Zylinderlaufbahnen erfolgt ausschließlich über die Kolbenringe und deren Feinabdichtung durch das Motorenöl. Doch auch bei optimaler Abdichtung gelangen bis zu 2 % der Verbrennungsgase an den Kolben vorbei ins Kurbelgehäuse, *Blow-by-Gase*, die das Motorenöl wegen ihrer aggressiven Bestandteile und Verschmutzung belasten.
- Schutz: Das Motorenöl muss vor Ablagerungen, Korrosion, Rost, Verschleiß und Spiegelflächenbildung schützen.

Motorenöle werden entweder nach der API- oder der ACEA-Klassifikation in ihrer Qualität beurteilt. Die US-amerikanische API-Klassifikation[16] unterscheidet zwischen S-Klassen und C-Klassen, dabei steht die S-Klasse für Öle für Otto-Motoren[17] und die C-Klasse für Öle für Dieselmotoren[18]. Der zweite Buchstabe hinter dem S bzw. C gibt den jeweiligen Leistungsstand der Motorenöle wieder. Der alphabetisch höhere Buchstabe schließt die vorhergehenden Leistungsstandards mit ein.

API-Service-Klassen:

- SA: unlegierte Öle

[16] API = American Petroleum Institute

[17] S für Service Stations = Benzin-Tankstellen in den USA

[18] C für Commercial = Lastwagen

- SB: Öle mit Zusätzen für den Alterungsschutz und Antiverschleiß-Additiven
- SC: Öle dieser Klasse deckten 1964 – 1967 die Anforderungen der amerikanischen Motorenhersteller ab.
- SD: für US-Fahrzeuge der Baujahre 1968 – 1971
- SE: verbessertes SD für die Baujahre 1972 – 1980
- SF: verbesserter Schutz gegen Oxidation, Verschleiß, Ablagerungen und Korrosion entsprechend den Anforderungen der US-Motorenhersteller ab 1980
- SG: seit März 1988 gültig, mit erhöhten Anforderungen bezüglich Alterung und Kaltschlamm
- SH: seit 1993 gültig, diese Öle müssen die vorgeschriebenen unterschiedlichen Testprozeduren unter strengen, kontrollierten Bedingungen bestehen
- SJ: seit 1996 gültig, gegenüber SH geringerer Phosphorgehalt, geringere Verdampfungsneigung, höhere Alterungsstabilität
- SL: für PKW Baujahr 2004 und älter
- SM: für PKW Baujahr 2010 und älter
- SN: für PKW Baujahr 2020 und älter
- SP: für PKW ab Baujahr 2020

API-Commercial-Klassen:

- CA: vorzugsweise für Dieselmotoren mit geringer Belastung entsprechend MIL 2104 A aus dem Jahr 1954
- CB: für mittlere Belastung entsprechend MIL 2104 A, Supplement 1
- CC: für mittlere Belastungen entsprechend MIL 2104B aus dem Jahre 1961
- CD: Öle für schwere Belastungen entsprechend MIL 2104C
- CE: für PKW- und Nutzfahrzeug-Dieselmotoren; in Europa ohne Bedeutung,
- CF: wie CD, jedoch sind die Testprozeduren mit Prüfmotoren der neuen Generation aufgebaut

ACEA-Klassen: Seit 1996 besteht das europäische Klassifikationssystem für Motorenöle ACEA.[19] Die ACEA beschreibt die Mindestanforderungen an Motorenöle. Auch hier gibt eine Buchstaben-Zahlen-Kombination Aufschluss über den Einsatzzweck der Öle: Mit steigender Zahl steigt die Qualität. Ergänzt wird die Buchstaben-Zahlen-Kombination häufig mit einer Jahreszahl, die auf das Ausgabedatum der Klassifikation hinweist:

- A1 bis A5 sind Leistungsklassen für Ottomotorenöle.
- B1 bis B5 sind Leistungsklassen für Dieselmotorenöle in PKW und leichten Nutzfahrzeugen.
- C1 bis C5 sind Leistungsklassen für PKW-Ottomotoren und PKW-Dieselmotoren mit neuen Abgasnachbehandlungs-Systemen wie z. B. Dieselpartikelfilter.
- E2 bis E9 sind Leistungsklassen für den LKW-Diesel-Bereich

Bei **Getriebeölen** für Kraftfahrzeuge gibt es diese API-Spezifikationen:

[19] ACEA = Association des Constructeurs Européens d'Automobiles

- GL 1: spiralverzahnte Kegelradgetriebe, Schneckengetriebe und handgeschaltete Getriebe bei niedrigen Gleitgeschwindigkeiten und geringer Flächenpressung der Zahnflanken
- GL 2: Schneckengetriebe mit Anforderungen an das Lasttragevermögen und die Gleitgeschwindigkeit, sodass Öle nach GL 1 nicht mehr genügen
- GL 3: spiralverzahnte Kegelradgetriebe und Handschaltgetriebe unter mäßig erschwerten Bedingungen hinsichtlich Last und Drehzahl
- GL 4: gerad- und stirnverzahnte Getriebe, auch mit leichtem Achsversatz
- GL 5: hypoidverzahnte Getriebe mit großem Achsversatz in PKW und anderen Fahrzeugen unter schockartiger Belastung bei hoher Drehzahl

Besonders GL-4- und GL-5-Öle haben *EP-Zusätze.*[20] Praktische Bedeutung haben heute nur Getriebeöle nach API GL 3, GL 4 und GL 5. Dabei sind Öle nach API GL 4 die typischen Öle für quer eingebaute Transaxle-Getriebe, während Getriebeöle nach API GL 5 heute vorzugsweise in Hinterachsdifferentialen eingesetzt werden. Für automatische Getriebe in Kraftfahrzeugen wird ATF[21] eingesetzt. Dies ist ein Hydrauliköl für besondere Anforderungen. Es hat sehr gutes VT- und Tieftemperaturverhalten, hohe Scher- und Oxidationsstabilität, ausgezeichnetes Schaumverhalten und Luftabgabevermögen, definiertes Reibverhalten und EP-Eigenschaften. Mitunter werden diese Öle auch in normalen PKW-Handschaltgetrieben verwendet. Hier gibt es unterschiedliche herstellerspezifische Normen und Qualitäten wie DEXRON (General Motors), MERCON (Ford), Allison, Caterpillar, MAN-Normen, Mercedes-Benz-Betriebsstoff-Vorschriften, Renk, Voith, VW-Normen und ZF TE-ML.

Der *Viskositätsindex VI* ist ein Maß für die Temperaturabhängigkeit der Viskosität: Dabei haben Einbereichsöle einen VI von ca. 100 und Mehrbereichsöle einen VI von ≤ 190. Typische Mehrbereichsöle im Automotive-Bereich besitzen als Zusatz *VI-Verbesserer*, Viskositätsindex-Verbesserer: das sind langkettige Polymerverbindungen, die bei Wärme aufquellen und so das dünnflüssige Grundöl quasi eindicken und über einen weiteren Temperaturbereich nutzbar machen.

Legierte Öle haben als Basisöl ein hochwertiges Raffinat aus Erdöl oder ein Syntheseöl, wobei besondere Wirkstoffe, die sogenannten Additive, beigemischt sind:

- Antioxidantien oder Oxidationsinhibitoren, die das Oxidieren des Öls bei hohen Temperaturen verhindern
- Dispersants verhindern das Absetzen von Abrieb- und Verkokungsteilchen.
- Detergents lösen Ölkohleansätze und Verbrennungsrückstände.
- EP-Zusätze steigern die Schmierwirkung und Druckaufnahme. Physikalisch wirkende EP-Zusätze sind Graphit, Zinksulfid und Molybdändisulfid, die eine dünne Gleitschicht bilden. Chemisch wirkende EP-Zusätze sind z. B. Bleiseifen und Zinkdialkyldithiophosphate. Sie gehen mit der Metalloberfläche eine chemische Verbindung ein.
- Stockpunkterniedriger
- VI-Verbesserer, z. B. Polymethacrylate
- Korrosionsinhibitoren, Entschäumer, Benetzungsmittel und Haftverbesserer

---

[20] extreme pressure

[21] automatic transmission fluid

- Syntheseöle

Syntheseöle sind künstliche Öle. Sie haben einen niedrigen Pourpoint, ein sehr gutes Viskositäts-Temperatur-Verhalten, eine wesentlich höhere Alterungsbeständigkeit, bessere Oxidationsbeständigkeit und einen höheren Flammpunkt als die Mineralöle. Sie decken also einen weiteren Temperaturbereich ab, vertragen höhere Betriebstemperaturen als normale Mineralöle und sind langlebiger (Ölwechselintervalle!). Ausgangsbasis für die Herstellung ist u. a. Mineralöl. Da sie teuer sind, werden sie nur dort eingesetzt, wo sie Vorteile bringen oder bei z. B. Rennmotoren aufgrund der Einsatzbedingungen unverzichtbar sind. Auch die Syntheseöle werden meist mit Additiven legiert. Prinzipiell ist die Schmierwirkung nicht unbedingt besser als bei reinen Mineralölen. Die Benetzungsfähigkeit ist oft geringer.

Ein Pflanzenöl mit besonderen Eigenschaften ist das *Rizinusöl*. Seine Schmiereigenschaften sind überragend, weshalb es gerne in (Zweitakt-)Rennmotoren eingesetzt wird. Allerdings neigt es zum Verharzen, sodass die Motoren schon nach einem Rennen vollkommen zerlegt und gereinigt werden müssen.

Bei älteren Motoren, Stichwort *Oldtimer*, fragt sich, ob Sie moderne Mehrbereichsöle verwenden können. Das ist recht einfach zu beantworten, aber ich will da keine Garantie übernehmen: Wenn dieser ältere Motor einen Mikrofilter, d. h. eine Papier-Filterpatrone hat, dann können Sie ohne Weiteres ein modernes Öl einfüllen. Hat der Motor jedoch höchstens ein grobes Metallsieb vor der Ölpumpe, dann wäre ich da vorsichtig: Diese Motoren – am populärsten ist da der alte Käfermotor – haben *Dreckecken*, in denen sich der Abrieb in Gemütsruhe absetzen kann und dort nach einiger Zeit eine ziemlich feste und stabile Schicht bildet. Füllen Sie jetzt modernes Öl ein, das ja bewusst Abrieb- und Rußpartikel in der Schwebe halten soll, dann werden diese abgelagerten Abriebe gelöst und nun ständig durch den Motor gepumpt. Gerade bei VW-Käfern sind dahingehend Schäden bekannt geworden.[22] Dann gibt es Motoren wie die Honda CB250/350/450 aus den 1960er- und 1970er-Jahren, die einen Zentrifugalfilter, aber keinen Mikrofilter haben. Was hier bei einem modernen Öl passiert, ob es diese auszentrifugierte Schmutzschicht[23] löst – keine Ahnung. Es gibt für diese alten Motoren ohne Mikrofilter spezielle Oldtimeröle, die eben zulassen, dass sich der Abrieb absetzt und nicht in der Schwebe gehalten wird.

Und noch etwas sollten Sie wissen: Moderne Autoöle sollten Sie nicht in Motorradmotoren einfüllen, wenn diese Motoren – wie die allermeisten Motorradmotoren – eine im Öl laufende Kupplung haben. Autoöle mit ihren an sich segensreichen Reibwertverminderern bringen die Nasskupplungen zum Durchrutschen, wie ich selbst vor vielen Jahren erfahren musste! Bei den einschlägigen Ölen für Motorräder ist dieser Umstand berücksichtigt. Dagegen können Sie meines Erachtens in alte Boxer-BMWs mit zwei Ventilen problemlos Autoöl hineingießen[24], weil deren Antriebsstränge wie bei einem Auto aufgebaut sind, d. h. mit separater Trockenkupplung und getrenntem Getriebe.

Inzwischen bieten die Fahrzeughersteller auch Öle unter eigenem Label an. Sie können selbstverständlich auch Öle von namhaften unabhängigen Lieferanten nutzen, wenn die-

[22] Frankfurter Allgemeine Zeitung vom 4.2.2006

[23] Die allerdings hart wie Beton ist, wie ich aus eigener Erfahrung erlebt habe

[24] Garantieren kann ich das nicht, aber: Diese Motoren wurden Ende der 1960er-Jahre konstruiert, und die damaligen Öle waren um Lichtjahre schlechter als moderne Öle. Dennoch empfehlen manche Quellen „spezielle Motorradöle für große Zweizylinder".

se Öle die Spezifikationen des jeweiligen Fahrzeugherstellers erfüllen, z. B. VW 50800 und andere [31]. Es werden vermehrt sehr dünne Öle wie SAE 0W-30 empfohlen – entgegen mancher Internetaussagen, dass diese dünnen Öle für aktuelle Motoren bedenklich seien, sind solche Öle sogar sehr geeignet; Oldtimer sollten aber mit dickeren Ölen gefahren werden [31]. Stichwort Oldtimer: Wenn ein Oldtimer nur wenige hundert Kilometer im Jahr gefahren und bei einigermaßen gleichbleibenden Temperaturen geparkt wird – sonst besteht die Gefahr der Kondenswasserbildung im Öl –, braucht das Öl durchaus nicht jedes Jahr gewechselt werden! Und: Seit einiger Zeit wird von der Ölindustrie behauptet, dass das Öl in einer einmal angebrochenen Öldose innerhalb eines halben Jahres verbraucht werden soll. Nach [31] sind diese Vorschriften unbegründet.

5.3.2 Ölpumpen und Ölkreislauf

Lager, Kolben, Zylinder und die Ventilsteuerung müssen mit Schmierstoff versorgt werden. Früher, d. h. bis zum 2. Weltkrieg, wurden Motorräder oft mit *Frischölschmierung* versehen: Ein Öltank, meist unterhalb des Sattels angebracht, enthielt das Öl, das immer wieder aufgefüllt werden musste. Ein Ölpumpe, fast immer eine kleine Kolbenpumpe, angetrieben über ein Schneckengetriebe, holte sich das Öl auf dem Tank und pumpte es tropfenweise zu den Schmierstellen. Die Ölpumpe konnte der Fahrer je nach Last justieren: Bei Fahrten im Gebirge konnte er dann die Ölmenge erhöhen. Als Anhaltspunkt: Die Vorkriegs-Horex-Motoren T5, T6, S5 und S6 verbrauchten nach offiziellen Angaben auf 100 km 125 g Öl [32]. Die Ventile dieser Oldtimer liefen sehr oft im Freien, und die Kipphebel wurden – immer mal wieder, wenn es denn nicht vergessen wurde – mit Fett geschmiert. Insgesamt funktionierte das alles irgendwie, aber bedenken Sie, dass früher die Fahrleistungen und Drehzahlen viel geringer waren. Es war nicht ungewöhnlich, dass alle 10.000 km die Ventile ersetzt wurden. Kleine Zweitakter haben nach wie vor diese Frischölschmierung, weil es dort nicht anders geht: Das Öl aus einem Ölvorrat im Kurbelgehäuse würde durch die Überströmkanäle nach oben in den Brennraum gerissen werden und wäre im Handumdrehen verbrannt. Nur bei großen langsamlaufenden Zweitakt-Schiffsdieseln können wieder leistungsfähige Schmiersysteme verbaut werden, da sie nicht kurbelkasten-gespült sind, sondern ihre Luft direkt in die Zylinder per Turbolader eingeblasen bekommen.

Ein ebenfalls sehr simples Schmiersystem ist die *Schleuderschmierung*: Fortsätze, mitunter auch regelrechte Schöpfkellen, an den Pleuelfüßen tauchten in den Ölvorrat im Kurbelgehäuse ein, schleuderten das Öl im Kurbelraum herum und spritzen es so an die Lager und Zylinderwände. Bei manchen Motoren wie dem der NSU Fox mit ihrem 98-ccm-OHV-Viertaktmotor reichte der Öldunst, der bis in den Zylinderkopf stieg, sogar zur Schmierung des Ventilmechanismus aus. Auch der früher sehr beliebte Motorroller Heinkel Tourist hatte bei seinem Viertaktmotor[25] diese Schleuderschmierung. Aber die meisten Motorradmotoren hatten bereits damals – und die Automotoren sowieso – eine *Umlaufschmierung*, die besonders Mehrzylindermotoren deutlich sicherer mit Öl versorgen kann.

Eine *Nasssumpfschmierung*, früher auch Umlaufschmierung genannt, macht Folgendes: Eine Ölpumpe saugt Öl aus dem Ölsumpf, der Ölwanne unterhalb der Kurbelwelle, an und

[25] Der Heinkel Tourist war einer der ganz wenigen deutschen Motorroller mit einem 175-ccm-OHV-Viertaktmotor.

presst es in den Hauptölkanal, der zu den Kurbelwellenlagern und von dort in die Pleuellager führt. Hier spritzt es seitlich aus den Lagern heraus und schmiert die Zylinderlaufbahnen. Weitere Kanäle führen in den Zylinderkopf, um dort Kipphebel, Tassenstößel, Nockenwellen und Ventilschäfte zu versorgen. Das Öl fließt vom Zylinderkopf und aus den Lagern zurück in die Ölwanne und wird wieder angesaugt. Heute wird dem Hauptölkanal immer ein Mikrofilter in Form einer auswechselbaren Papierpatrone vorgeschaltet, aber viele frühere Motoren hatten keinerlei Feinfilter außer einem sehr grobmaschigen Drahtsieb vor der Ölpumpenansaugseite, was gerade mal grobe Abriebbrocken zurückhielt. Das bekannteste Beispiel ist der VW-Käfermotor. Mitunter wurden auch recht wirkungsvolle Zentrifugalfilter wie bei den Honda CB 250/350/450 vorgeschaltet oder im Fall der NSU Max[26] mit einem zusätzlichen Papierfilter kombiniert. Diese Nasssumpfschmierung ist der Standard für praktisch alle modernen Auto- und Motorradmotoren. Die Ölmengen in der Ölwanne bewegen sich zwischen 1,25 l bei der seligen BMW R25/3 über etwa 4 l bei gängigen Motorradmotoren bis zu 2,5 (VW Käfer 1200) und 8,5 l (BMW 850i) bei Automotoren.

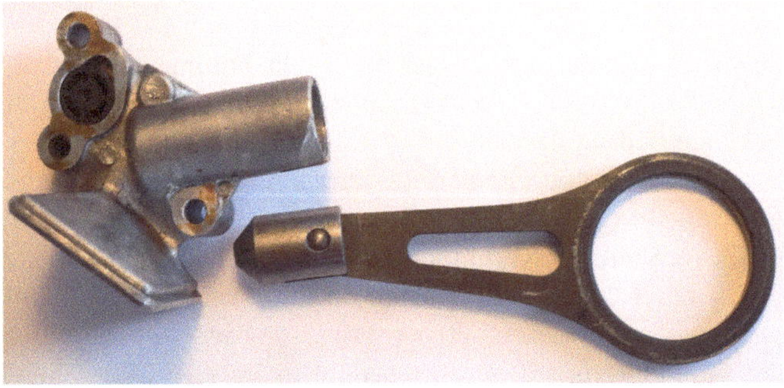

Bild 5.65 Kolbenpumpe einer Honda CB250/CB350, Antrieb über Exzenter auf dem Kupplungskorb [2].

Noch besser, aber auch aufwendiger, ist die *Trockensumpfschmierung*, Bild 5.69. Hier hat man einen separaten Öltank und *zwei* Ölpumpen: Die *Saugpumpe* saugt das Öl aus dem Kurbelgehäuse ab und pumpt es in den Öltank. Dort kann sich das Öl abkühlen und beruhigen, d. h., das Öl von der aufgenommenen Luft trennen und entschäumen, was für bessere Ölqualität des gleich angesaugten Öls sorgt. Die zweite Pumpe, die *Druckpumpe*, holt sich das Öl aus dem Öltank und presst es in den Hauptölkanal, ggf. vorher durch ein Mikrofilter. Der Rest läuft wie bei der Nasssumpfschmierung im Motor ab. Der Vorteil dieses aufwendigen Schmiersystems ist weitgehende Lageunabhängigkeit, was es prädestiniert für Geländefahrzeuge und Flugmotoren.[27]

Aber auch das Fehlen der mitunter sehr tiefen Ölwanne war vielleicht auch ein Grund, warum Honda bei seiner CB 750 Four, BMW bei seiner F650GS und englische Motorräder wie

[26] „Schlammhülsen", die in den Kurbelwangen saßen. Die Max hatte zudem eine Trockensumpfschmierung (siehe folgende Abschnitte).

[27] Berühmte Beispiele für militärische Flugmotoren waren der deutsche Daimler-Benz DB 601 und der englische Rolls Royce Merlin. Sie hatten je eine Druckpumpe und zwei Saugpumpen – für jede Zylinderreihe eine.

Bild 5.66 Eaton-Ölpumpe einer Yamaha XJ 600 [2]

Bild 5.67 Zahnrad-Ölpumpe eines VW-1,05-l-Motors [2]

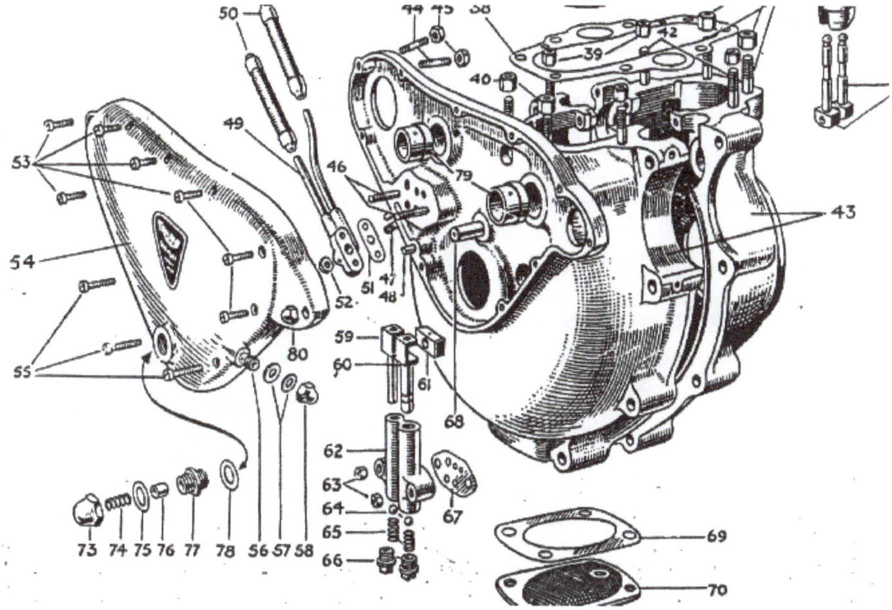

Bild 5.68 Doppel-Kolbenpumpe einer Triumph Speed Twin von 1948. 49 + 50 Zuleitungen vom und zum Öltank, 60 Saug- und Druckkolben, 61 Gleitstein, wird von Exzenter auf Zwischenrad angetrieben, 62 Pumpengehäuse, 64, 65 und 66 Kugelventile, [150].

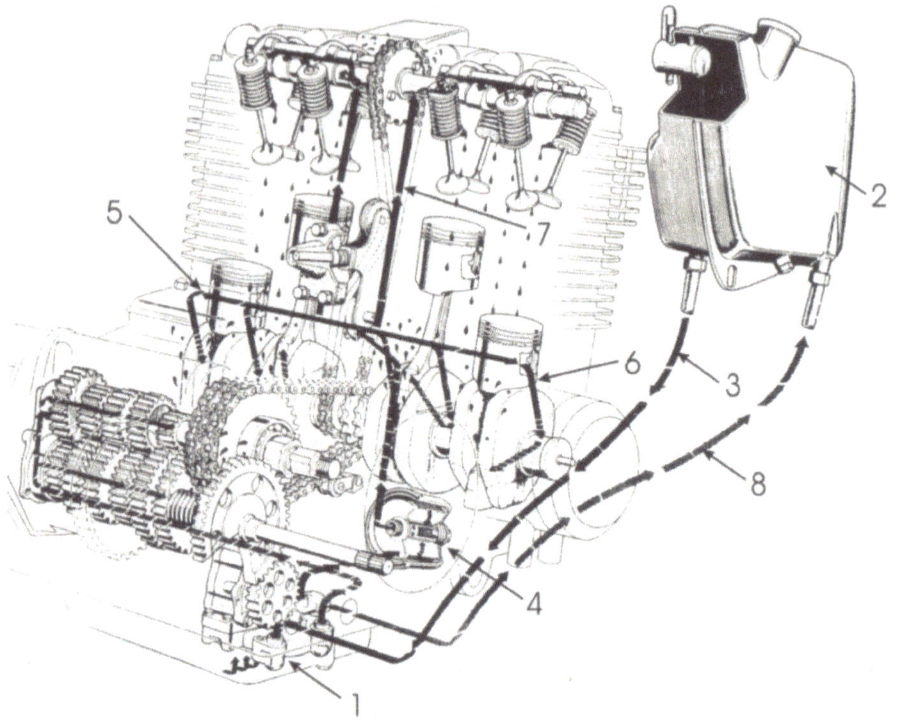

Bild 5.69 Trockensumpfschmierung einer Honda CB 750 Four: 1 Doppel-Eatonpumpe, 2 Öltank, ca. 3,5 l Fassungsvermögen, 3 Ölleitung vom Tank zum Motor, 4 Mikrofilter, 5 + 6 Hauptölkanal, 7 Ölkanal zum Zylinderkopf, Ölleitung vom Motor zum Tank [61]

Bild 5.70 Doppel-Eatonpumpe einer Honda CB 750 Four: links die Saugpumpe, rechts die Druckpumpe [2]

die Triumph Speed Twin, Bild 5.68, sie verwendeten. Die Doppelpumpen können durchaus vom gleichen Typ sein wie die bei der Nasssumpfschmierung verwendeten Ölpumpen.

Typische Ölpumpen sind *Kolbenpumpen*, Bild 5.65, einfache *Zahnradpumpen*, Bild 5.67 und *Eatonpumpen*, Bild 5.66 und Bild 5.70. Kolbenpumpen waren früher sehr lange Standard bei englischen Motorrädern, Bild 5.68, aber gleichzeitig nutzten die Briten sehr früh die aufwendige Trockensumpfschmierung. Der Öldruck im Motorkreislauf bewegt sich bei warmem Öl zwischen 0,5 bar im Leerlauf und 6 bar bei Vollgas. Es zirkulieren im Motor je nach System und Pumpenbauart zwischen 10 und 50 l/min.

Den Ölpumpen ist heute immer ein auswechselbarer Mikrofilter aus Filterpapier vorgeschaltet, der mit einem *Bypass-Ventil* umgangen wird, wenn das Öl noch kalt und zähflüssig ist. Oft wird zusätzlich ein *Ölkühler* vorgesehen. Das kann ein Luft-Öl-Wärmetauscher wie meist bei Motorrädern sein oder ein vom Kühlwasser durchflossener Wasser-Öl-Wärmetauscher. Meist sorgt ein Thermostat dafür, dass der Ölkühler erst ab 80 – 90 °C Öltemperatur passiert wird, sonst wird das Öl nie gescheit warm: Moderne Motoröle sind so ausgelegt, dass sie ihre optimalen Schmiereigenschaften erst ab etwa 90 °C entwickeln.

Bild 5.71 Eine Zahnradpumpe lässt sich leicht selbst bauen [2].

6 Besonderheiten bei Viertaktern

6.1 Zylinderkopf und Ventile

6.1.1 Der Zylinderkopf

Der Zylinderkopf eines Viertakters ist immer im Zusammenspiel der Ventilsteuerung zu sehen, daher ist es durchaus gewollt, dass manche Aspekte sich unter anderen Vorzeichen wiederholen, z. B. in Abschnitt 6.2. Wie wir bereits aus Abschnitt 1.2 wissen, gibt es heute nur noch SV-, OHV-, OHC- und DOHC-Motoren, wechselgesteuerte IOE-Motoren sind megaout und Schiebermotoren werden meines Wissens im Moment auch nicht produziert. Betrachten wir zuerst die primitivste Bauart, den *Seitenventiler, SV-Motor* oder *seitengesteuerten Motor* – drei Ausdrücke für dieselbe Bauart. Die Ventile stehen seitlich parallel zum Zylinder und werden von einer untenliegenden Nockenwelle über kurze Stößel betätigt, Bild 4.6. Der Zylinderkopf ist nur noch ein Deckel, Bild 6.2. Diese Bauart ist mechanisch wenig aufwendig und sehr robust, aber Verdichtungsverhältnisse von mehr als 7:1 sind rein geometrisch kaum drin, und der Brennraum, der wie eine Mütze Zylinder und Ventile überlappt, ist thermodynamisch eine mittlere Katastrophe! Derartige Motoren werden nur noch für Rasenmäher, Stromaggregate usw. produziert. Für einen Selbstbau ist diese Bauart wenig geeignet, weil eigentlich Zylinder, Ein- und Auslasskanäle samt Ventilsitzen als ein Teil gegossen werden sollten – natürlich kann man das auflösen in einen Zylinder, ein dort aufgesetztes und verschraubtes Unterteil, das die Ventile und Kanäle beherbergt und ein aufgeschraubtes Oberteil als Deckel; sowas wurde schon bei Modellmotoren realisiert [49]. Aber der Aufwand lohnt nicht, da diese Motoren eben von der Brennraumform her veraltet sind und nur mittelprächtige Leistung bei erhöhtem Spritverbrauch bringen.

Wesentlich besser ist ein *OHV-Motor*, früher auch gern *obengesteuerter Motor* genannt, Bild 6.3. Hier kann man leicht einen Halbkugel-Brennraum realisieren, der an sich ideal ist, weil er das beste Verhältnis Oberfläche zu Volumen hat. Die Ventile hängen im Zylinderkopf, die Nockenwelle liegt unten in der Nähe der Kurbelwelle; sie wird wie bei allen Viertaktern im Verhältnis 1:2 angetrieben. Die Nockenbewegung nehmen entweder *Schlepphebel* ab; das können einfache Schlepphebel mit Gleitabgriff oder Rollenschlepphebel oder Flachstößel wie in Bild 6.1 sein. Auch Flachstößel können einen Gleitabgriff haben oder mit einer Rolle versehen sein.

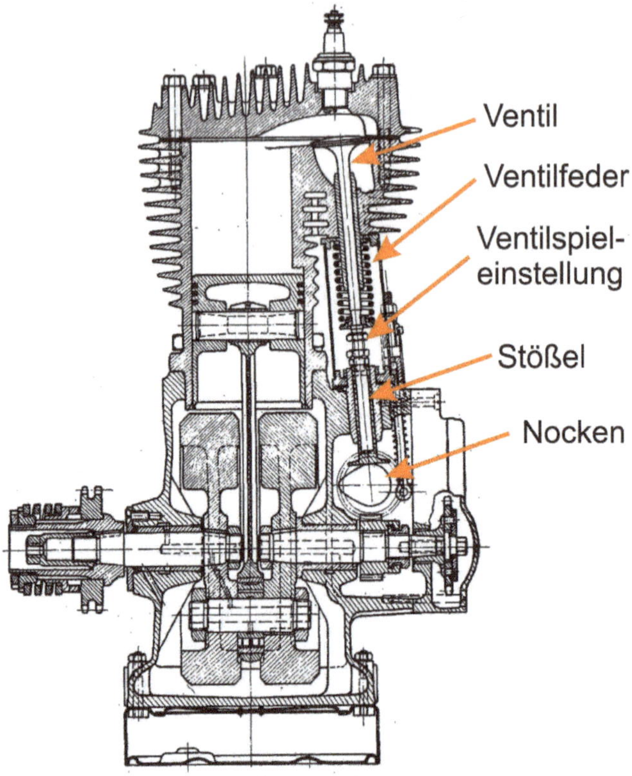

Bild 6.1 Ein Seitenventiler: 500-ccm-Motosacoche aus den 1930er-Jahren (mit freundlicher Genehmigung des Kleine Vennekate Verlags [20], vom Autor ergänzt)

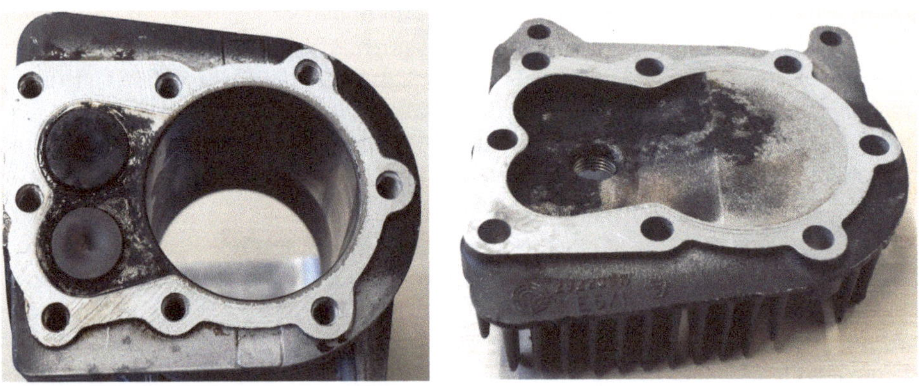

Bild 6.2 Ein Seitenventiler: Tecumseh-Motor mit ca. 140 ccm Hubraum für Rasenmäher. Der Zylinderkopf (rechts) ist nur ein einfacher Deckel [2].

Den Stößeln oder Schlepphebeln schließen sich *Stoßstangen*, oder auch *Stößelstangen* genannt, an. Die Stoßstangen bewegen dann *Kipphebel*, die wiederum die Ventile öffnen; das Schließen besorgen bei fast allen Viertaktern *Ventilfedern*.

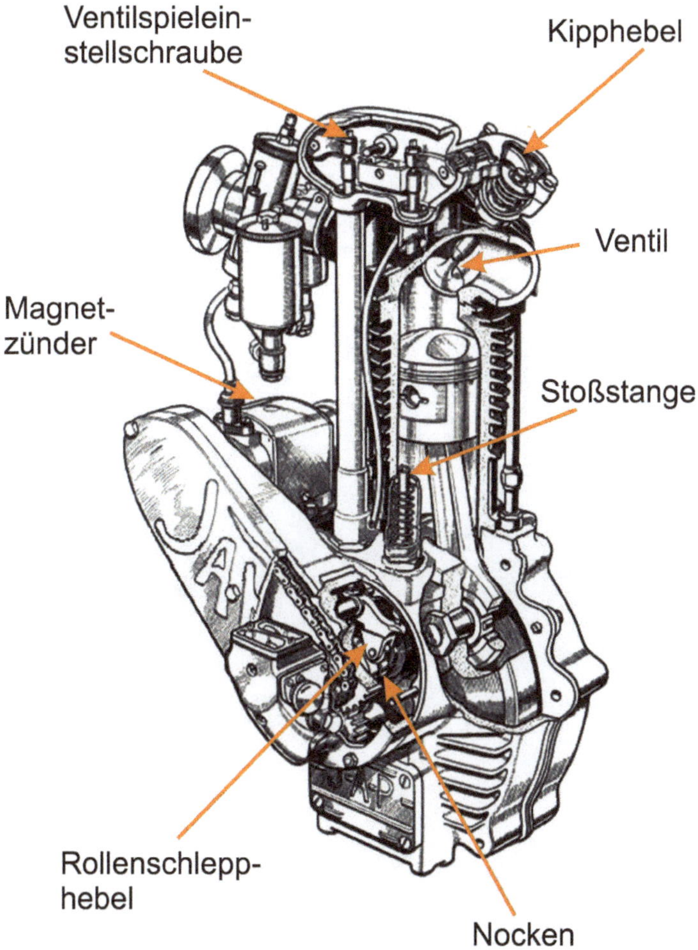

Bild 6.3 Ein OHV-Motor: JAP-Bahnrennmotor 500 ccm. Dieser Motor wog nur 27 kg, brachte aber bei Alkoholbetrieb rund 50 PS. Bohrung 80 mm, Hub 100 mm, also ein Langhuber (Werkbild, vom Autor ergänzt).

OHV-Motoren sind besser als ihr Ruf: Honda schaffte es mit der Honda CX 500, Drehzahlen bis 10.000 U/min mit einem OHV-Antrieb zu erreichen. Das Prinzip ist sehr geeignet für Boxermotoren, wie es jahrzehntelang für BMW-Motorräder und den VW-Käfermotor genutzt wurde, weil man mit einer zentralen Nockenwelle sämtliche Ventile ansteuern kann. Ebenso bietet es sich für V-Motoren an, indem man die Nockenwelle unten in die Spitze des Winkels legt. Natürlich hat das OHV-Prinzip recht viele Bauteile und bewegte Massen, was u. U. höheren Verschleiß und damit ein häufigeres Kontrollieren der Ventilspiele bedingt, aber richtig durchkonstruiert ist das eine gute und langlebige Sache. Dazu gehört aber auch ein durchdachtes Schmiersystem für Kipphebel und Ventile; Bild 6.5.

Bild 6.4 Zylinderkopf eines OHV-Motors: BMW R 100 RS, hier von 1982. Links erkennt man die Stoßstange des Einlassventils, rechts wird das Ventilspiel des Einlassventils geprüft bzw. eingestellt [2].

Bild 6.5 BMW R 100 RS: Ölströme für Kipphebel und Ventile [2]

Bild 6.6 Zylinderkopf einer BMW R 100 RS: der halbkugelförmige OHV-Kopf [2]

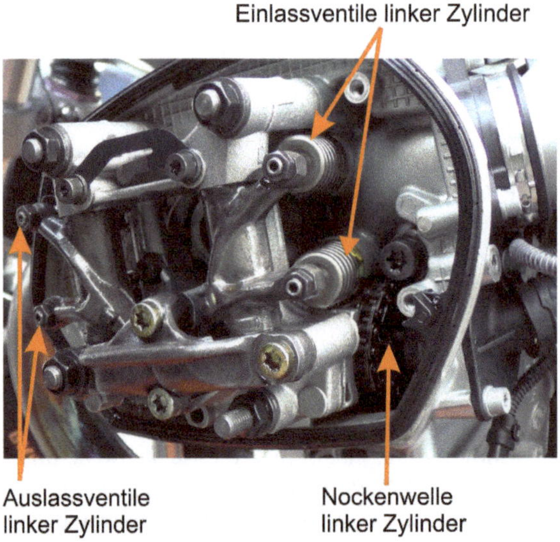

Bild 6.7 Ein HC-Motor: BMW R 1200 GS [2]

Eine Abwandlung des OHV-Antriebs ist der *HC-Antrieb*, das steht für *high camshaft*: Die Nockenwelle liegt nun im Zylinderkopf, aber Stößel und mitunter noch (sehr) kurze Stoßstangen betätigen die Kipphebel. Das baute Opel viele Jahre bei seinen unverwüstlichen CIH-Motoren mit Grauguss-Zylinderkopf[1], Bild 6.8, wobei die im Zylinderkopf liegende Nockenwelle von einer relativ massiven Duplexkette angetrieben wurde. Aber auch BMW nutzte einen HC-Antrieb bei der lange gebauten R 1200 GS, Bild 6.7. Das bedeutet bei einem Boxermotor allerdings jeweils eine Kette mit Spannern und Führungen zu jedem Zylinderkopf: Der Bauaufwand wird merklich größer, was aber der Drehzahlfestigkeit zugute kommt.

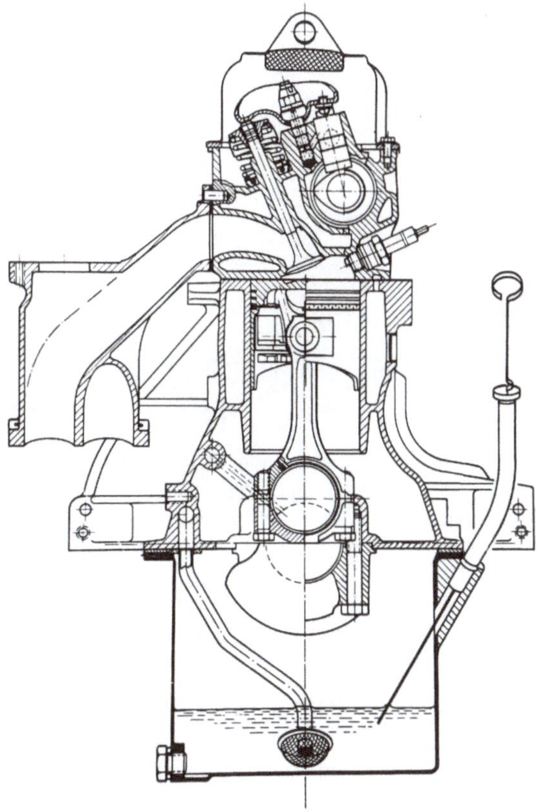

Bild 6.8 Ein HC-Motor – der Opel-CIH-Motor. Die Ventile stellte man bei *laufendem Motor* ein, indem man wie üblich eine Fühlerlehre zwischen Kipphebel und Ventilschaft führte und gleichzeitig mit einem Ringschlüssel die selbstsichernde Mutter des mittigen Kipphebellagerbolzens verdrehte, bis das Spiel passte. Später gab es diese Motoren mit Hydrostößeln [152].

Bleiben wir beim halbkugelförmigen Brennraum, geben die Nockenwelle in den Zylinderkopf und greifen mit Kipphebeln oder Tassenstößeln direkt die Nockenbewegung ab: Das ist ein *OHC-Antrieb* mitunter auch *SOHC* für *single overhead camshaft* genannt. Das ist

1 Ich hatte über die Jahre fünf Opel mit CIH-Vierzylinder- und CIH-Sechszylindermaschinen: phantastische Motoren!

Bild 6.9 Ein moderner HC-Motor – der Zweizylinder-Boxermotor mit vier Ventilen der BMW R 1200 GS: Beachten Sie die sehr sorgfältige Führung der Kette und den hydraulischen Spanner des linken Zylinders. Diese Motoren ziehen wie die Lokomotiven, obwohl es ausgesprochene Kurzhuber sind (mit freundlicher Genehmigung der BMW Group).

heute eine der Standardbauweisen: Sie weist relativ geringe bewegte Massen auf und ist daher für hohe Drehzahlen geeignet.

Ein OHC-Antrieb sieht zuerst kompliziert aus, aber tatsächlich ist er leichter und problemloser herzustellen als ein OHV-Antrieb, wenn Sie direkt mit *Tassenstößeln* arbeiten; dies sehen Sie in Bild 6.13: Dargestellt ist ein Zahnriemenantrieb der Nockenwelle, die direkt auf Tassenstößel arbeitet. Der Lagerbock der Nockenwelle besteht aus Stahl als Schweißkonstruktion mit zwei Kugellagern und wird zusammen mit den Zylinder-Stehbolzen verspannt. Die Einstellung des Ventilspiels erfolgt über innenliegende Einstellplättchen, *Shims.* Nach diesem Prinzip, d. h. zwei nebeneinander hängende Ventile, baute VW z. B. den 1,05-l-Vierzylindermotor, Bild 6.14. Dieser Motor verwendete allerdings selbstnachstellende Hydrostößel, Bild 6.15. Auch frühere italienische Konstruktionen arbeiteten sehr gern mit diesem Prinzip.

Der Brennraum ist jetzt allerdings nicht mehr halbkugelförmig, sondern eher scheibenförmig, was nicht ganz so gut ist. Daher hat man nicht selten den Brennraum z. T. in den Kolben verlagert, Bild 3.31, linkes Teilbild, und nennt das Ganze *Heronkopf.*

Bei der Gelegenheit sollten wir kurz über die *Nockenfolger* sprechen, welche die Bewegung der Nocken abgreifen. Bild 6.15 zeigt zwei Möglichkeiten, wie sie bei OHC-Motoren gern

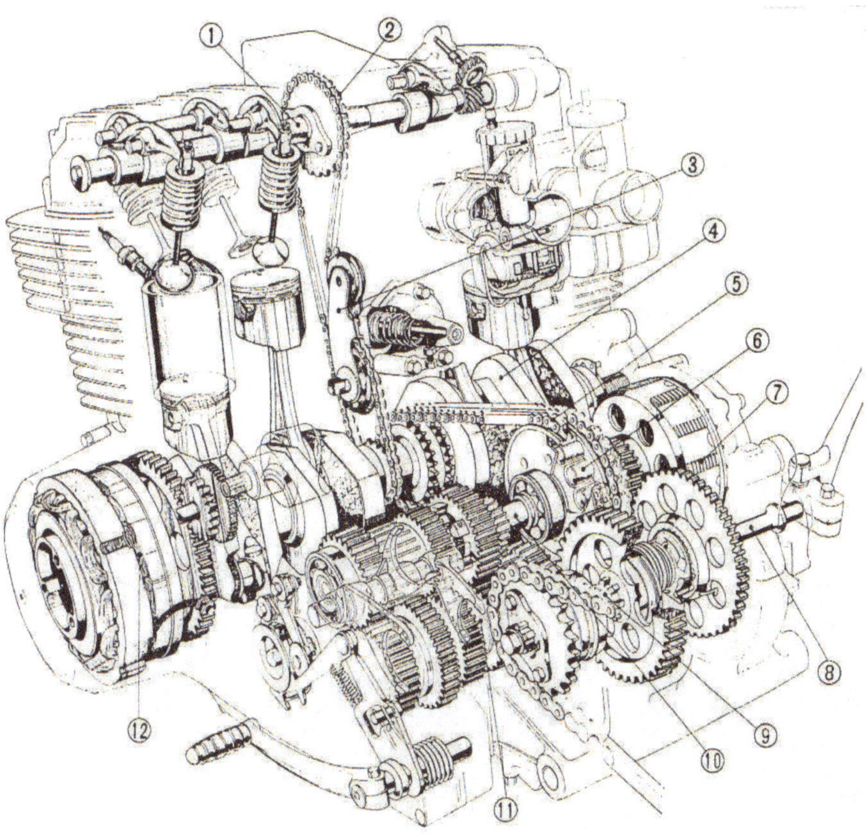

Bild 6.10 Ein OHC-Motor – der Motor der Honda CB 750 Four: Antrieb der obenliegenden Nockenwelle mit Kette, Abgriff der Nockenbewegung über Kipphebel mit Gleitabgriff. Dieser Motor, 1969 der Öffentlichkeit vorgestellt, war ein ganz großer Wurf: Er wurde zum Vorbild praktisch aller darauf folgenden japanischen Motorrad-Vierzylinder (Werkbild Honda [90]).

genutzt werden: Links sehen Sie einen *Tassenstößel.* Er kann starr sein wie in Bild 6.13, und die Einstellung des Ventilspiels macht man über eingelegte gehärtete Stahl- oder Sondergrauguss-Plättchen verschiedener Dicke, die *Shims.* Diese Shims können obenliegend sein, d. h. zwischen Nocken und Tassenstößel liegen, oder untenliegend, d. h. zwischen Tassenstößel und Ventilschaft. Natürlich ist die zweite Lösung leichter, bedingt aber einen Ausbau der Nockenwelle bei Ventilspielkorrektur.

Anstelle von starren Tassenstößeln kann man mit *Hydrostößeln* arbeiten, welche das Ventilspiel selbstständig anpassen. Das funktioniert in etwa so: Der Hydrostößel ist hohl und beherbergt einen kleinen Kolben, der in einem Zylinder mit genau definiertem Spiel läuft. Der Hydrostößel ist an den Ölkreislauf des Motors angeschlossen. Das sehen Sie in Bild 6.15 links an der umlaufenden Nut mit der kleinen Bohrung. Für die weitere Erklärung betrachten Sie bitte Bild 6.16: Angenommen, der Stößel ist entlastet: Die Rückstellfeder drückt Kolben und Innengehäuse auseinander, bis das Ventilspiel ausgeglichen ist. Das Rückschlagventil öffnet, und Öl strömt vom Vorratsraum in den Hochdruckraum. Das Rückschlag-

Bild 6.11 Zylinderkopf einer Honda CB 750 Four, Nockenwelle mit ihren Lagern entfernt [2]

Bild 6.12 Zylinderkopf einer Honda CB 750 Four, Blick auf die Halbkugel-Brennräume [2]

ventil schließt und der Kraftschluss ist wieder hergestellt, weil Öl nicht kompressibel ist. Nun werde der Hydrostößel belastet: Es verkürzt sich der Abstand zwischen Kolben und Innengehäuse. Dadurch wird eine geringe Ölmenge aus dem Hochdruckraum durch einen Leckspalt ausgepresst und in den Vorratsraum zurückgeführt. Am Ende des Absinkvorgangs entsteht ein geringes Ventilspiel. Befindet sich Luft im Ausgleichselement, wird diese geringe Öl-Luftmenge über die Entlüftungsbohrung und den Führungsspalt ausgepresst [43].

Die Entwicklung der Hydrostößel kommt meines Wissens aus den USA, aber das weiß man ja nie so ganz genau – vielleicht hat's irgendwer schon vor 150 Jahren erfunden. Das Prinzip des Hydrostößels ist elegant und ingeniös – nie mehr Ventilspiel einstellen –, aber es gibt nichts in der Technik, was nur Vorteile hat. Denn Hydrostößel sind viel schwerer als starre Tassenstößel, weil eine halbe Maschinenfabrik im Inneren arbeitet und obendrein auch noch das eingeschlossene Öl mitschwingt. Dieses merklich höhere Gewicht bedeutet aber höhere Massenkräfte und damit auch mehr Verschleiß im Ventiltrieb. Viel geringere Massenkräfte haben starre Stößel mit innenliegenden Shims: Bei gängigen, modernen Motorradmotoren ist nur noch alle 40.000 km eine Kontrolle des Ventilspiels angesagt, und Toyota toppt das Ganze mit starren Shims, deren Böden unterschiedlich dick sind: Es werden bei Bedarf die extrem leichten Tassenstößel ausgetauscht. Durch diese extrem geringen Massenkräfte ist eine Ventilspielkontrolle nur noch alle 100.000 km nötig. Als Konstrukteu-

Bild 6.13 Ein OHC-Motor – meine Eigenentwicklung MXM-1. Die Ventilkammer samt der Öldüse ist hier weggelassen [2].

Bild 6.14 Ein OHC-Motor: VW-1,05-l-Vierzylinder mit parallel stehenden Ventilen, Ausschnitt für einen Zylinder. Die Hydrostößel werden direkt von der längs im Zylinderkopf liegenden Nockenwelle betätigt – sehr einfach und effizient [2].

re stehen wir hier am Scheideweg: Entweder wir wählen die ingeniöse Hydrostößel-Lösung mit ihren hohen Massenkräften oder die pfiffige Lösung mit unterschiedlich dicken, extrem leichten Tassenstößeln.

Aber es gibt noch eine dritte Lösung: Den *Schlepphebel*, auch mitunter *Schwinghebel* genannt. Das ist ein einseitiger Hebel, der an seinem einen Ende drehbar gelagert ist, während ein Kipphebel den Drehpunkt mehr oder weniger in der Mitte hat. Etwa in der Hebelmitte drückt die Nockenwelle auf den Schlepphebel, entweder direkt im Gleitkontakt oder über eine Rolle (das ist dann ein *Rollenschlepphebel*), und am anderen Ende drückt der Schlepphebel auf den Ventilschaft. Jetzt kann man auch hergehen und das Ende mit dem Lagerpunkt in der Höhe automatisch veränderbar machen, so ähnlich wie mit einem Hydrostößel, das ist dann ein *hydraulisches Abstützelement*.

Eines sollten Sie gleich mitnehmen: Die *Nockenform* hängt vom Nockenfolger ab, und gekrümmte Nockenfolger wie der Kipphebel in Bild 6.15 oder der Rollenschlepphebel in Bild 6.19 bedingen eine völlig andere, fülligere Nockenform als flache Nockenfolger wie Tassenstößel. Das gilt generell für alle Ventiltriebe, egal ob SV, OHV, OHC oder DOHC. Das

Bild 6.15 Nockenfolger: links ein VW-Hydrostößel für den Zylinderkopf aus Bild 6.14, rechts ein Kipphebel einer Honda CB 250/350 [2]

können Sie genauestens bei BENSINGER [16] nachlesen, ist aber durchaus Hardcore-Stoff. Für die sehr weit verbreiteten flachen Nockenfolger finden Sie die präzisen Berechnungsformeln in Abschnitt 6.2.3.

Logischerweise brauchen Sie mindestens zwei Ventile in einem Viertaktzylinder, aber es können auch mehr sein. Da praktisch immer die Einlassventile größer als die Auslassventile sind – das Frischgas muss angesaugt werden, während die noch unter rund 5 bar Druck stehenden Abgase mehr oder weniger von selbst abhauen –, existieren Motoren mit drei Ventilen: Zwei Einlassventile, ein Auslassventil, oder mit fünf Ventilen: Drei Einlassventile, zwei Auslassventile. Aber heute sehr verbreitet ist diese Anordnung: Zwei größere Einlassventile, zwei kleinere Auslassventile. Derartige Vierventilmotoren wurden bereits im 1. Weltkrieg bei Flugmotoren gebaut, das ist also keine Erfindung der Autoindustrie, die darum in den 1970er-Jahren einen Riesenwirbel gemacht hat. Was ist der Vorteil? Sie bekommen einfach mehr Ventilfläche bei vier Ventilen als bei zwei Ventilen: Versuchen Sie einmal, in einen Kreis (den Zylinder) zwei größere Kreise oder vier kleinere Kreise unterzubringen, vergessen Sie die Zündkerze nicht. Einen ausgezeichneten Vierventilmotor sehen Sie in Bild 6.20.

Die Zündkerze sitzt zentral in der Mitte, das ist schon mal sehr gut. Was weniger gut ist: Der Brennraum wird dachförmig, Bild 6.21, denn in einer Halbkugel können Sie die vier Ventile nur *radial* unterbringen. Solche Radialköpfe baute die englische Motorradfirma Rudge schon in den 1930er-Jahren, aber die Betätigung über einen OHV-Antrieb war sehr kompliziert, wenngleich genial ausgeführt. Der bekannte Motorentuner APFELBECK war ein überzeugter Verfechter des 4-Ventil-Radialkopfes, [65] [66]. Er hat wahrlich ingeniöse Lösungen vorgeschlagen, gebaut und erfolgreich getestet, aber besonders für Mehrzylinder-Motoren wird das Ganze wirklich kompliziert – zu kompliziert für eine Massenfertigung in der Fahrzeugindustrie.

Bei Vierventilern bieten sich zwei obenliegende Nockenwellen an, eine Nockenwelle für die Einlassventile und eine für die Auslassventile. Doch auch bei Zweiventilern baut man gern zwei Nockenwellen ein und nennt das Ganze *DOHC (double overhead camshaft)*. In Bild 6.22 sehen Sie den Antrieb der beiden Nockenwellen über eine gemeinsame Hülsenkette[2] samt dem mittleren Umlenker. Die DOHC-Bauweise ist heute bei vielen Auto- und Motorradmotoren der Standard: Vierventiler lassen sich damit effizient und elegant bauen, und insgesamt betrachtet, scheint mir die DOHC-Bauweise auch eine recht preiswerte, verschleißfeste und fertigungsgerechte Lösung zu sein.

2 Hülsenketten haben keine separaten, drehbaren Rollen wie die bekannten Rollenketten. Sie bauen kompakter, stabiler und leichter als Rollenketten, verlangen aber sehr gute Schmierung, was im Inneren von Motoren ja der Fall ist.

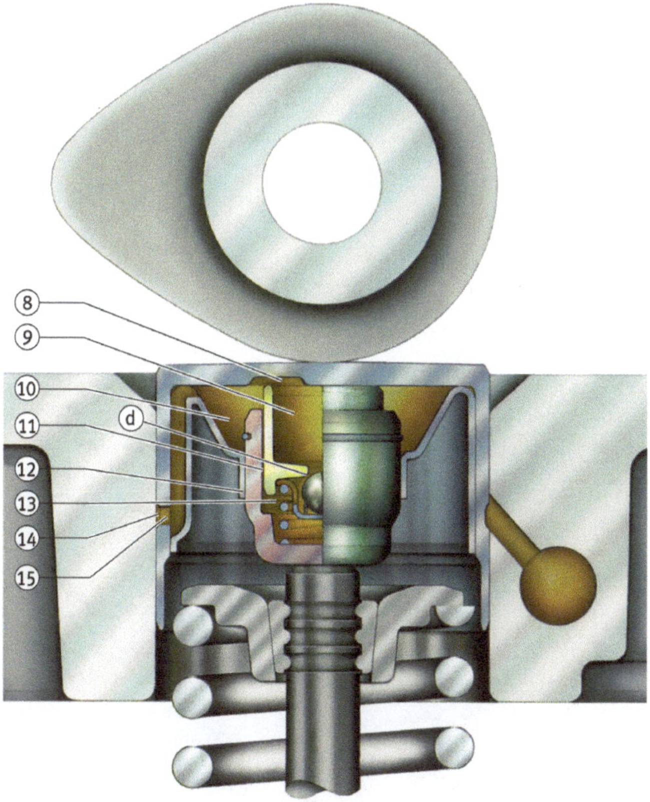

Bild 6.16 Hydrostößel im Ausgleichsvorgang: 8 Ölübertritt, 9 Ölvorratsraum Kolben, 10 Ölvorratsraum Außengehäuse, 11 Leckspalt, 12 Führungsspalt, 13 Hochdruckraum, 14 Ölzufuhrnut, 15 Eintrittsbohrung (mit freundlicher Genehmigung der Schaeffler Technologies AG & Co. KG [43])

Jetzt sind wir gleich beim nächsten Thema: Wie treiben wir die Nockenwellen an? Ein sehr altes Prinzip ist der *Königswellen-Antrieb*, Bild 6.23 links. Er ist sehr zuverlässig, weshalb er gern bei Renn- und Flugmotoren[3] gemacht wurde. Aber er ist extrem aufwendig, weil er unten an der Kurbelwelle ein Kegelradpaar hat und oben an der Nockenwelle ein zweites. Kegelräder gehören zu den am schwierigsten und damit am teuersten herzustellenden Zahnrädern, und sie müssen, damit sie gescheit laufen, sehr sorgfältig und damit schon wieder teuer gelagert werden. Der einzige serienmäßig hergestellte Motor mit Königswelle, der mir einfällt, ist der Motor der Kawasaki W650/800. Frühere Ducatis hatten ebenfalls Königswellen, mitunter sogar noch mit desmodromischer Ventilsteuerung, welche die Ventile

3 Aber auch bei dem Dieselmotor W-2 des sowjetischen Panzers T-34, Bild 1.48.

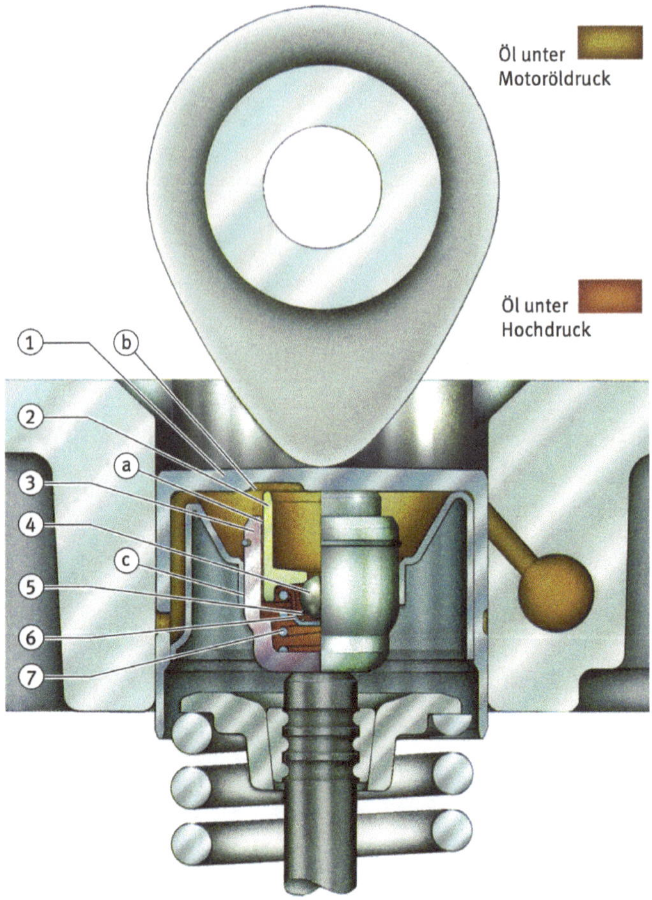

Bild 6.17 Hydrostößel im Absinkvorgang: 1 Außengehäuse, 2 Kolben, 3 Innengehäuse, 4 Ventilkugel, 5 Ventilfeder, 6 Ventilklappe, 7 Rückstellfeder (mit freundlicher Genehmigung der Schaeffler Technologies AG & Co. KG [43])

nicht nur zwangsweise öffnet, sondern auch zwangsweise schließt. Eine prima Sache, so ein Königswellen-Antrieb, aber eben enorm teuer.

Das genaue Gegenteil ist der *Zahnriemen-Antrieb*, der von der vormaligen Firma Glas in Dingolfing meines Wissens erstmalig im Automobil-Motorenbau in den 1960er-Jahren eingesetzt wurde. Er ist sehr einfach, denn er braucht keine Schmierung, nur einen statischen Spanner. Die Zahnriemen-Räder sind einfach und meist aus Leichtmetall hergestellt, eine hohe Präzision wie bei Kegelrädern ist nicht nötig. Die Zahnriemen gibt es in allen möglichen Profilen, Teilungen und Längen. Sie sind an sich sehr haltbar, aber im Auto arbeiten sie unter schlechten Bedingungen: Da sie aus Kunststoff mit eingebetteten Stahl- oder Cordseelen bestehen, mögen sie die hohen Temperaturen samt der meist etwas ölgeschwängerten Atmosphäre im Motorraum nicht. Die Fahrzeughersteller empfehlen einen Wechsel nach 50.000 – 100.000 km oder nach fünf Jahren. Und an diese Empfehlung sollten Sie sich halten, denn ein gerissener Zahnriemen sorgt für erheblichen Unbill: Wenn der

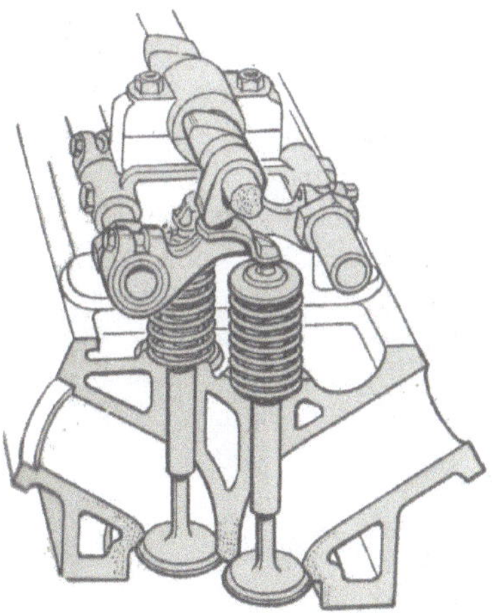

Bild 6.18 Nockenfolger: Funktion eines Schlepphebels (Wikipedia [153])

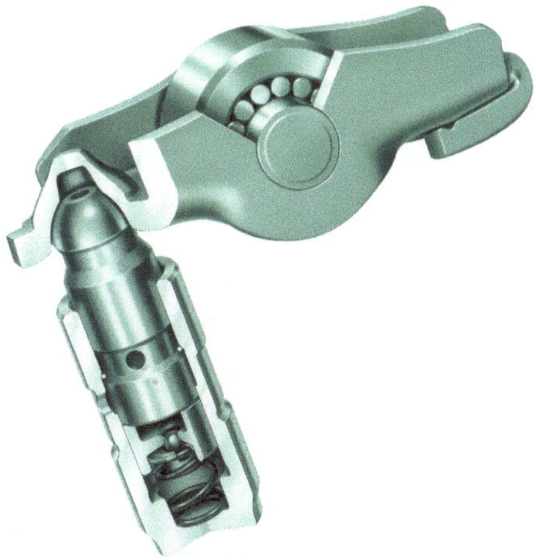

Bild 6.19 Rollenschlepphebel mit hydraulischem Abstützelement (mit freundlicher Genehmigung der Schaeffler Technologies AG & Co. KG [43])

Zahnriemen reißt, bleibt die Nockenwelle schlagartig stehen, während die Kurbelwelle weiterläuft und einer der Kolben oben an ein geöffnetes Ventil donnert. Meist reißt dann das Ventil ab, aber es kann auch der Kolben dadurch blockieren; das Pleuel reißt ab und durchschlägt das Kurbelgehäuse. Das kann schnell einen Motor-Totalschaden geben. Wenn Sie viel Glück haben, ist der Motor ein *Freiläufer*, d. h., die Ventile können unter keinen Umständen an den Kolbenboden anstoßen. Dann bleibt der Motor nur stehen, ist aber nach Montage eines neuen Zahnriemens wieder fit.

Einer der häufigsten Nockenwellen-Antriebe erfolgt per *Kette*, entweder per Hülsenkette, Rollenkette oder per Zahnkette. Das ist ein sehr geeigneter und langlebiger Antrieb, das Kritische dabei sind eher die Kettenführungen. Das können Umlenk- und Führungszahnräder oder -rollen wie in Bild 6.24 oder Kunststoffschienen bei modernen Motoren sein. Nach meiner Beobachtung sind derartige Führungsbauteile besonders bei Oldtimern, egal ob Auto- oder Motorradmotor, nach Jahrzehnten eigentlich immer im Eimer, während die Ketten noch mehr oder weniger brauchbar sind. Häufig werden endlose Ketten verwendet, aber Ketten mit Schloss kommen ebenfalls vor. Früher wurden besonders bei Automotoren Duplexketten eingebaut, heute scheinen weitgehend nur noch Einfachketten eingesetzt zu werden.

Eine heute eher seltene Kopplung von Kurbelwelle und Nockenwelle durch *Stirnräder* ist ebenfalls sehr langlebig und robust, aber geradverzahnte Stirnräder – und die macht man zumindest bei Stirnradkaskaden zu obenliegenden Nockenwellen – laufen sehr laut. Das ist bei den heutigen Ansprüchen an die mechanische Geräuscharmut moderner Motoren nicht mehr drin. Nebenbei sind Zahnräder deutlich teurer als Zahnriemenräder, und da die Zwischenräder sauber gelagert werden müssen, wird das Ganze noch teurer. Aber bei Rennmotoren wie der früheren MV-Agusta-500-Dreizylinder-Rennmaschine wurden die beiden obenliegenden Nockenwellen per Zahnradkaskade mit mindestens drei Zwischenrädern, also in Summe fünf geradverzahnten Stirnrädern, angetrieben. Bei untenliegenden

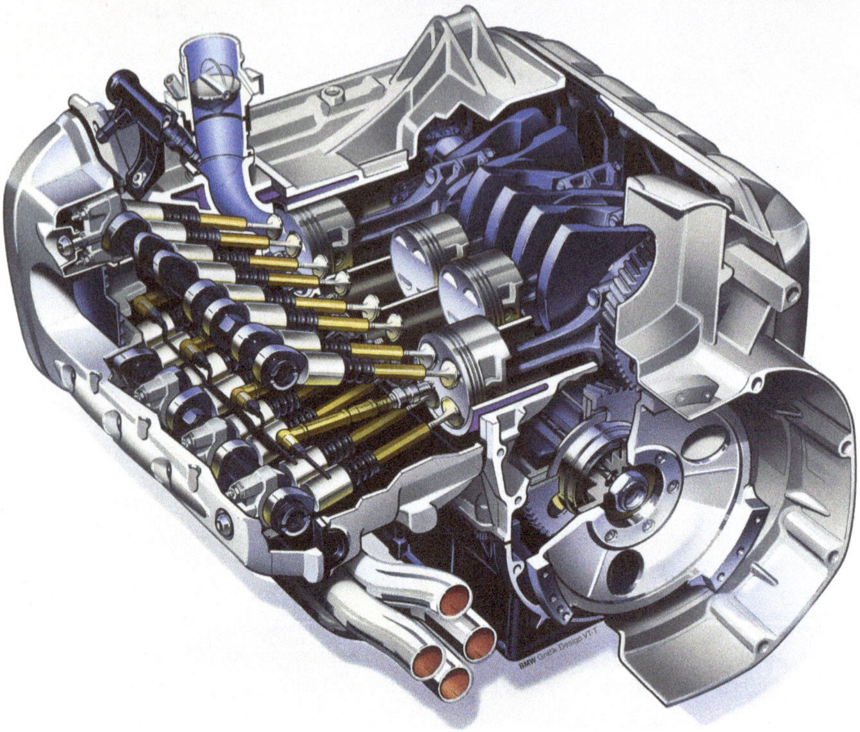

Bild 6.20 Vierzylinder-DOHC-Motor der BMW K 1200 RS, 4 Ventile pro Zylinder: Die Nocken arbeiten direkt auf Tassenstößel (mit freundlicher Genehmigung der BMW Group).

Nockenwellen von OHV-Motoren sind dagegen zwei schrägverzahnte Stirnräder völlig in Ordnung. So wurden die Nockenwellen des VW-Käfermotors und die Boxermotoren der BMW-Hirafe[4]- und Schwingenmodelle Bild 6.25 angetrieben.

Der Antrieb Kurbelwelle/Nockenwelle muss absolut *winkeltreu* erfolgen, und zwar, wie wir schon wissen, genau 1:2, daher sind reibschlüssige Übertragungselemente wie Keilriemen ein vollkommenes No-Go! Schon nach wenigen Umdrehungen würde sich ein Versatz der Steuerzeiten ergeben, weil jeder reibschlüssige Riemen rutscht. Formschlüssige Riemen wie Zahnriemen sind natürlich okay. Damit die Steuerzeiten stimmen, müssen die Antriebsräder genauestens gegeneinander positioniert werden. Dieses Einstellen wird erstmalig im Werk gemacht, und solange Sie keine Ketten oder andere Antriebselemente austauschen, brauchen Sie sich darüber keine Gedanken zu machen. Selbst bei völlig ausgeleierten Ketten ist die Verschiebung der Steuerzeiten durch die Kettenlängung so gering, dass das bei einem Alltagsmotor nicht weiter stört[5]; bei Rennmotoren schaut das natürlich anders aus.

Nun ein paar eher handwerkliche Hinweise, die aber für angehende Motorkonstrukteure auch interessant sind: Bei der berühmten Honda CB 750 Four sollten nach etwa 1000 km

4 Ich hatte um 1973 eine BMW R67/2.

5 Für einen Motorradmotor habe ich das mal berechnet: Bei 2 % Kettenlängung sind das nur 7,5°.

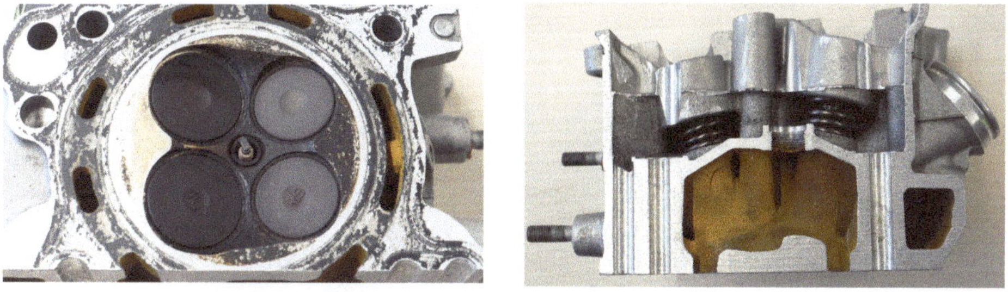

Bild 6.21 Ausschnitte eines modernen Zylinderkopfs: Honda CBR600, 4 Ventile pro Zylinder [2]

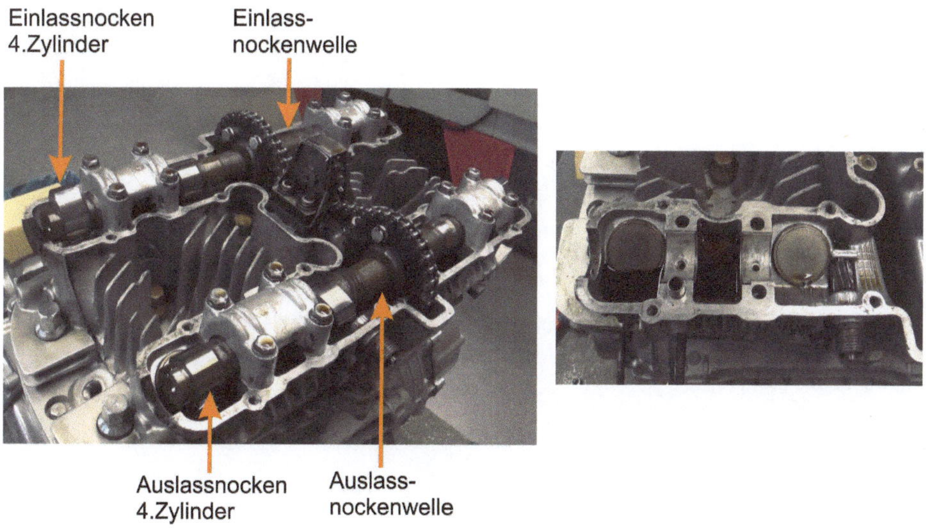

Bild 6.22 Ein DOHC-Zylinderkopf einer Kawasaki Z900 aus 1977. Rechts: Auslassnockenwelle ausgebaut, Blick auf die Tassenstößel der Zylinder 3 und 4 [2].

die Zylinderkopfschrauben nachgezogen werden. Das war deshalb sehr aufwendig, weil dazu der Motor aus dem Rahmen ausgebaut werden musste, denn man konnte den Ventilkammerdeckel bei eingebautem Motor nicht aufnehmen; der Platz dazu fehlte.[6] Das wurde natürlich gern „vergessen“, weshalb diese ansonsten hervorragenden und unverwüstlichen Motoren immer etwas Öl zwischen Zylinderblock und Zylinderkopf heraussabberten.[7]

Beim Montieren eines Zylinderkopfs sollte eine bestimmte Reihenfolge des Schraubenanziehens eingehalten werden, das geben die Hersteller in ihren Reparaturanleitungen vor. Aber was immer funktioniert: Bei Einzylinderköpfen – dazu gehören auch die Köpfe der BMW-Boxermotoren – ziehen Sie über Kreuz an. Bei Mehrzylindern fangen Sie bei einer Schraube in der Mitte des Zylinderkopfs an und gehen Sie einfach entweder immer wieder kreuzweise oder spiralig nach außen; das passt eigentlich immer.

6 Ich habe das bei meinem überholten CB-Motor gemacht: Der zeitliche Aufwand ist gut ein Tag!

7 Insider wissen es: Das lag aber auch nicht selten an den „Lakritztalern“.

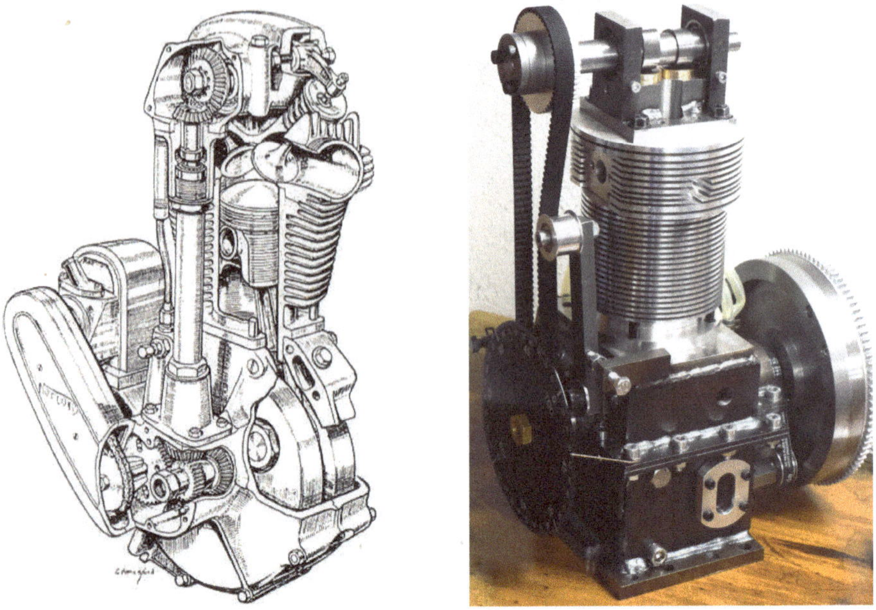

Bild 6.23 Links ein Motorrad-Rennmotor mit Königswellen-Antrieb der obenliegenden Nockenwelle, rechts mein Eigenbau-Motor MXM-1 mit Zahnriemen-Antrieb; das sieht doch wesentlich einfacher aus [154] [2]

Bild 6.24 Kettenführung im DOHC-Zylinderkopf einer Kawasaki Z900 [2]

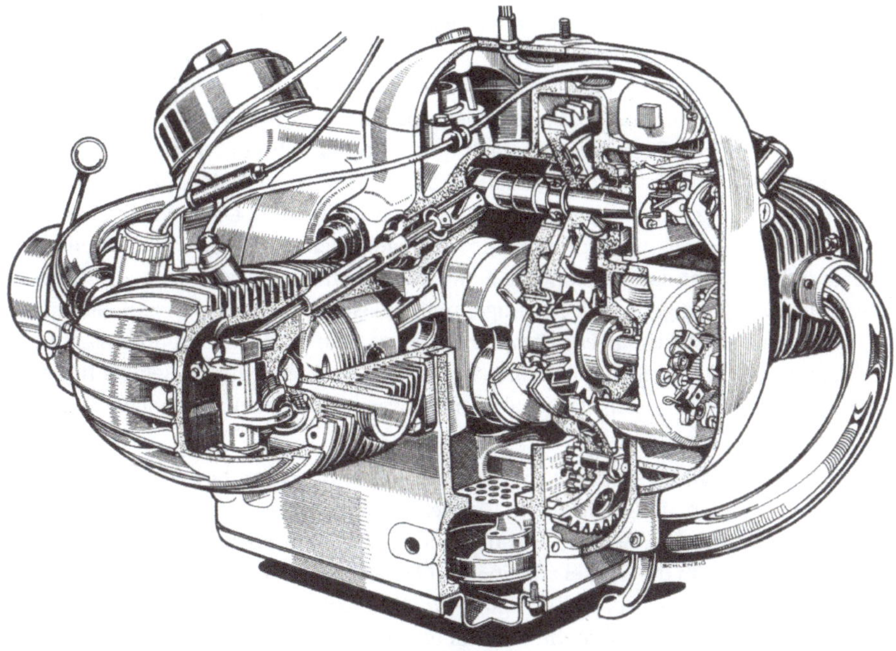

Bild 6.25 Zweizylinder-Boxermotor der BMW-Modelle R50 bis R69S: Ein klassischer OHV-Motor, Antrieb der Nockenwelle mit schrägverzahnten Stirnrädern. Das waren sehr kultiviert und leise laufende Motoren! (mit freundlicher Genehmigung der BMW Group)

Bild 6.26 Einen Zylinderkopf können Sie durchaus selbst planen. Eine Universal-Fräsmaschine reicht – wenn saubere Aufspannmöglichkeiten gegeben sind [2].

Und wie ziehen Sie an? Selbstverständlich nehmen Sie einen *Drehmomentschlüssel*, aber besonders genau wird das nicht, weil das Anziehen per Drehmomentschlüssel eine ziemlich große Streuung der Anzugsmomente bedeutet; Näheres dazu finden Sie in DECKER [61]. Daher werden seit einiger Zeit Zylinderkopfschrauben *drehwinkelgesteuert* angezogen, weil ein gewisser Drehwinkel einfach aufgrund der Schraubensteigung eine genau definierte Längung der Schraube bedeutet. Meist wird es so gemacht, dass zunächst auf ein Grundmoment per Drehmomentschlüssel vorgespannt wird. Dann werden in ein oder auch zwei Durchgängen die Schrauben um einen gewissen, vom Werk vorgegebenen Wert weitergedreht. Es gibt dafür besondere Schlüssel mit einer Winkelskala, aber oft werden Anzugswinkel in gängigen, auch per Augenmaß ablesbaren Werten von z. B. 90° angegeben. Noch genauer ist das *längengesteuerte* Anziehen: Hier wird die Schraubenlängung, die ein direktes Maß für die Schraubenvorspannkraft ist, während des Anziehens mit einem Ultraschall-Sensor gemessen. Das ist aber nur etwas für Fabriken oder hochspezialisierte Werkstätten.

Gelaufene Zylinderköpfe sind nicht selten verzogen und sorgen bei Wiedermontage für Verdruss in Form von Undichtigkeiten. In solchen Fällen muss die Dichtfläche des Zylinderkopfs geplant werden. Bei den Zylinderdeckeln einfacher Einzylinder-Zweitakter oder SV-Motoren kann man die Deckel auf einer mit Schleifleinen belegten Glasplatte, weil diese schön eben ist, planen. Bei Mehrzylinder-Motoren kann das eine *Zylinderschleiferei* mit ihrer Planschleifmaschine übernehmen, aber eine einfache Fräsmaschine tut's auch, wenn Sie einen *einschneidigen* Fräser wie einen WOHLHAUPTER[8] nehmen, Bild 6.26. Und warum ist dieser Hinweis wichtig für Motorkonstrukteure? Weil die Kunst der parallelen und ebenen Bearbeitung das gekonnte *Aufspannen* ist! Wenn der Motorkonstrukteur keine definierten Aufspannflächen vorsieht – und Sie glauben nicht, wie oft das gerade junge Konstrukteure vergessen, bis sie einen gewaltigen Anschiss von der AV, der *Arbeitsvorbereitung*[9], bekommen –, dann verzieht sich der zu bearbeitende Zylinderkopf schon beim Aufspannen!

6.1.2 Die Ventile

Der Gaswechsel in Viertaktmotoren wird seit Beginn des Verbrennungsmotors durch Ventile gesteuert, genau genommen durch *Tellerventile*. Sie haben, wie Sie bereits wissen, eigentlich nur Nachteile, und nur einen einzigen Vorteil – und der ist entscheidend: Tellerventile mit ihrem kegeligen Sitz sind *selbstverstärkend*: Je höher der Verdichtungs- oder Verbrennungsdruck ist, umso fester werden sie an ihre Dichtflächen angepresst. Das ist derart elegant und sicher mit keiner Schiebersteuerung hinzukriegen, wenn man einmal von den DVL-WVW-Flachschiebern [16] absieht.

8 Ein WOHLHAUPTER, benannt nach der gleichnamigen Firma, ist ein Synonym für hochpräzise Plan- und Ausbohrköpfe.

9 Die Arbeitsvorbereitung in einer Fabrik sind immer sehr erfahrene Fertigungsleute, nicht selten frühere Facharbeiter, die nicht nur die Bearbeitungsmaschinen mit ihren Spann- und Arbeitsreihenfolgen aussuchen und die NC-Programme anfertigen, sondern auch Sonderspannzeuge und Messmittel konstruieren lassen.

Die Ventile arbeiten bei sehr hohen Temperaturen: Einlassventile zwischen 350 und 500 °C, Auslassventile aber zwischen 700 und 900 °C! Die Auslassventile arbeiten im Betrieb rotglühend, daher müssen warmfeste Stähle verwendet werden. Typische Ventilstähle sind:

- Einlassventile: C45, 36MnSi-5, X45CrSi9-3
- Auslassventile: X50CrMnNiNbN21-9, NiCr20TiAl mit dem Schaftmaterial X45CrSi9-3

Dabei ist es heute oft so, dass Ventilteller und Ventilschaft aus unterschiedlichen Materialien bestehen, die per Reibschweißen miteinander verbunden werden. Bei LKW-Dieselmotoren werden nach Angaben von MAHLE z. B. die Schäfte der Auslassventile aus dem martensitischen Stahl X45CrSi9-3 gefertigt und hartverchromt, das Ventilschaftende wird induktionsgehärtet, während der Ventilteller aus der Nickellegierung NiCr20TiAl besteht. Manchmal sind die hochbelasteten Auslassventile innen hohl und mit Natrium gefüllt, das im Betrieb hin- und herschwappt und so die Wärme vom heißen Teller in Richtung Ventilende transportiert. Bei Auslassventilen wird u. U. mit Sonderlegierungen gepanzert, die per Schmelzschweißverfahren mit Azetylen-Sauerstoff oder PTA-Verfahren[10] aufgebracht werden [91]. Sie sehen schon: Ventilherstellung ist Spezialistensache für darauf eingeschossene Zulieferfirmen.

Bild 6.27 Einlass- und Auslassventil einer CB 750 Four, dazu die Ventilkeile, die Ventilfedern – zwei ineinander geschachtelte pro Ventil – und die oberen Federteller [2]

Bild 6.27 zeigt die wesentlichen zum Ventil gehörenden Komponenten: Die Ventile werden durch *Ventilfedern* wieder auf ihren Sitz gezogen, wobei meist eine Feder pro Ventil verwendet wird; manchmal sind wie in Bild 6.27 zwei Federn ineinander geschachtelt. Am Ventilende werden die Federn von den oberen *Federtellern* gehalten, die wiederum über die konischen *Ventilkeile* mit entsprechenden Nuten oder Rillen im Ventilschaft verbunden sind, Bild 6.28. Früher hat man die Ventile in den Federtellern mit Gewinden, Querstiften und Querkeilen fixiert, aber das macht heute kein Mensch mehr: Die Befestigung über zwei Keilhälften (damit man sie montieren kann!) hat sich als optimal erwiesen.

[10] Plasma-Transferred-Arc

Bild 6.28 Ventil und Federn über Federteller und Keile verbunden [2]

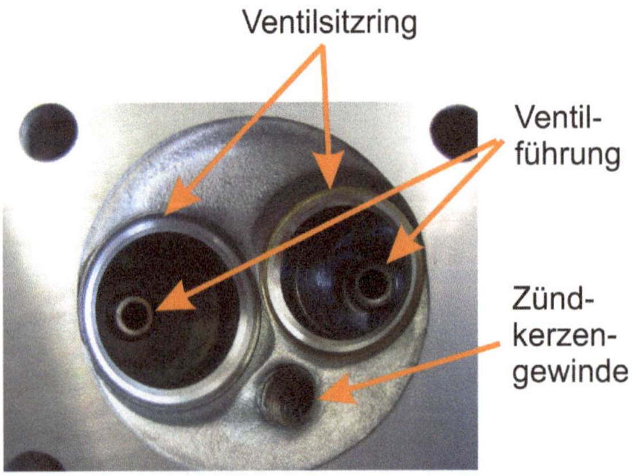

Bild 6.29 Blick auf die Ventilsitzringe und die Ventilführungen in einem überholten Honda-CB-750-Four-Zylinderkopf [2]

Bild 6.30 Manche Motoren haben Ventilschaftdichtungen, hier Honda CB 750 Four [2].

Das Ventil läuft im Zylinderkopf in der *Ventilführung*, Bild 6.29, die aus Sondergrauguss, Stahl, Bronze oder Spezialmaterialien wie einer CuZnAI-Legierung besteht. Die Ventilführungen sind eingepresst, werden üblicherweise in den 240 – 260 °C warmen Zylinderkopf [92] eingesetzt und können daher bei Bedarf erneuert werden. Als Pressungsübermaß empfiehlt [57] bei Aluminium-Zylinderköpfen 20 – 60 µm, bei Guss-Zylinderköpfen etwas weniger. Die Ventilführungen werden meist nach dem Einpressen auf eine H7-Passung gerieben: Die Ventile müssen leicht, aber mit nicht zu großem Spiel laufen; Tabelle 6.1 liefert entsprechende Werte.

Da über eine ausgeleierte Ventilführung Öl in den Ansaug- bzw. Auslasskanal gelangen kann, werden mitunter zusätzlich *Ventilschaftabdichtungen* vorgesehen, Bild 6.30. Es ist so, dass eine gewisse Menge Öl an Ventilschäfte und -führungen kommen muss, aber bloß nicht zu viel. Falls Sie es noch nicht wissen: Wenn Ihr *warmer* Motor weiße Abgaswolken ausspuckt, dann ist das Wasserdampf, der z. B. von einer defekten Zylinderkopfdichtung herrührt, die Kühlwasser in den Brennraum durchlässt. Schwarze Abgaswolken deuten auf

Tabelle 6.1 Typische Werte für das Ventilschaftspiel nach MAHLE [57]

Schaftdurchm. [mm]	Einlass [µm]	Auslass [µm]
0–6	10–40	20–55
6–8	15–50	25–70
8–10	20–60	30–90

zu fettes Gemisch hin (Vergaser? Einspritzanlage?). Blaue Wolken sind immer verbranntes Öl, und manche Autos einer bestimmten Marke waren früher dafür bekannt, dass sie besonders beim Gaswegnehmen auf der Autobahn einen Stoß blauer Abgase herausbliesen. Sowas kann von kaputten Kolbenringen oder ausgeleierten Zylinderbohrungen kommen, aber sehr oft sind die Ventile mit ihren verschlissenen Ventilführungen oder deren Ventilschaftabdichtungen die wahre Ursache.

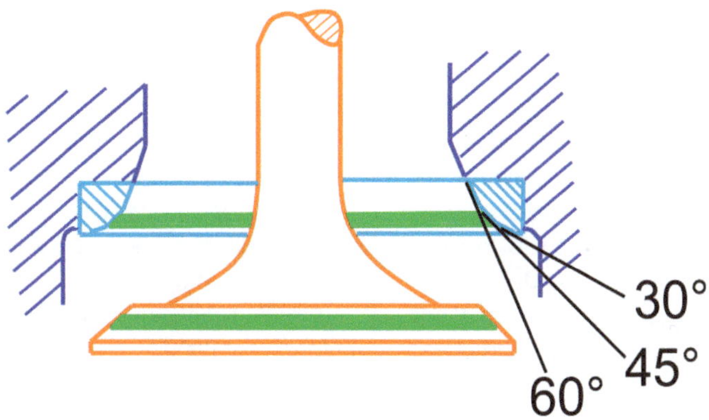

Bild 6.31 Ventil (orange) und Sitzring (hellblau) im Zylinderkopf (dunkelblau): Die Sitzfläche (grün) liegt üblicherweise unter 45°, mit den Freiwinkeln 30° und 60° (früher auch gern 15° und 75°) wird die Sitzbreite auf 1–2 mm eingestellt [2].

Damit die Ventile richtig dichten, sollten Sie auf ein paar Winkel achten: Der eigentliche Kegelwinkel, der die Abdichtung besorgt, ist fast weltweit ziemlich genau 45°. Manchmal auch nur 30°, das machte man früher gern beim Umbau von älteren Motoren auf bleifreies Benzin, aber ob das wirklich nötig ist?[11] Die Dichtfläche muss eine gewisse Breite haben, einerseits soviel, dass die Flächenpressung nicht zu hoch wird, andererseits nicht zu gering ist, damit sie zuverlässig dichtet. Die Breite gibt der Hersteller vor, aber sie bewegt sich bei gängigen Auto- und Motorradmotoren zwischen 1 und 2 mm. Als Beispiel: BMW gibt in seiner Reparaturanleitung für Motorradmotoren der Baureihe /7 [92] Folgendes an: Sitzwinkel 45°, Sitzbreite Einlass 1,5 mm, Sitzbreite Auslass 2,0 mm, Freiwinkel 15 und 75°. Und wie stellt man diese Breite sicher? Indem man zwei *Freiwinkel* unter- und oberhalb der Dichtfläche vorsieht, die zwischen 15–30° unten und 60–75° oben liegen, Bild 6.31. Für Reparaturmaßnahmen gibt es *Ventilsitzfräser* mit den besagten Winkeln und passenden Pilotdornen, welche die Führung des Ventilsitzfräsers in der (neuen) Ventilführung übernehmen, Bild 6.32.

[11] Dieser Umbau wurde früher besonders für BMW-Motorräder der Serien /5, /6 und /7 empfohlen.

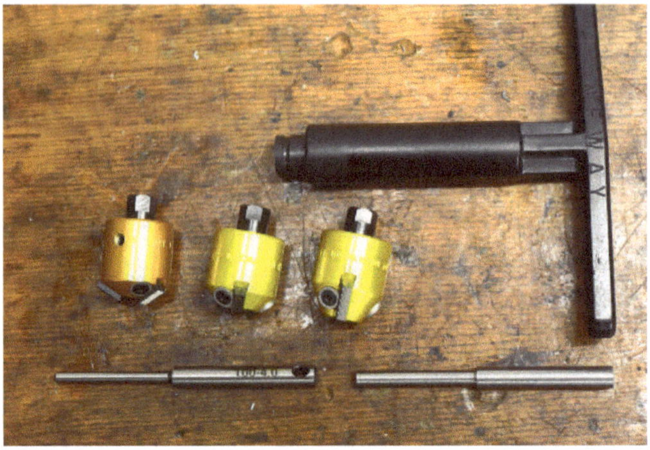

Bild 6.32 Ventilsitzfräser: Sitzfläche mit 45° und den Freiwinkeln 30° und 60°. Dazu zwei Pilotdorne mit 4 und 5,5 mm Durchmesser (der zweite ist Eigenbau) [2].

Wenn wir gerade so schön bei Reparaturmaßnahmen sind: Wie demontieren oder montieren Sie diese Ventilkeile? Dazu brauchen Sie einen *Ventilfederspanner*, Bild 6.33, aber die Schlichtvariante – eine Schraubzwinge mit ausgesägtem Rohrstück – tut's genauso, Bild 6.34. Dieses Werkzeug setzen Sie an und rücken die Ventilfeder über den Federteller soweit zusammen, dass Sie die beiden Keile mit einem Magnet herausnehmen können. Beim Einsetzen klebt man einen Ventilkeil mit steifem Fett an einen Schraubenzieher. Insgesamt ist das eine recht fummelige Arbeit, aber was hilft's?

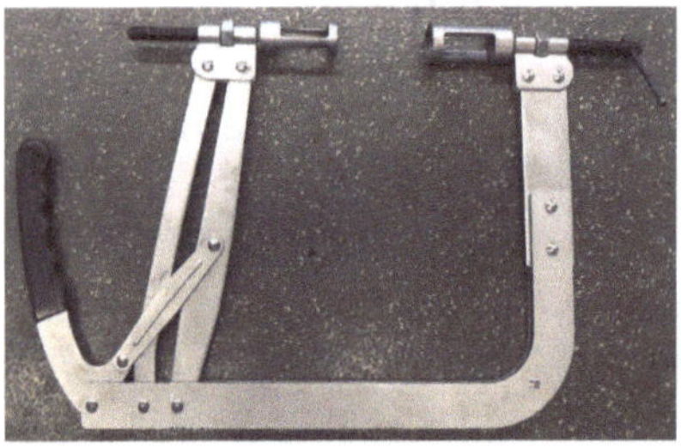

Bild 6.33 Ein professioneller Ventilfederspanner [2]

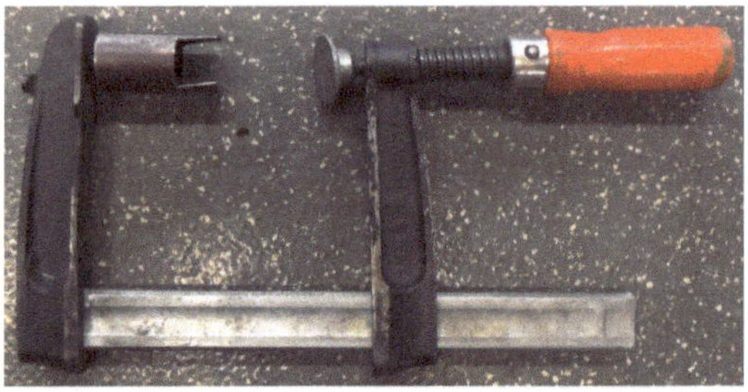

Bild 6.34 Eine Schraubzwinge mit ausgesägtem Rohrstück als Ventilfederspanner [2]

Wie messen Sie den Verschleiß einer Ventilführung? Verschiedene Quellen empfehlen, mit einem Innentaster oder SUBITO den Verschleißdurchmesser zu messen. Das ist Unfug, weil man schwerlich erschwingliche Messmittel findet, die aufs Hundertstel genau Nenndurchmesser von 5 bis 10 mm messen und weil Ventilführungen besonders von OHV-Motoren oder OHC-Motoren mit Kipphebeln durch die Seitenkräfte der Kipphebel auf die Ventilschäfte *oval* ausschlagen. Man misst daher das Kippspiel, Bild 6.37, mit einem PUPPITAST[12], während man vorsichtig das Ventilende seitlich hin- und herbewegt.

[12] Werkstatt-Jargon für *Fühlhebelmessgerät.*

Bild 6.35 Ventil demontieren am Zylinderkopf einer BMW R 100 RS von 1982 [2]

Bild 6.36 Die Ventilfeder des BMW-R-100-RS-Motors ist demontiert [2]

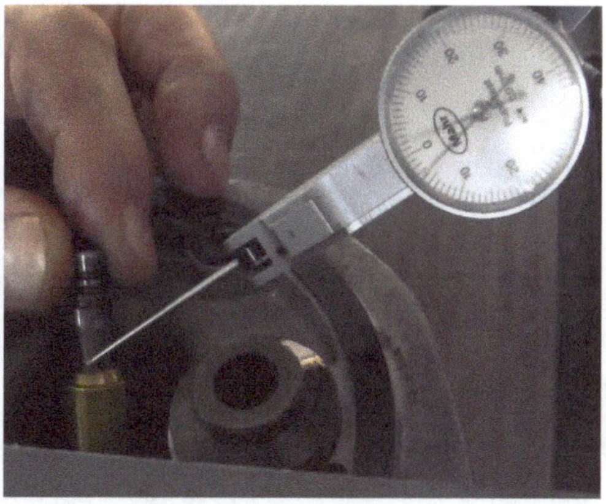

Bild 6.37 Messen des Kippspiels eines Ventils des BMW-R-100-RS-Motors [2]

BMW [85] gibt das Spiel für BMW-Motoren R 100 mit 0,05 – 0,08 mm an; wenn einmal 0,15 mm und mehr erreicht sind, dann kann's eng werden: Ist das Spiel des Ventils in der Ventilführung zu groß, dann kann das rotglühende Auslassventil leicht schief auf seinen Sitz aufschlagen – und irgendwann abreißen. Das wird für erhebliches Ungemach sorgen; wenn Sie sehr viel Glück haben, dann fliegt der abgerissene Ventilteller zum Auspuffrohr 'raus. Das war übrigens vor dem 2. Weltkrieg ein Grund für viele Fahrzeughersteller, auf SV-Motoren zu setzen, weil Ventilabrisse damals doch viel häufiger als heute vorkamen. Okay, bei Flugmotoren ging es schon aus Leistungsgründen nicht ohne hängende Ventile in Form von OHV- oder OHC-Anordnungen, aber vielleicht waren diese Ventile schon aus Sicherheitsgründen hochwertiger als die für Fahrzeugmotoren.

Die Ventilsitzringe aus Sondergrauguss oder Stahl im Zylinderkopf sind zumindest früher ebenfalls bei 200 – 250 °C warm eingesetzt worden, und als groben Anhaltspunkt können

Sie nach IRVING [93][13] von $U = 0{,}08$ mm Übermaß bei 40 mm Ventilsitzdurchmesser ausgehen. Mal sehen, ob's stimmt:

Nehmen wir einen Ventilsitzring aus Stahl mit 40 mm Außendurchmesser und 30 mm Innendurchmesser an. Die Höhe des Sitzrings sei 5 mm, der Zylinderkopf ist aus Aluminium mit einem Sitz-Innendurchmesser von 40 mm und einem gedachten Außendurchmesser von 60 mm, weil für die Pressverband-Berechnung nach DIN 7190 für das Außenteil, also hier den Zylinderkopf, die Angabe eines Außendurchmessers nötig ist, vgl. DECKER [61]. Die E-Moduln für Stahl und Aluminium sind 206.000 bzw. 70.000 N/mm², die Querkontraktionszahlen ν_I und ν_A jeweils 0,3. Der Berechnungsgang ist gegenüber [61] etwas vereinfacht:

$$p = \frac{U}{d_F\,(K_I + K_A)} \qquad \text{Fugendruck}$$

$$Q_I = \frac{r_{Ii}}{r_F} = \frac{15}{20} = 0{,}75 \quad , K_I = \frac{1}{E_I}\left(\frac{1+Q_I^2}{1-Q_I^2} - \nu_I\right) = \frac{1}{206000}\left(\frac{1+0{,}75^2}{1-0{,}75^2} - 0{,}3\right) = 0{,}000016$$

$$Q_A = \frac{r_F}{r_{Aa}} = \frac{20}{30} = 0{,}67 \quad , K_A = \frac{1}{E_A}\left(\frac{1+Q_A^2}{1-Q_A^2} + \nu_A\right) = \frac{1}{70000}\left(\frac{1+0{,}67^2}{1-0{,}67^2} + 0{,}3\right) = 0{,}000042$$

$$p = \frac{U}{d_F\,(K_I + K_A)} = \frac{0{,}08}{40\,(0{,}000016 + 0{,}000042)} = 34\,\text{N/mm}^2 = 340\,\text{bar}$$

Das ist ein guter Wert des Fugendrucks für einen leichten Pressverband. Und welche Temperatur brauchen wir zum Einschrumpfen? Der Wärmeausdehnungskoeffizient einer Aluminium-Gusslegierung ist etwa $20 \cdot 10^{-6}$ 1/K. Daher gilt:

$$\vartheta_A = \vartheta_U + \frac{U + \Delta_d}{\alpha_A \cdot d_F} = 20 + \frac{0{,}08 + 0{,}04}{20 \cdot 10^{-6} \cdot 40} = 170\,°\text{C, mit } \Delta_d \approx 0{,}001 \cdot d_F = 0{,}001 \cdot 40 = 0{,}04\,\text{mm}$$

Auch diese 170 °C klingen glaubhaft. Der Fugendruck von 34 N/mm² ist mehr als reichlich, denn dieser Pressverband muss ja weder Drehmomente noch Längskräfte übertragen, er soll nur dafür sorgen, dass der Sitzring sicher im Zylinderkopf haftet. MAHLE [57] empfiehlt heute 30 – 60 µm Übermaß. Das muss kein Widerspruch zu IRVING sein: Die Ventile sind heute durch die Vierventiltechnik kleiner, die Zylinderköpfe wegen des allfälligen Leichtbaus filigraner, und es werden auch andere Legierungen für Zylinderkopf und Ventilführungen verwendet. Letztendlich würde ich z. B. bei einem luftgekühlten Motor von 200 °C Zylinderkopftemperatur[14] ausgehen und nun prüfen, inwieweit die Bohrung für den Sitzring und der Sitzring selbst aufgrund der unterschiedlichen Materialien größer werden und welche Überdeckung sich dann ergibt. Vergessen Sie nicht, die vorherige Überdeckung U zum Innenteil zu addieren.

Betrachten wir abschließend die *Ventilfedern*, auch sie werden von hochspezialisierten Zulieferern hergestellt. Sie müssen wirklich dauerfest sein, dazu ein kleines Rechenbeispiel:

[13] IRVING gibt 0,002 Zoll Übermaß pro Zoll Durchmesser an.

[14] Das ist durchaus real; luftgekühlte Flugmotoren erreichen mitunter über 200 °C Zylinderkopftemperatur!

Angenommen, unser Motor soll 260.000 km halten.[15] Fahren wir mit 130 km/h Dauertempo auf der Autobahn und der Motor soll dabei 3000 U/min machen. Dann bedeutet das 180 Millionen Lastwechsel.[16] Untersuchen wir, was in dem schon öfter betrachteten VW-1,05-l-Motor passiert:

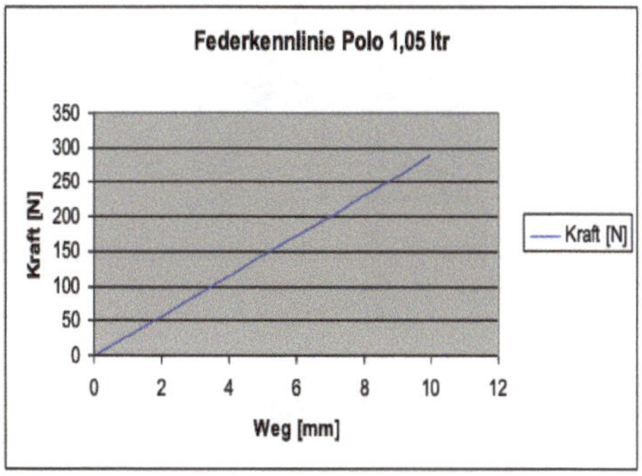

Bild 6.38 Messen einer Federkennlinie eines VW-1,05-l-Motors mit Schraubstock, Messuhr und Kraftmessdose [2]

Die Federkennlinie wurde gemessen, dabei wurde eine Federsteifigkeit $c = 29\,\text{N/mm}$ beobachtet, Bild 6.38. Um die Eigenfrequenz des *Einmassenschwingers* aus schwingendem Ventil, den mitschwingenden Komponenten und der Feder zu bestimmen, werden wir die beteiligten und gewogenen Massen addieren; dabei nimmt man üblicherweise ein Drittel der Federmasse als mitschwingend an:

- Einlassventil: 62 g
- Hydrostößel: 67 g
- Federteller, Keile: 20 g
- Ventilfeder, 62/3: 15 g

Das ergibt eine Gesamtmasse m der bewegten Bauteile von 164 g, also 0,164 kg. Damit werden die Eigenkreisfequenz ω und die Eigenfrequenz f:

$$\omega = \sqrt{\frac{c}{m}} \tag{6.1}$$

$$f = \frac{\omega}{2\pi} \tag{6.2}$$

$$\omega = \sqrt{\frac{c}{m}} = \sqrt{\frac{29000}{0{,}164}} = 420\,1/\text{s}$$

$$f = \frac{\omega}{2\pi} = \frac{420}{2\pi} = 67\,1/\text{s} = 4016\,1/\text{min}$$

[15] Laut [57] sind 250.000 km ein gängiger Wert für die Lebensdauer bei modernen PKW-Motoren.

[16] Die Nockenwelle macht dann 1500 U/min.

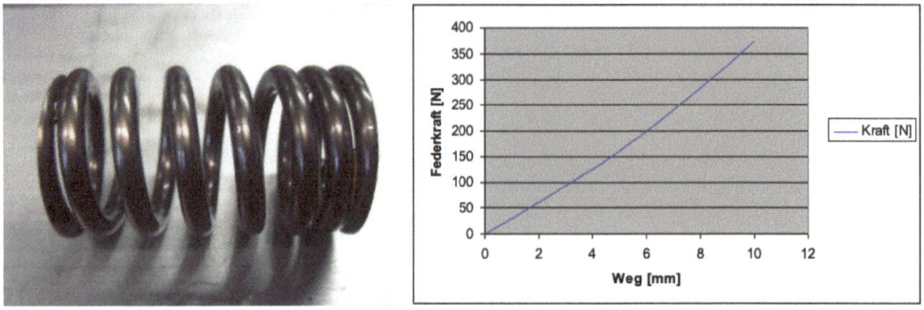

Bild 6.39 Messen einer Federkennlinie eines Honda-CBR-600-F-Motors; die Federkennlinie ist progressiv [2].

Zuerst erschrickt man, weil die Nenndrehzahl dieses Motors 5600 U/min ist und eine Eigenfrequenz von rund 4000 U/min mitten im Drehzahlband liegen würde. Reingefallen: In Wahrheit sind es 8000 U/min, weil die Nockenwelle nur halb so schnell wie die Kurbelwelle läuft. Untersuchen wir die Eigenfrequenz des Systems Ventil/Feder bei einer Honda CBR 600: Die Ventilfeder ist *progressiv* gewickelt! Aus der Messreihe machen wir ein *Approximationspolynom*, z. B. mit Excel, wobei y der Federkraft in N und x dem Federweg in mm entspricht:

$$y = 1{,}008 \cdot x^2 + 27{,}364 \cdot x + 0{,}895$$

Ein Polynom kann man schön ableiten, denn die Federsteifigkeit ist die Steigung der Messkurve aus Bild 6.39:

$$y' = 2{,}0163 \cdot x + 27{,}364$$

Um den Startpunkt zu finden, nehmen wir an, dass die Feder um 5 mm vorgespannt sei:

$$y'_{5\,\mathrm{mm}} = 2{,}0163 \cdot 5 + 27{,}364 = 37\ \mathrm{N/mm} = c_{5\,\mathrm{mm}}$$

Bestimmen wir die Gesamtmasse m der schwingenden Bauteile:

- Einlassventil: 21 g
- Tassenstößel und Shim: 18 g
- Federteller, Keile: 7 g
- Ventilfeder, 30/3: 10 g

Das ergibt eine Gesamtmasse m der bewegten Bauteile von 56 g, also 0,056 kg. Damit werden die Eigenkreisfrequenz ω und die Eigenfrequenz f:

$$\omega = \sqrt{\frac{c}{m}} = \sqrt{\frac{37000}{0{,}056}} = 813\ 1/\mathrm{s}$$

$$f = \frac{\omega}{2\pi} = \frac{813}{2\pi} = 129\ 1/\mathrm{s} = 7764\ 1/\mathrm{min}$$

Die zur Eigenfrequenz gehörige Motordrehzahl ist also $2 \cdot 7764 = 15.528$ U/min, das ist genügend Abstand zur Nenndrehzahl von 12.500 U/min.

Nun wäre noch zu ermitteln, wie groß wir den Ansaugkanal machen sollten. Betrachten Sie dazu Bild 6.40: Es gilt die *Kontinuitätsgleichung*, d. h., der Volumenstrom des Frischgases im Ansaugkanal A muss gleich dem Volumenstrom im Zylinder K sein, wobei c_{mk} die mittlere Kolbengeschwindigkeit $2 \cdot s \cdot n$ ist:

$$\dot{V}_A = A_A \cdot c_A = \dot{V}_K = A_K \cdot c_{mk}$$

Damit wird:

$$A_A \cdot c_A = \frac{\pi \cdot d_K^2}{4} \cdot 2 \cdot s \cdot n \tag{6.3}$$

Diese Gleichung können Sie nun nach A_A oder c_A auflösen. Eine weitere Gleichung ergibt sich für den *Ventilquerschnitt*, d. h. die konische Ringfläche, die das Ventil beim Öffnen freigibt. Mit dem Ventilhub h_V wird der Ventilquerschnitt A_V [15]

$$A_V = \pi \cdot d \cdot h_V \cdot \sin\beta \tag{6.4}$$

Für Sportmotoren gilt nach [17], dass c_A zwischen 100 und 130 m/s liegt. Untersuchen wir dahingehend mal einige Motoren.

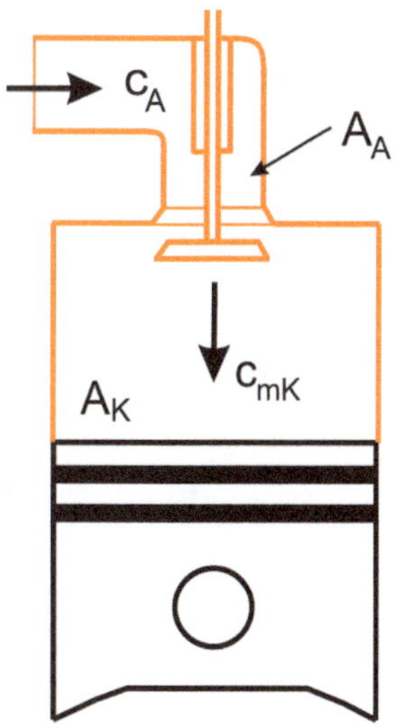

Bild 6.40 Zur Herleitung der Gasgeschwindigkeit im Ansaugkanal [2]

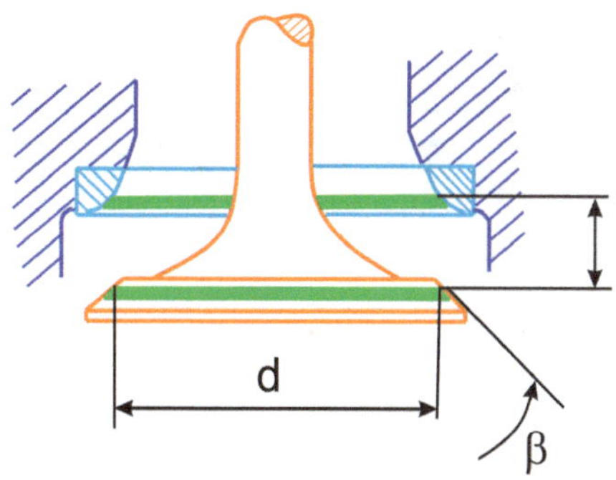

Bild 6.41 Ventilquerschnitt [2]

Beispiel: BMW R 1150 R: Bohrung 101 mm, Hub 70,5 mm, Nenndrehzahl 6750 1/min, Ventilhub Einlass 9,86 mm, Ventilsitzaußendurchmesser 33,4 mm, Sitzbreite 1,1 mm, d. h. $33{,}4 - 2 \cdot 1{,}1 = 31{,}2$ mm, Ansaugkanaldurchmesser an der Drosselklappe 45 mm.

$$c_A = \frac{\pi \cdot d_K^2}{4} \cdot 2 \cdot s \cdot n \cdot \frac{1}{A_A} \quad , \quad c_V = \frac{\pi \cdot d_K^2}{4} \cdot 2 \cdot s \cdot n \cdot \frac{1}{A_V}$$

An der Drosselklappe ist die Strömungsgeschwindigkeit:

$$c_A = \frac{\pi \cdot 0{,}101^2}{4} \cdot 2 \cdot 0{,}0705 \cdot \frac{6750}{60} \cdot \frac{4}{\pi \cdot 0{,}045^2} = 80\,\text{m/s}$$

Am Ventilsitz ist die Strömungsgeschwindigkeit, mit $A_V = 822 \cdot 10^{-6}$,

$$c_V = \frac{\pi \cdot 0{,}101^2}{4} \cdot 2 \cdot 0{,}0705 \cdot \frac{6750}{60} \cdot \frac{1}{2 \cdot 822 \cdot 10^{-6}} = 77\,\mathrm{m/s}$$

Beachten Sie den Faktor 2 im Nenner: Es ist ein Vierventil-Motor, also haben wir zwei Einlassventile.

Als weiteres Beispiel dient der recht moderne Motor der Honda CBR 600 F: Bohrung 67 mm, Hub 42,5 mm, Nenndrehzahl 12.500 1/min, Ansaugkanaldurchmesser an der Drosselklappe 34 mm. An der Drosselklappe ist die Strömungsgeschwindigkeit:

$$c_A = \frac{\pi \cdot 0{,}067^2}{4} \cdot 2 \cdot 0{,}0425 \cdot \frac{12500}{60} \cdot \frac{4}{\pi \cdot 0{,}034^2} = 69\,\mathrm{m/s}$$

Als drittes Beispiel untersuchen wir die Honda CB 750 Four (Baujahr 1969 – 1978): Bohrung 61 mm, Hub 63 mm, Nenndrehzahl 8000 1/min, Ansaugkanaldurchmesser an der Drosselklappe 28 mm. Die Strömungsgeschwindigkeit im Ansaugkanal ist

$$c_A = \frac{\pi \cdot 0{,}061^2}{4} \cdot 2 \cdot 0{,}063 \cdot \frac{8000}{60} \cdot \frac{4}{\pi \cdot 0{,}028^2} = 80\,\mathrm{m/s}$$

Ein letztes Beispiel ist der VW-1,05-l-Motor: Bohrung 75 mm, Hub 59 mm, Nenndrehzahl 5600 1/min, Ansaugkanaldurchmesser 28 mm: damit wird die Strömungsgeschwindigkeit im Ansaugkanal:

$$c_A = \frac{\pi \cdot 0{,}075^2}{4} \cdot 2 \cdot 0{,}059 \cdot \frac{5600}{60} \cdot \frac{4}{\pi \cdot 0{,}028^2} = 79\,\mathrm{m/s}$$

Es scheint also nicht ganz falsch zu sein, bei der Auslegung mit einer Strömungsgeschwindigkeit von 80 m/s zu rechnen.

6.2 Die Nockenwelle

6.2.1 Grundsätzliches zur Nockenwelle

Wie wir schon wissen, werden die Ein- und Auslassventile eines Viertakters durch die *Nockenwelle* geöffnet und geschlossen. Vor weit 100 Jahren machte das die an sich geniale *Daimler'sche Kurvennutsteuerung*, aber sehr früh haben sich alle Motor-Konstrukteure auf die Nockenwelle eingeschossen. Über die Nockenform reden wir später, jetzt geht es erst mal um den grundsätzlichen Aufbau einer Nockenwelle. Nach wie vor beliebt sind Nockenwellen aus *Schalenhartguss*, Bild 6.42. Schalenhartguss ist ein Gusseisen, bei welchem durch die Zusammensetzung und gießtechnische Maßnahmen erreicht wird, dass es in einem äußeren Bereich als ein Gefüge aus Ledeburit mit Zementit oder eutektoid zerfallendem Austenit (Perlit) weiß erstarrt. Im Inneren des Gusskörpers wird der Kohlenstoff als Lamellen-Graphit in das Eisengefüge ausgeschieden. Bewirkt wird dies durch *Kühleisen*[17]

[17] Im Englischen *chills.*

in der Gussform, die im direkten Kontakt an den Nockenlaufbahnen das flüssige Eisen schnell abkühlen, was die Graphitausscheidung verhindert. Dabei fördern carbidstabilisierende Zusätze, wie vor allem Chrom, die Weißerstarrung. Mit einem Gießvorgang wird so ein Gussteil erzeugt, das aus zwei völlig verschiedenen Werkstoffen besteht: Die Schale ist hart, verschleißbeständig und hat ein weißes, glänzendes Bruchaussehen, während der Kern die gute Zerspanbarkeit von Grauguss aufweist und im Bruchbild grau erscheint. Dazwischen besteht eine mehr oder weniger starke Übergangszone (nach [156]). Schalenhartguss hat ausgezeichnete tribologische Eigenschaften; er ist damit bestens für Gleitabgriffe der Nockenfolger geeignet. Mit Legierungselementen wie Nickel und Molybdän und ggf. einem nachgeschalteten Härteverfahren kann der Verschleißwiderstand weiter gesteigert werden.

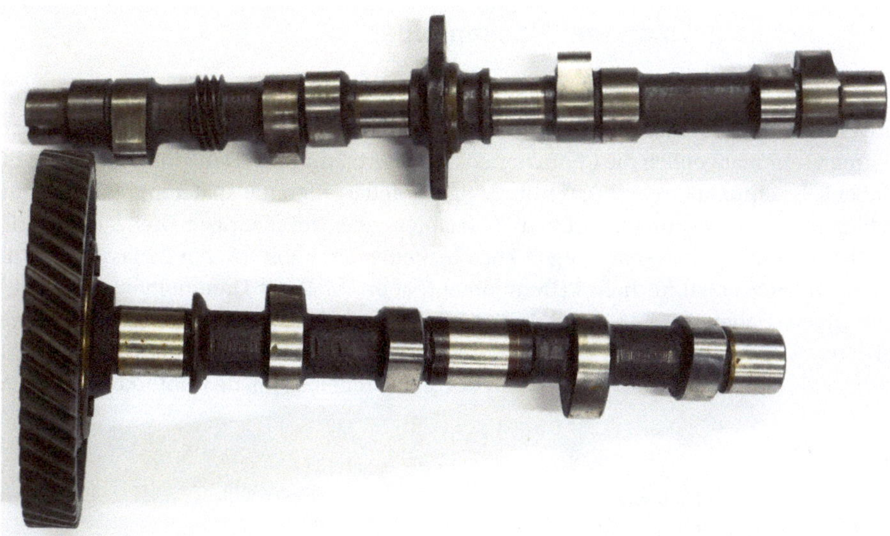

Bild 6.42 Schalenhartguss-Nockenwellen: oben eine Nockenwelle einer Honda CB 500 Four, unten eine Nockenwelle des VW-Käfers [2]

Dabei hat ungehärteter, niedrig legierter Schalenhartguss eine Härte von etwa 50 HRC, das ist federhart, aber nicht glashart. Gehärteter, legierter Schalenhartguss kommt auf 60 HRC, das ist schon ziemlich hart. Für die Nockenfolger werden diese maximalen Hertz'schen Pressungen p_{max} empfohlen:

Rollenwerkstoff aus 100Cr6, mindestens 60 HRC, läuft gegen Nockenwelle aus:

- Cf 53, induktiv gehärtet: $p_{max} = 1600\ N/mm^2$
- 16MnCr5, einsatzgehärtet: $p_{max} = 1800\ N/mm^2$
- 100Cr6: $p_{max} = 2000\ N/mm^2$

Gleitabgriff bei Flachstößeln und Schlepphebeln, Nockenwelle aus Schalenhartguss oder Cf53, induktiv gehärtet, läuft gegen:

- Schalenhartguß: $p_{max} = 600-800\ N/mm^2$
- X210CrW12: $p_{max} = 800-1000\ N/mm^2$
- Hartmetall: $p_{max} > 1000\ N/mm^2$

Nockenwellen können auch aus Sphäroguss mit induktiver Härtung hergestellt werden. Sie erreichen eine Härte von über 50 HRC und bieten sehr guten Widerstand gegen Pittingbildung im Rollkontakt. Sie sind daher sehr geeignet für Rollenabgriff und erlauben Hertz'sche Pressungen bis 1600 N/mm^2. Zunehmend werden *gebaute Nockenwellen* verwendet. Sie sind nicht nur wesentlich leichter als Gussnockenwellen, sondern man kann die Nockenwelle aus verschiedenen, jeweils optimal geeigneten, Materialien zusammenstellen: Die Nocken aus Wälzlagerstahl, Schalenhartguss oder Sintermaterial sowie das Antriebszahnrad aus Automatenstahl werden mit Pressverbänden auf einem Stahlrohr fixiert. Zunehmend werden die Nockenwellen auch wälzgelagert, um die Reibungsverluste im Ventiltrieb zu reduzieren (nach MAHLE [57]).

6.2.2 Nockenformen und Nockenfolger

Kurz zur Erinnerung: Die Nockenwelle steuert das Öffnen und Schließen der Ein- und Auslassventile, Bild 6.43. Diese Steuerzeiten, d. h. wann die Ventile öffnen und schließen, bestimmen sehr maßgeblich die Charakteristik des Viertaktmotors. Den größten Einfluss hat der Schließzeitpunkt des Einlassventils! Längere Steuerzeiten mit späterem Einlassschluss bedeuten höhere Leistung bei hohen Drehzahlen, aber bei niedrigen Drehzahlen geringes Drehmoment. Umgekehrt sorgen kürzere Steuerzeiten mit frühem Einlassschluss bei niedrigen Drehzahlen für hohes Drehmoment, aber Abfall des Drehmoments bei hohen Drehzahlen. Daher gibt es bei z. B. BMW-Automotoren Nockenwellenverstellungen, was bei den viel leistungsstärkeren[18] Motorradmotoren wegen des Aufwands und des Gewichts noch wenig realisiert wird. Das Festlegen der Steuerzeiten ist Job des Motorkonstrukteurs,

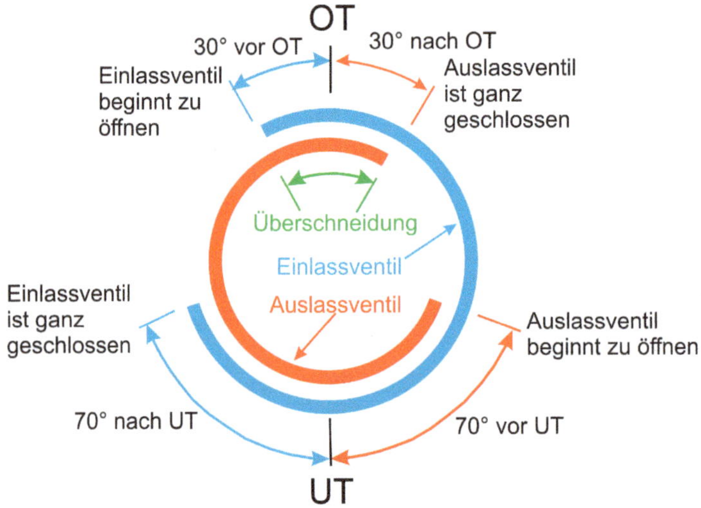

Bild 6.43 Steuerzeiten ähnlich denen der älteren BMW-Motorradmotoren R50/R60 [2]

[18] Damit ist die spezifische Leistung, also die Literleistung gemeint. Das ist die Leistung, welche der Motor bei einem Liter Hubraum hätte. Beispiel: Ein Automotor hat 150 PS bei 2 l Hubraum. Damit ist seine Literleistung 75 PS/l.

Tabelle 6.2 Steuerzeiten verschiedener Motoren bei Betriebsventilspiel: Die ersten beiden Zeilen sind Vorkriegsmotoren aus IRVING [93], die Zeilen 3 und 4 sind Renn- bzw. Sportmotoren aus den 1950er-Jahren und HÜTTEN [4] entnommen, die beiden unteren Zeilen wurden von mir gemessen; das sind moderne Motoren, einmal ein Alltags-Automotor, einmal ein Sportmotor.

Motor	Einl. öffnet	Einl. schließt	Ausl. öffnet	Ausl. schließt
JAP Racing 1000cc	25° v. OT	66° n. UT	65° v. UT	23° n. UT
Triumph SpeedTwin	26,5° v. OT	69,5° n. UT	61° v. UT	35° n. UT
AJS Boy Racer	66° v. OT	76° n. UT	72° v. UT	50° n. OT
MB 300 SL	63,5° v. OT	105,5° n. UT	55° v. UT	29° n. OT
VW 1,05 l	20° v. OT	80° n. UT	60° v. UT	30° n. OT
Kawasaki Z1000	55° v. OT	90° n. UT	105° v. UT	70° n. OT

wobei vorher u. a. das Marketing bzw. die Firmenleitung der Motorfabrik die Motorcharakteristik definiert. Tabelle 6.2 zeigt beispielhaft die Steuerzeiten einiger Motoren, wobei diese Steuerzeiten bei *Betriebsventilspiel* gemessen wurden und somit sinnvoll anwendbar sind. Aber sehr häufig werden in der Literatur Steuerzeiten angegeben, die bei 1–2 mm *Messventilspiel* ermittelt wurden. Damit soll man angeblich leichter und genauer die Steuerzeiten nachmessen können, aber ansonsten können Sie damit eher wenig anfangen.

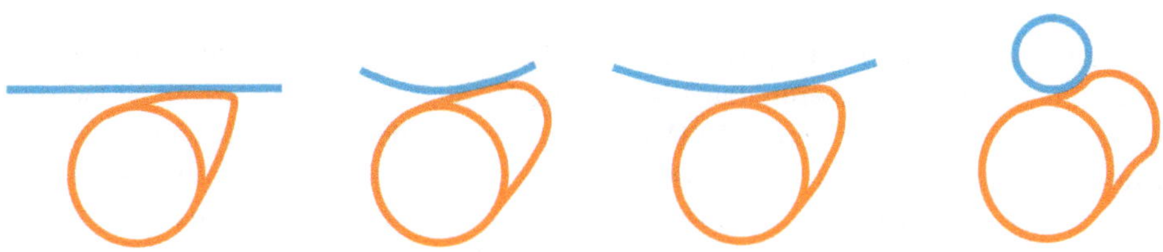

Bild 6.44 Nockenformen und Nockenfolger: Nocken mit gekrümmten Flanken und flachem Stößel (harmonischer Nocken); Tangentennocken mit Rollenstößel; Nocken mit gekrümmten Flanken und gewölbtem Stößel; Nocken mit hohler Flanke [2], nach BENSINGER [16]

Die Kontur von Nocken für die Steuerung des Ventiltriebs von Verbrennungsmotoren kann auf verschiedenen Wegen gewonnen werden:

- Messen vorhandener, bewährter Nocken, vgl. Bild 6.45
- Übernahme von Tabellen aus dem Schrifttum, z. B. [65]
- Konstruktion des Nockens aus Kreisbögen bzw. Tangenten, z. B. [16] und [65]: Hier ist es aber sehr wahrscheinlich, dass im Beschleunigungsverlauf unerwünschte Sprünge auftreten, die zu unguten Belastungsstößen führen.
- Berechnung nach z. B. [16]: Das machen wir gleich.

Nun muss man wissen, dass die *Ventilerhebungskurve* nicht nur von der Nockenform abhängt, sondern auch vom *Nockenfolger* – ein und derselbe Nocken liefert mit einem Rollenstößel eine deutlich andere Ventilerhebungskurve als ein Tassenstößel, Bild 6.44. Die üblichen Nockenfolger sind folgende, vgl. Bild 6.49:

- Flachstößel, also auch Tassenstößel
- Kipphebel, Schlepphebel

Bild 6.45 Messen der Nockenform einer BMW-Boxer-Nockenwelle: Das ergibt noch *nicht* die Ventilerhebungskurve – die ergibt sich erst im Zusammenspiel mit dem Nockenfolger!

- Rollenstößel

Am einfachsten vom Handling sind *Tassenstößel*, die zu den Flachstößeln gehören. Es sind heute die wohl meistverbreiteten Nockenfolger. Mit ihnen lassen sich am einfachsten Nockenformen berechnen. Auch die Herstellung der Zylinderköpfe ist damit einfach. Das Ventilspiel wird über eingelegte *Shims* verschiedener Dicke eingestellt. Früher lagen diese Shims zwischen Nocken und Tassenstößel, vgl. Bild 6.49 links. Heute werden die Shims zwischen Tassenstößel und Ventilschaft eingelegt. Das bedeutet geringere bewegte Massen, aber zum Auswechseln von Shims zur Ventilspielkorrektur muss die jeweilige Nockenwelle ausgebaut werden. Toyota macht es so: Noch weniger Gewicht bringen Tassenstößel, die Böden verschiedener Dicke haben[19], also ganz ohne Shims.

Betrachten Sie dazu Bild 6.44: Die früher gern verwendeten *Tangentennocken* (zweites Teilbild) sind geometrisch sehr einfach: Sie bestehen aus zwei Kreisen, dem *Grundkreis* und der Nockenspitze. Diese beiden Kreise werden einfach durch Tangenten verbunden. Solche Nocken sind leicht herzustellen, aber sie ergeben weder *harmonische* noch *ruckfreie* Nocken. Etwas besser sind Nocken, die wieder aus zwei Kreisen bestehen, die durch Radien oder andersartig gekrümmten Flanken verbunden sind. Zusammen mit einem ebenen Stößel ergibt das einen *harmonischen* Nocken (erstes Teilbild). Nutzt man Rollenstößel, Kipphebel oder Schlepphebel mit gekrümmter Laufbahn für die Nocken, ergeben sich deutlich andere Nockenformen als bei flachen Nockenfolgern, vgl. erstes und drittes Teilbild. Ferner kann es passieren, dass sich bei Rollenstößeln *konkave* Nockenflanken ergeben (viertes Teilbild). Das ist natürlich ganz schwierig herzustellen und bedingt Schleifscheiben mit sehr kleinem Durchmesser.

[19] Die Werkstatt muss also eine ganze Sammlung verschieden dicker Tassenstößel bzw. Shims bereithalten, wobei die Werkstätten solche komplett zusammengestellten Kits von den Fahrzeugfirmen bekommen.

Bild 6.46 Messen der Ventilerhebungskurve einer Kawasaki Z1000: Die Messuhr greift direkt am Tassenstößel an, *nicht* am Nocken; nur dann wird richtig gemessen.

Bei *Kipphebeln* kommt es auf die Form der Gleitfläche an, die über den Nocken gleitet: Meist ist sie gekrümmt, und die Krümmung muss bei der Nockenauslegung berücksichtigt werden. Nur im Fall einer vollkommen ebenen Gleitfläche (was ich noch nie gesehen habe) gelten die gleichen Formeln wie bei Tassenstößeln (Näheres siehe BENSINGER [16]). Das Ventilspiel wird über Schrauben, die mit Kontermuttern gesichert werden, eingestellt[20], Bild 6.49 Mitte. Bei Ein- und Zweizylindern kann man die Kipphebel auf exzentrischen Achsen lagern, die zum Einstellen des Ventilspiels passend verdreht werden.[21]

Die dritte Variante sind *Rollenstößel*, die entweder Stoßstangen antreiben oder in die Kipphebel oder Schlepphebel integriert sind. Sie bedingen Nockenformen, die sich sehr deutlich von denen für Flachstößel unterscheiden. Auch hier sollten Sie BENSINGER [16] bei Auslegungsfragen konsultieren. Ich bin kein Fan von Rollenstößeln, weil sie nur zusätzliche bewegte Masse und damit höhere Kräfte im Ventiltrieb bringen – die simplen *Gleitabgriffe* auf den Nockenwellen via Kipphebel oder Tassenstößel funktionieren auch bei höchsten Drehzahlen sehr langlebig, wie die Japaner mit ihren Hochleistungs-Motorradmotoren bewiesen haben. Man muss sie eben richtig auslegen und sorgfältig erproben, was die fernöstlichen Kollegen mit Akribie machen. Um bereits vorzugreifen: Für eigene Ventilkonstruktionen sind *Tassenstößel* mit Abstand am einfachsten, daher betrachtet die folgende Berechnung auch nur diese.

[20] Bei der NSU Max waren die Enden der Kipphebel geschlitzt und mit einer Schraube verspannt. Das Einstellen des Ventilspiels erfolgte durch Lockern dieser Verspannschraube, Verdrehen der eigentlichen Einstellschraube und anschließendes Klemmen der Einstellschraube mit der Verspannschraube. Ausgesprochen raffiniert!

[21] So wurde das bei den Honda CB 250/350 aus den 1960/1970er-Jahren gemacht – eine prima Lösung!

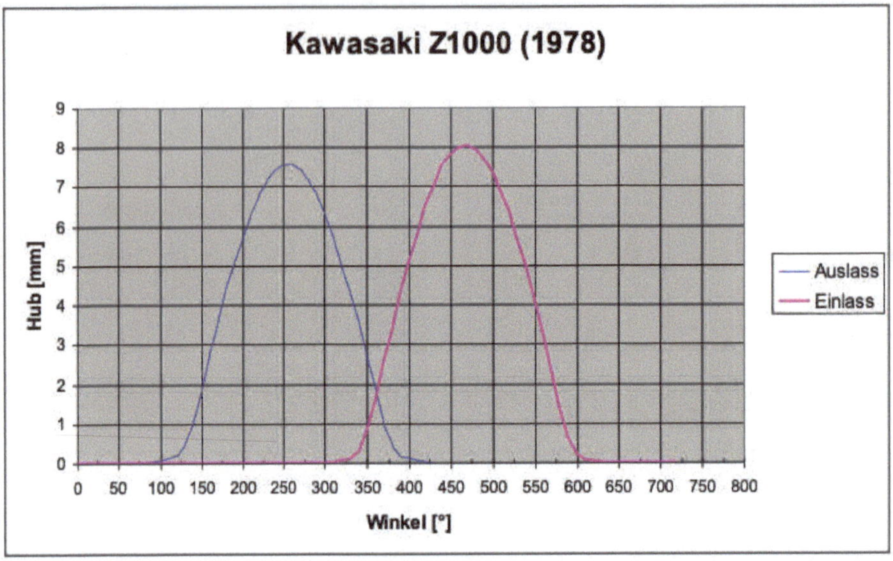

Bild 6.47 Die beiden gemessenen Ventilerhebungskurven einer Kawasaki Z1000.

Bild 6.48 Ein DOHC-Motor mit Tassenstößeln (Kawasaki Z900): Links die Einlassnockenwelle, rechts die Auslassnockenwelle. Antrieb über gemeinsame Hülsenkette.

Bild 6.49 Die drei heute üblichen Nockenfolger: Links ein Einlassnocken mit darunterliegendem Tassenstößel einer Kawasaki Z900. Mit der Fühlerlehre zwischen Nocken und Tassenstößel wird das Ventilspiel gemessen. Mitte: Ein SOHC-Motor mit Kipphebeln (Honda CB 750 Four): Die Kipphebel gleiten direkt auf der Nockenwelle. Rechts ein Rollenstößel [134].

6.2.3 Berechnung ruckfreier Nocken nach KURZ/BENSINGER

Das Folgende gilt nur für Flachstößel wie z. B. Tassenstößel: Gegenüber den einfachen Tangentennocken treten nur noch Knicke, aber keine Sprünge mehr in der Beschleunigungskurve auf. Das ergibt einen sanften und harmonischen Kraftverlauf. Dazu sind verschiedene Verfahren bekannt geworden. Ein zwar älteres, aber sehr bewährtes und etabliertes Verfahren geht auf KURZ und BENSINGER [16] zurück, beide (damals) Daimler-Benz AG, das hier kurz beschrieben werden soll, damit man den Hintergrund meiner beiden Programme CAM_KUBE (für KURZ/BENSINGER) und CAM_SHAPE für MS Windows versteht, die Sie kostenlos von meiner Website [107] herunterladen und beliebig benutzen können. Die Benutzung dieser beiden Programme wird später beschrieben.

Das Ganze funktioniert wie folgt: Die Ventilerhebungskurve wird von 0° bis 90° definiert, von 91° bis 180° ist sie symmetrisch. Die Spitze der Ventilerhebungskurve ist bei 90°. Die Kurve wird nun innerhalb des Bereichs 0° bis 90° in mehrere Abschnitte zerlegt:

0. Abschnitt, der *Vornockenbereich*: Er dient dazu, das Ventilspiel zu überbrücken und Nocken und Aufnehmer zur sauberen, kraftschlüssigen Anlage zu bringen. Von 0° bis zu einem Winkel Φ_0 mit dem laufenden Winkel ϕ_0 wird die Ventilerhebungskurve durch eine Sinuslinie einer viertel Periode abgebildet:

$$s_0 = H_0(1 - \cos\frac{\pi}{2\Phi_0}\phi_0) \tag{6.5}$$

Die erste Ableitung ergibt den Geschwindigkeitsverlauf von 0° bis zu einem Winkel Φ_0:

$$s'_0 = \frac{v_0}{\omega} = H_0\frac{\pi}{2\Phi_0}\sin\frac{\pi}{2\Phi_0}\phi_0 \tag{6.6}$$

Die zweite Ableitung ergibt den Beschleunigungsverlauf von 0° bis zu einem Winkel Φ_0:

$$s''_0 = \frac{v_0}{\omega^2} = H_0(\frac{\pi}{2\Phi_0})^2\cos\frac{\pi}{2\Phi_0}\phi_0 \tag{6.7}$$

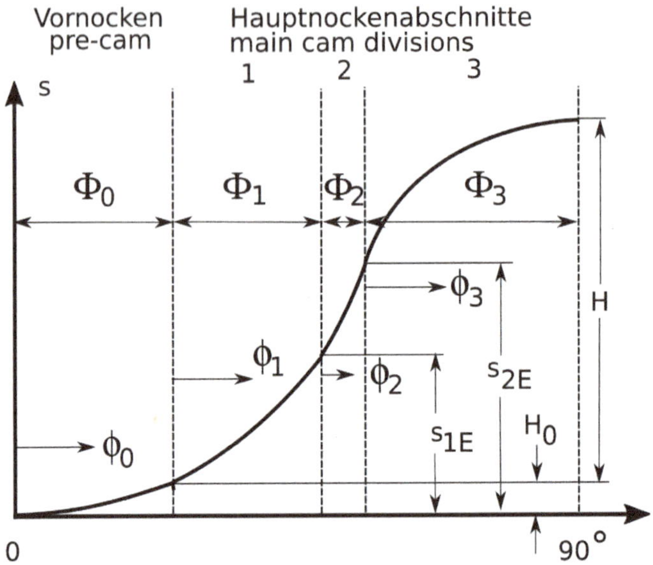

Bild 6.50 Wegkurve für einen ruckfreien Nocken nach [16] bzw. [8], Zeichnung [2].

1. Abschnitt, der *1. Hauptnockenbereich*: Von Φ_0 bis zu einem Winkel $\Phi_0 + \Phi_1$ mit dem laufenden Winkel ϕ_1 wird die Ventilerhebungskurve durch eine schiefe Sinuslinie einer halben Periode abgebildet.

$$s_1 = H_0 + c_{11}\phi_1 - c_{12}\sin\frac{\pi}{\Phi_1}\phi_1 \tag{6.8}$$

$$s_1' = \frac{v_1}{\omega} = c_{11} - c_{12}\frac{\pi}{\Phi_1}\cos\frac{\pi}{\Phi_1}\phi_1 \tag{6.9}$$

$$s_1'' = \frac{a_1}{\omega^2} = c_{12}(\frac{\pi}{\Phi_1})^2\sin\frac{\pi}{\Phi_1}\phi_1 \tag{6.10}$$

2. Abschnitt, der *2. Hauptnockenbereich*: Von $\Phi_0 + \Phi_1$ bis zu einem Winkel $\Phi_0 + \Phi_1 + \Phi_2$ mit dem laufenden Winkel ϕ_2 wird die Ventilerhebungskurve durch eine schiefe Sinuslinie einer viertel Periode abgebildet:

$$s_2 = s_{1E} + c_{21}\phi_2 + c_{22}\sin\frac{\pi}{2\Phi_2}\phi_2 \tag{6.11}$$

$$s_2' = \frac{v_2}{\omega} = c_{21} + c_{22}\frac{\pi}{2\Phi_2}\cos\frac{\pi}{2\Phi_2}\phi_2 \tag{6.12}$$

$$s_2'' = \frac{a_2}{\omega^2} = -c_{22}(\frac{\pi}{2\Phi_2})^2\sin\frac{\pi}{2\Phi_2}\phi_2 \tag{6.13}$$

3. Abschnitt, der *3. Hauptnockenbereich*: Von $\Phi_0 + \Phi_1 + \Phi_2$ bis zu einem Winkel $\Phi_0 + \Phi_1 + \Phi_2 + \Phi_3$ mit dem laufenden Winkel ϕ_3 wird die Ventilerhebungskurve durch ein Polynom 4. Grades abgebildet:

$$s_3 = s_{2E} + c_{31}(\Phi_3 - \phi_3)^4 - c_{32}(\Phi_3 - \phi_3)^2 + c_{33} \tag{6.14}$$

$$s_3' = \frac{v_3}{\omega} = -4c_{31}(\Phi_3 - \phi_3)^3 + 2c_{32}(\Phi_3 - \phi_3) \tag{6.15}$$

$$s_3'' = \frac{a_3}{\omega^2} = 12c_{31}(\Phi_3 - \phi_3)^2 - 2c_{32} \tag{6.16}$$

Nun werden die Konstanten c berechnet (Näheres dazu in [16]), und dabei gilt: Am Ende des einen und am Anfang des nächsten Nockenabschnitts müssen Weg, Geschwindigkeit und Beschleunigung gleich sein. Ferner wird am Ende des Vornockenabschnitts eine Geschwindigkeit s_{0E}' vorgegeben, und es muss gelten: $s_{3E} = H_0 + H$. Das Verhältnis $\frac{\Phi_2}{\Phi_3}$ soll gemäß [16] zu 0,1 bis 0,15 gewählt werden.

Betrachten wir dazu die Programme CAM_KUBE und CAM_SHAPE zur Berechnung ruckfreier Nocken nach KURZ/BENSINGER; es wird das Beispiel aus [16], S. 44 ff zugrundegelegt: $\Phi_0 = 30°, \Phi_1 = 18°, \Phi_2 = 4°, \Phi_3 = 38°, H_0 = 0{,}3, H = 6{,}7, s_{0E}' = 0{,}9$

Zusätzlich nehmen wir Folgendes an: Grundkreisradius $R_G = 14$

Die Eingabedatei für CAM_KUBE und CAM_SHAPE ist *f0.txt*, Bild 6.51. Sie besteht aus drei Zeilen, wobei die Zeile 3 nicht gelesen wird; sie dient nur als Eingabehilfe. Für dieses Beispiel sieht sie wie in Bild 6.51 aus. Dabei wird die Sprache in der ersten Zeile mit den Schlüsselworten GERMAN oder ENGLISH gewählt. In der Zeile 2 werden $\Phi_0, \Phi_1, \Phi_2, \Phi_3, H_0, H, s_{0E}' = v_{0E}$ und R_G in dieser Reihenfolge, durch jeweils mindestens ein Leerzeichen getrennt, eingegeben. Sie öffnen eine Windows-Eingabeaufforderung und starten CAM_KUBE, Bild 6.52.

```
GERMAN
30   18   4    38   0.3 6.7 0.9 14
PHI0 PHI1 PHI2 PHI3 H0  H   v0E RG
```

Bild 6.51 Eingabedatei *f0.txt* für das Beispiel aus [16], S. 44 ff.

Auf dem Bildschirm sehen Sie diverse Ausgaben. Besonders wichtig sind die beiden Krümmungswerte, die auf keinen Fall negativ werden dürfen, Bild 6.54.

Es werden die Ausgabedateien *f1.txt* und *f2.txt* erzeugt. *f1.txt*, Bild 6.53, enthält Winkel, Weg sowie die *bezogenen* Werte für Geschwindigkeit und Beschleunigung. Diese Datei könnten Sie ganz leicht in z. B. Excel einlesen und dort ggf. die Kurven anzeigen lassen. Die Ausgabedatei *f2.txt* enthält direkt die Fräsdaten in 2°-Schritten für tangentiales Fräsen auf einer Universal-Fräsmaschine, Bild 6.53 und Bild 6.55. Dabei ist die Nockenspitze mit 0° definiert, und Sie beginnen das Fräsen bei 180°, also genau gegenüber der Nockenspitze. Bis

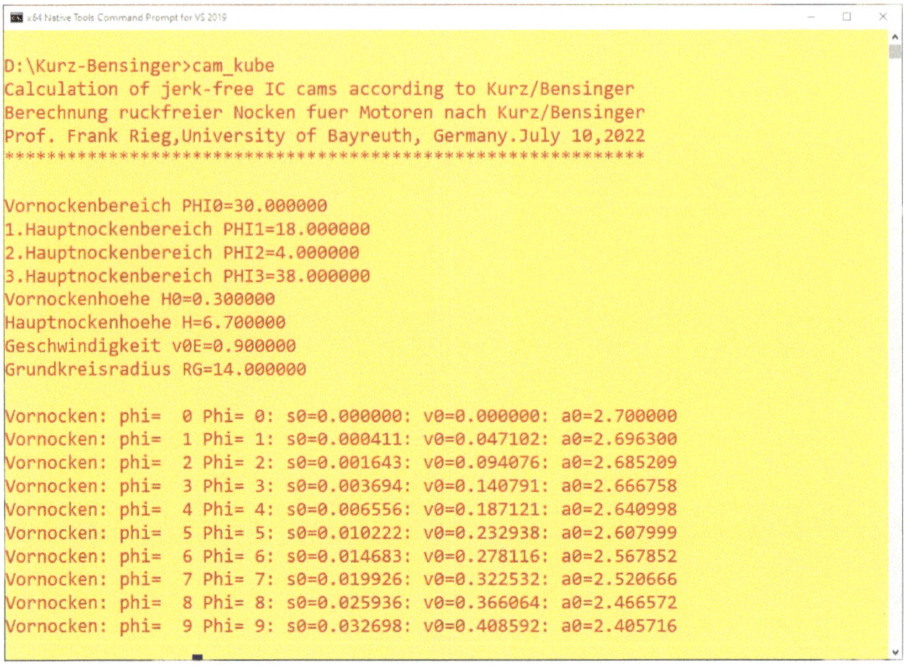

```
D:\Kurz-Bensinger>cam_kube
Calculation of jerk-free IC cams according to Kurz/Bensinger
Berechnung ruckfreier Nocken fuer Motoren nach Kurz/Bensinger
Prof. Frank Rieg,University of Bayreuth, Germany.July 10,2022
*************************************************************

Vornockenbereich PHI0=30.000000
1.Hauptnockenbereich PHI1=18.000000
2.Hauptnockenbereich PHI2=4.000000
3.Hauptnockenbereich PHI3=38.000000
Vornockenhoehe H0=0.300000
Hauptnockenhoehe H=6.700000
Geschwindigkeit v0E=0.900000
Grundkreisradius RG=14.000000

Vornocken: phi=  0 Phi= 0: s0=0.000000: v0=0.000000: a0=2.700000
Vornocken: phi=  1 Phi= 1: s0=0.000411: v0=0.047102: a0=2.696300
Vornocken: phi=  2 Phi= 2: s0=0.001643: v0=0.094076: a0=2.685209
Vornocken: phi=  3 Phi= 3: s0=0.003694: v0=0.140791: a0=2.666758
Vornocken: phi=  4 Phi= 4: s0=0.006556: v0=0.187121: a0=2.640998
Vornocken: phi=  5 Phi= 5: s0=0.010222: v0=0.232938: a0=2.607999
Vornocken: phi=  6 Phi= 6: s0=0.014683: v0=0.278116: a0=2.567852
Vornocken: phi=  7 Phi= 7: s0=0.019926: v0=0.322532: a0=2.520666
Vornocken: phi=  8 Phi= 8: s0=0.025936: v0=0.366064: a0=2.466572
Vornocken: phi=  9 Phi= 9: s0=0.032698: v0=0.408592: a0=2.405716
```

Bild 6.52 Die Bildschirmausgabe von *CAM_KUBE*.

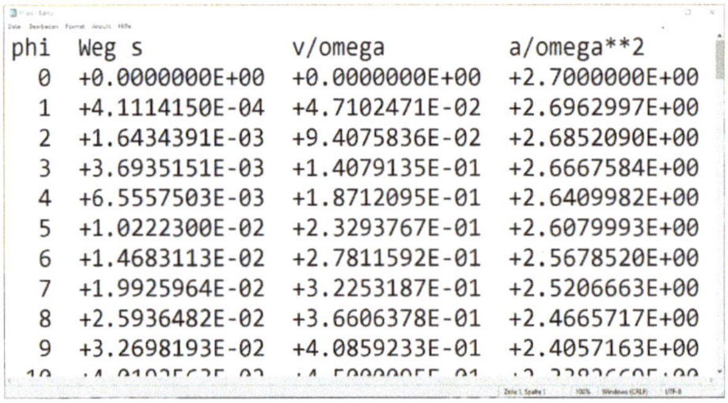

```
phi  Weg s           v/omega         a/omega**2
  0  +0.0000000E+00  +0.0000000E+00  +2.7000000E+00
  1  +4.1114150E-04  +4.7102471E-02  +2.6962997E+00
  2  +1.6434391E-03  +9.4075836E-02  +2.6852090E+00
  3  +3.6935151E-03  +1.4079135E-01  +2.6667584E+00
  4  +6.5557503E-03  +1.8712095E-01  +2.6409982E+00
  5  +1.0222300E-02  +2.3293767E-01  +2.6079993E+00
  6  +1.4683113E-02  +2.7811592E-01  +2.5678520E+00
  7  +1.9925964E-02  +3.2253187E-01  +2.5206663E+00
  8  +2.5936482E-02  +3.6606378E-01  +2.4665717E+00
  9  +3.2698193E-02  +4.0859233E-01  +2.4057163E+00
```

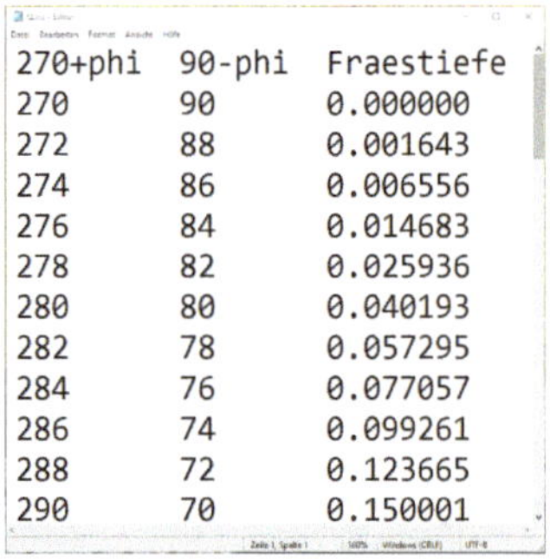

```
270+phi  90-phi  Fraestiefe
270      90      0.000000
272      88      0.001643
274      86      0.006556
276      84      0.014683
278      82      0.025936
280      80      0.040193
282      78      0.057295
284      76      0.077057
286      74      0.099261
288      72      0.123665
290      70      0.150001
```

Bild 6.53 Links: Ausgabedatei *f1.txt* mit Winkel, Weg sowie bezogenen Geschwindigkeiten und Beschleunigungen. Rechts: Ausgabedatei *f2.txt*: Frädaten für tangentiales Fräsen.

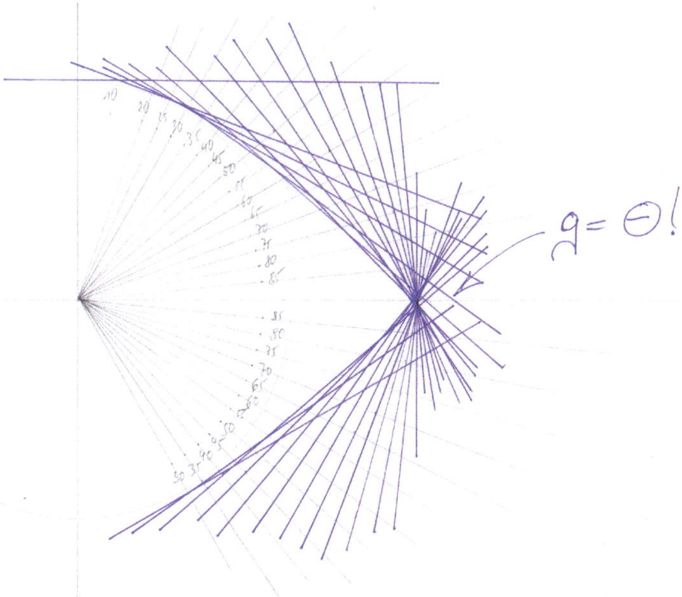

Bild 6.54 Der Krümmungsradius der Nockenspitze wird negativ!

270° bewegen Sie sich auf dem Nockengrundkreis mit dem Radius R_G, also ohne Höhenzustellung. Erst ab 272° fahren Sie den Fräskopf nach oben. Anschließend härten Sie den gefrästen Nocken, lassen ihn an und glätten ihn mit Schmirgelleinen. Das reicht vollkommen. Alternativ können Sie den Nocken auch auf einer Eigenbau-Nockenschleifmaschine überschleifen. Zu diesem Thema sei auf folgende in Kapitel 12 aufgeführten Videos verwiesen: Video 209 (Bild 12.13), Video 211 (Bild 12.14) und Video 222 (Bild 12.24).

Mit dem Programm CAM_SHAPE können Sie, nachdem CAM_KUBE gelaufen ist, die eigentliche Nockenform plotten, und zwar für flache Nockenfolger wie z. B. Tassenstößel. Für Rollenstößel ergeben sich bei gleichen Ventilerhebungskurven vollkommen andere Nockenformen! Rollenstößel sind bis jetzt nicht in CAM_SHAPE und CAM_KUBE vorgesehen.

Die Weg-, Geschwindigkeits- und Beschleunigungsverläufe sowie die Form des Beispielnockens aus [16], bezogen auf Nockenkoordinaten, von CAM_SHAPE ausgegeben, sehen Sie in Bild 6.56 und Bild 6.57. Sie können auch ganz ohne CAM_SHAPE die Nockenform von Hand zeichnen, indem Sie vom Grundkreis ausgehend die Wege auftragen und jeweils senkrecht dazu eine Gerade, d. h. Tangenten ziehen. Die Schar dieser Tangenten bilden die Einhüllende des Nockens, Bild 6.58.

Bild 6.55 Tangentiales Fräsen des Nockens auf einer Universalfräsmaschine mit handelsüblichem Teilkopf

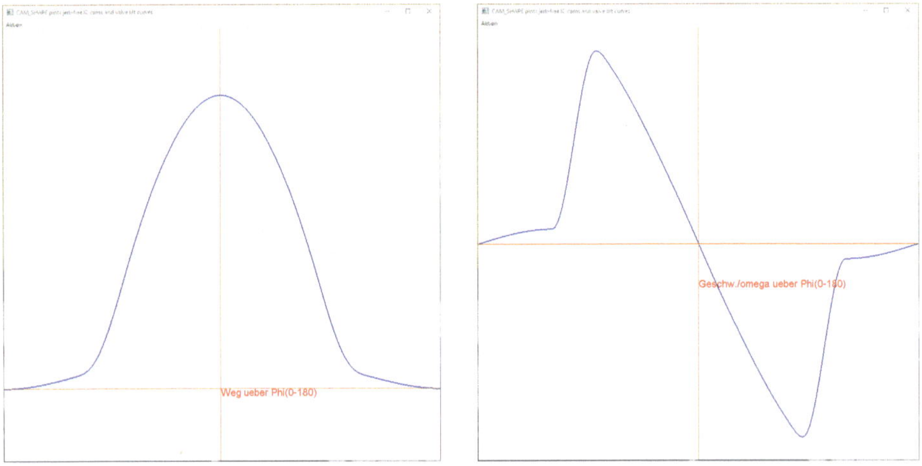

Bild 6.56 Weg- und Geschwindigkeitsverlauf beim Beispielnocken aus [16]

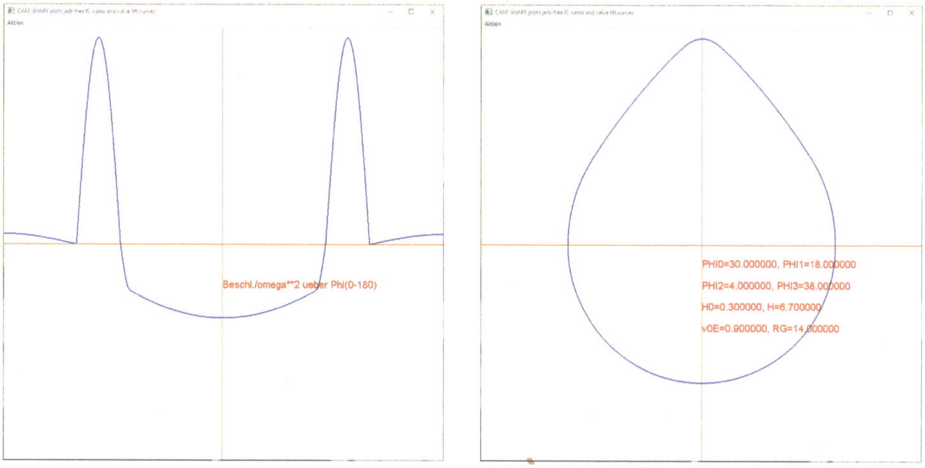

Bild 6.57 Beschleunigungsverlauf und Form des Beispielnockens aus [16]

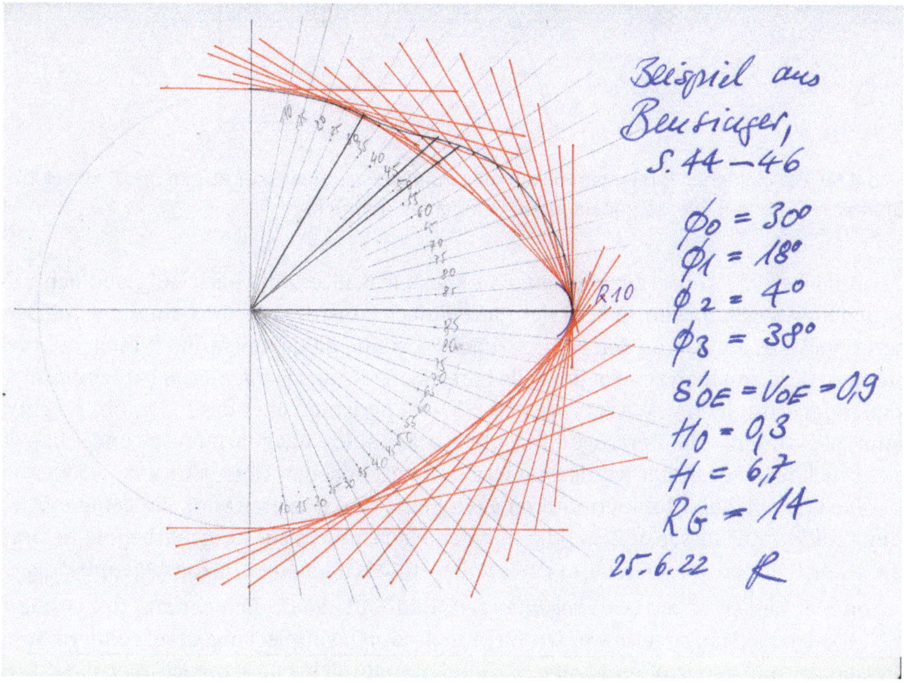

Bild 6.58 Form des Beispielnockens aus [16], von Hand gezeichnet.

6.2.4 Der Selbstbau von Nockenwellen

Es gibt Spezialfirmen, die Ihnen eine Nockenwelle ganz nach Ihren Wünschen herstellen. Das erfolgt dann meist durch spanende Bearbeitung eines Stangenabschnitts sowie Härten und Schleifen der Nockenbahnen. Aber auch Schalenhartguss ist mitunter möglich.[22] Dass so etwas als Einzelstück sehr teuer wird, ist klar. Das hat nur Sinn für Wettbewerbsmotoren, für die Sie bereit sind, tief in die Privatschatulle zu greifen.

Aber eine Nockenwelle für einen Ein- oder Zweizylinder lässt sich durchaus mit einfachem Equipment herstellen. Ich baue eine solche Nockenwelle aus Einzelteilen, also einzelnen Nocken, die auf eine Stahlwelle aufgepresst oder mit Passfeder und Hochleistungsklebstoff fixiert sind. Natürlich kann man wie die Profis eine Nockenwelle aus dem Vollen herausarbeiten, was für sich gesehen schon alles andere als einfach ist, aber mir wäre die Verzugsgefahr zu groß, falls Sie nicht eine sehr durchdachte Wärmebehandlung anschließen können.

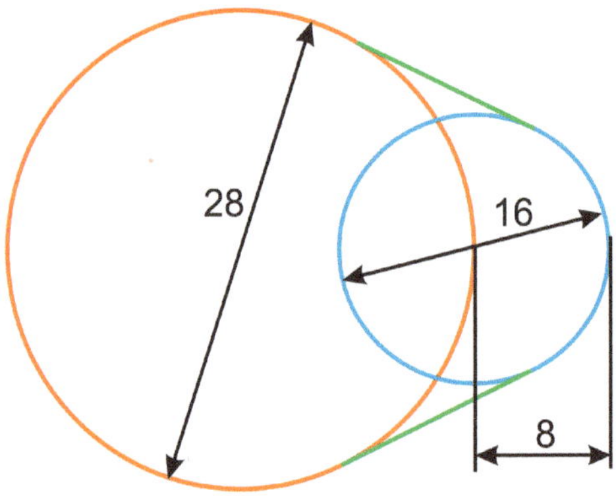

Bild 6.59 Ein einfacher Tangentennocken mit Grundkreisdurchmesser 28 mm und 8 mm Hub. Grundkreis (orange), Nockenradius (blau), Tangenten (grün). [2].

Der einfachste Nocken ist ein *Tangentennocken*, Bild 6.59, er zählt nach [16] eigentlich auch zu den Kreisbogennocken. Er lässt sich ganz einfach konstruieren: Ein Grundkreis, ein kleinerer Nockenkreis, der um den Hub verschoben ist und beide Kreise durch Tangenten verbunden. Das kann man zur Not per Feile herstellen oder aus Stahlstücken hart zusammenlöten oder schweißen, wie APFELBECK in [65] [66] berichtet, aber das scheint mir nicht so ganz das Wahre zu sein. Derartige Tangentennocken sind weder harmonisch und schon gar nicht ruckfrei, aber früher wurden sie wegen ihrer einfachen Herstellung viel verwendet, was bei gemütlichen Oldtimermotoren auch heute funktionieren wird. Tangentennocken können *nicht* mit Tassenstößeln oder anderen Flachstößeln zusammenarbeiten; sie brauchen eine Rolle, entweder in Form eines Rollenstößels oder eines Rollenschlepphebels.

Schon viel besser ist ein *Kreisbogennocken*, Bild 6.61. Seine Berechnung finden Sie in [16]. Die beiden Hauptkreise werden nicht mehr durch simple Tangenten, sondern durch Kreisbögen mit sehr großen Radien verbunden; natürlich müssen auch hier diese Kreisenden einigermaßen knickfrei an die Hauptkreise anschließen. Als Beispiel habe ich

[22] Schalenhartguss in der eigenen Werkstatt scheidet aus – obwohl – den Engländern würde ich das zutrauen: Die basteln sich Öfen für den Hinterhof und vergießen dort Grauguss – very british [94].

einen Beispielnocken aus [65] entnommen, Bild 6.61. Beachten Sie, dass man jeweils eine Linie durch den Mittelpunkt unter dem ausgewählten Winkel zeichnet und im zugehörigen Abstand eine Senkrechte zeichnet. Das entspricht der Stellung des Flachstößels. Die Einhüllende dieser Tangenten liefert die Nockenform. Um das Ganze leichter fertigen zu können, legen Sie passende Verbindungsradien, z. B. R33,5 in Bild 6.61 an, und falls Sie eine einfache NC-Fräsmaschine haben, können Sie noch einen Schritt weiter gehen und dann dazu die Fräskoordinaten bestimmen, Bild 6.62. Selbstverständlich können Sie das alles per CAD am Computer machen, aber von Hand im Maßstab z. B. 10:1 geht das fast schneller. Auf die erste Zeichung, Bild 6.60, legen und fixieren Sie mit Tesaband ein Transparentzeichenpapier und fertigen die Zeichnung nach Bild 6.61 an. Mit einem weiteren aufgelegten Transparent können Sie die Zeichnung wie in Bild 6.61 malen. Sieht im Computer-Zeitalter irgendwie *retro* aus, hat aber den Charme, dass man jeden Schritt sehr gut vor Augen hat – versuchen Sie's mal. Derart habe ich schon erfolgreich Nocken mit einer Wabeco-F1200-Fräsmaschine hergestellt. Diese Fräsmaschine habe ich mit einer einfachen Estlcam-Steuerung und selbst angebrachten Schrittmotoren zur Primitiv-CNC-Fräsmaschine ausgebaut.

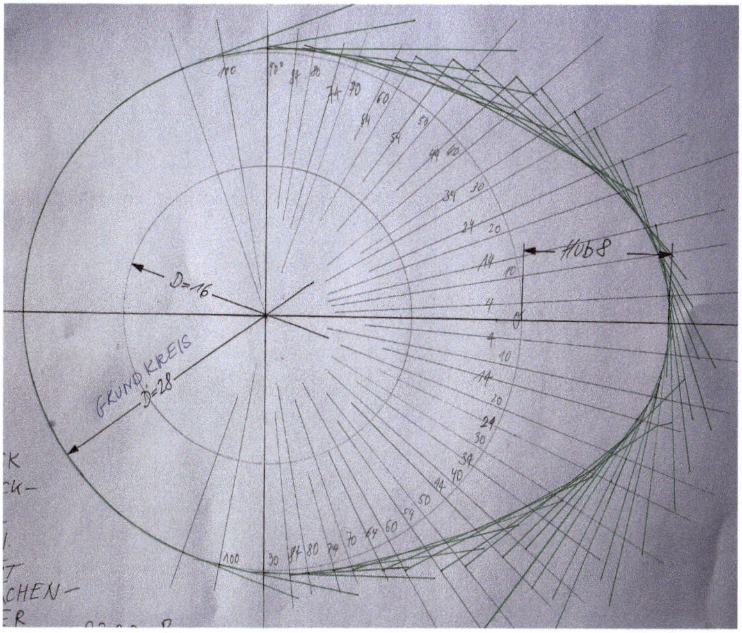

Bild 6.60 Beispielnocken aus APFELBECK [65], von Hand gezeichnet [2]

Aber erstens wollten wir ja ausschließlich mit konventionellen Fertigungsmaschinen, also ohne CNC, arbeiten und zweitens ist das bisher auch nur die halbe Miete. Geben Sie sich heute nicht mehr mit Tangenten- und Kreisbogennocken ab, sondern entwerfen und bauen Sie gleich einen *ruckfreien Nocken*[23], wie ich es in Abschnitt 6.2.3 beschrieben habe. Versehen Sie die vorgedrehten Nockenrohlinge mit der passenden Bohrung und einer Pass-

[23] Der Ruck ist die Ableitung der Beschleunigung.

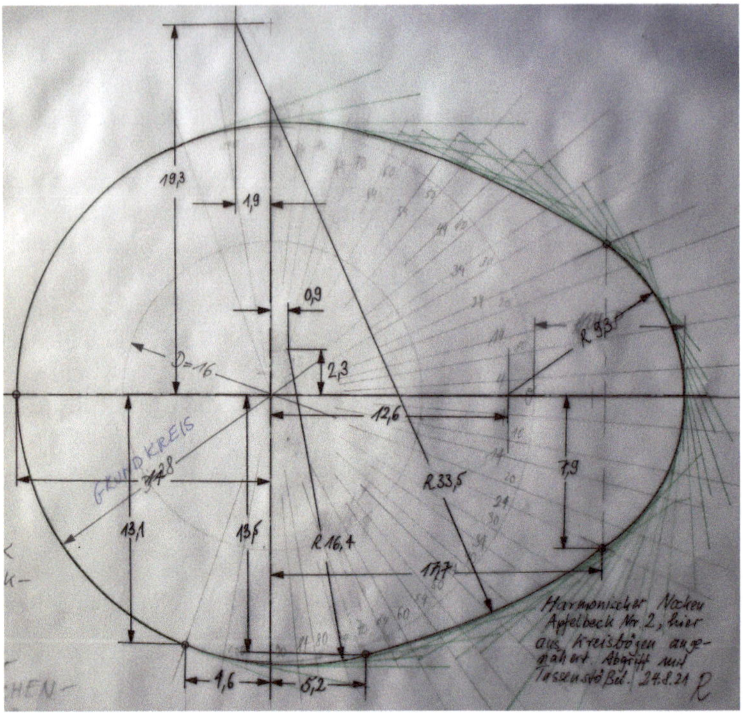

Bild 6.61 Beispielnocken Nr. 2 aus [65], durch Kreisbögen angenähert, von Hand gezeichnet [2]

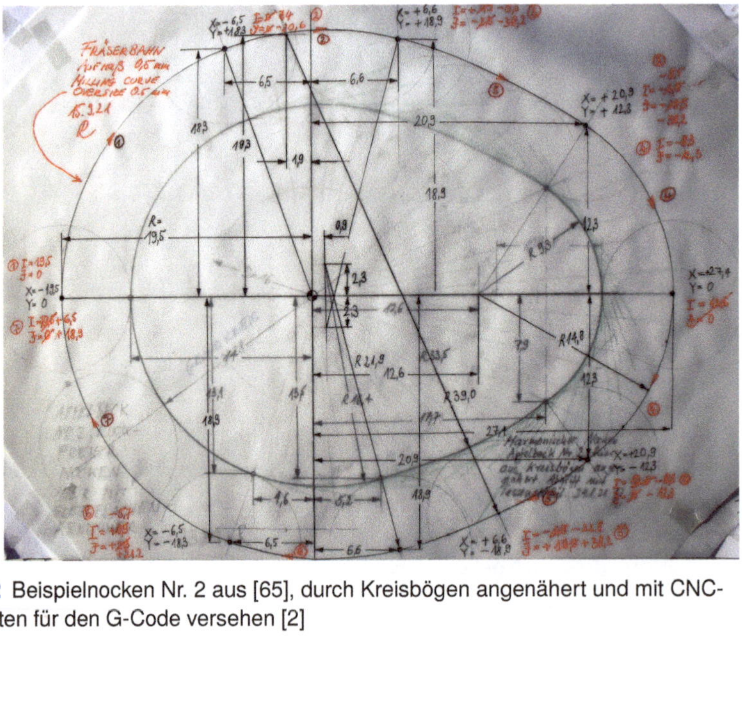

Bild 6.62 Beispielnocken Nr. 2 aus [65], durch Kreisbögen angenähert und mit CNC-Koordinaten für den G-Code versehen [2]

federnut, dafür gibt es sehr preiswerte *Stoßräumnadeln* aus Fernost im Handel. Eine Presse sollte für Arbeiten an Motoren eh zur Verfügung stehen; eine hydraulische 10-t-Presse ist nicht teuer und reicht auch für kernige Pressverbände von Kurbelwellen.

Fräsen Sie die Nockenbahn tangential in 2°-Schritten – es gibt Quellen, die 1°-Schritte vorschlagen, aber 2° tun es wirklich. Natürlich können Sie mehrere Nocken nebeneinander auf einen Eigenbau-Fräsdorn spannen, dabei auf reproduzierbare Winkelfixierung achten und gemeinsam fräsen. Als Material wählen Sie Stangenmaterial C45, besser 42CrMo4, die sind leicht beschaff- und bearbeitbar. Damit kommen Sie bei Wasserabschreckung[24] auf etwa 53 HRC, und das reicht vollkommen. Sie könnten auch einen Silberstahl 115CrV3 probieren. APFELBECK [65] empfiehlt den Einsatzstahl 16MnCr5, aber davon halte ich wenig: Wir haben bei RINGSPANN sehr oft Einsatzstahl gehärtet, allerdings die Firma hat eine große, sehr professionelle Härterei, weshalb das sauber und reproduzierbar funktioniert. Einsatzhärten ist nichts für einfache Werkstätten, egal was Sie da von irgendwelchen selbsternannten „Fachleuten" hören, denn Härten ist eine Wissenschaft für sich, besonders die fortgeschrittenen Verfahren wie Carbonitrieren und Härten in Cyanbädern. Aber C45, 42CrMo4 und mit gewissen Einschränkungen 115CrV3 sind sozusagen sozialverträglich und können problemlos in einer Instituts- oder Heimwerkstatt gehärtet und angelassen werden.

Bild 6.63 Fräsen eines Nockens im Umfang auf meiner auf CNC umgebauten Wabeco F1200 [2].

Könner wie z. B. Schlosser- und Schmiedemeister härten solche Bauteile per Azetylen-Sauerstoff-Flamme oder im Herdfeuer und lassen sie auch per Flamme an, bis die passende Anlassfarbe erreicht ist – das ist nicht so leicht, wie es immer beschrieben wird, das braucht viel Erfahrung. Für unsere Zwecke ist ein Härteofen in Form eines recht preiswerten Emaillierofens sehr geeignet, da solche Emaillieröfen über 1000 °C erreichen. Geben Sie die gefrästen Nocken hinein und lassen Sie sie bei 830 – 860 °C 20 bis 30 Minuten im Ofen. Das ist die Haltezeit, die der Stahl braucht, um die Gefügeumwandlung in Austenit zu vollziehen. Je dicker das Werkstück, umso größer die Haltezeit: Man rechnet mit einer Stunde pro 25 mm Werkstückdicke. Dann schnell herausnehmen – wenn Sie vorher einen Blumendraht als Schlinge durch die Bohrung des Nockens gebunden haben, können Sie

[24] Abschrecken mit Härteöl, was manchmal empfohlen wird, bringt nach meiner Erfahrung bei diesen einfachen Stählen nicht genügend Härte!

Bild 6.64 Meine Eigenbau-Nockenschleifmaschine: In der Bildmitte ist der Meisternocken zu sehen, der von einer Rolle mit Schleifscheibendurchmesser abgetastet wird. Ganz rechts ist das Werkstück mit der Schleifscheibe [2].

ihn leichter mit der Zange packen – und in einen bereitgestellten Eimer mit kaltem Wasser werfen. Dadurch entsteht Martensit mit großer – zu großer – Härte. Daher werden die Nocken nun *angelassen*, um ihnen die übermäßige Härte zu nehmen. Dann geben Sie die Nocken in einen auf 200 °C aufgeheizten Backofen – hier ist ein Billig-Backofen für einen Fünfziger empfehlenswert, da besonders Hausfrauen die Verwendung des an sich dafür sehr brauchbaren Küchen-Backofens nicht gerne sehen. Auch hier wäre eine Haltezeit von 20 – 30 Minuten nicht schlecht. Dann erneut abschrecken. Wenn Sie Genaueres über Stähle und deren Wärmebehandlung wissen wollen: [69] [70].

Nun polieren Sie die Nockenlaufbahn mit Schleifleinen und haben dann recht brauchbare Nocken! Wenn Sie's ganz fein machen wollen, dann haben Sie die Nocken mit einigen Zehntel Millimetern Schleifaufmaß gefräst und schleifen nun das Nockenprofil. Wie das? Zylinderschleifereien haben dafür spezielle *Nockenschleifmaschinen* und jede Menge *Meisternocken* mit verschiedenen Profilen. Aber Sie können sich, wenn Sie öfter Nocken schleifen wollen, selbst eine Nockenschleifmaschine bauen. Der grundsätzliche Entwurf dazu findet sich in [65]; dort wird ein 10:1 vergrößerter Meisternocken aus Blech verwendet. Mein Entwurf Bild 6.64 und Bild 6.65 basiert auf einem sorgfältig hergestellten Meisternocken in Originalgröße, der mit dem Werkstück auf eine gemeinsame Welle gegeben wird, die in einer Schwinge gelagert ist und per Gelenkwelle von einem langsam laufenden Getriebemotor angetrieben wird. Wie Bild 6.65 zeigt, funktioniert das recht gut.

Dabei ist wichtig, dass der Meisternocken von einer Rolle abgetastet wird, die den gleichen Durchmesser wie die Schleifscheibe hat, sonst ergeben sich Profilverzerrungen. Wenn die Schleifscheibe nach mehrmaligem Abrichten wenige Millimeter im Durchmesser kleiner geworden ist, wird sie halt eben ausgetauscht. Das ist keine große und teure Aktion, weil das preiswerte 175-mm-Norm-Schleifscheiben für einen Metabo-DS175-Schleifbock sind.

Bild 6.65 Meine Eigenbau-Nockenschleifmaschine: das Werkstück mit der Schleifscheibe [2]

Und wie testen Sie einen Eigenbau-Nocken? Sie machen einfach in der Drehmaschine einen Testaufbau mit dem vorgesehenen Nockenfolger, indem Sie den zu prüfenden Nocken auf einen Dorn geben und zusammen mit einer Gradscheibe ins Futter spannen. Ein provisorischer Aufbau mit dem vorgesehenen Typ des Nockenfolgers (hier ein Flachstößel), befestigt an einem Fräswinkel, nimmt die Höhenwerte mit einer Messuhr auf. Es genügt, wenn Sie das alle 5° machen; die Messwerte geben Sie in z. B. Excel und lassen sich nun die *Ventilerhebungskurve* malen.

Ob Sie die Ventilerhebungskurve durch einen Messaufbau, Bild 6.66, und Excel gewonnen haben oder – eleganter – gleich durch Berechnung wie in Bild 6.56: Malen Sie ein schön großes Diagramm *Ventilhub über Kurbelwinkel*, vielleicht im Maßstab A3, und starten Sie bei 0° Kurbelwinkel als Zünd-OT. Betrachten Sie dazu Bild 6.67: Vergrößern und drucken Sie Ihre gerade gewonnene Ventilerhebungskurve passend auf Zeichentransparent und fixieren Sie sie auf dem Diagramm passend zum Öffnungszeitpunkt des Auslassventils. Eine zweites Transparent wird so fixiert, dass das rechte Ende der Ventilerhebungskurve mit dem Schließzeitpunkt des Einlassventils zusammenfällt. Damit bekommen Sie quasi automatisch die *Ventilüberdeckung* und die *Spreizung*. Die halbe Spreizung ist der *Nockenwinkel*, also der Versatz der beiden Nocken auf der Welle. Fertig ist die Konstruktion der Nockenwelle.

Bauen Sie die Nockenwelle: Stellen Sie die Grund-Nockenwelle aus Automatenstahl oder C45 mit entsprechend dem Nockenwinkel versetzten Passfedernuten her und kleben Sie die Nocken mit geeigneten Passfedern und einem Hochleistungskleber wie Loctite 638 oder Loctite 648 fest; informieren Sie sich dazu vorher über das Vorgehen bei Henkel. Sollten Sie der Klebung nicht trauen, können Sie auch seitlich zwei oder drei Schweißpunkte setzen.[25] Natürlich können Sie die Nocken auch per Pressverband mit einer Passung H7/x6

25 Solche Schweißpunkte funktionieren auch bei den an sich nicht besonders schweißgeeigneten Automatenstählen und C45. Es geht ja nicht um schwer belastetet Nähte.

Bild 6.66 Testaufbau auf einer Drehmaschine Myford Super-7 zum Testen des Nockens: Man sieht den Flachstößel, der auf dem Nocken läuft, und die Gradscheibe. Der Flachstößel läuft in einem Hilfsaufbau an einem Fräswinkel und wird oben von einer Messuhr abgetastet [2].

festsetzen, dann müssen Sie sich aber eine Vorrichtung bauen, um die Nocken um den Nockenwinkel präzise versetzen zu können. Und dass man jedem Nocken einen abgesetzten Durchmesser auf der Welle spendiert, um ihn mit seiner Passung nicht über die ganze Länge der Welle schieben zu müssen, gehört zum Grundwissen des kleinen Konstrukteurs.

Für die Eigenkonstruktion eines Viertakters würde ich auf jeden Fall einen OHC-Antrieb oder gleich einen DOHC-Antrieb empfehlen, und zwar in beiden Fällen mit Tassenstößeln. Das klingt zunächst aufwendig, ist aber in Wahrheit viel einfacher mit einfachen Mitteln zu fertigen als ein OHC-Antrieb mit Kipphebeln oder gar ein OHV-Antrieb. Die Herstellung von Kipphebeln mit Bordmitteln ist schwierig, vgl. Apfelbeck [65]: Bei Gleitabgriff müsste das Kipphebelende, das auf der Nockenwelle läuft, nitriert, beschichtet oder mit einem eingelöteten Hartmetalleinsatz verschleißfest gemacht werden. Und die von [65] favorisierten Rollenkipphebel sind nur mit sehr viel Handarbeit herzustellen: Lagerung der Abgriffrolle mit einem vollrolligen Nadellager und Nadeln 2 × 8 mm. Mit einem Läppdorn soweit den Rolleninnendurchmesser läppen, bis die Rollen ohne Zwang hineinpassen bei einem maximalen Seitenspiel von 0,1 mm, weil sonst die Nadeln schränken und das Lager blockieren. Das ist etwas für einen höchstqualifizierten Handwerker, aber eine gute Konstruktion darf niemals vom Können des Facharbeiters abhängen!

Nehmen wir also die guten, alten Tassenstößel – nicht ganz ohne Grund finden sie heute bei den meisten modernen Motoren Verwendung. Woraus stellen wir sie her? Da unsere Nocken aus gehärtetem Stahl sind, wäre es vernünftig, die Gleitfläche des Tassenstößels aus einem anderen Material zu fertigen. Apfelbeck sagt: Ideal sind die Reibpaare Hartguss–Hartguss, etwas schlechter sei die Paarung Hartguss–gehärteter Stahl, und ganz schlecht sei die Paarung gehärteter Stahl–gehärteter Stahl. Bei der letzten Empfehlung habe ich Zweifel: Es gibt viele Anwendungen, bei denen gehärteter Stahl auf gehärtetem Stahl sehr gut funktioniert: Wälzlager, besonders vollrollige Rollenlager und Industrie-Freiläufe. Sei es wie es sei: Stellen Sie den eigentlichen Tassenstößel aus Automatenstahl[26] her, wenn er in Aluminium läuft. Sollte er in einer Stahlführung laufen, dann fertigen Sie ihn aus Mes-

[26] Der ist durch seinen Bleianteil nicht schlecht als Reibpartner geeignet.

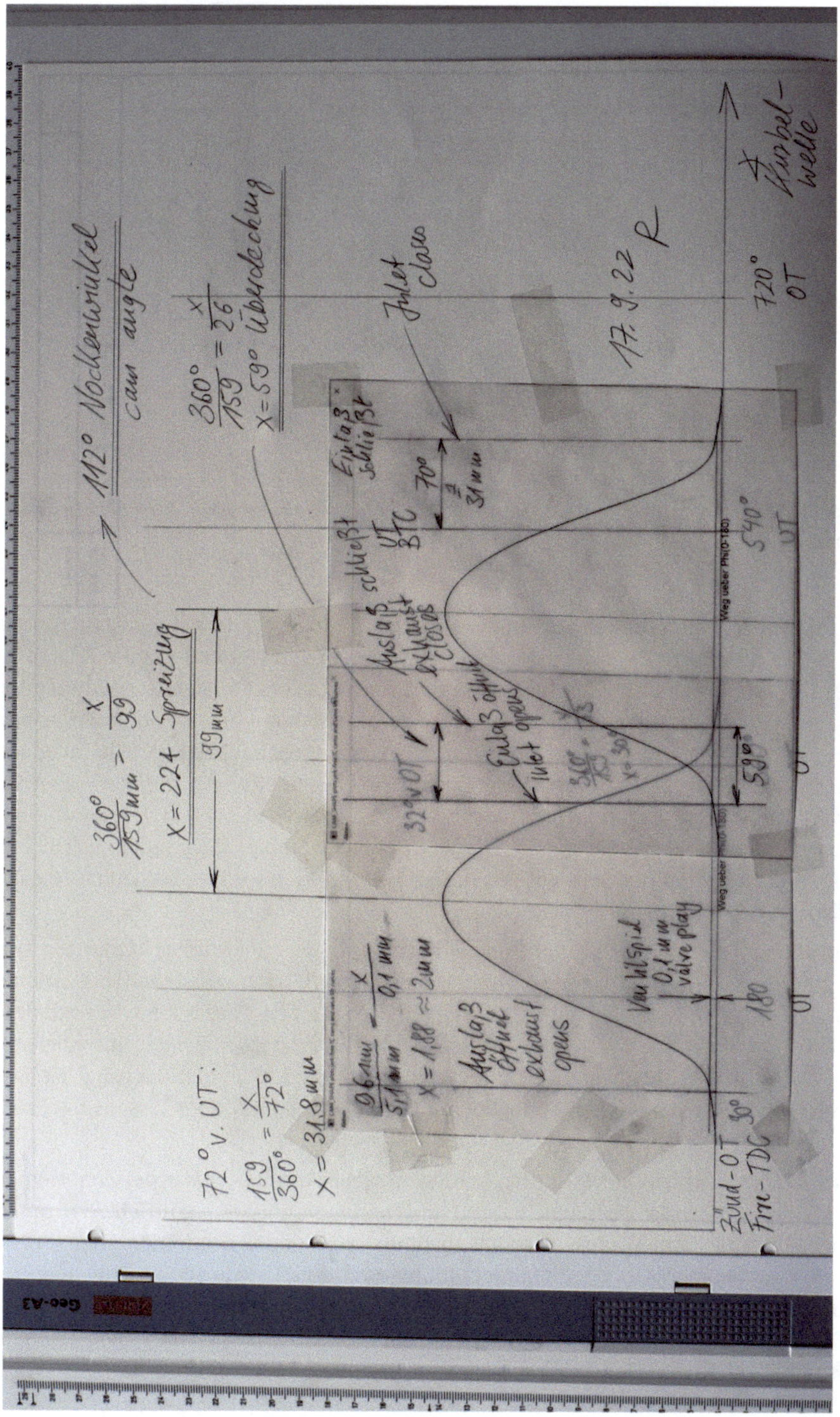

Bild 6.67 Konstruktion der Nockenwelle aus den Ventilerhebungskurven [2].

Bild 6.68 Mein Eigenbau-Viertakter 160 ccm: die kugelgelagerte Nockenwelle mit den Tassenstößeln [2]

sing oder Bronze. Oben drehen Sie einen Absatz ein und geben dort einen *Shim* hinein. Shims gibt es für unsere Zwecke passend in Durchmessern von 29 und 31 mm. Das reicht von der Überdeckung her gut für bis zu 15 mm breite Nocken. Ob Sie diesen Shim auch gleich zum Ausgleich des Ventilspiels oder nur als Lauffläche nehmen und eine zweiten, kleinen 10-mm-Shim untenliegend einbauen, sei in Ihr wertes Belieben gestellt. Im ersten Fall könnten Sie den großen Shim auch einkleben. Noch besser wären *Auflageplatten aus Hartmetall* aus dem Vorrichtungsbau, die gibt's im Durchmesser 25,4 mm. Die Kombination gehärteter Stahl–Hartmetall soll ein *Dream-Team* sein! Stellen Sie in jedem Fall sicher, dass die Nockengleitbahnen sehr gut geschmiert werden – ich würde über jedem Nocken eine Ölspritzdüse anbringen.

Falls Sie unbedingt doch einen Kipphebel oder Schlepphebel mit Gleitabgriff machen wollen: Es gibt *Hartauftrags-Elektroden* bzw. entsprechende WIG-Schweißstäbe *W600*, mit denen Sie per Auftragschweißung die Gleitfläche panzern können. Dieses Zeug ist nach dem Abkühlen – extra härten brauchen Sie nicht – so brutal hart, dass selbst das anschließend notwendige Schleifen eine, wie man heute sehr wichtig sagt, „Herausforderung" ist. Damit kann man ohne Weiteres Schlepphebel mit Gleitabgriff bauen, aber Tassenstößel sind deutlich einfacher.

Den Antrieb der Nockenwelle würde ich bei Eigenkonstruktionen *immer* per Zahnriemen machen, Bild 6.69: Das ist viel einfacher und preiswerter als ein Kettenantrieb oder gar eine Zahnradkaskade, von Königswellen gar nicht erst zu reden. Zahnriemenräder sind so preiswert, dass eine Selbstherstellung nicht lohnt, und es gibt sie in allen möglichen Profilen, Breiten und Zähnezahlen. Ich verwende dafür einen Zahnriemen Profil HTD 5M mit einer Breite von 15 mm. Das Zahnriemenrad auf der Nockenwelle befestigen Sie mit einem Konusspannelement, so können Sie auch genauestens das Timing einstellen.

Bild 6.69 Mein Eigenbau-Viertakter 160 ccm: Der Motor mit dem Zahnriemenantrieb der Nockenwelle und montierter Gradscheibe zum Einstellen des Timings. Fixierung des Zahnriemenrads auf der Nockenwelle mit einem Konusspannelement RINGSPANN RLK 110. Ventilkammerhaube und Ölspritzdüse fehlen zwecks besserer Übersicht [2].

7 Besonderheiten von Zweitaktern

Sie haben bisher schon einiges über Zweitaktmotoren gehört: Gehen wir nun zur praktischen Seite über. Leider gibt es keine neuen größeren straßenzugelassenen Motorräder, geschweige denn Autos, mit Zweitaktmotor mehr – eine damals übereifrige Presse, vor allem aber dumme und unwissende Politiker haben ihnen den Garaus gemacht. Dieses ungute Zweitakt-Bashing begann in den 1970er-Jahren in Kalifornien, vermeintlich aus Umweltschutzgründen, vielleicht aber auch, um die heimische Motorradindustrie vor den wahnsinnig schnellen, dabei viel preiswerteren und zuverlässigeren japanischen Zweitakt-Motorrädern zu schützen. Okay, das ist Spekulation, aber auch der Überschalljet „Concorde“, entwickelt von Frankreich und England, um die Flugzeit von Europa nach den USA enorm zu verkürzen, durfte ausgerechnet dann in New York nicht landen, angeblich aus Umweltschutzgründen – oder vielleicht, schrieb seinerzeit die Frankfurter Allgemeine Zeitung, um der US-amerikanischen Flugzeug-Industrie zu helfen, die der „Concorde“ nichts entgegenzusetzen hatte. Ähnlich verlief die Entwicklung bei uns, den Zweitaktmotor und den Wankelmotor betreffend. Wenn Sie bedenken, dass eine Transferstraße zur Motorfertigung *Milliarden Euro* kostet, dann dürfte auch dem Dümmsten einleuchten, dass die etablierten Automobilfirmen kein Interesse an andersartigen Motoren jenseits der etablierten Viertaktmotoren hatten – und haben.

Sei es, wie es sei: Zweitaktmotoren sind faszinierende Verbrennungsmotoren! Und sie sind sehr geeignet für den Einstieg in das Oldtimerhobby, einfach, weil sie so simpel aufgebaut sind und ihre Überholung meist deutlich preiswerter ist als die von Viertaktmotoren. Wenn Sie sich eine Nachkriegs-DKW oder eine NSU Lux als Restaurierungsobjekt besorgen oder gar einen DKW-Junior, dann werden Sie mit diesen unbedingt zuverlässigen Zweitaktmotoren sehr viel Spaß haben! Sind Sie einmal einen DKW-Junior gefahren? Nein? Ich hatte mal einen – und das war ein wirklich tolles Auto. Ein Klang fast wie eine Turbine, viel stärker und trotzdem ruhiger laufend als ein z. B. VW-Viertakt-Boxermotor als Konkurrent – einfach überzeugend! Leider – und genau da setzten die Kritiker der Zweitaktmotoren an – bliesen diese Zweitaktmotoren mehr oder weniger umfangreiche blaue Abgaswolken aus den Auspuffen, was von dem verbrannten Öl herrührte. Ob diese blauen Wolken wirklich der Umwelt schaden, hat de facto noch niemand bewiesen.

Längst ist es anders geworden, denn es gibt heute Öle, die dem Zweitaktmotor diese (rein optisch störende) Qualmerei abgewöhnt haben. Und da sind wir beim Thema: Wie schmieren wir den Zweitaktmotor? Die Uraltvariante mischt dem Benzin einen Anteil Öl bei. Früher war sehr lange das Mischungsverhältnis 1:25 vorherrschend, d. h., auf 25 l Benzin gibt man einen Liter Zweitaktöl. Zweitaktöl? Ja, in der Tat, es gibt spezielle Zweitaktöle, die deutlich anders additiviert sind als Viertakt-Motorenöle. Dazu müssen Sie nur eines wissen: Es gibt normale Zweitaktöle und Zweitakt-Rennöle. Zweitakt-Rennöle haben meist einen großen Anteil an *Rizinusöl.* Das Pflanzenöl Rizinusöl ist ein absolut überragendes Schmieröl, aber es versulzt und verdreckt den Motor in kurzer Zeit. Für Wettbewerbsmotoren, die nach jedem Rennen auseinandergenommen, repariert und gereinigt werden, ist das kein Thema, aber bei Alltagsmotoren stört das sehr. Also kaufen Sie ein Alltags-Zweitaktöl, kein Rennöl. Nun nehmen Sie einen Benzinkanister, füllen zur Hälfte Benzin ein, geben die passende Menge Zweitaktöl dazu, schütteln das Ganze durch und füllen mit Benzin ganz auf. Falls dieser Kanister mehrere Wochen unberührt steht, schütteln Sie vor dem Tanken nochmal kräftig durch. Heute sind gängige Mischungsverhältnisse 1:40 oder 1:50, bei Bootsmotoren bis 1:100.

Bild 7.1 Das meistkopierte Motorrad der Welt: die unverwüstliche DKW RT 125 mit 125-ccm-Zweitaktmotor, entworfen von Hermann Weber, dem DKW-Chefkonstrukteur (mit freundlicher Genehmigung des Unternehmensarchivs der AUDI AG)

Die andere Variante ist die *Getrenntschmierung.* Hier hat das Fahrzeug zusätzlich zum Benzintank einen separaten Öltank, in den Sie Zweitaktöl geben. Eine spezielle Ölpumpe, vom Motor angetrieben, holt nun aus diesem Öltank Öl und gibt es über eigens dafür vorhandene Ölleitungen in den Ansaugkanal und meist obendrein direkt zu den Kurbelwellenhauptlagern, manchmal direkt an die Zylinderwände, Öl. Die Ölpumpe ist nicht nur rein drehzahlabhängig, weil sie eben vom Motor angetrieben wird, sondern auch noch *lastabhängig,* weil sie über einen Bowdenzug mit dem Gasdrehgriff verbunden ist, Bild 7.4. Der große Vorteil dieser Getrenntschmierung ist, dass nicht nur das blöde Mischen von Benzin mit Öl im Kanister wegfällt, sondern – und das ist viel wichtiger – die Schmierung viel besser an Drehzahl und Last angepasst ist: Bei Last, z. B. beim Berghochfahren, wird durch den weit geöffneten Gasdrehgriff mehr Öl gefördert. Der umgekehrte Fall, das Bergabfahren, ist noch viel kritischer bei Mischungsschmierung, weil man da den Gasdrehgriff geschlossen hat und damit der Motor praktisch kein Öl mehr bekommt. Erfahrene Zweitaktfahrer geben bei mischungsgeschmierten Motoren daher ab und zu einen Gas-

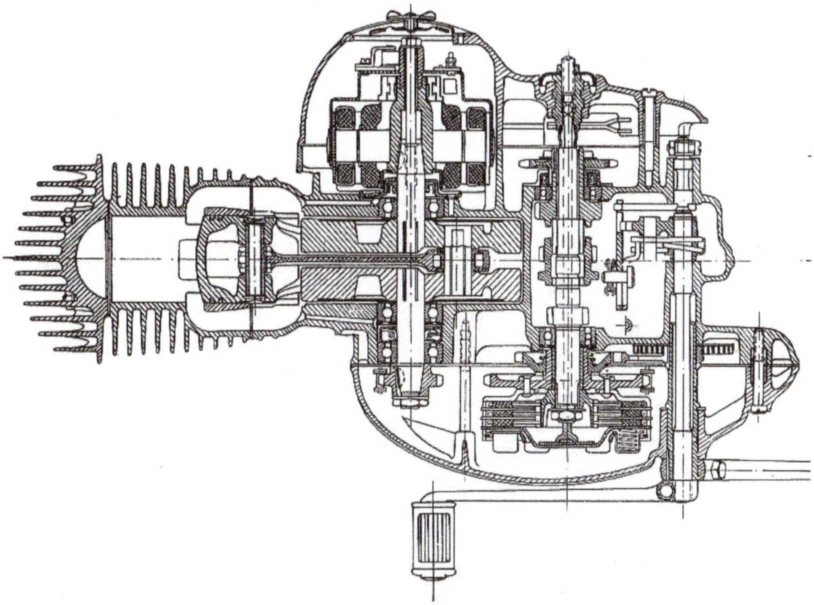

Bild 7.2 Der robuste 125-ccm-Zweitaktmotor der DKW RT 125. Kurbelwelle in drei Kugellagern gelagert, unteres Pleuellager als Rollenlager, oberes Pleuellager als Gleitbuchse. Der Motor wurde mit Mischung 1:25 gefahren (mit freundlicher Genehmigung des Unternehmensarchivs der AUDI AG).

stoß, wenn es bergab geht, auch wenn das fahrtechnisch kontraproduktiv ist. Aber Zweitaktmotoren haben ohnehin eine viel geringere Bremswirkung als Viertaktmotoren. Hingegen sorgt die Getrenntschmierung auch beim Bergabfahren für Schmiersicherheit, weil jetzt zwar der Gasdrehgriff geschlossen ist, aber die Ölpumpe relativ schnell dreht, da der Motor schnell läuft. Aus Sicht der Schmiersicherheit ist also die Getrenntschmierung der Mischungsschmierung weit überlegen. Sie können sich auf diese Getrenntschmiersysteme wirklich verlassen, sie sind sehr robust und die Pumpen gehen eigentlich nie kaputt – immer unterstellt, dass das Schmiersystem ordentlich gewartet ist. Egal, ob Mischungs- oder Getrenntschmierung: Die Kurbelwellen- und unteren Pleuellager von Zweitaktern sind immer Wälzlager – von Uralt-Konstruktionen aus den 1920er-Jahren und davor abgesehen – weil diese Verlustschmierungen der Zweitakter doch an sich sehr wenig Öl an die Schmierstellen bringen, aber damit kommen Wälzlager sehr gut klar; Gleitlager wären in kürzester Zeit vollkommen zerstört. Bei älteren Motoren waren die oberen Pleuellager Gleitlager, Bild 7.2, aber die oberen Pleuellager machen keine Dreh-, sondern nur eine Schwenkbewegung, daher funktioniert das. Modernere Zweitakter haben aber auch hier Wälzlager in Form von Nadellagern. Kritisch sind immer die Wellendichtringe auf der Kurbelwelle, denn das Kurbelgehäuse muss ja gasdicht sein. Bei alten, gebrauchten Motoren sind besonders bei Mehrzylinder-Kurbelwellen die inneren Wellendichtringe undicht. Das Auswechseln können Sie einem professionellen Motorüberholer überlassen, weil dazu die aus Einzelteilen mit Pressverbänden zusammengesetzte Kurbelwelle auf einer hydraulischen Presse[1] auseinandergepresst werden muss.

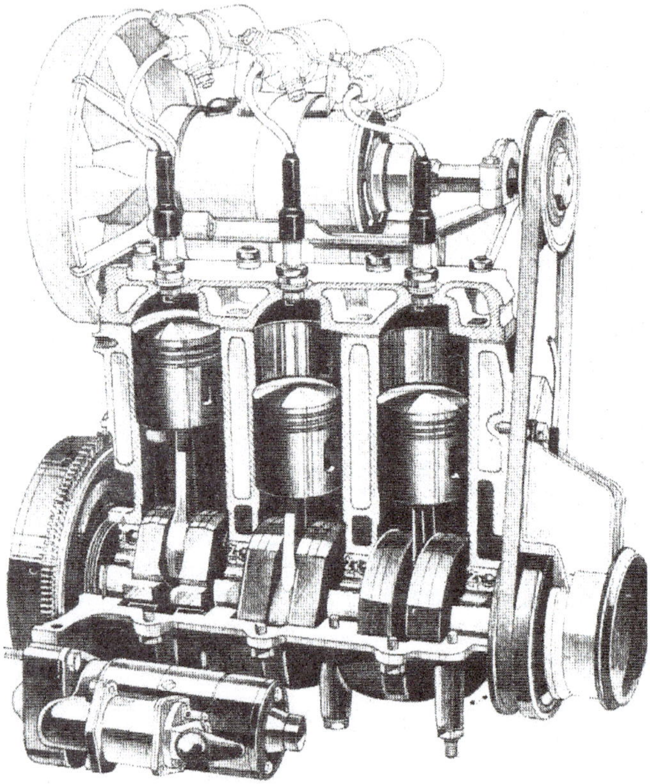

Bild 7.3 Der Dreizylinder-Zweitaktmotor des DKW Junior bzw. DKW Junior de Luxe (750 bzw. 800 ccm, Gemisch 1:40 bzw. Frischölautomatik mit 3,8-l-Öltank im Motorraum, 34 PS): Der Motor hat drei Zündspulen mit drei Unterbrechern und eine Thermosyphonkühlung ohne Wasserpumpe. Der ähnliche Motor des Auto Union 1000 Sp mit 980 ccm hatte immerhin 55 PS bei 90 Nm Drehmoment (mit freundlicher Genehmigung des Unternehmensarchivs der AUDI AG).

Man hört immer wieder, dass man eine Maschine mit Getrenntschmierung auch ohne weiteres nur mit Mischungsschmierung betreiben könne, falls man dem Getrenntschmiersystem misstraut. Ist das wirklich so? Betrachten Sie dazu Bild 7.5: Das Öl wird von der Pumpe einerseits in den Ansaugkanal gefördert, aber auch direkt zu den Kurbelwellenlagern und weiter in den Hubzapfen, um direkt das hochbelastete Pleuellager zu schmieren. Das bedeutet, dass eine Mischungsschmierung zumindest bei diesem Motor ohne entsprechende Umbauten das Pleuellager nicht richtig mit Öl versorgen kann! Ehe Sie also solche Experimente machen, prüfen Sie anhand der Werksunterlagen, ob diese Umstellung überhaupt möglich ist – ob sie wirklich sinnvoll ist, wage ich stark zu bezweifeln.

1 Wenn Sie eine hydraulische 10-t-Presse haben, können Sie das auch theoretisch selbst machen. Dazu gibt es entsprechende Videos auf YouTube, u. a. auch von mir.

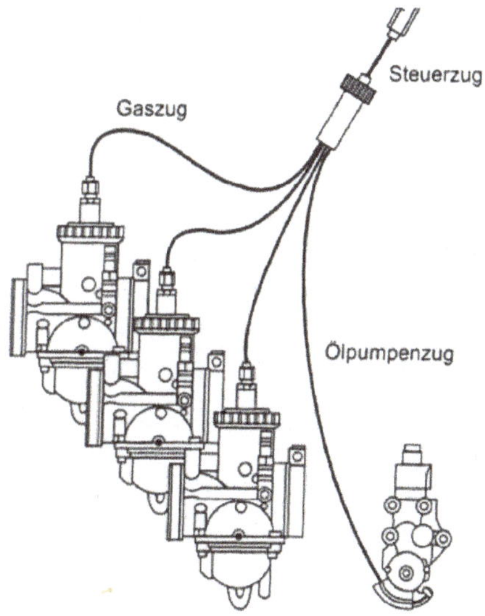

Bild 7.4 Steuerung der Fördermenge der Ölpumpe über den Gasdrehgriff (Werkbild der Kawasaki Heavy Industries [77])

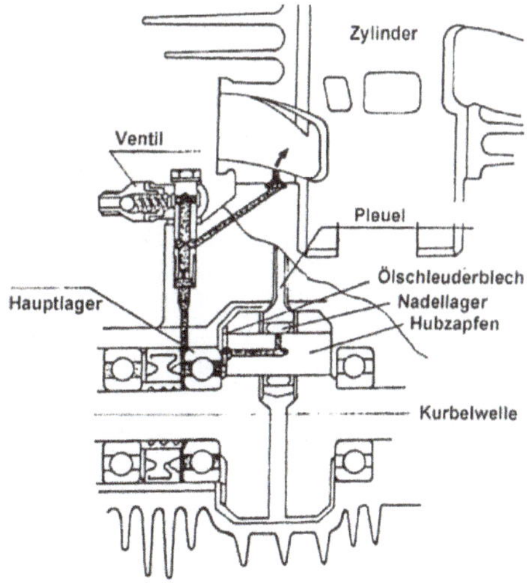

Bild 7.5 Ölversorgung des Motors: Öl wird in die Ansaugkanäle und direkt zu den Kurbelwellenlagern gepumpt (Werkbild der Kawasaki Heavy Industries [77]).

In Bild 7.5 sehen Sie ein Ventil, genau genommen ist das ein Rückschlagventil. Die Funktion dieser Rückschlagventile, die auch direkt in der Ölpumpe sitzen können, wird unterschiedlich erklärt: Das Werkstatthandbuch für die Kawasaki-Modelle H1 und H2 [77] sagt, dass sie bei stehendem Motor verhindern sollen, dass Öl in die Pumpe zurückläuft. Eine andere Erklärung [79] besagt, dass diese Rückschlagventile bei stehendem Motor verhindern sollen, dass Öl aus dem immer höher liegenden Öltank in die Pumpe läuft und von dort direkt in die Ansaugkanäle bzw. Kurbelwellenlager – bis das Kurbelgehäuse mit Öl vollgelaufen ist und dann beim nächsten Start durch den nun erfolgenden hydraulischen Schlag die Pleuel beschädigt werden. Das erscheint mir einleuchtender als die erste Erklärung, zumal es glaubhafte Berichte von Zweitaktspezialisten gibt, die genau solche Schäden bestätigen. Achten Sie also auf einwandfreie Funktion dieser Ventile; es gibt bei spezialisierten Händlern Reparatursätze. Wenn Sie diesen Ventilen nicht so wirklich trauen, was bei 50 Jahre alten Ventilen verständlich ist, selbst wenn sie geprüft und überholt wurden, dann montieren Sie so wie ich einen Absperrhahn zwischen Öltank und Pumpe, Bild 7.8. Nur dürfen Sie dann das Öffnen und Schließen dieses Hahns niemals vergessen. Wenn Sie sich diese Reihenfolge angewöhnen – vor dem Starten zuerst Ölhahn öffnen, dann als zweites Benzinhahn öffnen, dann erst Zündung an – dann sollte nichts passieren. Beim Stoppen verfahren Sie dann umgekehrt.

Da das Öl verbrannt wird, bildet sich im Auslassschlitz des Zylinders, auf dem Kolbenboden, dem Zylinderkopf, aber besonders in der Auspuffanlage *Ölkohle*, die Sie im Rahmen der regelmäßigen Wartung entfernen sollten. Die meisten Zweitakt-Auspuffanlagen können Sie zerlegen, und die Einsätze können Sie durch Abkratzen der Ölkohle oder eleganter durch Ausbrennen mit einer Propan- oder Azetylen-Sauerstoff-Flamme säubern. Wie oft? Das hängt von Ihrer Fahrweise, dem verwendeten Zweitaktöl und der Einstellung der Ölpumpe bei Getrenntschmierung ab. Als Anhaltswert sollten Sie die Auspuffanlage alle 3000 – 5000 km mal checken.

Bild 7.6 Eine sehr sportliche, schöne und zuverlässige Maschine von 1973 – meine damalige 250er Yamaha RD 250: Der Öltank der Getrenntschmierung befindet sich unter der Sitzbank [2].

Da Zweitakter bei jeder Kurbelumdrehung zünden, werden die Zündkerzen merklich höher belastet als bei Viertaktmotoren, und daher sind sie viel früher verbraucht. Es ist keine Verschwendung, sie alle 3000 km auszutauschen, gleichwohl gibt [80] eine Kerzenlebensdauer von 10.000 km an. Prinzipiell sind das zwar die gleichen Zündkerzen wie bei Viertaktmotoren, aber halten Sie sich zunächst an die Empfehlungen des Zweitaktmotoren-Herstellers. Beobachten Sie dann, wie die Zündkerzen auf Ihren Fahrstil reagieren: Wenn Sie wie ich hauptsächlich auf kleinen Nebenstraßen unterwegs sind, dann kann eine heißere Zündkerze angebracht sein, weil die Zündkerzen zu dunkel, fast schwarz sind: Ich fahre bei meiner H1 statt der Standardkerze NGK B9HS die B8HS. Wenn Sie hingegen ständig mit Vollgas über die Autobahn heizen, dann wäre sogar eine kältere B10HS bei der H1 sinnvoll – aber ändern Sie dies alles mit Bedacht und genauester Beobachtung. Denn Zweitakter haben eine fatale Eigenschaft: Mit einer zu heißen, d. h. im Wärmewert zu niedrigen Kerze kann es schnell Löcher in den Kolben geben! Für Löcher in den Kolben kann auch das falsche Benzin sorgen. Ich mache da keine Experimente und tanke bei meiner H1 nur den sehr teuren 100-Oktan-Sprit[2], weil die H1 bekanntermaßen zum Klingeln neigt. Bei den älteren DKW- oder NSU- oder sonstigen Zweitaktern kommen Sie mit normalem 95-Oktan-Benzin aus. Außerdem ist besonders bei Hochleistungs-Zweitaktern sehr wichtig, dass Zündzeitpunkt, Vergaserbedüsung und Vergasereinstellung stimmen. Zu früher Zündzeitpunkt, zu kleine Vergaserdüsen sowie falsche oder zu tief gehängte Düsennadeln können ebenfalls Löcher in den Kolben produzieren (Näheres dazu siehe Kapitel 8 und Kapitel 9).

Besonders ältere mischungsgeschmierte Zweitakt-Konstruktionen können, wenn falsch gefahren, zu Kolbenklemmern neigen: Der Kolben wird zu warm, sei es durch zu niedertouriges Fahren unter hoher Last, Bergabfahren ohne zwischenzeitliche Gasstöße oder

[2] Was Ihre Lieblings-Tankstelle so hat: Aral Ultimate 102, Shell V-Power Racing, enistation Super 100 Tech+

Bild 7.7 Der Mega-Knaller von 1969 – die 500er Kawasaki H1 500 Mach III, die damals schnellste Serien-500er der Welt: Hier ist meine H1A von 1971 zu sehen. Der Öltank mit der Aufschrift „500“ befindet sich hinter dem Kickstarter [2].

Bild 7.8 Ein nachträglich angebrachter Ölabsperrhahn zwischen Öltank und Ölpumpe an meiner Kawasaki H1 500 [2]

falsche, d. h. zu kleine Vergaserdüsen. Dann dehnt er sich zu stark aus und fängt das Klemmen im Zylinder an. Das merken Sie daran, dass der Motor auf einmal dunkler klingt und müde wird, d. h., er reagiert kaum noch aufs Gasgeben. Ziehen Sie dann sofort die Kupplung, stoppen Sie den Motor und lassen ihn abkühlen. Meist können Sie danach wieder weiterfahren. Zuhause nehmen Sie den Zylinder ab und betrachten Kolben und Zylinderlaufbahn. Wenn der Kolben leichte Klemmspuren hat, dann ist das nicht tragisch, sondern fast normal bei Zweitaktern. Glätten Sie diese Klemmspuren mit Schmirgelleinen[3] und bauen den Kolben wieder ein. Das können Sie auch beim Zylinder machen, wenn sich dort etwas Aluminium vom Kolben abgeschmiert hat. Das klingt sehr rustikal, ist aber ganz gängige Praxis. Wenn Sie nicht merken, dass der Motor müde wird und das Klemmen anfängt, dann kann der Klemmer in einen *Kolbenfresser* übergehen: Der Motor geht kreischend fest, dabei wird, wenn Sie nicht sofort die Kupplung ziehen, das Hinterrad blockieren, was schnell zu einem Abflug in den Acker führen kann. Auch hier kann es sein, dass der Motor vielleicht nach Abkühlen wieder läuft, wenn auch schlecht. Aber es ist auch drin, dass sich der Kolben unverrückbar mit dem Zylinder verschweißt hat und Sie ihn mit einem Holzklotz und schwerem Hammer regelrecht herausschlagen müssen. Dann gehen Sie zu einer *Zylinderschleiferei*, lassen den Zylinder auf das nächste Übermaß bohren und honen; diese Motorüberholungsbetriebe liefern Ihnen auch gleich den passenden Übermaßkolben mit.

Bild 7.9 Ein Kolben einer Kawasaki H1 500 mit leichten Klemmspuren – nicht tragisch [2]

Sie wissen, dass ein Hochleistungs-Zweitaktmotor eigentlich keine Kolbenmaschine, sondern in Wahrheit eine *Strömungsmaschine* ist: Seine mitunter brachiale Leistung kommt nur durch die ausgeklügelten und in vielen Versuchen der Motorfabrik ausbaldowerten Gasschwingungen[4] zustande. Daher sind alle Basteleien am Ansaugtrakt – Stichwort Luftfilter oder andere Vergaser – fast immer kontraproduktiv. Es sei denn, Sie wissen ganz genau, was Sie tun. Noch extremer wirken sich Änderungen an der Auspuffanlage aus: Veränderungen wirken sich fast immer sehr negativ auf Leistung und Laufverhalten aus. Früher

[3] [80] empfiehlt einen in Zweitaktmischung getauchten Korundstein, mit dem ausschließlich in Längsrichtung geschliffen wird.

[4] Diese Erkenntnisse hat man erst seit den 1950er-, eher 1960er-Jahren. Hier haben besonders die Ingenieure in der DDR, allen voran WALTER KAADEN, wertvolle Erkenntnisse gesammelt, bis die Japaner das Feld mit der ihnen eigenen Gründlichkeit aufrollten.

war es große Mode, dass „jugendliche Straftäter“[5] ihre Mofas, Mopeds und Kleinkrafträder mit veränderten oder ganz weggelassenen Auspuffdämpfern „tunen“ wollten – außer infernalischem Krach, was schnell die Herren in (damals) Grün auf den Plan rief und die bundesdeutschen Spießer[6] in Weißglut brachte – war das Ganze zu rein gar nichts gut, weil die Leistung dieser Kisten stark einbrach.

Aber das klingt alles viel schlimmer, als es ist: Ein gut gewarteter und sauber eingestellter Zweitaktmotor ist außerordentlich zuverlässig. Im Laufe meines Motorradlebens hatte ich diese Zweitakter: DKW RT 125 W, DKW RT 250 H, Göricke Gö 175 S mit dem 175 ccm Sachs-Motor, NSU Lux[7], Zündapp Bella 200 ccm, Triumph BDG 250 H, Kreidler Florett RS, Yamaha RD 250 und Kawasaki H1 500 Mach 3 – und selbst bei den erstgenannten deutschen Oldtimern hatte ich nur ganz selten mal einen Klemmer, bei den „modernen“ Zweitaktern niemals! Mein DKW-Junior lief immer ohne die geringsten Probleme. Also trauen Sie sich: Legen Sie sich als Oldtimer-Fan einen Zweitakter zu, am besten eine sportliche Japanerin, und Sie werden, wie ich, von diesen mechanisch doch so einfachen, in ihrer Funktion aber sehr komplizierten Motoren fasziniert sein.

[5] Der Ausdruck stammt aus dem Film „Straße in Flammen“.

[6] Der typische deutsche Hobbypolizist war niemals jung, sondern ist bereits alt auf die Welt gekommen, wie der unsterbliche LORIOT in „Papa ante portas“ in anderem Zusammenhang bemerkte.

[7] Als Student hatte ich eine NSU Lux mit Seitenwagen LS 200 – das Ganze war mehr eine Gehhilfe als ein Motorradgespann – aber der Lux-Motor mit seinen 8,6 PS schleppte diese Fuhre sogar Berge hoch ohne zu klagen. Ein wirklich unverwüstlicher Motor!

8 Zündanlagen

Ottomotoren, landläufig Benzinmotoren oder „Benziner" genannt, arbeiten mit *Fremdzündung*, während Dieselmotoren *Selbstzünder* sind. Aber der Oberbegriff *Ottomotor* umfasst nicht nur Benzinmotoren, sondern alle fremdgezündeten Motoren, die z. B. mit Erdgas, Propan- oder Butangas oder auch Wasserstoff betrieben werden. Frühe Ottomotoren arbeiteten mit einem Schieber, der, wenn geöffnet, eine Flamme in den eigentlichen Brennraum schlagen ließ, oder einem Glührohr, das von außen mit einer Flamme beheizt wurde. Aber bereits LENOIR zündete das brennbare Gemisch in seinem verdichtungslosen Gasmotor mit einem elektrischen Hochspannungsfunken an einer Zündkerze, der mit einem *Ruhmkorffschen Funkeninduktor* erzeugt wurde. Dieses Prinzip der Funkenerzeugung wandten später CARL BENZ bei seinem Patent Motorwagen Nummer 1 und HENRY FORD bei seiner berühmten Modell T, der TIN LIZZY, an.

Diese Fremdzündung mit einem Hochspannungs-Zündfunken hat sich seit den Zeiten der allerersten Autos bis heute gehalten. Als Zwischenepisode im 19. Jahrhundert gab es kurze Zeit die *Niederspannungs-Magnetzündung*, bei der eine Art Schalter in den Brennraum ragte, der beim Öffnen einen Abreißfunken recht geringer Spannung überspringen ließ. Sie kennen das Prinzip vom Lichtschalter in der Wohnung: Sie sehen besonders im Dunkeln beim Ausschalten mitunter einen blauen Funken im Schalter leuchten. Sie können sich vorstellen, dass ein mechanischer Schalter, der über ein sog. Abreißgestänge betätigt wird, im Brennraum nicht lange lebt – damit ist dieses Thema schon lange erledigt.

„Aus diesem Grund beauftragte ROBERT BOSCH im Sommer 1901 seinen Mitarbeiter und Entwicklungsleiter GOTTLOB HONOLD mit der Konstruktion einer Magnetzündung ohne Abreißgestänge. Nach nur wenigen Monaten präsentierte HONOLD die Hochspannungs-Magnetzündung, auch Lichtbogenzündung genannt, Bild 8.1. Sie erzeugte durch zwei Wicklungen auf dem Anker eine Hochspannung. Diese Spannung wurde über Kabelverbindung an eine Zündkerze weitergeleitet. Zwischen deren Elektroden sprang der hochgespannte Strom in Form eines Funkens über." [136].

Da Magnetzünder heute nur noch bei Flugmotoren und Kleinmotoren für Gartengeräte und Leichtroller verwendet werden, sprechen wir zunächst über die fast nur noch verwendete *Batteriezündung*. Batteriezünder haben obendrein den Charme, dass ihre Funktionsweise leichter zu verstehen ist als die der Magnetzünder und man dieses Wissen dann leicht auf Magnetzündungen übertragen kann: Auf die Magnetzünder kommen wir also später wieder zu sprechen.

Bild 8.1 Bosch-Hochspannungs-Magnetzündung um 1901 [136]

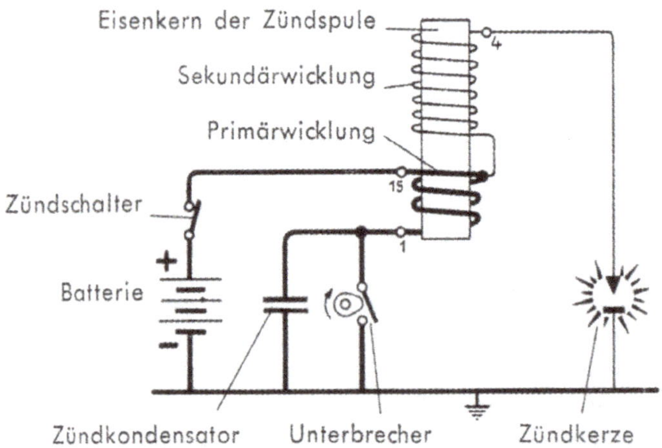

Bild 8.2 Schema einer Batteriezündung für einen Einzylindermotor (mit freundlicher Genehmigung der Robert Bosch GmbH, Stuttgart)

Bild 8.3 12-V-Zündspule, typisch für Automotoren (mit freundlicher Genehmigung der Robert Bosch GmbH, Stuttgart)

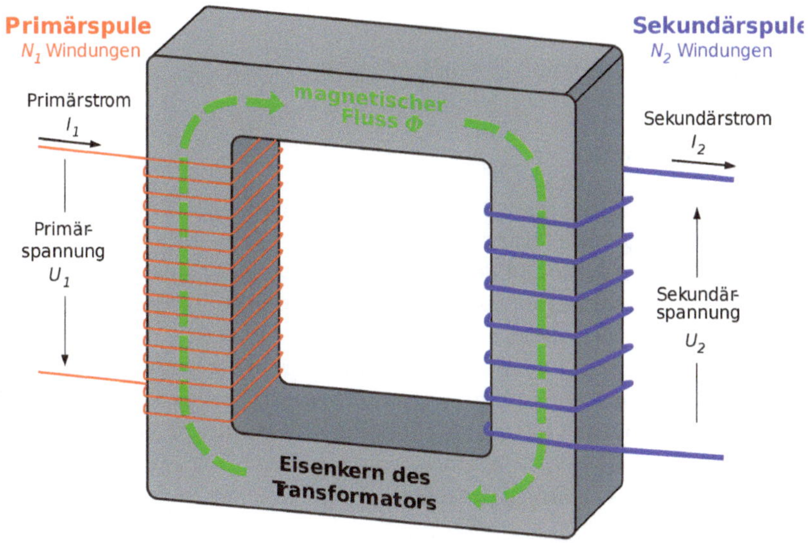

Bild 8.4 Schema eineTransformators [137]

8.1 Batteriezünder

Das zentrale Element ist die *Zündspule*. Dies ist einfach ein Transformator, allerdings in Sparschaltung. Ein Transformator basiert auf dem Induktionsgesetz von MICHAEL FARADAY von 1831. Es ist eins der zentralen Gesetze der Elektrotechnik und lautet:

$$U = -N \cdot \frac{\mathrm{d}\Phi}{\mathrm{d}t} \tag{8.1}$$

Erschrecken Sie nicht – es ist ganz einfach: N ist die Anzahl der Windungen der Spule und der Ausdruck mit dem Bruchstrich ist die *zeitliche Änderung* des magnetischen Flusses Φ, also des Magnetfelds. Mit diesem an und für sich sehr einfachen Gesetz kann man einen Transformator bauen, Bild 8.4: Nun gilt:

$$U_1 = -N_1 \cdot \frac{\mathrm{d}\Phi}{\mathrm{d}t} \qquad U_2 = -N_2 \cdot \frac{\mathrm{d}\Phi}{\mathrm{d}t} \tag{8.2}$$

Der magnetische Fluss ist für beide Spulen gleich und daraus folgt:

$$\frac{U_1}{N_1} = \frac{U_2}{N_2} \tag{8.3}$$

Beispiel: Hat die Spule 1 100 Windungen und Spule 2 10.000 Windungen, dann ist bei einer Spannung U_1 von 12 V die Spannung U_2 an der Spule 2:

$$\frac{12}{100} = \frac{U_2}{10000}, \text{ daher ist } U_2 = \frac{12 \cdot 10000}{100} = 1200\,\mathrm{V}$$

Mit dem Strom I verhält es sich genau umgekehrt:

$$\frac{I_1}{I_2} = \frac{U_2}{U_1} \tag{8.4}$$

Bezugnehmend auf unser vorheriges Beispiel: Auf der Primärseite soll ein Strom I_1 von 5 A fließen, dann ist der Strom I_2 auf der Sekundärseite:

$$\frac{5}{I_2} = \frac{1200}{12}, \text{ daher ist } I_2 = \frac{5 \cdot 12}{1200} = 0{,}05\,\text{A}$$

Das bedeutet: Wenn auf der Sekundärseite die Spannung steigt, dann sinkt umgekehrt der Strom. Durch dieses geniale Prinzip des Transformators kann man den Strom, der in den Kraftwerken mit 20.000 V von den Generatoren erzeugt wird (viel mehr geht aus Isolationsgründen im Generator nicht), auf bis zu 380.000 V hochtransformieren, um ihn bei entsprechend verringerten Stromstärken und damit geringeren Widerstandsverlusten über weite Entfernungen zu schicken. Am Bestimmungsort wird er wieder heruntertransformiert. Das ist der Grund, warum der Wechselstrom technisch eine so überragende Bedeutung hat. Das Ganze funktioniert aber nur, solange eine Änderung des magnetischen Flusses erfolgt. Dies ist bei *Wechselstrom* der Fall; der Wechselstrom mit dem Effektivwert 230 V, der in Ihrem Haus ankommt, wechselt 50-mal pro Sekunde seine Polarität in Form einer Sinuskurve, das sind 50 Hz.[1]

Was hat das Ganze mit einer Zündanlage zu tun? Sie funktioniert genauso. Die Zündspule ist ein Transformator, der die 12-V-Bordspannung Ihres Autos oder Motorrads auf eine Spannung von 10.000 V – 20.000 V[2] transformiert, weil nur dann ein gescheiter Funke an der Zündkerze überspringt und das Kraftstoff-Luft-Gemisch anzündet. Doch der Gleichstrom des Bordnetzes kann keine Änderung des magnetischen Flusses bewirken, weil er ein konstantes Magnetfeld aufbaut – daher kann man Gleichstrom nicht transformieren! Und warum haben wir *Gleichstrom* im Bordnetz eines Fahrzeugs? Weil nur Gleichstrom sich in Akkumulatoren (landläufig Auto- bzw. Motorradbatterie genannt) speichern lässt![3] Mit Wechselstrom geht das nicht, der muss erst gleichgerichtet werden. Nun bedient man sich eines Tricks: Man baut in den Primärkreis einen Schalter ein, den *Unterbrecher*, Bild 8.2. Wenn der Schalter eingeschaltet wird, dann wird ein Magnetfeld aufgebaut, und das bedeutet eine Änderung des magnetischen Flusses, der vorher null war. Nun entsteht in der Sekundärwicklung der Zündspule eine Spannung, die aber nicht hoch genug zum Zünden ist. Irgendwann ist das Magnetfeld vollständig aufgebaut und ändert sich nicht mehr. Jetzt wird der Unterbrecher *geöffnet*; das Magnetfeld bricht zusammen – und das ist ebenfalls eine Änderung des magnetischen Flusses, nur in die umgekehrte Richtung. Nun entsteht ein kräftiger Funke, weil ein Magnetfeld viel schneller zusammenbricht, als es aufgebaut wird. Beim Öffnen des Unterbrechers ist also die Änderung des magnetischen Flusses viel größer als beim Schließen des Unterbrechers! Und damit kein Öffnungsfunke beim Öffnen entsteht, der den Zusammenbruch des Magnetfelds verlangsamen würde, wird ihm ein *Kondensator* zum Funkenlöschen parallel geschaltet.

---

1 Die Deutsche Bahn fährt mit 16,7 Hz; dieser Bahnstrom wird in separaten Kraftwerken, z. B. dem Walchensee-Kraftwerk in Oberbayern, erzeugt.

2 [80] gibt 12.000 V an.

3 Das ist eines der riesigen Probleme bei der sog. *Energiewende*: Strom aus Sonne und Wind, der bei passendem Wetter vielleicht zu viel anfällt, kann großtechnisch nicht gespeichert werden! Die bislang einzige Möglichkeit sind *Pumpspeicherkraftwerke*, die aber Berge, ideologiefreie Politiker und verständige Bürger voraussetzen – das alles ist in Deutschland Mangelware.

Bild 8.2 enthält noch eine interessante Information: Das ist die zumindest in Deutschland gängige Nummerierung der Anschlüsse in Kraftfahrzeugen. So ist Klemme 1 der Zündspulen-Anschluss zum Unterbrecher, Klemme 15 ist immer die positive Spannung[4] am Zündschloss und Klemme 4 ist der Hochspannungsanschluss der Zündspule.

Dieses Prinzip kann leicht auf Mehrzylindermotoren erweitert werden: Bild 8.5 zeigt eine Zündanlage für einen Zweitakt-Zweizylindermotor oder sinngemäß für einen Viertakt-Zweizylinder als Gegenläufer, wobei der Unterbrechernocken dann auf der Nockenwelle sitzt und die beiden Unterbrecher um 90° versetzt sind, z. B. bei den Honda CB250/350 K. Bild 8.7 ist typisch für frühere Vierzylindermotoren: Man hat eine einzige Zündspule, einen Unterbrecher und einen Kondensator, aber einen Unterbrechernocken mit vier Höckern. Er ist mechanisch gekoppelt mit dem *Verteiler*, der die Zündfunken auf die einzelnen Zylinder verteilt. Dabei schleift der *Verteilerläufer* nicht auf den vier Kontakten, sondern es ist ein Luftspalt von ca. 0,5 mm vorhanden, sodass die Übertragung durch Funkenüberschlag erfolgt. Diese Bauweise kann leicht auf Sechszylindermotoren erweitert werden, und sie wurde sogar bei Achtzylindermotoren[5] angewandt. Hier ist es aber so, dass man schnell an Grenzen stößt, weil der Unterbrechernocken mit acht Höckern den Unterbrecher[6] kaum mehr zur Ruhe kommen lässt, und das bedeutet, dass die Zeit zum „Aufladen“ der Zündspule, also dem Aufbau des Magnetfelds, zu kurz wird. Hierfür ist maßgebend der *Kontaktabstand* des geöffneten Unterbrechers, der zwischen 0,35 und 0,4 mm beträgt. Dadurch wird der *Schließwinkel* – das ist der Winkel, während dessen der Unterbrecher geschlossen ist und das Magnetfeld aufgebaut wird – bestimmt, der bei Vierzylindermotoren um die 50° – 55° liegt, bei Sechszylindermotoren ca. 35° – 41° bei verringertem Kontaktabstand, und bei Achtzylindermotoren beträgt der Schließwinkel etwa 33° – 37° [81]. Bei Mehrzylindermotoren, die nach dem Prinzip von Bild 8.7 arbeiten, stellt man anstelle des Kontaktabstands eher den Schließwinkel mit einem *Schließwinkeltester* ein.

Diese Art der Zündanlagen mit Unterbrecher wurde im Westen bis etwa 1980 hergestellt, später hat man den Unterbrecher im Verteiler durch einen verschleißfreien *Hallgeber* ersetzt, und dadurch war ein Kontrollieren und Nachstellen nicht mehr nötig. Heute spendiert man jedem Zylinder seine eigene Zündspule mit integriertem Kerzenstecker und steuert die Zündspulen elektronisch durch im Steuergerät[7] hinterlegte Zündkurven an. Als es noch keine elektronischen Steuergeräte gab, wurde der Zündzeitpunkt hinsichtlich der Motordrehzahl mit einem Fliehkraftversteller, Bild 8.9, der den Unterbrechernocken verdrehte, und hinsichtlich der Last, d. h. des Unterdrucks im Ansaugrohr, mit einer Unterdruckdose, welche die Unterbrechergrundplatte verdrehte, verschoben. Das ist ganz gut und schön, aber das würde heutigen Ansprüchen an Leistung, Benzinverbrauch und besonders Abgasqualität nicht mehr genügen.

Warum muss der Zündzeitpunkt überhaupt verändert werden? Zunächst nimmt man an, dass genau dann gezündet werden muss, wenn der Kolben im oberen Totpunkt steht. Aber vom Überspringen des Zündfunkens, Anzünden des Gemischs, Durchbrennen des Gemischs bis zum Aufbau des höchsten Verbrennungsdrucks vergeht eine gewisse Zeit, sagen wir eine Tausendstel Sekunde. Diese Zeit ist in erster Näherung konstant – natürlich

---

4 Dagegen ist Klemme 30 die positive Batteriespannung.

5 Das war Standard bei amerikanischen V8-Motoren, Modell Straßenkreuzer.

6 Bei Achtzylinder- und schnellen Sechszylindermotoren wurden auch zwei gekoppelte Unterbrecher eingesetzt.

7 Das ist in Wirklichkeit ein hochentwickelter digitaler Prozessrechner.

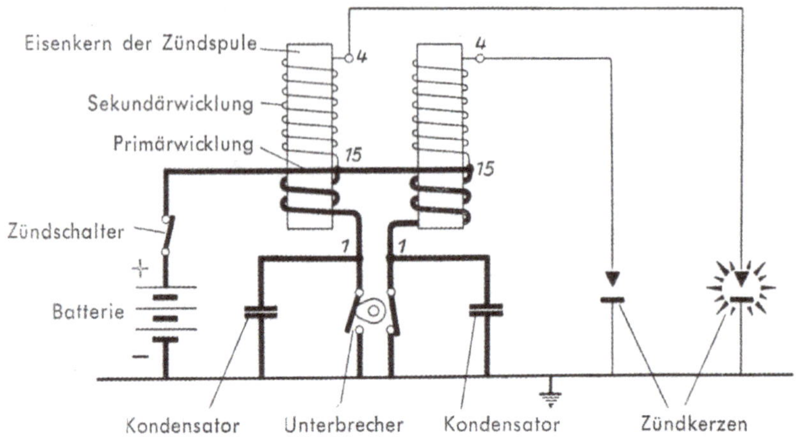

Bild 8.5 Schema einer Batteriezündung für einen Zweitakt-Zweizylindermotor: Es gibt zwei Unterbrecher und zwei Zündspulen. Dieses Prinzip kann leicht für Dreizylindermotoren erweitert werden (mit freundlicher Genehmigung der Robert Bosch GmbH, Stuttgart).

Bild 8.6 Batteriezündung für einen Zweitakt-Dreizylindermotor: drei Unterbrecher, drei Zündspulen [2]

verändert sie sich mit der Qualität des Gemischs (*mager* oder *fett*[8]) und des Lastzustands, aber das klammern wir mal aus der Betrachtung aus, damit es nicht zu kompliziert wird. Würde ich im oberen Totpunkt bei 6000 U/min zünden, dann wäre der höchste Druck 36° nach OT[9] – der Kolben ist schon längst auf dem Abwärtsweg. Nehmen wir an, dass unser Motor im Leerlauf 1000 U/min macht, dann wäre der Zündverzug 6°. Und genau das macht man auch: Im Leerlauf wird 5–6° vor OT gezündet, damit ist der höchste Druck dann vorhanden, wenn der Kolben im OT und kurz danach steht. Mit zunehmender Drehzahl verstellt der Fliehkraftversteller die Zündung immer früher, weil der Zündverzug einigermaßen konstant bleibt, sodass je nach Motorbauart eine maximale Frühzündung von 25–30° erreicht wird, bei ausgesprochenen Sportmotoren bis 45°. Steht die Zündung zu spät, nutzt der Motor den Verbrennungsdruck nicht richtig aus; Leistungsverlust und Überhitzung sind die Folge. Steht die Zündung zu früh, bekommt der Kolben bereits Verbrennungsdruck aufs Dach, bevor er ganz oben ist, und er will nun zurück: Das bedeutet Leistungsverlust, Überhitzung und besonders bei Zweitaktern schnell Löcher in den Kolben. Sie sehen, eine korrekt eingestellte und sauber funktionierende Zündanlage ist kein Luxus, sondern wirklich wichtig.

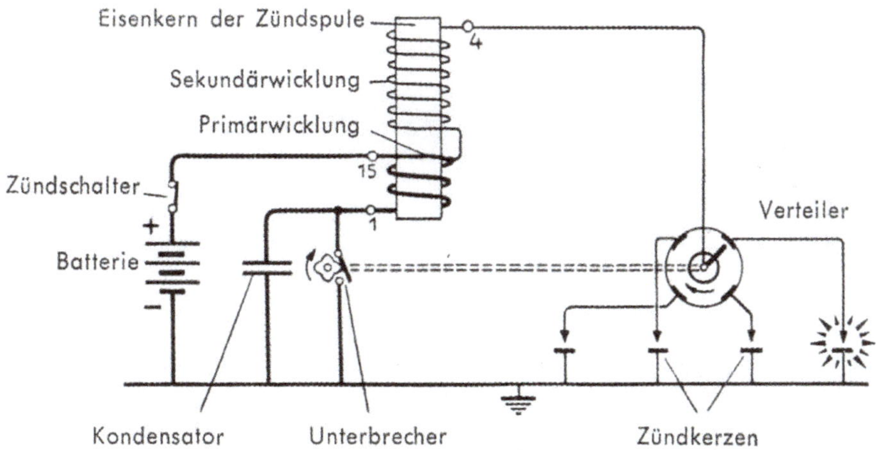

Bild 8.7 Schema einer Batteriezündung für einen Vierzylindermotor (mit freundlicher Genehmigung der Robert Bosch GmbH, Stuttgart)

Welche Fehler oder Schäden können bei diesen altmodischen Zündanlagen auftreten? Es können praktisch alle Teile kaputtgehen, aber besondere Kandidaten sind Unterbrecher, Kondensatoren, Zündleitungen und Kerzenstecker. Falls Sie einmal einen Oldtimer restaurieren, machen Sie's wie ich: Tauschen Sie einfache *alle* zur Zündung gehörenden Bauteile aus. Subtile Störungen können von ausgeleierten Rückzugsfedern im Fliehkraftversteller kommen, Bild 8.9. Aber Markenclubs wie z. B. [138] lassen solche ansonsten sehr schwer zu bekommenden Federn nachfertigen. Die eigentlichen Verschleißartikel sind die Unterbrecherkontakte: Durch den Stromdurchfluss wandert das an sich sehr harte Wolframma-

8 Oder *arm* und *reich*, wie man es bei Flugmotoren nennt.

9 6000 U/min sind 100 U/Sekunde, d. h. eine Umdrehung von 360° braucht ein Hundertstel Sekunde. Also braucht unsere angenommene Zündverzögerung von einer Tausendstel Sekunde 36°.

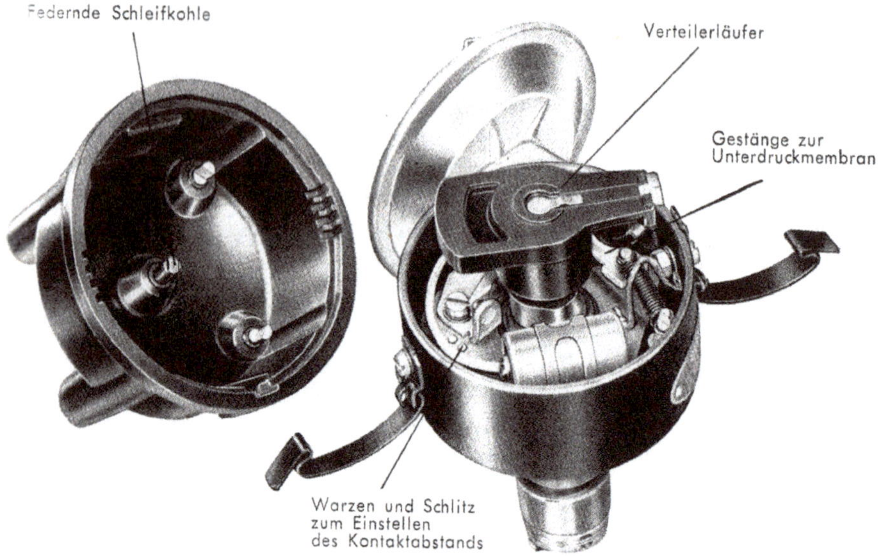

Bild 8.8 Zündverteiler für einen Vierzylindermotor (mit freundlicher Genehmigung der Robert Bosch GmbH, Stuttgart)

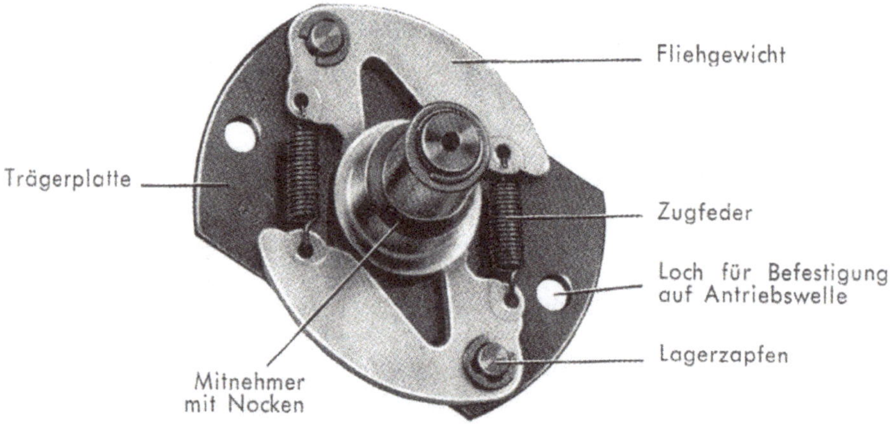

Bild 8.9 Fliehkraftversteller (mit freundlicher Genehmigung der Robert Bosch GmbH, Stuttgart)

terial vom einen zum anderen Kontakt; der eine Kontakt baut einen Höcker auf, der andere eine Vertiefung. Es ist logisch, dass man dann den Kontaktabstand nicht mehr genau messen kann. Auch wenn die Kontakte bis zu 30.000 km halten können [81]: Wenn Sie sie nach spätestens 10.000 km austauschen, sind Sie auf der sicheren Seite. Bei hochdrehenden Zweitaktern ist dies durchaus früher ratsam. Auch den Kondensator dürfen Sie ruhig öfter einmal austauschen: Wenn Sie feststellen, dass Ihr Motor sehr schlecht anspringt, zäh hochdreht und hohe Drehzahlen praktisch nicht mehr erreicht, dann können Sie von einem faulen Kondensator ausgehen! Die Japaner wissen, was sie tun, wenn sie als Ersatzteil eine komplette Zünderplatte mit Unterbrechern und Kondensatoren anbieten, Bild 8.11.

Bild 8.10 Fliehkraftversteller der Honda CB 750 Four: Links die Markierungen für das Zylinderpaar 1-4, rechts für das Zylinderpaar 2-3. Dabei steht „T" für die oberen Totpunkte und „F" (wie Fire) für die Zündzeitpunkte im Leerlauf. Der Zündnocken ist abgezogen [2].

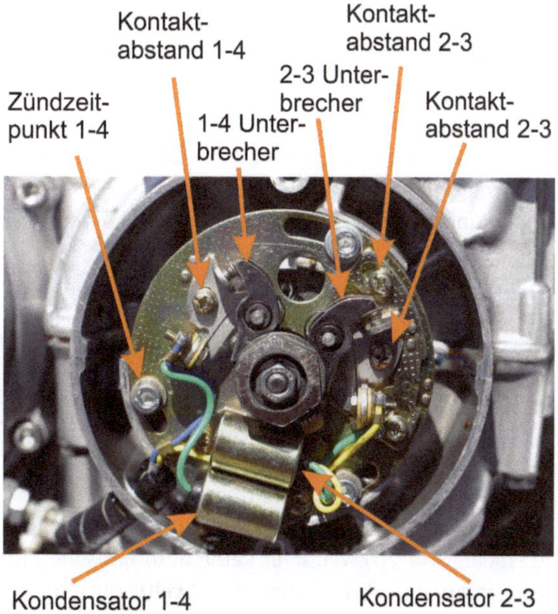

Bild 8.11 Unterbrecherplatte der Honda CB 750 Four: links der Unterbrecher für das Zylinderpaar 1-4, rechts der Unterbrecher für Zylinder 2 und 3 [2]

Nun gibt es eine trickreiche Bauweise von Batteriezündern, die gerne bei japanischen Vierzylindern – Autos und Motorrädern –, aber auch bei BMWs der Serien /5 bis /7 angewandt wurde: Zwei Zylinder, z. B. 1 und 4, sind im OT. Der eine soll zünden, der andere auspuffen. Nun haut man einfach in beide Zylinder 1 und 4 jeweils einen Zündfunken: Der eine zündet, der andere haut in den Auspufftakt und bewirkt nichts. Das wird mitunter „wasted spark" genannt. Bei Vierzylindern ist nach 180° Kurbelumdrehung das andere Zylinderpaar 2 und 3 dran. Dazu braucht es also zwei Paare Unterbrecher/Kondensatoren, jeweils ein Paar für Zylinder 1 und 4 und ein Paar für Zylinder 2 und 3. Die Zündspulen sind Doppelzündspulen, die zwei Zündfunken liefern, Bild 8.13. Meist geht das eine Ende der Hochspannungswicklung an die eine Kerze, das andere Ende an die andere Kerze. Aber BMW verwendete bei seinen Zweizylinder-Boxermotoren der Serien /5 bis /7 stattdessen zwei in Serie geschaltete 6-V-Autozündspulen. Derartige Zündanlagen mit zwei oder drei Unterbrechern stellt man wie folgt ein, Bild 8.11: Ein Unterbrecher ist direkt auf der Zünderplatte montiert, hier ist das der linke Unterbrecher, der Zylinder 1 und 4 zündet. Er wird zuerst eingestellt: Stellen Sie den Kontaktabstand auf 0,35 – 0,4 mm ein, dann wird die ganze Zünderplatte in den drei Langlöchern verdreht, bis der Zündzeitpunkt stimmt; dazu sind auf dem Fliehkraftversteller entsprechende Markierungen angebracht, Bild 8.10. Und wie sehen Sie, wann der Unterbrecher öffnet? Eine sehr einfache Methode, die aber nur bei neuen Unterbrecherkontakten[10] funktioniert, geht so: Klemmen Sie eine Fühlerlehre 0,03 – 0,05 mm zwischen die Kontakte. Ziehen Sie ganz leicht daran und verdrehen Sie die Kurbel- bzw. Nockenwelle. Sobald sie sich herausziehen lässt, beginnt das Öffnen.[11] Eleganter geht es mit einer *Prüflampe*, die Sie zwischen Klemme 1 und Fahrzeugmasse klemmen. Erst dann kommt der zweite Unterbrecher, im Bild 8.11 rechts, dran: Kontaktabstand einstellen, und zwar mit der mittleren Schraube auf ca. 3 Uhr. Dann wird die kleine Platte, durch die Schrauben auf 2 Uhr und 4 Uhr gehalten, verdreht, bis der Zündzeitpunkt für die Zylinder 2 und 3 stimmt.

Blöd wird es, wenn keine Markierungen auf einem Fliehkraftversteller, Schwungrad oder Lichtmaschinenläufer vorhanden sind. Das ist sehr häufig bei Zweitaktern der Fall. Dann stellt man über den Kolbenweg ein. Wie wir wissen, gibt es eine direkte mathematische Beziehung zwischen Kurbelwinkel α und Kolbenweg s, Gleichung (4.4):

$$s = r(1 + \frac{1}{\lambda} - \cos\alpha - \frac{1}{\lambda} \cdot \sqrt{1 - \lambda^2 \cdot \sin^2\alpha})$$

Sie brauchen aber in den seltensten Fällen selbst zu rechnen – zum Glück, weil Sie fast nie das Pleuelstangenverhältnis λ kennen –, denn die Hersteller geben den Kolbenweg an, bei dem im Stillstand gemessen werden soll. So ist der Kolbenweg bei der MZ ETZ 250 2,5 – 3,0 mm, das entspricht einem Kurbelwinkel von 20 – 22°.[12] Bei den berühmten Kawasaki-H1-Dreizylinder-Zweitaktern beträgt diese statische Vorzündung je nach Baujahr 20° – 25°, entsprechend einem Kolbenweg von 2,2 – 3,5 mm.[13] Sie sehen, mit einem Wert von 20° bis 23° liegen Sie bei Zweitaktern gar nicht so schlecht. Interessanterweise haben fast alle Hochleistungs-Zweitakter keine automatische Zündverstellung wie die Viertakter. Das liegt daran, dass das Gemisch bei Zweitaktern im Leerlauf meist ziemlich schlecht ist und diese an sich große Vorzündung nicht schadet.

Wie messen Sie den Kolbenweg? Dazu basteln oder kaufen Sie eine kleine Vorrichtung wie in Bild 8.14, das ist eigentlich nur ein Stück Kerzengewinde mit einer verlängerten Messuhr. Ob Sie eine analoge oder digitale Messuhr nehmen, ist eine Frage der Bequemlichkeit. Sie schrauben diese Einstellvorrichtung in den ersten Zylinderkopf, während Sie bei den anderen Zylindern die Kerzen herausgeschraubt haben, damit Sie den Motor schön leicht durchdrehen können. Drehen Sie, bis Sie die höchste Kolbenstellung gefunden haben, nullen Sie oder merken sich diesen Wert. Dann drehen Sie wieder weiter in Motordrehrichtung, bis die Messuhr den Vorzündungswert anzeigt. Zündet nun dieser Zylinder – wenn nein, dann verdrehen Sie die Unterbrecherplatte für diesen Unterbrecher. Das müssen Sie ein paar Mal machen, bis es passt. Dann Messuhr in den zweiten Zylinder geben und den

---

10 Weil bei gebrauchten Kontakten die sich gebildeten Abbrandhöcker eine präzise Messung unmöglich machen. Früher feilte man diese Höcker mit einer speziellen *Kontaktfeile* wieder glatt, aber eigentlich ist das Mumpitz.

11 Früher nahm man dafür Zigarettenpapier – aber wer dreht heute noch Zigaretten selbst?

12 Der Zielwert ist 3,0 mm bzw. 22°, aber es darf auch etwas weniger sein in Richtung Spätzündung.

13 Ich habe meine H1 nach einigen Versuchen auf 23°, das entspricht 2,9 mm, justiert. Die 750-ccm-H2 soll nach Werksangabe 23° bei 3,13 mm bekommen.

Bild 8.12 Einfach-Zündspule für Mopeds und Motorräder [2]

Bild 8.13 Doppel-Zündspule. unten links Anschluss 1, rechts Anschluss 15 [2]

Bild 8.14 Messeinrichtung für das Einstellen der Zündung über den Kolbenweg [2]

Zündzeitpunkt für diesen Zylinder einstellen. Natürlich haben Sie vorher die Unterbrecherabstände sauber eingestellt. Elektronische Zündungen werden sinngemäß genauso eingestellt, wobei dabei nur auf den ersten Zylinder justiert wird, weil die Hallgeber genügend genau auf der Elektronikplatine angebracht sind.

Eine gut gewartete und eingestellte traditionelle Unterbrecherzündung muss kein Nachteil sein: Immerhin fuhr man damit viele Jahrzehnte weitgehend störungsfrei durch die Welt. Es ist kaum zu glauben: Solche Unterbrecherzündungen vertragen Drehzahlen von bis zu 10.000 U/min, und zwar an der Kurbelwelle. Bei der Honda CB750 Four[14] laufen beide Unterbrecher direkt auf einem Zündnocken auf der Kurbelwelle, und die Nenndrehzahl dieses Motors ist bereits 8500 U/min, getunte Exemplare schafften aber auch bis 10.000 U/min. Allerdings trat bei mir mal der Fall auf, dass einer der beiden Unterbrecher meiner 750er Honda mitten während einer Tour das Klemmen anfing, und zwar die Isolierstoffbuchse auf der Achse. Der Motor lief nur noch auf zwei Zylindern. Zum Glück lag direkt auf dem Weg eine kleine Autowerkstatt, und der Inhaber war um 19 Uhr noch da – so ist das halt bei uns auf dem Land. Ich borgte mir etwas Schmirgelpapier vom Inhaber aus, schliff die Isolierstoffbuchse aus, bis sie sich wieder leicht drehte, gab einen Tropfen Motoröl auf das Ganze, stellte den Unterbrecherabstand grob nach Augenmaß ein und weiter ging's. Wie Sie sehen, kann man bei Unterbrecherzündungen unterwegs viel selbst reparieren, aber es sind meist Schäden, die bei einer Elektronikzündung erst gar nicht vorkommen. Wenn hingegen etwas an der Elektronikzündung kaputt ist, wird es unterwegs schwierig.

14 Dies gilt auch für die Kawasaki Z1/Z900 und für die H1 als Zweitakter sowieso.

Bild 8.15 Einstellen der Zündung mit Messen des Kolbenwegs an einer Kawasaki H1 500

Bild 8.16 Elektronische Zündung von Accent Electronic [139], welche die vorhandenen Zündspulen nutzt: Sie sieht irgendwie aufgeräumter aus als die werkseitige Unterbrecherzündung aus Bild 8.6 und muss nur einmal bei Montage eingestellt werden. Der Alu-Rotor in der Mitte trägt die Magnete, welche die Hallgeber triggern [2].

Es gibt für viele Oldtimer-Fahrzeuge inzwischen elektronische Zündanlagen als Ersatz für die Unterbrecherzündungen. Sehr gute Quellen sind aus meiner Erfahrung [139] und [140]. Von der Firma Accent Electronic [139] habe ich elektronische Zündanlagen für meine CB750 Four, Kawasaki Z900 und Kawasaki H1 500 erworben und sehr gute Erfahrungen damit gemacht. Der Vorteil: Man muss sie lediglich einmal einstellen. Danach hat man keinen Ärger mehr mit Unterbrechern und Kondensatoren. Die Motoren scheinen auch im Leerlauf besser zu laufen.

8.2 Magnetzünder

Die frühen Autos und Motorräder mit Batteriezündung hatten als Stromquelle lediglich einen Akkumulator. Wenn der leer war, musste der erst wieder daheim oder in einer Schmiede unterwegs aufgeladen werden. Später baute man Gleichstrom-Generatoren an den Motor an, um während des Fahrens den Akku ständig nachzuladen; die Batteriezündung wurde bei laufendem Motor ebenfalls von diesem *Dynamo* oder dieser *Lichtmaschine* versorgt. Das Thema *Lichtmaschine* mit ihrem dazugehörenden *Regler* würde, weil sehr komplex, ein Buch für sich brauchen. Konsultieren Sie dazu das Standardwerk von CARL HERTWECK [82], das Ihre Fragen zu älteren Lichtanlagen auf das Genaueste beantworten wird.

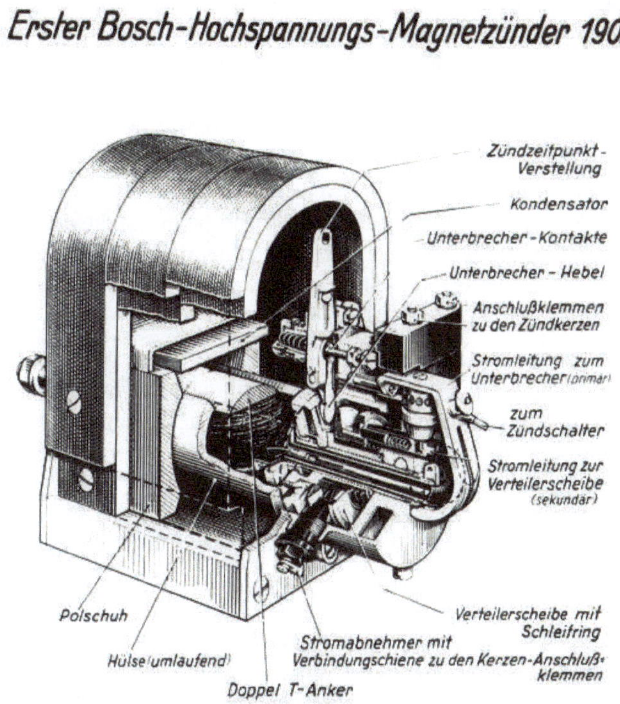

Bild 8.17 Bosch-Hochspannungs-Magnetzünder (Werkbild der Robert Bosch GmbH)

Um von Akkumulatoren unabhängig zu sein, wurde, wie wir bereits wissen, 1901 der *Hochspannungs-Magnetzünder* von ROBERT BOSCH[15] und seinen Mitarbeitern entwickelt, Bild 8.17. Dieser Zünder erzeugt seinen Strom selbst: In mehreren Hufeisenmagneten dreht sich die Zündspule als Doppel-T-Anker mit Primär- und Sekundärwicklung, auch der Unterbrecher dreht sich mit. Über einen Schleifring wird die Hochspannung der Sekundärspule nach außen geleitet, ggf. zu einem Zündverteiler für Mehrzylindermotoren. Natürlich war es nicht ideal, dass sich die Zündspule direkt auf dem schnell drehenden Anker befand, auch der zwangsläufig mitrotierende Unterbrecher samt der Ableitung der Zündspannung über Schleifringe war alles andere als technisch perfekt. Aber man musste auf schwache und daher voluminöse Hufeisenmagnete aus Kohlenstoffstahl (vor 1900), Wolframstahl (um 1900) und Kobaltstahl (ab 1917) zurückgreifen, weil es keine besseren Magnete gab. Das änderte sich erst 1931, als der japanische Professor MISHIMA TOKUSHICHI *Alnico*, eine Legierung aus Eisen mit Aluminium, Nickel und Cobalt, als viel stärkeres Magnetmaterial entdeckte. Ab jetzt war es möglich, den Läufer mit Alnico-Magneten zu bestücken und die Zündspule samt Unterbrecher ruhend anzuordnen. So verwendete BMW bei ihren Motorrädern (Hirafe- und Schwingenmodelle) mit dem berühmten Zweizylinder-Boxermotor einen Magnetzünder mit rotierendem Magnetläufer, von der Nockenwelle angetrieben, Bild 8.18. Der Lichtstrom wurde über eine davon getrennte Gleichstrom-Lichtmaschine erzeugt, die von der Kurbelwelle angetrieben wurde – ein großer und teurer Bauaufwand, der aber für große Zuverlässigkeit sorgte. Auch vor dem 2. Weltkrieg war es bei Autos und Motorrädern durchaus üblich, dass sie sowohl einen Magnetzünder als auch eine Lichtmaschine hatten; Bosch lieferte eine kombinierte Maschine, die beide Systeme samt Zünd- und Dynamoanker enthielt, aber einen gemeinsamen Antrieb hatte. Heute sind die Bordnetze der modernen Kraftfahrzeuge durch leistungsstarke Drehstromlichtmaschinen, elektronische Lichtmaschinenregler sowie viel haltbarere Akkumulatoren[16], also Auto- bzw. Motorradbatterien, so zuverlässig, dass man sich den Aufwand eines separaten Magnetzünders sparen kann. Nur bei Benzin-Flugmotoren, wie sie in ein- und zweimotorige Sport- und Geschäftsflugzeuge eingebaut werden, werden aus Sicherheitsgründen Magnetzünder verwendet, und zwar gleich zwei, weil Flugmotoren aus Sicherheitsgründen zwei Zündkerzen pro Zylinder haben: Der eine Zündmagnet beliefert jeweils die ersten Kerzen, der zweite Magnet die jeweils zweiten Kerzen.[17] Damit läuft der Motor vollkommen autark vom Bord-Stromnetz, und Sie können den Motor bei fauler Starterbatterie von Hand durch einen kräftigen Ruck am Propeller anwerfen.[18]

Bei Motorrädern, Kleinkrafträdern, Mofas und Mopeds wurden bis in die 1970er-Jahre hinein gerne *Schwunglichtmagnetzünder* eingebaut, die ohne Batterie auskommen. Ein Schwungrad mit Magneten umkreist verschiedene Spulen, Anker genannt: den Zündanker,

---

[15] Wussten Sie, dass BOSCH in Unternehmerkreisen der „rote Bosch" hieß, weil er 1906 den Achtstundentag einführte [84] – nicht etwa die Gewerkschaften, wie sie gerne vorgeben?

[16] Noch in den 1960er-Jahren war es normal und akzeptiert, dass eine Motorradbatterie nach nur zwei Jahren im Eimer war.

[17] Diese Flugzeuge haben einen Zündschalter mit drei Stellungen: 1: Zündung nur durch den ersten Magneten, 2: nur zweiter Magnet aktiv, 3: beide Magnete arbeiten. Kurz vor dem Start schaltet der Flugzeugführer erst auf Stellung 1, dann auf Stellung 2. Jedesmal muss die Drehzahl um ca. 50 U/min abfallen. Daran sieht er, dass beide Magnete ordentlich funktionieren. Dann wird mit Stellung 3 gestartet und geflogen.

[18] Mein Fluglehrer machte das einmal, als die Batterie der Cessna 152 streikte, während ich auf dem Pilotensitz die Bremsen betätigen musste. Die Unfallgefahr ist natürlich enorm, aber der Fluglehrer war Weltkriegs-Pilot und hatte vermutlich weitaus gefährlichere Situationen erlebt.

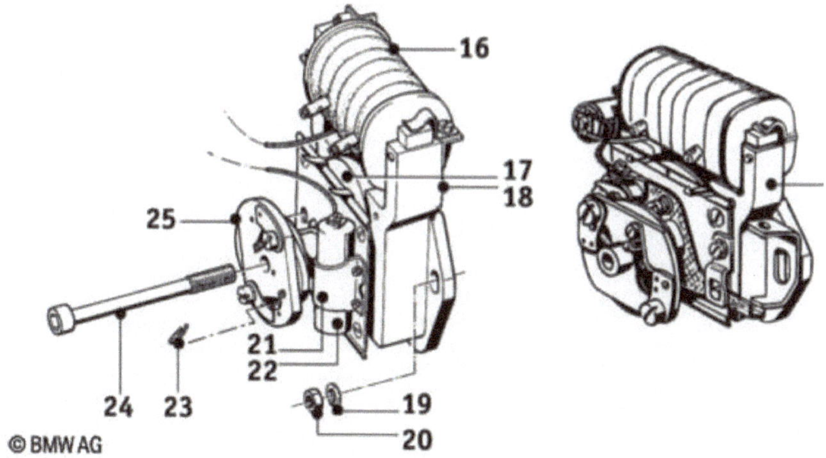

Bild 8.18 Hochspannungs-Magnetzünder für BMW-Zweizylindermotorräder bis 1969: 16 Doppelzündspule, 18 Weicheisenjoch, 21 Kondensator, 25 Fliehkraftversteller (Werkbild der BMW AG [142])

ein oder zwei Lichtanker[19] und mitunter noch einen Ladeanker, um eine kleine Motorradbatterie zu laden, z. B. für das Standlicht, Bild 8.19. Daher wird in den Spulen jeweils eine Spannung induziert. Die wichtigste Spule ist der *Zündanker* Bild 8.20: Er besteht wie immer aus einer Primärwicklung, die mit dem Unterbrecher und dem parallelgeschalteten Kondensator verbunden ist. Darüber befindet sich die Sekundärwicklung, die zur Zündkerze führt. Bis dahin funktioniert das Ganze auf den ersten Blick wie eine Batteriezündung, nur wird die Batterie durch eine stromerzeugende Spule ersetzt. Aber es ist trotzdem etwas komplizierter: Zunächst läuft der magnetische Fluss sauber vom einen zum anderen Magneten mitten durch den Zündanker. Wird das Polrad weitergedreht, wird der magnetische Fluss verzerrt, bis er beim Weiterdrehen des Polrads auf ein anderes Magnetpaar umspringt. Das ist der Moment der höchsten magnetischen Flussänderung, und idealerweise öffnet genau *jetzt* der Unterbrecher. Das Maß, ab dem der magnetische Fluss umspringt, ist das *Abrissmaß*. Es wird für jeden Typ der Schwunglichtmagnetzünder vom Hersteller angegeben. Beim Einstellen der Zündung stellen Sie also wie gewohnt zuerst den Kontaktabstand ein, dann verdrehen Sie die Zündergrundplatte in ihren Langlöchern für den Zündzeitpunkt und schließlich kontrollieren Sie den Abriss. Wenn der halbwegs stimmt, dann ist die Sache erledigt. Wenn nicht, verändern Sie den Unterbrecherabstand – bei Magnetzündern sind die üblichen 0,4 mm nur ein erster Anhaltspunkt.

Verändern Sie den Unterbrecherabstand im Bereich von 0,2 – 0,6 mm [82]. Wenn nun der Abriss stimmt, wird der Zündzeitpunkt nicht mehr genau stimmen. Also passen Sie diesen wieder an – Sie sehen schon, das kann durchaus mehrere Einstellrunden und viel Geduld brauchen. Wichtig ist der richtige Abriss bei niedrigen Drehzahlen, besonders zum Starten, denn bei hohen Drehzahlen ist die Flussänderung ohnehin viel stärker, um einen starken

[19] Solche einfachen Wechselstrom-Lichtanker brauchen keinen Regler, weil sie sich selbst regeln. Das geht aber nur, wenn die genau passende Belastung vorhanden ist: Stärkere oder schwächere Scheinwerferbirnen brennen zu dunkel oder brennen durch.

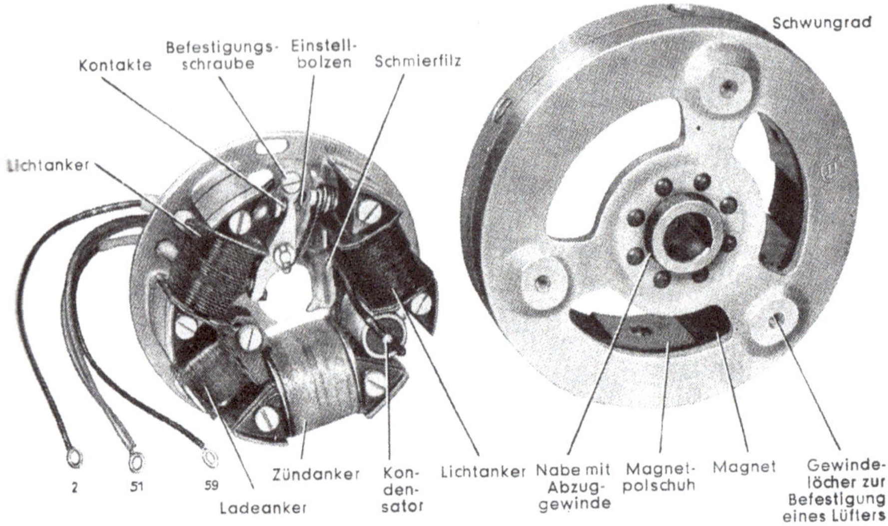

Bild 8.19 Schwunglichtmagnetzünder (mit freundlicher Genehmigung der Robert Bosch GmbH, Stuttgart)

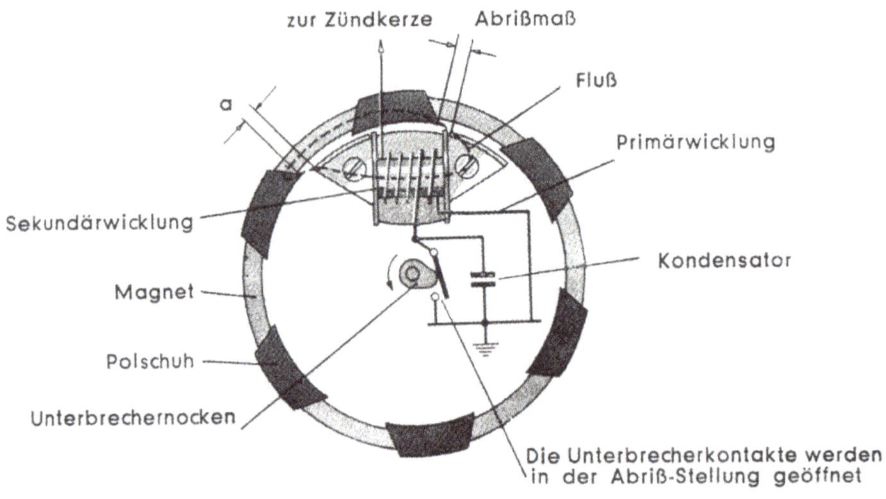

Bild 8.20 Funktion eines Schwunglichtmagnetzünders (mit freundlicher Genehmigung der Robert Bosch GmbH, Stuttgart)

Funken zu erzeugen, auch wenn der Abriss nicht genau getroffen wird. Mitunter gibt es diese Zünder auch mit Fliehkraftverstellung des Zündnockens; auch hier muss der Abriss für niedrige Drehzahlen passen. Italienische Zünder mit Fliehkraftverstellung arbeiten daher mit einem Unterbrecherabstand von 0,2 mm [82].

Bild 8.21 Zündlichtpistole zum Feststellen des Zündzeitpunkts: Die linke Klemme umfasst ein Zündkabel, die beiden rechten Klemmen werden an eine 12-V-Batterie angeschlossen [2].

Schwierig ist das Feststellen, wann der Unterbrecher öffnet. Statisch geht das bei Batteriezündern sehr leicht mit einer einfachen Prüflampe, die man zwischen Unterbrecher und Masse klemmt. Aber das funktioniert bei Magnetzündern nicht, dazu müsste man die Verbindung zwischen Primärspule und Unterbrecher auftrennen [82] – wer macht das schon? Hier bleibt nur die Methode mit dem dazwischengeklemmten Zigarettenpapier oder einer sehr dünnen Fühlerlehre, was aber wieder nur bei neuen und glatten Kontakten funktioniert. Eleganter ist eine *Zündlichtpistole*, Bild 8.21, die man im Leerlauf oder auch bei höheren Drehzahlen benutzt. Ein Pickup, den man um ein Zündkabel gibt (meist das des ersten Zylinders) nimmt induktiv das Zündsignal auf, und die Zündlichtpistole löst einen Lichtblitz aus, mit dem man die entsprechende Markierung auf der Schwungscheibe, dem Schwungmagnet oder dem Fliehkraftversteller anblitzt. Durch den Stroboskopeffekt scheinen die Markierungen stillzustehen, sodass man sehr genau sieht, ob der Zündzeitpunkt stimmt. Bei Batteriezündern ist dies das heute gängige Verfahren, und es müsste auch bei Magnetzündern funktionieren[20]; ich habe es allerdings nie ausprobiert.

Falls keine Markierungen angebracht sind, dann befestigen Sie eine *Gradscheibe* z. B. auf dem Kurbelwellenstumpf oder dem Schwungmagneten, Bild 8.22, als Zeiger reicht ein irgendwo am Motor befestigtes Stück Schweißdraht. Wie finden Sie den oberen Totpunkt präzise heraus?[21] Sorgen Sie durch eine Art Schraube, die Sie ins Kerzenloch schrauben, dafür, dass der Kolben nicht ganz nach oben gehen kann. Dann drehen Sie sehr vorsich-

---

[20] Wobei Sie dann die Stromversorgung der Zündlichtpistole mit einer separaten Auto- oder Motorradbatterie vornehmen müssten.

[21] Im oberen Totpunkt können Sie die Kurbelwelle um mehrere Winkelgrade hin- und herdrehen, ohne dass sich der Kolben sicht- und messbar bewegt.

Bild 8.22 Gradscheibe zum Feststellen z. B. des Zündzeitpunkts [2]

tig die Kurbelwelle in die eine Richtung, bis der Kolben an Ihrem Blockierwerkzeug sanft anstößt, merken sich die Gradzahl und drehen in die andere Richtung, wieder bis der Kolben anstößt. Die Mitte zwischen den beiden abgelesenen Gradzahlen ist genau der obere Totpunkt.

8.3 Zündkerzen

An den beiden Elektroden der Zündkerze springt der Zündstrom von 5000–20.000 V in Form eines Funkens über, der das brennbare Gemisch anzündet. Schon Carl Benz verwendete eine Zündkerze bei seinem ersten Motorwagen, und Robert Bosch ließ sich 1902 den Hochspannungs-Magnetzünder samt Zündkerze patentieren. Eine moderne Zündkerze besteht aus der Mittelelektrode, der der Zündstrom zugeführt wird, und der Masseelektrode, die den Strom in den Zylinderkopf und damit in die Fahrzeugmasse zurückleitet, Bild 8.23. Die Mittelelektrode[22] ist in einen Isolierkörper aus Keramik o. Ä. eingesetzt, der Isolierkörper wiederum ist in das Kerzengehäuse aus Stahl eingebettet. Das Kerzengehäu-

22 Genaugenommen besteht die Mittelelektrode aus dem Anschlussbolzen und der eigentlichen kurzen Mittelelektrode; beide sind über eine elektrisch leitende Spezialschmelze miteinander verbunden.

se trägt ein Gewinde und einen Sechskant zum Festschrauben der Zündkerze. Die in den Brennraum ragenden Elektroden sind aus Kupfer, Platin, Silber oder Iridium.

Der wichtigste Kennwert einer Zündkerze ist der *Wärmewert*, der das Wärmeleitverhalten der Kerze durch einen Zahlenwert, der bei jedem Zündkerzenhersteller anders definiert ist[23], beschreibt: Der Wärmewert muss so beschaffen sein, dass die Zündkerze einerseits nicht überhitzt und unkontrollierte Glühzündungen auslöst, andererseits aber nicht verschmutzt. Hier gilt: Schnelle Sportmotoren, d. h. heiße Motoren, brauchen eine Kerze mit hohem Wärmewert, sog. *kalte Kerzen*, weil sie auch bei hoher Wärmebelastung kühl bleiben. Biedere Alltagsmotoren, d. h. kalte Motoren, brauchen Kerzen mit niedrigem Wärmewert, sog. *heiße Kerzen*, denn solche Kerzen erreichen auch bei lahmen bzw. lahm gefahrenen Motoren die Selbstreinigungstemperatur von 400 – 500 °C, um Öl, Ölkohle und Ruß wegzubrennen, Bild 8.23. Merksatz „Kalte Kerzen für heiße Motoren!"

Die Motorenhersteller empfehlen Zündkerzenfabrikate mit entsprechenden Wärmewerten, die für die üblichen Betriebsbedingungen passen. Vergleichstabellen, welche Bosch-Kerze in etwas welcher NGK-Kerze entspricht, finden Sie im Internet – mir ist dieses Thema zu heiß! Ob die Kerze wirklich passt, kann man über das *Kerzengesicht* beurteilen, dass sich nach einer gewissen Fahrtstrecke einstellt:

- Wenn der Isolator eine hellgraue, gelb-graue oder leicht bräunliche Farbe[24] hat, wobei die Farbe auch stark von der Kraftstoffsorte abhängt, stimmt der Wärmewert, d. h., *die Zündkerze passt zu Ihrer Fahrweise.*
- Wenn die ganze Kerze trocken schwarz verrußt oder nass verölt ist, dann ist der Wärmewert zu hoch. Mit Bedacht kann ein Wärmewert eine Stufe geringer gewählt werden.
- Wenn sich auf dem Isolator Schmelzperlen zeigen, dass Kerzengesicht hellweiß ist, und ggf. die Elektroden schon halb angefressen sind, dann ist der Wärmewert zu niedrig. Mit Bedacht kann ein Wärmewert eine Stufe höher gewählt werden.
- Die anderen Kerzengesichter, welche die Literatur schildert, habe ich in über 50 Jahren Motorpraxis noch nie erlebt. Also reden wir auch nicht darüber.

Ich zeige bewusst keine Bilder von Kerzengesichtern, weil die Beurteilung ähnlich wie bei menschlichen Krankheitsbildern von vielen Faktoren abhängt. Beispiel: Falls der Motor völlig verschlissen ist und Öl frisst[25], dann wird das Kerzenbild immer verölt sein. Das kann Ihnen aber auch bei einem Zweitaktmotor passieren, falls die Frischölpumpe etwas zu reichlich eingestellt oder der Ölanteil in der Benzin-Öl-Mischung zu hoch ist. Falls die Vergaser kaputt oder falsch justiert (zu fett) sind, dann kann das Kerzenbild vollkommen verrußt sein, obwohl der Wärmewert an sich stimmt. Es wird daher allenthalben empfohlen [6], den Motor mit Vollgas zu fahren und unvermittelt abzustellen, nur dann habe man das richtige Kerzengesicht bei Volllast. Das klingt erst einmal gut, allerdings stellt sich die Frage, wo Sie das heute bei schnellen Motoren machen wollen? Vielleicht auf einer Renn-

[23] Ursprünglich beschrieb dieser Wärmewert die Zeit in Sekunden, bis in einem definierten Prüfmotor, und zwar in einem HIRTH-Doppelkolben-Zweitaktmotor, bei dieser untersuchten Zündkerze die ersten Glühzündungen auftraten [6].

[24] Früher sagte man – und es steht heute noch dooferweise in manchen Büchern –, dass der Isolator eine „rehbraune" Farbe haben soll. Das ist heute Unfug: Die meisten Menschen haben sowieso noch nie ein Reh gesehen, und jeder Jäger weiß, dass Rehe im Winter eine ganz andere Färbung als im Sommer haben!

[25] Ich kaufte mal einen kleinen, stark gebrauchten Suzuki Samurai, der fast so viel Öl wie Benzin fraß. Ich habe daher das billigste Baumarkt-Öl nachgefüllt, aber er lief unverdrossen.

strecke. Letztendlich ist maßgeblich, *wie Sie den Motor fahren* – und danach beurteilen Sie das Kerzenbild. Das Ganze ist sowieso nur ein Thema bei Oldtimer-Motoren ohne Benzineinspritzung, elektronisches Motormanagement und ohne Katalysator. Bei modernen Motoren würde ich die Finger von Kerzenexperimenten lassen. Nach meiner Beobachtung passen die Kerzen, die der Hersteller empfiehlt, für einen breiten Einsatzbereich, von Renneinsätzen einmal abgesehen.

Dass die Zündkerzen zunächst vom Gewindedurchmesser und der Gewindelänge her passen müssen, versteht sich wohl von selbst. Gängige Kerzengewinde sind M10 × 1, M12 × 1,25, M14 × 1,25 und für sehr alte Motoren M18 × 1,5, die es dann wieder mitunter in unterschiedlichen Längen gibt. Sie bekommen heute oft ein und dieselbe Zündkerze mit Standard-Elektroden (meist Kupfer) oder mit Platin- oder Iridium-Elektroden, wobei die Letzteren natürlich viel teurer sind, aber dafür auch länger halten – bis zu 100.000 km.[26] Jedenfalls machen Sie mit Iridium-Kerzen nichts falsch; ob sie in Ihrem Motor und bei Ihrer Fahrweise etwas bringen, mögen Sie selbst beurteilen.

Ein weiteres Kriterium ist der Elektrodenabstand. Den gibt der Hersteller vor, üblich sind Werte zwischen 0,5 und 1,2 mm. Dabei ist es so, dass Magnetzünder eher kleinere Werte von 0,4 – 0,5 mm verlangen, während Batteriezünder meist bei 0,7 – 0,8 mm liegen. Sie können den Abstand versuchsweise ändern, wobei ein kurzer Elektrodenabstand bessere Funken bei hohen Drehzahlen liefert, aber ein schlechteres Laufverhalten im Leerlauf bringen kann. Im Gegenzug können große Elektrodenabstände für Zündaussetzer bei hohen Drehzahlen sorgen. Zum Vergrößern des Elektrodenabstands biegen Sie die hakenförmige Masseelektrode vorsichtig mit einem Seitenschneider etwas auf, Bild 8.23, Sie verringern ihn durch vorsichtiges, zwei- oder dreimaliges Aufklopfen (dazwischen messen!) der Masseelektrode auf ein festes Metallteil wie einen Hammerkopf oder den Motorblock.

Ferner gibt es Zündkerzen mit einer Masseelektrode (das ist der Standard), zwei, drei oder sogar vier Masseelektroden. Nach Angaben von Beru [155] soll sich bei Mehrelektroden-Kerzen das Nachstellen der Elektrodenabstände aufgrund der abgestimmten Funkenlage erübrigen.

Zündanlagen können den Funkempfang bzw. Funkverkehr stören. Daher werden Zündanlagen von Autos und Motorrädern entstört, indem in den Hochspannungs-Stromkreis ein oder zwei *Widerstände* eingebaut werden:

1. Zündkerze mit eingebautem Entstörwiderstand
2. Zündkerzenstecker mit eingebautem Entstörwiderstand
3. Widerstands-Zündkabel

Es genügt *eine* der drei genannten Maßnahmen. Dabei beträgt der Entstörwiderstand meist 5 kΩ. Es passiert aber auch nichts, wenn Sie entstörte Zündkerzen und dazu entstörte Kerzenstecker verwenden, dann sind es eben 10 kΩ, aber viel mehr sollten es dann nicht sein. So habe ich das an meiner Honda CB 750 Four gemacht, weil es die von mir verwendeten Iridium-Zündkerzen nur entstört gibt, und es die korrekt abgewinkelten Kerzenstecker ebenfalls nur in entstörter Ausführung gibt.[27]

26 Ich hatte in den 1990er-Jahren einen Toyota Supra 3l mit Turbolader. Der hatte damals bereits Platin-Zündkerzen, die nur alle 100.000 km gewechselt werden sollten, aber nur deshalb, weil man zum Kerzenwechsel die ganze Einspritzanlage abbauen musste! Bei meinem alten BMW 525i habe ich die Standard-Kerzen alle 20.000 km gewechselt, aber diese waren auch prima zugänglich.

27 Jedenfalls habe ich keine anderen gefunden.

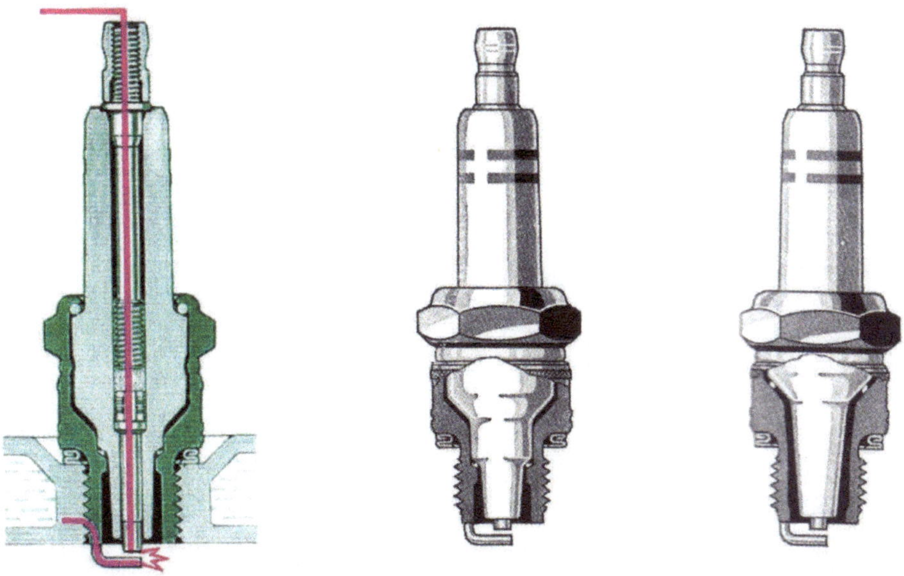

Bild 8.23 Links: Funke an der Zündkerze, Mitte: Zündkerze mit hohem Wärmewert, rechts: Zündkerze mit niedrigem Wärmewert (mit freundlicher Genehmigung der Robert Bosch GmbH, Stuttgart)

Bild 8.24 Die Zündkerzen der drei Zylinder eines Kawasaki-H1-500-Zweitaktmotors. Die absolute Farbe ist gar nicht einmal so wichtig, weil diese u. a. von der Kraftstoffsorte abhängen kann, sondern entscheidend ist, dass alle Zündkerzen halbwegs die gleiche Farbe haben [2].

Markierungszeichen auf NGK Zündkerzen

Die Standard-Typenaufschrift ist hier aufgeführt. Es gibt außerdem noch einige besondere Bezeichnungen.

	Gewinde-Durchmesser	Standard-sechskant-schlüsselweite
A	18 mm	25,4 mm
B	14 mm	20,8 mm
C	10 mm	16,0 mm
D	12 mm	18,0 mm
E	8 mm	13,0 mm
G	PF 1/2	23,8 mm
J	12 mm	18,0 mm
AB	18 mm	20,8 mm
BC	14 mm	16,0 mm
BK	14 mm	16,0 mm
	(Iso-Version der) BCP-Baureihe	
DC	12 mm	16,0 mm

Struktur u. a.	
L	Bantamkerze
M	Kompakttyp
P	Vorgezogene Isolatorspitze
R	Entstörwiderstandstyp
U	Gleitfunkentyp oder Zusatzfunkenstrecke
Z	Entstörwiderstandstyp (induktiv)

Wärmewert	
2	Warm
4	
5	
6	
7	
8	
(85)	
9	
(95)	
10	
(105)	
11	
12	
13	Kalt

Gewindelänge	
E	19,0 mm
H	12,7 mm
L	11,2 mm
EH	Gewinde halb ausgeführt Gesamt l: 19,0 mm Gewinde l: 12,7 mm
F	Typen mit Kegeldichtsitz A-F Typ 10,9 mm B-F Typ 11,2 mm B-EF Typ 17,5 mm

Konstruktionsmerkmale	
C	Schräge Elektrode
F	Typen mit Kegeldichtsitz
G	Rennkerze (Nickel-Mittelelektrode)
GV	Gold-Palladium Mittelelektrode (Spezial)
J	2-Masseelektroden (Spezialform)
K	2-Masseelektroden
M	2-Masseelektroden (Mazda), Isolatorlänge = 18,5 mm
T	3-Masseelektroden
Q	4-Masseelektroden
P	Platinelektrode
S	Standardtyp
U	Halbgleitfunkentyp
V	Gold-Palladium (Mittelelektrode)
VX	Platin (Mittelelektrode)
W	Wolframelektrode
X	Vergrößerter Elektrodenabstand
Y	V-Mittelelektrode mit Keilnut
A, B, D, E, Z	Spezial Konstruktion
-L	Halber Wärmewert, Bsp. DR8ESL = DR7,5ES
-LM	Isolatorlänge = 14,5 mm
-N	Spezielle Masseelektrode
IX	Iridium

BC P R 6 E S – 11

Elektroden-Abstand (mm)
Keine: Standard

Bild 8.25 Bezeichnungen von NGK-Zündkerzen [149].

Betrachten Sie dazu Bild 8.25, um am Beispiel von NGK-Zündkerzen deren Bezeichnungen aufzuschlüsseln. Die Zündkerze NGK D8ES ist die Standard-Kerze für die Honda CB 750 Four, dabei steht

- D steht für ein 12 mm Gewinde.
- 8 ist der Wärmewert. 8 ist übrigens ein beliebter Wert bei japanischen Motorrädern.
- E steht für 19 mm Gewindelänge.
- S steht für Standardtyp.

Dagegen heißt die entsprechende Iridium-Zündkerze NGK DR8EIX, und es bedeuten:

- D steht für ein 12 mm Gewinde.
- R steht für eingebauten Entstörwiderstand.
- 8 ist der Wärmewert.
- E bedeutet 19 mm Gewindelänge.
- IX steht für Iridium.

9 Vergaser und Kraftstoffe

9.1 Vergaser

9.1.1 Das Grundprinzip

Jeder Vergaser funktioniert nach dem Prinzip einer Blumenspritze: Ein Luftstrom, vom Motor angesaugt, reißt aus einer Düse Kraftstofftröpfchen mit. Dieser Kraftstoffnebel ist also kein Gas, insofern ist die Bezeichnung „Vergaser“ eigentlich falsch. Im Extremfall können Sie ein Schnapsglas voll Benzin in die Ansaugleitung kippen und starten:[1] Der Motor wird anlaufen, aber Sie können ihn nicht in der Drehzahl regeln. Jeder Ottomotor braucht ein Luft-Benzin-Gemisch im Verhältnis von etwa 15:1 (genauer 14,7:1), d. h., auf 15 kg Luft kommt rund 1 kg Benzin. Das ist das stöchiometrisch korrekte Verhältnis für möglichst vollständige und saubere Verbrennung und entspricht der *Luftzahl* $\lambda = 1$.[2] Enthält das Benzingemisch gegenüber dem stöchiometrisch korrekten Verhältnis mehr Benzin, dann nennt man das Gemisch *fett* oder bei Flugmotoren *reich*. Hat das Benzin-Luft-Gemisch dagegen mehr Luft als 15:1, dann spricht man von einem *mageren* bzw. bei Flugmotoren *armen* Gemisch. Ein Motor bringt übrigens seine höchste Leistung bei einem fetten Gemisch von ca. 12,6:1, er läuft dann auch am kühlsten und fühlt sich in jeder Beziehung wohl. Der geringste spezifische Verbrauch tritt dagegen bei einem Luft-Benzin-Verhältnis von 15,4:1 auf.

Damit der Vergaser seinem Job brauchbar nachkommt – jeder Vergaser ist immer ein Kompromiss, und sei er noch so kompliziert und hochentwickelt, eine Einspritzanlage ist ihm in jeder Beziehung haushoch überlegen, aber dazu wäre ein eigenes Buch notwendig –, braucht er folgende wichtige Komponenten, vgl. Bild 9.2:

- Eine Verengung, meist in Form eines *Venturirohrs*: Ein Luftstrom in einer solchen Verengung wird beschleunigt, gleichzeitig sinkt der Druck ab: Die Bernoulli-Gleichung besagt, dass entlang einer Stromröhre die Summe aus dynamischem Druck, der von der Geschwindigkeit abhängt, und statischem Druck immer konstant sein muss. Durch den sinkenden statischen Druck wird Kraftstoff aus einer Düse, welche in die Verengung ragt, gerissen, weil der dynamische Druck aufgrund der höheren Strömungsgeschwin-

[1] Das haben wir früher oft zum Testen von unbekannten gebrauchten Motoren gemacht.

[2] Beachten Sie, dass in der Literatur und hier λ sowohl für das Pleuelstangenverhältnis als auch für die Luftzahl steht. Solche Doppelbenennungen kommen in Technik und Wissenschaft immer wieder vor.

digkeit in der Verengung steigt. Und warum steigt die Geschwindigkeit in der Verengung? Wegen der *Kontinuitätsgleichung*: Die Luftmenge vor, in und nach der Verengung muss logischerweise immer gleich sein, denn es kommt ja keine Luft dazu oder wird weggenommen. Wenn also der Querschnitt in der Verengung kleiner wird, dann muss die Luft hier schneller strömen, damit die gleiche Menge an Luft durchkommt.

- Eine *Hauptdüse*, welche in die Verengung mündet: Sie regelt die maximale Benzinmenge, die überhaupt möglich ist. Sie wirkt erst ab einer fast voll geöffneten Drosselklappe bzw. ab einem fast voll geöffneten Schieber, wie sich gleich zeigen wird.
- Ein Schwimmersystem, bestehend aus *Schwimmer* und *Schwimmernadelventil*: Das funktioniert wie eine Klospülung mit einem Spülkasten: Der Schwimmer schließt mit dem Schwimmernadelventil den Benzinzufluss, wenn der Schwimmerstand okay ist. Sinkt der Kraftstoffstand etwas ab, öffnet das Schwimmernadelventil und Benzin strömt nach, bis der Schwimmerstand wieder stimmt. So wird ein halbwegs konstantes Kraftstoffniveau im Vergasergehäuse gehalten.
- Eine regelbare Drossel, um die Menge des Kraftstoff-Luft-Gemischs verändern zu können: Ottomotoren haben eine *Quantitätsregelung*[3], d. h., mehr Gemisch bedeutet höhere Drehzahl und höhere Leistung. Das Drosselorgan kann eine einfache Klappe oder ein Schieber sein.
- Ein Kaltstartsystem, weil bei kaltem Motor der Kraftstoff an den kalten Ansaugrohren kondensiert: Es muss also zum Starten eines kalten Motors ein fetteres Gemisch zugeführt werden. Das kann durch Drosselung des Luftstroms oder ein spezielles Kaltstartsystem, das mehr Kraftstoff beimischt, erfolgen.

Es gibt in der Tat derart primitive Vergaser; sie finden sich mitunter an primitiven Rasenmähermotoren und an früheren Fahrrad-Hilfsmotoren. Ein realer Vergaser dagegen hat mindestens eine weitere Komponente, und das ist das *Leerlaufsystem* – sozusagen ein Vergaser im Vergaser. Es besteht aus der *Leerlaufdüse*, der *Leerlauf-Luftdüse* und einer Luft-Regulierschraube, mit der man die zugeführte Luftmenge oder mit einer Gemisch-Regulierschraube die zugeführte Benzinmenge einstellen kann. Ferner gehört zum Leerlaufsystem eine Drosselklappen-Anschlagschraube oder eine Schieber-Anschlagschraube, mit der man die fast geschlossene Drosselklappe oder den Schieber etwas weiter öffnen oder schließen kann. Zum Einstellen eines schönen Leerlaufs reguliert man zunächst die Gemischzusammensetzung auf die höchste Drehzahl im Leerlauf, entweder mit der Luft-Regulierschraube oder mit der Gemisch-Regulierschraube, je nachdem, was der Vergaser aufweist. Dann stellt man mit der Drosselklappen-Anschlagschraube oder der Schieber-Anschlagschraube die endgültige Leerlaufdrehzahl ein: Bei Automotoren sind 800 – 1000 U/min üblich, Viertakt-Motorradmotoren liegen bei 900 – 1500 U/min und Zweitakt-Motorradmotoren werden auf 1300 – 2000 U/min justiert. Über solche Leerlaufdrehzahlen kann man stundenlang diskutieren. Die einen bevorzugen möglichst niedrige Leerlaufdrehzahlen, die anderen wie ich mögen recht hohe Leerlaufdrehzahlen: Bis 1500 U/min bei Mehrzylinder-Viertaktern und bis 2000 U/min bei Mehrzylinder-Zweitaktern. Schon Carl Hertweck empfahl solche schnellen Leerläufe aus verschie-

[3] Dagegen haben Dieselmotoren eine Qualitätsregelung; sie bekommen immer die volle Luftmenge, um genügend heiße Luft zum Zünden des eingespritzten Dieselöls bereitzuhalten. Die Drehzahl- bzw. Leistungsregelung erfolgt nur durch Veränderung der eingespritzten Dieselmenge.

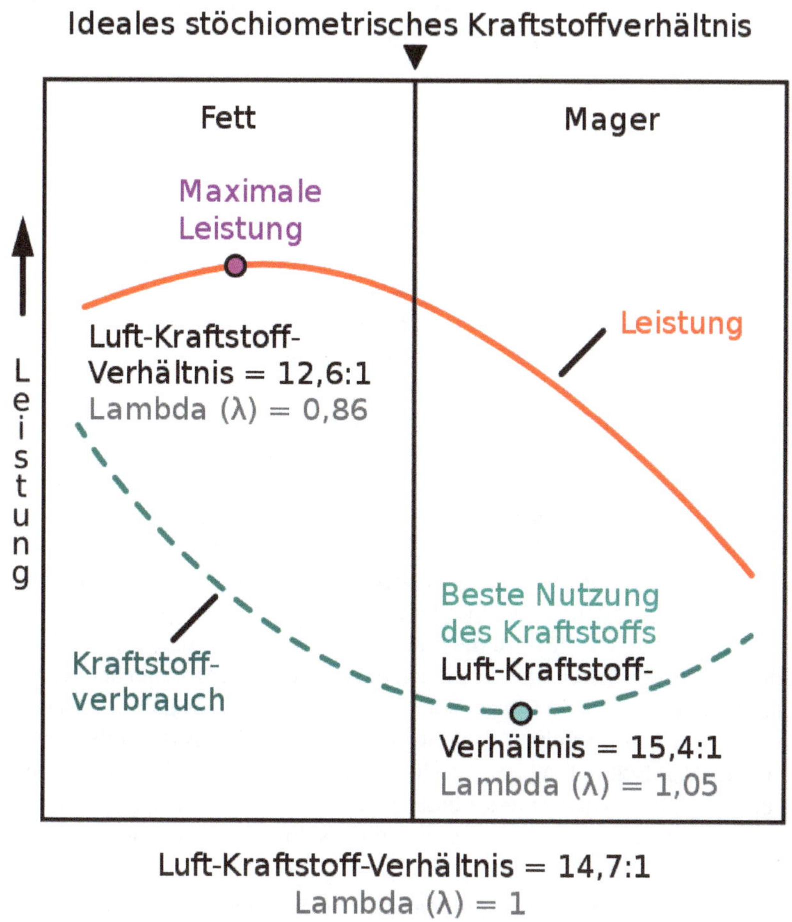

Bild 9.1 Motorleistung und spezifischer Verbrauch bei Ottomotoren, aufgetragen über die Luftzahl λ [148]

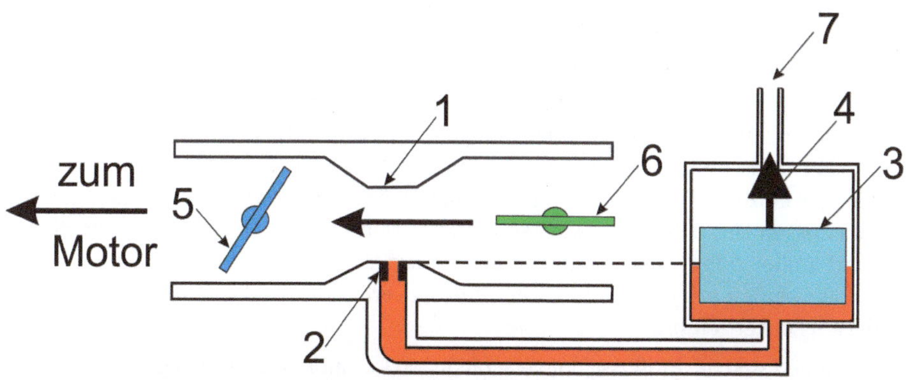

Bild 9.2 Grundaufbau eines Vergasers [2]: 1 Venturirohr, 2 Hauptdüse, 3 Schwimmer, 4 Schwimmernadelventil, 5 Drosselklappe, 6 Starterklappe, 7 Benzinzufluss [2]

denen Gründen. Dessen Buch [83] ist auch heute noch unbedingt lesenswert; Sie werden nirgendwo umfangreichere und präzisere Hinweise zu älteren Vergasern finden.

9.1.2 Einfache Schiebervergaser

Hier bildet ein Rundschieber, oder moderner ein Flachschieber die veränderliche Verengung und gleichzeitig die Luftmengenregelung, Bild 9.3 und Pos. 14 in Bild 9.7. Gleichzeitig sorgt eine konische *Düsennadel,* Bild 9.4, die am Schieber befestigt ist und in der *Nadeldüse* gleitet, für eine größere Benzinmenge bei weiter geöffnetem Schieber. Die Schieberbauweise hat gewisse Vorteile gegenüber Vergasern mit Drosselklappe wie in Bild 9.2. So bietet der voll geöffnete Schieber keinen Strömungswiderstand mehr; nur die Düsennadel sorgt noch für eine sehr geringe Störung der Strömung. Die Düsennadel hat an ihrem oberen Ende mehrere Kerben, oft fünf, und in der Grundabstimmung wird ein Clip in die mittlere, meist dritte Kerbe von oben gegeben und die Nadel damit im Schieber fixiert, um das grundsätzliche Mischungsverhältnis Luft zu Kraftstoff festzulegen. Betrachten Sie dazu die Pos. 3 in Bild 9.7. Das kann durch eine andere Kerbe geändert werden, wie sich bald zeigen wird. Beachten Sie, dass es je Vergaserfabrikat sehr viele unterschiedliche Düsennadeln gibt (bei Mikuni nach [143] über 2000), die sich durch ihre Form, jeweiligen Abschnittslängen und jeweiligen Durchmesser spürbar unterscheiden, mitunter hat die Düsennadel sogar zwei unterschiedliche Winkel, die ineinander übergehen. Achten Sie daher bei Ersatz auf die richtige Bezeichnung: Allein bei den Kawasaki-H1-500-Modellen wurden über die Baujahre drei verschiedene Düsennadeln verwendet: 5EH7, 5GL3 und 5DJ19.[4] Rundschieber haben zur Luftfilterseite hin einen konisch-elliptischen Ausschnitt, der ebenfalls Einfluss auf die Gemischbildung hat: Er wirkt nach [83] zwischen $\frac{1}{10}$ und $\frac{1}{5}$ der maximalen Schieber-Hubhöhe. Dabei ist es so, dass ein kleiner Schieberausschnitt einen fetteren Übergang vom Leerlauf bis $\frac{1}{5}$ Hubhöhe ergibt, umgekehrt liefert ein großer Ausschnitt ein ärmeres Gemisch für diese Übergangsphase.

Ferner gibt es für eine korrekte Funktion der verschiedenen Systeme im Vergaser *Luftdüsen,* Bild 9.6; deren genaue Funktion brauchen Sie nicht zu kennen, außer, dass diese Luftdüsen bzw. Luftbohrungen frei sein müssen. Als weitere wesentliche Komponente braucht es eine Starthilfe, um ein fetteres Gemisch bereitzustellen. Die einfachste Lösung ist ein *Tupfer,* mit dem man den Schwimmer etwa drei Sekunden herunterdrückt: Der Benzinstand steigt im Vergaser, das sorgt für das gewünschte fettere Gemisch. Das ist eigentlich die einfachste Lösung, ist aber schwierig bis unbequem bei mehreren Vergasern zu machen. Hier wird ersatzweise eine zweite Drosselklappe *vor* dem Schieber angebracht, Bild 9.2, und zum Starten mehr oder weniger geschlossen. Das war früher die Standardlösung bei Autos, aber auch bei vielen älteren Honda-Modellen: Bei Mehrvergaseranlagen werden die einzelnen Starterklappen über ein Gestänge miteinander verbunden und über einen einzigen Hebel betätigt. Noch komfortabler sind regelrechte *Startvergaser,* Bild 9.7: Eine Art Kolben öffnet oder verschließt das Startsystem, es gibt also nur Auf oder Zu. Diese Kolben werden mit jeweils einem Bowdenzug verbunden und zu einem gemeinsamen Hebel am Lenker geführt.

Im Einzelnen sind die Einflüsse der verschiedenen Komponenten wie folgt:

---

[4] 5 = Gesamtlänge 50 – 60 mm, Winkel: D = 1°00', E = 1°15', G = 1°45', H = 2°00', J = 2°30', L = 3°00' [146]

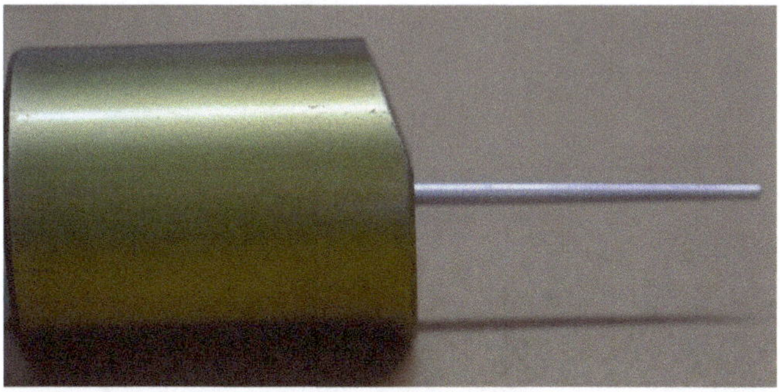

Bild 9.3 Ein Schieber mit Düsennadel einer Kawasaki H1 500: Beachten Sie den Schieberausschnitt oben im Bild [2].

Bild 9.4 Eine Düsennadel einer Kawasaki H1 500: Clip in Kerbe 3 (Kerbe 1 ist am oberen Ende der Düsennadel) [2]

Bild 9.5 Einfacher Schiebervergaser Mikuni VM 28 SC einer Kawasaki H1 500 [2]

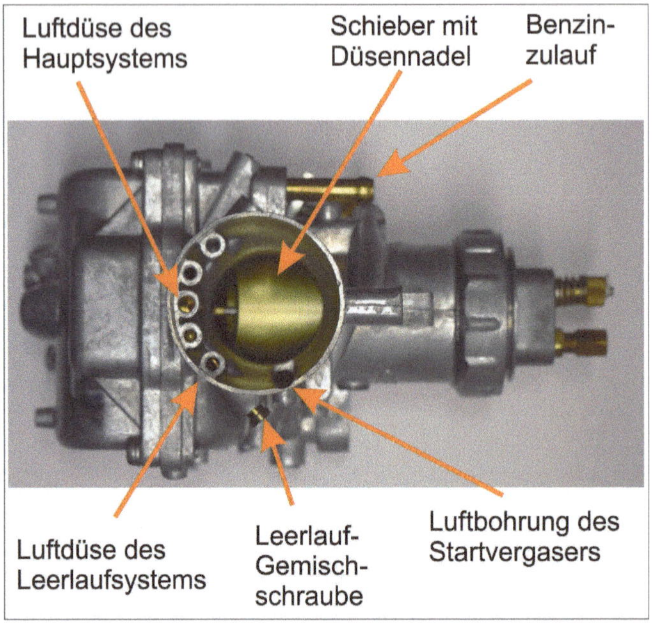

Bild 9.6 Die verschiedenen Luftbohrungen eines Schiebervergasers Mikuni VM 28 SC [2]

- Von geschlossenem Schieber bis zu $\frac{1}{4}$ der maximalen Schieberöffnung bestimmt allein das *Leerlaufsystem* das Verhalten! Das ist insofern bemerkenswert, weil gerade im Stadtverkehr, aber auch bei gemütlicher Landstraßenfahrt die Vergaserschieber meist nicht einmal $\frac{1}{4}$ weit geöffnet sind. Läuft Ihre Maschine also in diesem Bereich unsauber, dann brauchen Sie nur Veränderungen an der Leerlauf-Luftschraube bzw. -Gemischschraube vorzunehmen, in seltenen Fällen kann eine andere Leerlaufdüse sinnvoll sein. Der Schieberausschnitt spielt auch hier hinein, aber da sollen Sie nichts ändern, die Fabrik hat sich etwas dabei gedacht. An anderen Komponenten wie Düsennadel oder gar Hauptdüse brauchen Sie erst recht nicht herumzufummeln.
- Im Übergangsbereich vom Leerlaufsystem zum Hauptsystem, d. h. von Schieberöffnung $\frac{1}{4}$ bis zu $\frac{3}{8}$ der maximalen Schieberöffnung, sind bestimmende Elemente das Leerlaufsystem und die Düsennadel, siehe nächster Punkt.
- Von Schieberöffnung $\frac{3}{8}$ bis zu $\frac{3}{4}$ der maximalen Schieberöffnung ist das bestimmende Element die *Düsennadel* und damit auch die Nadeldüse. Läuft die Maschine in diesem Bereich unsauber oder reagiert träge auf das flotte Öffnen des Schiebers, dann können Sie die Höhe der Düsennadel, d. h., in welcher Kerbe der Clip sitzt, verändern. Dabei kann eine Kerbe höher oder tiefer durchaus sehr merkliche Änderungen des Laufverhaltens bewirken. Es ist so: Clip eine Kerbe tiefer = mehr Benzin, Clip eine Kerbe höher = weniger Benzin. Vorsicht besonders bei Zweitaktern, sie reagieren auf zu magere Gemische gern mit Löchern in den Kolben.
- Von Schieberöffnung $\frac{3}{4}$ bis zur vollen Schieberöffnung ist das bestimmende Element die *Hauptdüse*, aber auch die Düsennadel hat noch Einfluss, weil sie nie die Nadeldüse verlässt; somit bleibt immer ein Ringspalt. Die Hauptdüse ist dann richtig, wenn die Ma-

schine die beste Höchstgeschwindigkeit erreicht.[5] Dazu empfiehlt HERTWECK [83] auf der Landstraße Tests auf Höchstgeschwindigkeit durchzuführen (das Buch ist aus den 1950er-Jahren), aber seit 1975 ist die Geschwindigkeit auf Landstraßen auf 100 km/h begrenzt. Das mag mit einer DKW RT 125 oder auch einer NSU Fox gehen, aber das wird schwierig mit schnellen Oldtimern. Und derartige Tests auf der Autobahn beim heutigen Verkehr machen – nein danke! Bleibt nur ein Rollenprüfstand übrig, aber wer hat den schon?

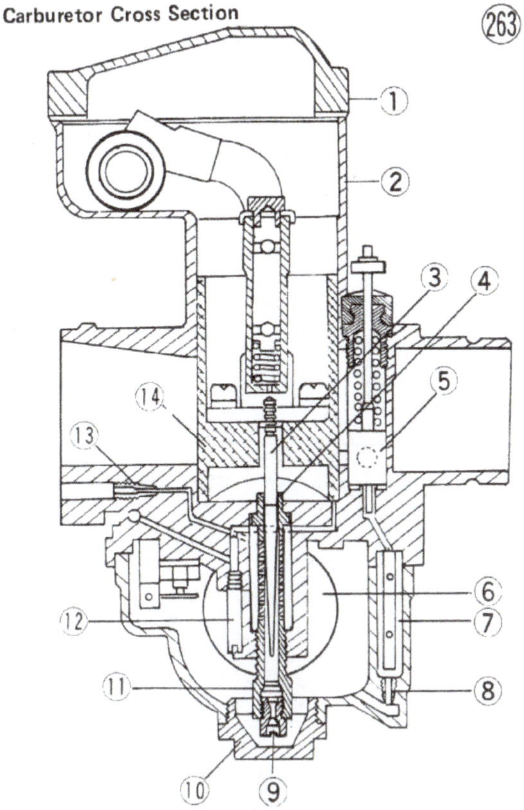

Bild 9.7 Aufbau eines einfachen Motorrad-Schiebervergasers [78] (Mikuni VM 28 einer Kawasaki Z900): 3 Düsennadel, 4 Nadeldüse, 5 Schieber des Kaltstartsystems (dazu gehören auch die Pos. 7 und 8), 6 Schwimmer, 9 Hauptdüse, 11 Mischrohr, 12 Leerlaufdüse, 13 Leerlauf-Luftdüse, 14 Schieber.

Die Schieberöffnung ist beim Fahren eher schwierig zu beobachten, aber Sie könnten sich ein paar Markierungen an den Gasgriff machen. Bei diesen Betrachtungen ist unterstellt, dass der Motor in jeder Beziehung mechanisch okay ist und die Zündung stimmt, sonst brauchen Sie erst gar nicht anzufangen! Auch Auspuffanlage und Luftfilterung sollten kor-

5 Hat man so die passende Hauptdüse ermittelt, dann setzt man eine Hauptdüse eine Nummer größer ein. Dann ist man auf der sicheren Seite: Der Motor läuft etwas fetter und damit kühler.

Bild 9.8 Ein einfacher Motorrad-Schiebervergaser einer Kawasaki H1 500 [2]

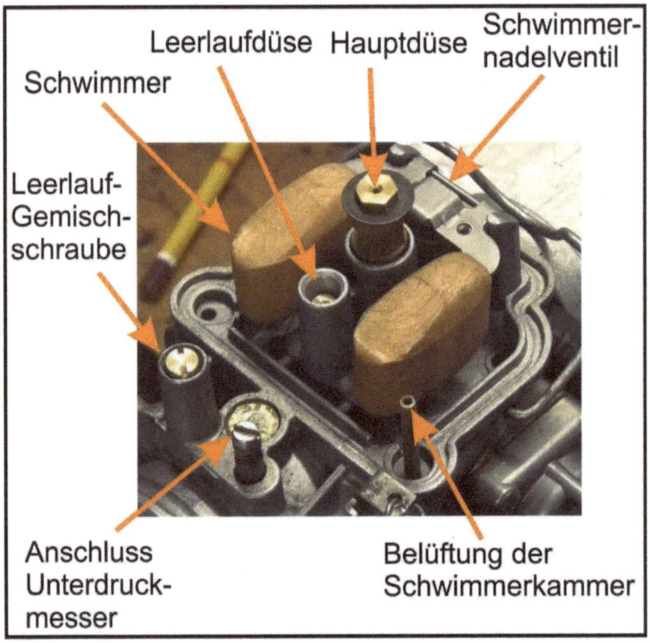

Bild 9.9 Blick in die geöffnete Schwimmerkammer eines Motorrad-Vergasers einer BMW R 100 RS [2]

rekt sein. Selbstverständlich müssen die Vergaser astrein in Schuss sein, d. h. sauber, dicht und Verschleißteile wie Düsennadeln, Nadeldüsen und Schwimmernadelventile sollten geprüft und ggf. ausgewechselt sein. Gebrauchte, ältere Vergaser kann man mit speziellen Vergaserreinigern und Pressluft sauber machen, auch Ultraschallbäder sind nicht schlecht, aber am besten ist dies: Geben Sie die Vergaser zu einem spezialisierten Vergaserdienst wie z. B. [143] oder [145] und lassen Sie die dortigen Fachleute die Vergaser reinigen und Teile auswechseln, die können das viel besser als Sie. Und noch ein Tipp: 40 oder 50 Jahre alte Vergaser sind immer mehr oder weniger verbraucht und ausgeleiert, besonders die Schieber samt den Schieberführungen im Vergaser sowie die Betätigungsgestänge an japanischen Vierzylinder-Vergaserbatterien. Eine wirklich saubere Reparatur ist sehr schwierig bis unmöglich. Aber für ausgewählte Oldtimer-Motorräder gibt es z. B. von Mikuni moderne Flachschieber-Vergaserbatterien, die einen großartigen Ersatz für die ursprünglichen Vergaser darstellen und problemlos passen. Auch die richtige Düsenbestückung können Sie mit Lieferfirmen wie [143] absprechen. Das habe ich bei meinen momentan drei Viertakt-Oldtimern[6] gemacht – die Maschinen sind nicht wiederzuerkennen: Perfektes Laufverhalten und viel besseres Ansprechen. Es lohnt sich wirklich! Sie werden übrigens bei TÜV, Dekra oder GTÜ keine Probleme bei der Eintragung haben, wenn Sie bei den ursprünglichen Serien-Vergaserquerschnitten bleiben.[7] Stichwort Vergaserquerschnitt: Landläufig wird angenommen, dass die Leistung des Motors steigt, wenn ein Vergaser mit einem größeren Querschnitt montiert wird. Das kann sein oder auch nicht sein. Fakt ist, dass ein größerer Vergaserquerschnitt meist nur dann etwas bringt, wenn der ganze Motor darauf abgestimmt ist. Das beginnt bei den Steuerzeiten, also der Nockenwelle, geht sinnvoll über vergrößerte Einlassventile und Ansaugkanäle bis hin zur angepassten Abgasanlage.

Bild 9.10 Eine Mikuni-TMR-28-Vergaserbatterie an einer Kawasaki Z900 [2]

6 Honda CB 750 Four K2, Kawasaki Z900A4, BMW R 100 RS

7 Trotzdem sollten Sie derartige Maßnahmen mit dem amtlich anerkannten Sachverständigen vorher absprechen – das schadet nie!

Wenn Sie einen einfachen Schiebervergaser oder auch einen simplen Drosselklappenvergaser schnell öffnen, also regelrecht aufreißen, dann bricht der Unterdruck im Vergaser schlagartig zusammen und es wird nicht mehr genug Benzin gefördert: Der Motor „verhungert", patscht oder geht auch schlicht aus. Diese einfachen Vergaser verlangen also eine gefühlvolle Gashand bzw. einen gefühlvollen Gasfuß. Da das viele Fahrer nicht haben, haben die Vergaserbauer *Beschleunigerpumpen* in die Vergaser integriert, also ein weiteres Teilsystem, das durchaus kompliziert sein kann. Es handelt sich im Kern um einen kleinen Kolben oder eine Membran, die bei raschem Öffnen des Schiebers bzw. der Drosselklappe eine dosierte Menge Zusatz-Benzin in den Saugkanal einspritzen. Es gibt verschiedene Systeme: Manche spritzen nur bei schneller Betätigung ein, andere bei jeder, auch langsamer Betätigung.

Das Einstellen einer *Mehrfach-Vergaseranlage* wie in Bild 9.10 ist nicht schwer, wenn man das richtige Equipment hat. Das ist mindestens ein *Synchrontester*, vgl. Bild 9.11 und Bild 9.12. Wir gehen von korrekter Düsenbestückung und richtiger Höhe der Düsennadel aus. Zunächst stellen Sie den Leerlauf wie folgt ein: Öffnen Sie alle Leerlauf-Luftschrauben bzw. Leerlauf-Gemischschrauben um 1,5 Umdrehungen[8] und schließen Sie an jeden Vergaser einen Unterdruckschlauch an, der zu einem jeweiligen Manometer führt. Lassen Sie den Motor fünf Minuten warmlaufen; natürlich ist es besser, vorher über 10 km den Motor ordentlich warmzufahren, aber dann verbrennen Sie sich schnell die Finger beim Anschließen der Unterdruckschläuche. Starten Sie den Motor und beobachten Sie die Unterdruckanzeigen: Alle Uhren bzw. Anzeigen sollten weitgehend den gleichen Wert anzeigen, wobei der absolute Wert egal ist. Wenn das der Fall ist, auf zum nächsten Schritt. Wenn nicht, nehmen Sie sich am besten einen Vergaser, oder wenn gleiche Anzeigen vorhanden sind zwei Vergasern, als Referenz und justieren die Schieber der anderen Vergaser nach, bis alle Unterdruckanzeigen weitgehend, d. h. auf ± 0,01 – 0,02 bar, identisch sind. Zwischendurch werden Sie immer wieder die zentrale Leerlauf-Einstellschraube der Batterie nachregeln. Versuchen Sie nicht, alle Anzeigen auf den exakt gleichen Wert zu bringen; mir ist das noch nie gelungen und es ist auch nicht nötig! Bei japanischen Vierzylinder-Vergaserbatterien können Sie nun an einer zentralen Schraube die endgültige Leerlaufdrehzahl einstellen, bei älteren BMW-Boxermotoren werden Sie die beiden Leerlauf-Anschlagschrauben wechselweise zu einem schönen Leerlauf justieren. Wir haben bewusst die Leerlauf-Luftschrauben bzw. Leerlauf-Gemischschrauben in Ruhe gelassen, und wenn Sie keinen guten CO-Tester wie Bild 9.13 haben, dann würde ich sie auch weiter links liegen lassen: Ich habe wirklich noch nie erlebt, dass ein Vierzylindermotor auf das Verstellen einer einzigen Leerlauf-Luftschraube bzw. -Gemischschraube reagiert – wie auch, der betreffende Zylinder wird einfach von den anderen drei mitgeschleppt! Bei älteren BMW-Boxermotoren können Sie das probieren. Doch mit jeweils 1,5 Umdrehungen der besagten Schraube liegen Sie fast immer richtig.

[8] Dazu dreht man die Schrauben zuerst mit Gefühl vorsichtig hinein bis auf Anschlag, merkt sich die Stellung des Schraubenschlitzes anhand eines gedachten Uhrenzifferblatts und dreht dann am besten drei Halbumdrehungen heraus.

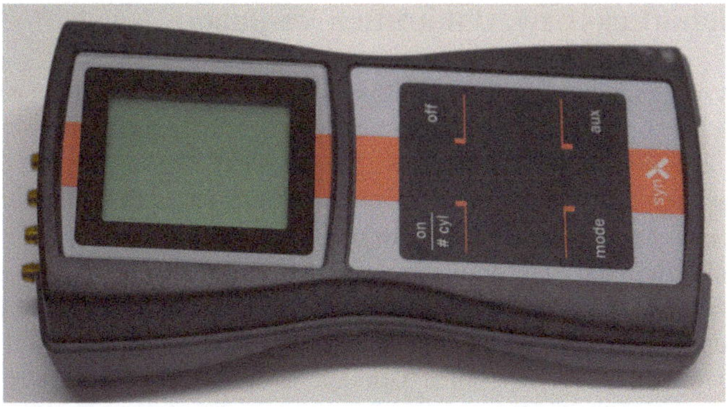

Bild 9.11 Ein elektronischer 4-fach-x-log-synX-Synchrontester [2]

Bild 9.12 Ein 4-fach-Boehm-Synchrontester [2]

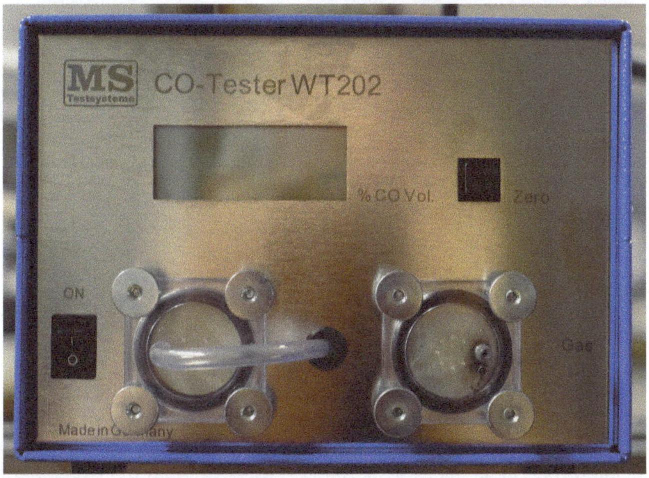

Bild 9.13 Ein CO-Tester von MS Testsysteme

9.1.3 Gleichdruck- bzw. Unterdruck-Vergaser

Wie wir schon wissen, neigt ein Vergaser ohne Beschleunigerpumpe beim zu raschen Öffnen zum Patschen und Verschlucken. Anstelle der Beschleunigerpumpe kann man dies machen: Der Schieber samt Düsennadel wird nicht mehr via Gaszug oder Gaspedal vom Fahrer betätigt, sondern vom Unterdruck, den der Motor aktuell zieht. Der Fahrer betätigt nur noch eine Drosselklappe, Bild 9.16 rechts. Je nach Drosselklappenstellung stellt sich ein aktuell zum Bedarf des Motors passender Unterdruck ein, und dieser Unterdruck wirkt auf die Oberseite der Membran, die am Schieber befestigt ist, Bild 9.14 rechts. Der Raum zwischen Membranoberseite und Oberteil des Unterdruckdoms ist durch Bohrungen im Schieber mit dem Vergaserbereich, in dem der passende Unterdruck herrscht, verbunden. Der Schieber öffnet sich also immer nur so weit, wie es zum Unterdruck passt, den der Motor aufgrund der Drosselklappenstellung gerade zieht: Ein Verschlucken ist unmöglich. Diese Vergaser brauchen also keine Beschleunigerpumpe. Ansonsten sind sie wie die bereits betrachteten Schiebervergaser aufgebaut: Schwimmersystem, separates Leerlaufsystem, Startvergaser, Düsennadel und Nadeldüse sowie die diversen Luftdüsen und -bohrungen.

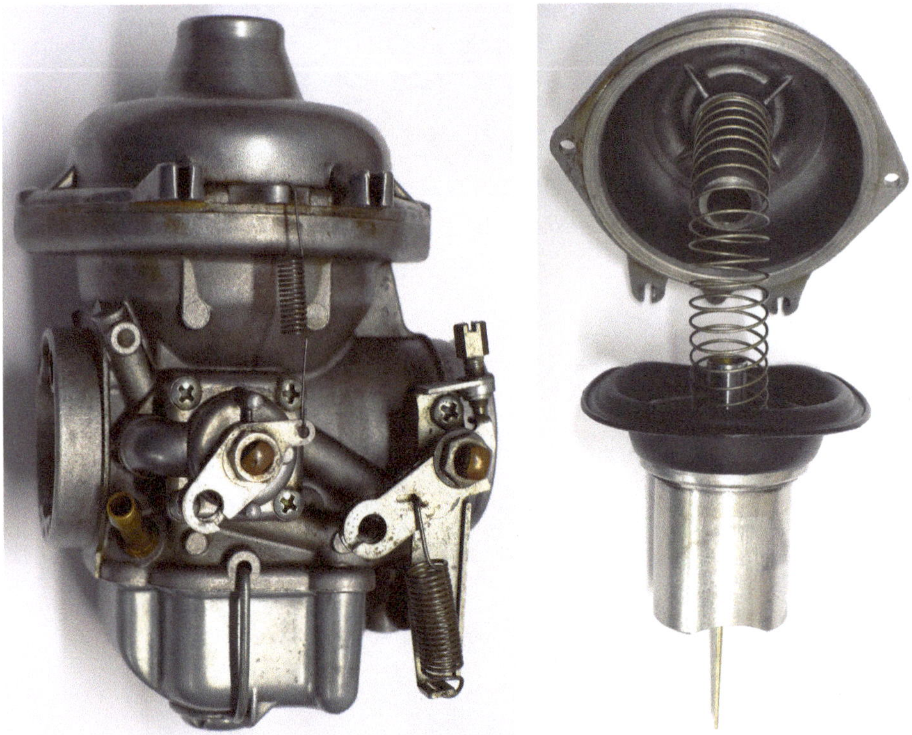

Bild 9.14 Ein 40-mm-BING-Vergaser einer BMW R 100 RS: Links die Seitenansicht; in der Mitte Hebel für den Startvergaser, rechts der Hebel für die Drosselklappe. Das rechte Teilbild zeigt den Deckel des Unterdruckdoms mit Schieberfeder sowie Schieber mit Düsennadel und daran befestigter Gummi-Membran [2].

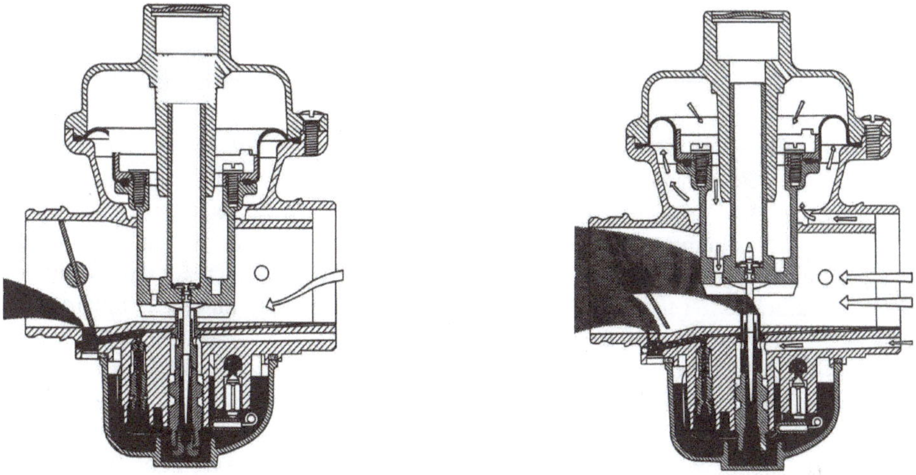

Bild 9.15 BING-Gleichdruck-Vergaser Typ 64..94 für BMW-Boxermodelle der Serien /5, /6 und /7: Links ist die Leerlaufstellung und rechts der Teillastbetrieb zu sehen (mit freundlicher Genehmigung der BMW Group).

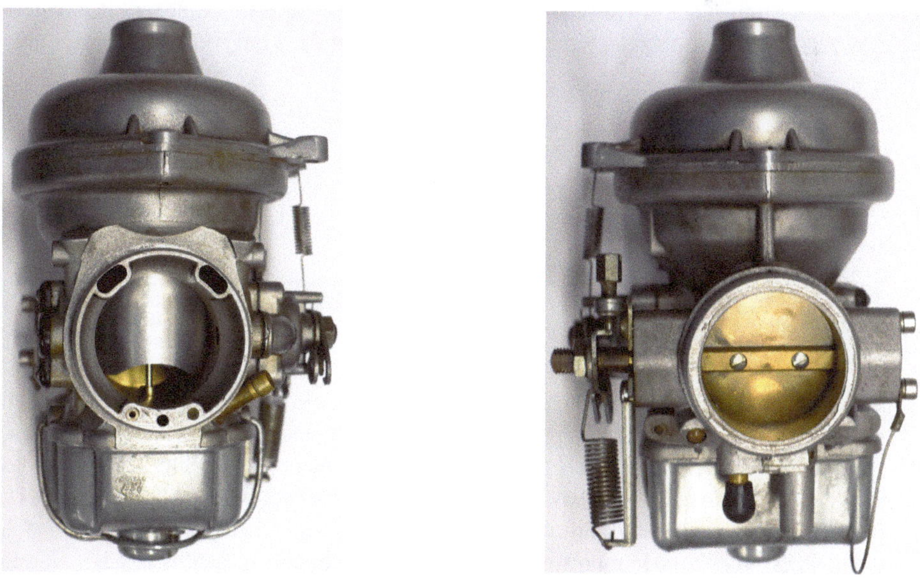

Bild 9.16 Ein 40-mm-BING-Vergaser einer BMW R 100 RS von der Lufteinlassseite betrachtet: man erkennt den Schieber und die Düsennadel – und von der Vergaserseite betrachtet: man erkennt die geschlossene Drosselklappe [2].

Diese Vergaser heißen je nach Herkunftsland oder Fabrikat *SU-Vergaser, Stromberg-Vergaser, Unterdruck-Vergaser* oder *Gleichdruck-Vergaser*. Besonders letztere Bezeichnung hat sich im deutschsprachigen Raum eingebürgert, obwohl ich die Bezeichnung „Unterdruck-Vergaser" besser finde, weil es der Unterdruck ist, der den Schieber bewegt. Sie wurden bzw. werden an leistungsstarken Motorrädern angebaut, z. B. bereits in den 1960er-Jahren an die damals sehr schnellen Honda CB 250, CB 350, CB 450 oder an die BMW R75/5. Später bekamen alle BMW-Boxermodelle ab 750 ccm diese Gleichdruck-Vergaser. Anders wären diese großen Einzelhubräume von bis zu 500 ccm auch nicht zu beherrschen. Diese Vergasertypen haben gegenüber den einfachen Schiebervergasern eigentlich nur zwei Nachteile: Sie sind deutlich teurer und sie reagieren etwas träger durch die indirekte Betätigung des Schiebers. Daher hatte schon das 1973 auf den Markt kommende Sportmodell BMW R 90 S zwei 38-mm-Dell'Orto-Schiebervergaser mit Beschleunigerpumpen. Wenn auch Sie die etwas trägere Reaktion der Vergaser stört oder die Gleichdruck-Vergaser Ihrer BMW verbraucht und ausgeleiert sind, dann können Sie die Gleichdruck-Vergaser durch z. B. moderne Mikuni TMR-Vergaser mit rollengelagerten Schiebern und eingebauten Beschleunigerpumpen oder auch moderne Dell'Orto-Schiebervergaser mit Beschleunigerpumpen ersetzen.[9]

9.1.4 PKW-Vergaser

Während die meisten Motorrad-Vergaser mit einem Schieber arbeiten, sind Autovergaser meist mit einer Drosselklappe ausgestattet. Betrachten wir einen vergleichsweise einfachen Vergaser, um nur das Wesentliche zu erkennen, und zwar den Solex 28 PCI, wie er am VW 1200 „Käfer" verwendet wurde, Bild 9.17. Er besteht aus folgenden Komponenten:

- Schwimmersystem
- Lufttrichter, d. h. die nötige Verengung
- Drosselklappe
- Hauptsystem
- Leerlaufsystem
- Beschleunigersystem
- Startsystem

Wir können vier Arbeitsbereiche untersuchen:

1. **Starten des kalten Motors:** Der kalte Motor braucht ein fetteres Gemisch, weil sich der Kraftstoff an den noch kalten Ansaugleitungen niederschlägt und kondensiert. Dazu wird die Starterklappe, auch Luftklappe genannt, geschlossen, Bild 9.18 links. Das Schließen erfolgte bei frühen VW 1200 durch einen handbetätigten Seilzug, den *Choke*; bei späteren Modellen übernahm dies eine elektrisch beheizte Bimetallfeder, die nach einer gewissen Zeit die Klappe automatisch öffnete. Durch die geschlossene Luftklappe entsteht ein stärkerer Unterdruck im Vergaser, und es wird eine stärkere Menge Kraftstoff angesaugt. In der Luftklappe ist ein federbelastetes Flatterventil angebracht, das

[9] Ich habe an meiner BMW R 100 RS von 1982 die Gleichdruck-Vergaser durch zwei Mikuni TMR 36-19 ersetzt: Ein unglaublicher Gewinn an spontanem Ansprechen und regelrecht bissigem Antritt.

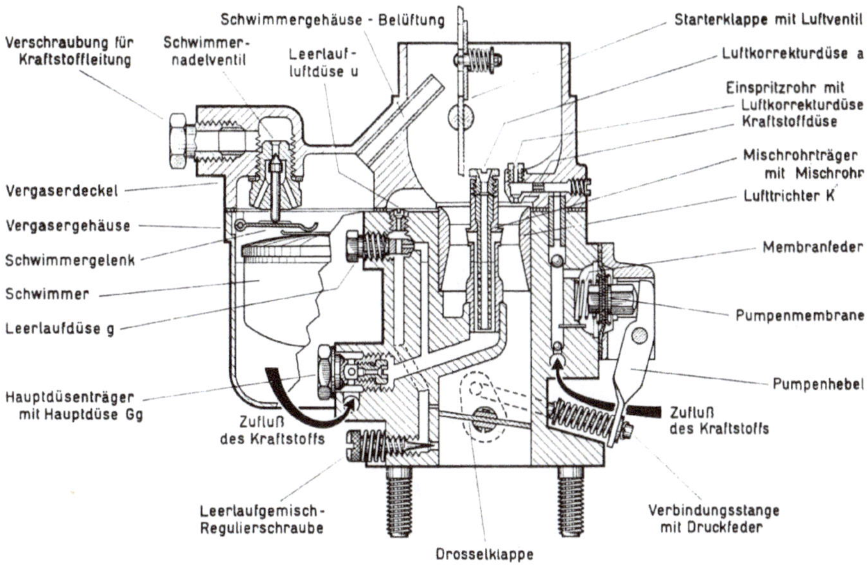

Bild 9.17 Vergaser Solex 28 PCI des VW 1200 (mit freundlicher Genehmigung der Pierburg GmbH, Neuss [87])

unterdruckabhängig die Luftmenge beeinflusst. Solche Starterklappen hatte auch die Honda CB 750 Four.

2. Im **Leerlaufbetrieb** ist der Unterdruck so gering, dass das eigentliche Hauptsystem noch nicht zufriedenstellend arbeiten kann. Nun übernimmt ein separater Vergaser, das *Leerlaufsystem*, Bild 9.18 Mitte. Es besteht aus der Leerlaufkraftstoffdüse, der Leerlaufluftbohrung und der Leerlaufgemischschraube, mit der das Leerlaufgemisch fetter oder magerer reguliert werden kann. Das so gebildete Gemisch strömt *hinter* der Drosselklappe ins Ansaugrohr. Zwei Bypassbohrungen im Bereich der Drosselklappe sorgen für einen verbesserten Übergang von Leerlauf- zu Hauptsystem. Die Leerlaufdrehzahl wird mit einer Leerlauf-Begrenzungsschraube am Drosselhebel eingestellt.
3. Im **Normalbetrieb** fließt der Kraftstoff von der Schwimmerkammer durch die Hauptdüse ins Mischrohr, in dem über die *Ausgleichsluftdüse* Luft beigemischt wird, Bild 9.18 rechts. Durch diesen Trick wird das Gemisch bei steigender Drehzahl abgemagert, weil es sonst überfetten würde. Der Unterdruck im Vergaser wird durch die Größe und Form des Lufttrichters bestimmt, aber auch durch die Stellung der Drosselklappe und die Motordrehzahl. Diese Zusammenspiel besonders zwischen Mischrohr, Ausgleichsluftdüse, Hauptdüse und Lufttrichter ist genauestens ausbaldowert, um in allen Drehzahl- und Lastbereichen ein einigermaßen passendes Gemisch bereitzustellen.
4. Das **Beschleunigersystem** sorgt beim Gasgeben für Zusatzkraftstoff, Bild 9.19. Warum? Wenn Sie die Drosselklappe flott öffnen, dann sinkt der Unterdruck im Vergaser schlagartig und der Motor stottert oder verhungert, weil der verringerte Unterdruck zu wenig Kraftstoff ansaugt. Beim betrachteten Vergaser macht dies eine kleine Membranpumpe, die mit der Drosselklappe verbunden ist. Ein kleines Düsensystem sorgt für eine genau

festgelegte Menge von einzuspritzendem Benzin. Eine Feder auf der Verbindungsstange zur Drosselklappe sorgt dafür, dass diese Anreicherung nur im unteren und mittleren Drehzahlbereich erfolgt.

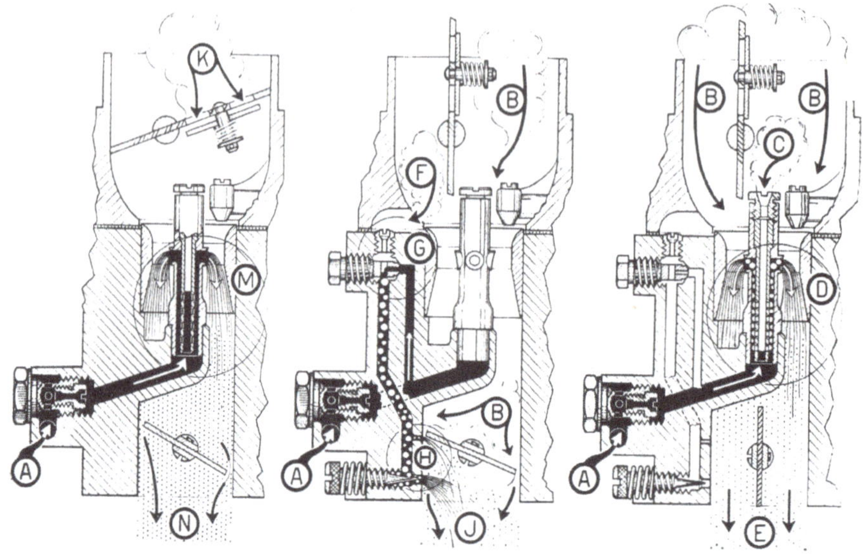

Abb. 4 Wirkungsweise des Solex-Vergasers Type 28 PCI

a) Start b) Leerlauf c) Vollast

A Zufluß des Kraftstoffs
B Eintritt der Hauptluft
C Eintritt der Ausgleichsluft
D Austritt der Kraftstoffemulsion und Bildung des Kraftstoffluftgemisches
E Kraftstoffluftgemisch zum Motor
F Eintritt der Leerlaufluft
G Bildung der Leerlaufemulsion
H Austritt der Leerlaufemulsion und Bildung des Leerlaufgemisches
J Leerlaufgemisch zum Motor
K Eintritt der Startluft
M Austritt des Kraftstoffs und Bildung des Startgemisches
N Startgemisch zum Motor

Bild 9.18 Vergaser Solex 28 PCI des VW 1200 (mit freundlicher Genehmigung der Pierburg GmbH, Neuss [87])

Dieser untersuchte Autovergaser ist tatsächlich sehr einfach, und es gibt wirklich extrem komplizierte und leistungsfähige Vergaser, die schon halbe Maschinenfabriken sind. Die berühmten Weber-Vergaser werden auch heute noch bei Oldtimerrennen und Wertungsfahrten genutzt. Wenn man es richtig macht, dann spendiert man jedem Zylinder seinen eigenen Vergaser, denn ein einzelner Vergaser kann niemals alle Zylinder wegen der doch immer unterschiedlichen Strömungswiderstände und Wandreibungen in den Ansaugrohren mit wirklich gleichem Gemisch versorgen; das haben sehr viele Untersuchungen ergeben. Daher haben solche Vergaser-Sportmotoren bei vier Zylindern dann zwei Weber-Doppelvergaser. Das Einjustieren und Abstimmen solcher mechanischen Wunderwerke ist Spezialistensache. Ohne Unterdruck-Manometer und CO-Tester, wie Sie es schon aus dem Motorrad-Vergaserkapitel kennen, brauchen Sie gar nicht erst anzufangen.

Natürlich ist ein Vergaser pro Zylinder ein sehr teurer Spaß, denn die Vergasergehäuse selbst sind immer aus Metalldruckguss, meist Zinkdruckguss, und die Düsen aus präzise bearbeitetem Messing. Alle Wellen müssen sauber und gasdicht (Nebenluft!) gelagert sein.

Mit Plastik und Billigbauweise ist hier wenig – eher nichts – zu machen. Daher hat man den meisten Alltagsautos eigentlich immer nur einen einzigen Vergaser spendiert, der dann vier oder auch sechs Zylinder versorgte; mit mehr oder weniger gutem Erfolg. Durch die gestiegenen Ansprüche an das Emissionsverhalten hatten es die Vergaser immer schwerer, die zu erfüllen; man hat eine Zeitlang „elektronische“ Vergaser verbaut, die eine Mischung aus Vergaser und Primitiv-Einspritzanlage waren, aber der Hit war das auch nicht. Die heutigen Umweltansprüche sind nur mit elektronischen Einspritzanlagen mit Lambda-Regelung, Katalysator und ggf. weiterer Abgasnachbehandlung zu schaffen. Was in keiner Beziehung ein Nachteil ist, denn Einspritzanlagen sind nebenbei wesentlich billiger zu produzieren als die mechanisch aufwendigen Vergaser. Und langlebiger und unproblematischer sind sie ebenfalls.

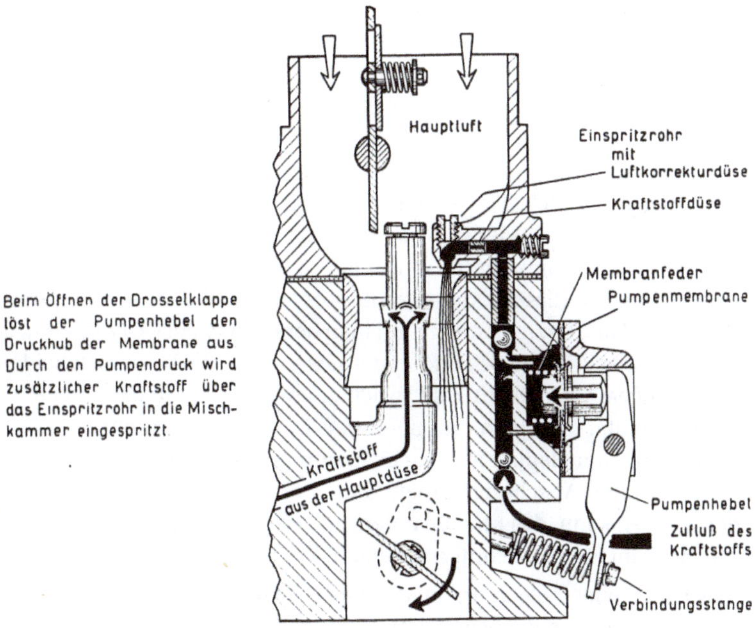

Abb. 5 Wirkungsweise der Beschleunigungspumpe

Bild 9.19 Vergaser Solex 28 PCI des VW 1200. Wirkung der Beschleunigerpumpe (mit freundlicher Genehmigung der Pierburg GmbH, Neuss [87])

9.2 Kraftstoffe

Simpel gesprochen, kann jeder brennbare Stoff als Brennstoff für Verbrennungsmotoren genutzt werden; so wollte RUDOLF DIESEL seinen Motor ursprünglich mit Kohlestaub betreiben. Er untersuchte aber sehr bald Erdöle wie „Messelöle aus der Gewerkschaft Messel bei Darmstadt“, „Fuel-Oile, die von den amerikanischen Lizenznehmern geschickt wurden“ und „rohe Quellöle aus Rumänien und Galizien“ [88]. CARL BENZ betrieb sein erstes

Auto mit *Ligroin*, das ist ein Leichtbenzin, und als seine Frau BERTHA BENZ mit ihren beiden Söhnen die erste Fernfahrt der Welt mit einem Automobil von Mannheim nach Pforzheim unternahm[10], musste sie das Ligroin in Apotheken kaufen, denn es gab noch keine Tankstellen. Der Begriff *Benzin* leitet sich übrigens nicht von CARL BENZ ab. OPA GEUDER berichtet, dass sein Freund TIEBEL bei einer gemeinsamen Fahrt 1906 mit einem Laurin & Klement-Motorrad mit Oberflächenvergaser mangels Treibstoffmangel ersatzweise zwei Flaschen Cognac in den Tank kippte; der Motor „lief damit ganz munter" [89].

Der Fokus lag also gleich zu Beginn der Motorisierung auf flüssigen Kraftstoffen, weil sie sehr schnell getankt, leicht transportiert werden können und eine enorme Energiemenge auf kleinem Raum bzw. geringem Gewicht speichern können. Otto- und Dieselkraftstoffe werden meist aus Erdöl großtechnisch in Raffinerien gewonnen, und die Herstellkosten für Benzin und Dieselöl sind praktisch gleich [22]; der unterschiedliche Preis für die Verbraucher kommt nur durch unterschiedliche Steuern zustande. Fahrbenzin kann außerdem aus Kohle durch Kohlehydrierung oder aus Synthesegas ($CO + H_2$) mit dem FISCHER-TROPSCH-Verfahren erzeugt werden [97].

Wenn Sie Tabelle 9.1 betrachten, dann dürfte Ihnen auffallen, dass verflüssigte Gase wie LPG (*Liquefied Petroleum Gas*), also Flüssiggas oder *Propan*, die gleichen Heizwerte wie Benzine haben, aber wesentlich *klopffester* sind. Was bedeutet das? Wenn ein Ottomotor zu hoch verdichtet, dann entzündet sich das Brennstoff-Luftgemisch von selbst und der Motor „klopft", das sind unkontrollierte, sehr schnelle Verbrennungen, die sehr schädlich für das Triebwerk sind. Um dieses Klopfen zu messen, hat man dem sehr klopffesten *Iso-Oktan* willkürlich die Zahl 100 zugeordnet, und man nennt das Ganze *Oktan-Zahl*, die man wieder in *Research-Oktan-Zahl* (ROZ) und *Motor-Oktan-Zahl* (MOZ) unterscheiden kann. Wenn man landläufig von der Oktan-Zahl spricht, dann meint man die Research-Oktan-Zahl. Jetzt gibt man einfach in einen Prüfmotor eine Mischung aus klopffestem Iso-Oktan und sehr klopffreudigem n-Heptan als Vergleichsstoff zum zu untersuchenden Kraftstoff, und ermittelt, bei welchem Mischungsverhältnis der Prüfmotor, dessen Verdichtung im Betrieb verändert werden kann, das Klopfen anfängt. Dieses ermittelte Mischungsverhältnis ist dann die Oktan-Zahl für den zu untersuchenden Kraftstoff.

Früher war das Benzin viel schlechter; um das Klopfen zu vermeiden, wurde dem Benzin Benzol in beträchtlichen Mengen beigemischt: MAIR [96] empfiehlt 1937: „Für den Kraftradfahrer dürfte die beste Brennstoffmischung sein: ein Teil Benzol und zwei Teile Benzin bis Benzol und Benzin zu gleichen Teilen". Die miese Benzinqualität in Deutschland hatte direkte Auswirkungen: So war für den Doppelstern-Flugmotor BMW 801 C bei einer Verdichtung von 6,5:1 als Kraftstoff verbleites Benzin mit 87 Oktan vorgeschrieben, der 7,2:1 verdichtete BMW 801 D brauchte 95 Oktan. Es fällt auf, dass die Verdichtungsverhältnisse außerordentlich moderat sind, selbst für diese aufgeladenen Motoren. Da besonders die Amerikaner viel besseres Benzin zur Verfügung hatten, konnten sie ihre Motoren höher verdichten, was unmittelbar höhere Leistung brachte. Stichwort Flugmotoren: Für Otto-Flugmotoren wird heute AvGas für Aviation Gasoline verwendet. Wikipedia [157] sagt dazu: „Zurzeit werden sechs Sorten mit unterschiedlicher Verbleiung bzw. unverbleit angeboten. [...] AvGas wird heute in US-amerikanischen (beispielsweise Lycoming und Continental Motors) und russischen Flugottomotoren sowie auch für Wankel-Flugmotoren verwendet.

10 CARL BENZ war gegen längere Fahrten mit dem neuartigen Fahrzeug, daher startete BERTHA BENZ in aller Frühe die Fernfahrt, während ihr Mann noch nichtsahnend schlief. Eine mutige Frau!

Einige benötigen aufgrund ihrer Bauart mit hoher Kompression hochverbleites Benzin mit einer hohen Oktanzahl. Diese Voraussetzungen erfüllt AvGas 100 (hohes Lean Rating, hoher Bleigehalt). [...] Für ältere Hochleistungs-Flugmotoren, vor allem bei Maschinen aus der Zeit des 2. Weltkriegs und danach, die sehr hohe Oktanzahlen über 100 benötigen, muss der entsprechende Kraftstoff gesondert hergestellt bzw. mit speziellen Zusätzen versehen werden, um einen störungsfreien Betrieb zu gewährleisten. Hierbei sind die Sorten AvGas 108 sowie AvGas 115 zu nennen. Diese heute sehr teuren speziellen AvGas-Sorten sind vor allem bei historischen Flugschauen sowie Flugzeugrennen wie bei den Reno Air Races anzutreffen. Ein ganz ähnliches ‚Renn-Benzin' wird auch für die unteren Klassen bei Beschleunigungsrennen verwendet."

Tabelle 9.1 Eigenschaften verschiedener Kraftstoffe, Angaben nach J. ROBINSON

Kraftstoff	ROZ	MJ/kg	stöchio.	Bestandteile
Iso-Oktan	100			C_8H_{18}
n-Heptan	0			C_7H_{16}
Super, verbleit	97	43,5	14,7:1	diverse HC
Super, bleifrei	95	42,7	14,8:1	diverse HC
SuperPlus, bleifrei	98	bis 44,2	14,7:1	diverse HC
Methanol	107	19,9	6,45:1	CH_3OH
Äthanol	108	26,8	9:1	C_2H_5OH
LPG	> 100	46,1	15,5:1	C_3H_8,C_4H_{10}
Wasserstoff	> 130	120	34,3:1	H_2
Methan	> 120	49,6	17,2:1	CH_4
Propan	112	46,1	15,7:1	C_3H_8
Erdgas	120 – 130	37,7	17,5:1	90 % Methan
Diesel	n/a	bis 43	14,5:1	diverse HC
Kerosin	n/a	43	14,5:1	diverse HC

Wie kann man die Klopffestigkeit eines Kraftstoffs steigern? Man gibt Methanol, Äthanol, Toluol und organische Bleiverbindungen wie Bleitetraethyl TEL (Tetra-Ethyl-Lead), Bleitetramethyl TML (Tetra-Methyl-Lead) zu.[11] Die Antiklopfwirkung der verschiedenen Antiklopfmittel ist sehr verschieden: Um die Wirkung von 1 cm^3 TEL zu erreichen, brauchen Sie 2 cm^3 Eisenpentakarbonyl, 1000 cm^3 Toluol, 1520 cm^3 Iso-Oktan und 1550 cm^3 Benzol [97]! Sie sehen, wie ungemein wirkungsvoll TEL und TML sind. Diese organischen Bleiverbindungen TEL und TML sind aber starke Nervengifte, und daher sind sie in der EU seit dem Jahr 2000 aus Umweltgründen verboten. Sie hatten übrigens einen sehr erwünschten Nebeneffekt: Sie schützten Ventile und Ventilsitze. Das bedeutet: Bei manchen Oldtimer-Motoren kann es sein, dass man flüssigen *Bleiersatz* ins Benzin zugeben oder ggf. die Ventile und Ventilsitzringe austauschen sollte. Das gilt jedoch nicht generell: Besonders japanische Motoren aus den 1970er-Jahren sind bereits für bleifreies Benzin geeignet, weil in den USA ab 1970 die Verwendung von TEL stark eingeschränkt wurde. Nebenbei beschädigt

[11] Charles Kettering verantwortete als Entwicklungschef von General Motors, USA, u. a. die Entwicklung von Bleitetraethyl als Anti-Klopfmittel. Schon geringste Mengen steigern die Oktan-Zahl beträchtlich.

verbleites Benzin die Dreiwege-Katalysatoren, die ja auch in den USA viel früher Standard wurden als hierzulande.

Womit Sie an Tabelle 9.1 sehen, dass die von deutschen Autofahrern völlig grundlos kritisch beäugten Bio-Alkoholzugaben zum Benzin an sich sehr positiv sind: Mit reinem Methanol können Verdichtungsverhältnisse bis 16:1 realisiert werden [93]! Diese Alkoholanteile im Benzin können jedoch bei manchen älteren Autos zu Problemen bei deren Dichtungen im Benzintrakt führen; daher rät [31], Oldtimer mit Benzin ohne Bio-Alkoholzusatz zu betreiben, so wird bei Aral Ultimate 102 auf die Zugaben von Bioethanol verzichtet. Bei modernen Fahrzeugen ist Super E10 vollkommen in Ordnung. Bedenken Sie bitte, dass es ausländische Märkte gibt, z. B. in Brasilien, die mit Alkohol aus Zuckerrohr fahren, und zwar nicht nur als Beimischung, sondern zu 100 %. Brasilien stellt mehrere Milliarden Liter dieses Bio-Kraftstoffs her – das scheint eine sehr sinnvolle Alternative zu Benzin aus Erdöl zu sein.

Ebenfalls sehr umweltfreundliche Kraftstoffe sind Flüssiggase wie Propan oder LPG, die ohnehin in der chemischen Industrie anfallen und sehr sauber verbrennen. Unsere holländischen Nachbarn nutzen solche Flüssiggase seit vielen Jahren mit bestem Erfolg; viele Autos mit ursprünglich Benzinmotor lassen sich ziemlich leicht auf Flüssiggasbetrieb umrüsten, und zwar derart, dass man zwei Tanks hat und mit einem einfachen Umschalter wählen kann, ob man mit Benzin oder Flüssiggas fährt. Wir selbst haben am Lehrstuhl Konstruktionslehre und CAD der Universität Bayreuth ein Erdgas-Motorrad mit bivalentem Betrieb auf Basis einer BMW K 1200 GT in 2007 entwickelt, gebaut und durch den TÜV gebracht, Bild 9.20; das Fernsehen berichtete. Sie finden dazu eine Reihe von Beiträgen im Internet. Dabei sind zwei der drei „Auspuffe" die Erdgastanks, damit werden 100 km Reichweite erreicht. Aber der Benzintank ist für weitere 350 km gut. Für diese erfolgreiche Entwicklung verantwortlich waren R. HACKENSCHMIDT, A. DÖRNHÖFER und S. THIEM.

Bild 9.20 Erdgas-Motorrad des Lehrstuhls Konstruktionslehre und CAD der Universität Bayreuth

Können bestimmte Kraftstoffe die Motorleistung steigern? In der Tat: Mittelbar durch klopffestere Kraftstoffe, wenn parallel dazu die Verdichtung erhöht wird, denn die Motorleistung steigt fast linear mit der Verdichtungserhöhung. Unmittelbar durch Zusatz von Nitromethan (CH_3NO_2): Das ist eigentlich ein Raketentreibstoff, der seinen eigenen Sauerstoff mitführt; er kann mit Benzin oder Alkohol vermischt die Motorleistung verdoppeln! Er wird für Dragster-Rennen genutzt, wobei der Motor in kürzester Zeit verschleißt. Dankbar ist auch Lachgas (N_2O): Es bewirkt starke Innenkühlung und liefert Zusatz-Sauerstoff, wodurch die Leistung verdoppelt wird. Es wird in Stahlflaschen mit 60 bar geliefert. Sie kennen das aus Endzeitfilmen bzw. der bekannten „Fast & Furious"-Filmreihe. Sie könnten aber auch einen eigenen Rennkraftstoff mischen: Die Auto-Union und Mercedes-Benz verwendeten bis 1939 in den damaligen Grand-Prix-Rennen folgende, streng geheime Mischung aus 10 % Ethanol, 60 %Methanol, 22 % Benzol, 5 % Petrolether und 3 % Toluol/Nitrobenzol [91].

10 Anlassen

Sind Sie schon einmal mit einer Dampflokomotive gefahren? Sobald der Lokführer das Fahrventil öffnet, strömt Dampf unter etwa 15 bar Druck in die Zylinder und setzt den Zug in Bewegung: Eine Dampfmaschine hat eine *äußere Verbrennung*, aber ein Verbrennungsmotor muss sein zündfähiges Gemisch erst einmal ansaugen und verdichten[1] – und beide Vorgänge erfordern Arbeit, und nicht zu knapp! Daher muss ein Verbrennungsmotor angeworfen werden, d. h. relativ flott durchgedreht werden, und zwar mit mindestens 60 U/min bei einem Ottomotor und mit mindestens 100 U/min bei einem Dieselmotor. Aus alten Bildern wissen Sie, dass Automotoren um 1900 mühsam angekurbelt wurden, bis der Amerikaner CHARLES KETTERING den elektrischen Anlasser im Automobilbau einführte. Von Ihrem Rasenmäher oder der Benzin-Kettensäge kennen Sie den Seilzug- bzw. Reversierstarter, vom Motorrad den Kickstarter. Aber eines ist allen diesen Startern gemeinsam: Sie müssen *überholfähig* sein! Was heißt das? Wenn Sie den Motor zum Starten mit, sagen wir, 100 U/min durchdrehen, egal, ob per Kurbel, Kickstarter, Seilzug oder elektrischem Anlasser, und der Motor springt an, dann macht der in kürzester Zeit nicht mehr 100 U/min, sondern 1000 U/min! Können Sie sich denken, was nun passieren würde, wenn die Andrehkurbel fest mit dem Motor verbunden wäre? Auch der elektrische Anlasser müsste auf einmal die zehnfache Drehzahl mitmachen – und wir sind erst im Leerlauf. Bei später 10.000 U/min, was moderne Motorradmotoren locker packen, würde der Anlasser aufgrund der Fliehkräfte explodieren. Es muss also immer irgendeine Art Freilauf oder Überholkupplung eingebaut sein.

Es gibt unglaublich viele Anlasssysteme für Verbrennungsmotoren, daher sollen hier nur fünf, besonders für ältere Motoren, gängige Prinzipien gezeigt werden:

1. Für Kleinmotoren wie Rasenmäher, kleine Außenborder, Kettensägen und Stromaggregate ist ein *Reversierstarter* genau das Richtige: Ein Seilzug mit Griff ist auf einer Trommel aufgewickelt, die an der Kurbelwelle befestigt ist. Bei flottem Ziehen macht der Motor ein paar Umdrehungen, die problemlos zum Anspringen reichen. Die Trommel steht unter Federspannung, sodass Sie den Seilzug dann wieder vom Federzug in den Startermechanismus ziehen lassen können. Die älteren *Seilzugstarter* funktionieren an sich genauso, nur liegt die Trommel im Freien, und Sie wickeln das lose Starterseil von Hand

[1] Daher heißt der Verbrennungsmotor im Englischen *internal combustion engine*, also Maschine mit innerer Verbrennung.

Bild 10.1 Eine 40 Jahre alte STIHL-Kettensäge mit Reversierstarter [2]

Bild 10.2 Kickstarter und Überholkupplung einer Kawasaki Z900 [2]

um die Trommel, reißen an und haben dann das abgewickelte Seil in der Hand. Das ist von der Handhabung her natürlich etwas umständlicher.

2. Das frühere Standardverfahren zum Starten von Motorrädern war der *Kickstarter*, Bild 10.2, der heute allerdings mehr oder weniger ausgestorben ist, weil man den Kunden eine solche Startprozedur nicht mehr zumuten will. Ähnlich wie beim Seilzugstarter wird der Motor durch einen sportlichen Tritt auf den Kickstarter in ein paar Umdrehungen versetzt, die meist ausreichen, um den Verbrenner zu starten. Bei meiner früheren BMW R 90/6 zu Studentenzeiten war dieses lustige Antreten im Winter öfter nötig, weil es Anlasser und/oder Batterie nicht schafften, bei kalten Temperaturen diesen großen Zweizylindermotor sicher zu starten. Aber 900–1000 ccm sind wirklich die Grenze bei derartigen Motoren – BMW hat dann bei späteren Baumustern die Kickstarter weggelassen. Umgekehrt hatten alle mir bekannten Yamaha- und Kawasaki-Mehrzylinder-Zweitakter bis zur 750er Mach IV in den 1970er-Jahren ausschließlich Kickstarter, weil Zweitakter viel leichter starten als hochverdichtete Viertakter. Aber

Vierzylinder wie eine Honda CB 750 Four oder eine Kawasaki Z1/Z900 hatten zusätzlich zum immer problemlos funktionierenden elektrischen Anlasser als Sicherheitsmaßnahme einen Kickstarter, und damit können Sie diese Kisten ohne Probleme anwerfen. Damit der Kickstarter nach Durchtreten wieder in die Ausgangsstellung zurückgeht, ist wie beim Reversierstarter eine Rückzugsfeder eingebaut, die bei alten Motoren durchaus ausgeleiert sein kann und ersetzt werden sollte. Der Überholmechanismus ist meist ein einfaches Klinkengesperre, Bild 10.2 rechts.

3. Der Standardanlasser für Autos und auch BMW-Motorräder mit Boxermotoren ist der *Schubschraubtriebanlasser*, Bild 10.3, Bild 10.4 und Bild 10.5. Der funktioniert so: Die Schwungscheibe des Verbrennungsmotors trägt außen einen Zahnkranz. Der Anlasser hat vorn ein Ritzel, das aber im Normalzustand ausgespurt ist, also nicht in den Schwungscheiben-Zahnkranz eingreift. Wird der Starter betätigt, dann zieht der Magnetschalter an und schiebt über den Einrückhebel das Ritzel auf dem Steilgewinde, das diesen Vorgang unterstützt, in den Schwungscheiben-Zahnkranz. Sobald das Ritzel eingespurt ist, schaltet der Magnetschalter durch und gibt den vollen Batteriestrom, was bei einem PKW-Anlasser durchaus 200–300 A sein können, auf den Anlassermotor. Das ist ein Gleichstrom-Hauptschlussmotor, der besonders stark anzieht. Jetzt wird der Verbrennungsmotor vom Anlasser durchgedreht. Der Freilauf im Anlasser stellt sicher, dass bei Anspringen des Verbrenners der Anlassermotor überholt wird und sicher ist. Eigentlich brauchen Sie Ihre Auto- oder Motorradbatterie nur für diesen Anlasser, denn das Licht und andere Verbraucher könnte man, wenn der Motor läuft, aus der Lichtmaschine versorgen! Daher können Sie Ihr Auto durchaus im 2. Gang anschieben oder den Berg herunterrollen lassen, wenn die Batterie leer ist: Die Lichtmaschine wird genug Strom für die Zündung liefern.[2] Ist Ihr Anlasser defekt, dann können Sie sich beim nächsten Bosch-Dienst preiswert einen Austauschanlasser besorgen, das gilt auch für defekte Lichtmaschinen. Aber normalerweise sind diese Anlasser, obwohl nicht unkompliziert, ziemlich langlebig. Oft müssen nur die Kohlen oder der Magnetschalter ausgetauscht werden.

4. Besonders japanische Motorradmotoren werden etwas anders angelassen, Bild 10.6. Ein im Vergleich zu Schubschraubtriebanlassern recht kleiner, aber hochtouriger Elektromotor treibt über zwei Getriebestufen meist den direkt auf der Kurbelwelle sitzenden Lichtmaschinenläufer an, der als Überholelement einen Freilauf hat. Sobald der Motor angesprungen ist, geht der Freilauf in den Überholbetrieb und kuppelt die Getriebestufen samt Elektromotor ab. Das Ganze ist äußerst betriebssicher; bei alten Motoren sind mitunter die Freilaufrollen und/oder deren Andruckfedern verbraucht, Ersatz ist einfach. Einen Magnetschalter im eigentlichen Sinn gibt es nicht, aber ein Anlassrelais, das irgendwo im Rahmen des Motorrads sitzt und den echt hohen Anlassstrom schaltet, der aber durch den hoch drehenden kleinen Elektromotor viel kleiner ist als beim Schubschraubtriebanlasser. Daher kommen solche japanischen Motorräder mit im Vergleich zu BMWs der 1970er-Jahre sehr kleinen Batterien aus.[3]

---

[2] Das habe ich das letzte Mal vor 10 Jahren bei meinem alten Suzuki Samurai *allein* machen müssen, weil der Anlasser kaputt war.

[3] Zum Vergleich: Meine BMW R 100 RS hat eine große und schwere Batterie mit 30 Ah, während meine Honda CB 750 Four und meine Kawasaki Z900 nur jeweils eine 14-Ah-Batterie brauchen.

5. Der *Dynastarter*, früher als *Schwung-Lichtanlass-Batteriezünder* bezeichnet, ist eine elektrische Maschine, die Schwungmasse, Lichtmaschine, Anlasser und Batterie-Zündanlage beinhaltete. Hier nutzt man aus, dass fast jede elektrische Maschine sowohl als Generator als auch als Motor laufen kann; natürlich sind solche Kompromisse nie ganz ideal für beide Anwendungen. DKW baute solche Maschinen bereits in den 1930er-Jahren an ausgewählte Motorräder an, und ihre große Zeit erlebten diese Anlagen in den 1950er-Jahren, als die *Rollermobile* wie BMW Isetta, Messerschmitt Kabinenroller, Heinkel Kabine, Zündapp Janus und ähnliche Gehhilfen groß in Mode waren. Deren einfache Einzylinder-Zweitaktmotoren oder -Viertaktmotoren konnten sicher mit diesen Dynastart-Anlagen angelassen werden, wobei der Schwung-Lichtanlass-Batteriezünder gut zu tun hatte, den modifizierten BMW-Motorradmotor R 25, also einen Viertakt-Einzylinder mit 250 ccm und 12 PS, anzulassen[4], Bild 10.5. Doch auch viele Motorroller wie der Heinkel Tourist oder die Zündapp Bella (hatte ich auch mal) hatten diese Dynastarter. Jedoch brauchten alle diese Anlagen 12 V Batteriespannung, weil die bis etwa 1970 auch bei PKW üblichen 6-V-Bordnetze diese Energie nicht hätten liefern können – der Elektromotor muss bei einer Dynastart-Anlage den Motor direkt ohne Übersetzung durchdrehen! Nach dem Motto „Was gut ist, kommt wieder" erleben diese Dynastart-Anlagen ein Comeback als *Startergeneratoren* in modernen PKW. Hier ist der große und leistungsstarke Läufer in die Kupplungs-Schwungscheibe integriert und zieht den Automotor ohne Übersetzung durch, allerdings bei meist 48-V-Betrieb. Bei laufendem Verbrenner arbeitet der Startergenerator als Lichtmaschine.[5]

Bild 10.3 Ein Bosch-Schubschraubtriebanlasser aus meiner BMW R 100 RS [2]

Abschließend möchte ich ein paar eher unbekannte Anlasssysteme für Verbrennungsmotoren vorstellen: Sehr große Dieselmotoren wie Schiffsmaschinen werden gestartet, indem Pressluft in einen oder mehrere Zylinder geleitet wird. Aber wussten Sie, dass der Standardjäger der großdeutschen Luftwaffe, die Messerschmitt Bf 109, *angekurbelt* wurde? Deren 12-Zylinder-V-Motor, der DB 601 von Daimler-Benz, hatte immerhin 34 l Hubraum und rund 1200 PS. Damit hätte ein elektrischer Anlasser schwer zu tun gehabt und man würde

4 Ich hatte mit 16 Jahren eine Art Go-Kart mit dem 250-ccm-Isettamotor gebaut und hatte daher mit dieser Startanlage zu tun.

5 Die Bezeichnung „Lichtmaschine" hat sich im Fahrzeugwesen etabliert, wobei das technisch gesehen ein Generator oder Dynamo ist.

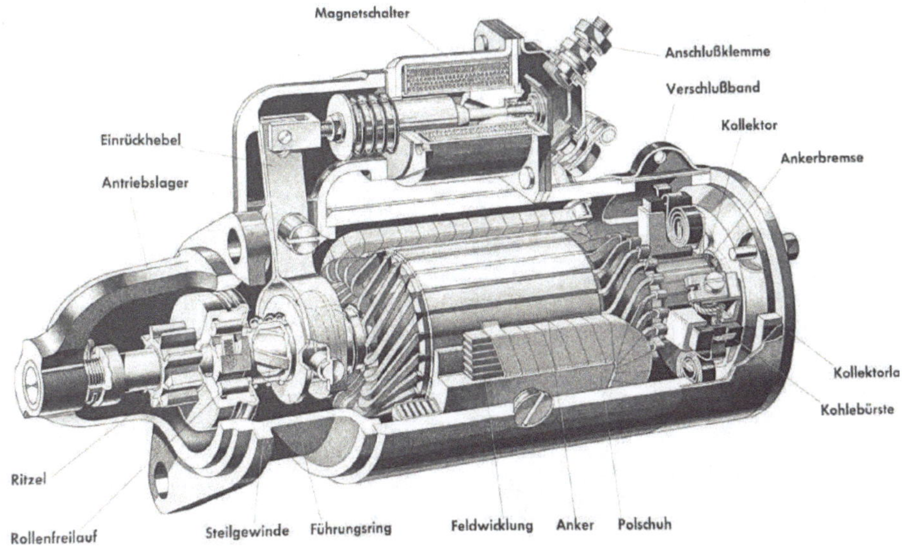

Bild 10.4 Bosch-Schubschraubtriebanlasser (mit freundlicher Genehmigung der Robert Bosch GmbH, Stuttgart)

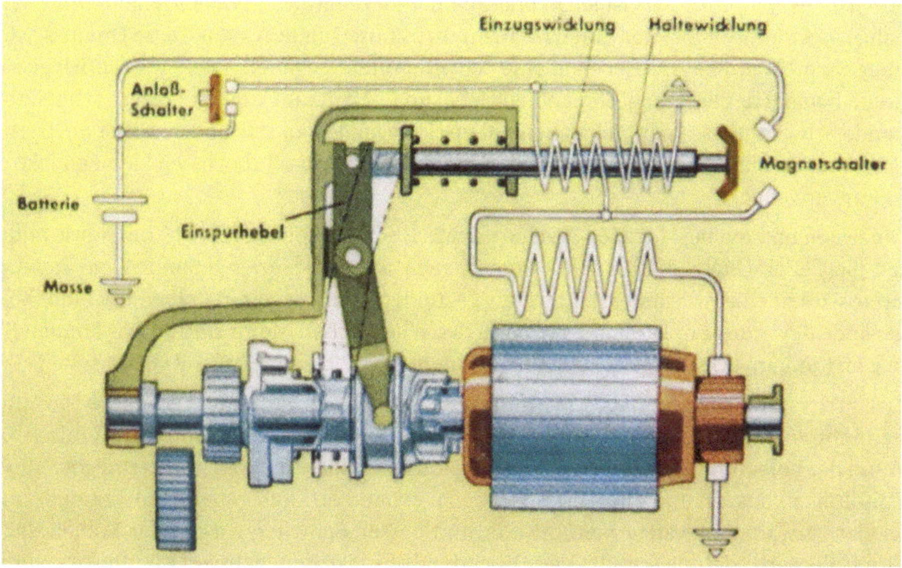

Bild 10.5 Funktionsprinzip eines Bosch-Schubschraubtriebanlassers – genauer eines Schubtriebanlassers (mit freundlicher Genehmigung der Robert Bosch GmbH, Stuttgart)

Bild 10.6 Elektrischer Anlasser und Rollenfreilauf einer Kawasaki Z900 [2]. Die Gesamtübersetzung ist in etwa 1:25.

riesige Starterbatterien mit unnützem Gewicht brauchen. Die Funktion des dort verwendeten *Schwungkraftanlassers* ist leicht erklärt: Ein Flugzeugwart dreht eine Handkurbel seitlich an der Motorhaube, was durchaus mehrere Minuten dauern kann. Diese Drehung wird über ein mehrstufiges Getriebe auf eine Schwungmasse gegeben. Wenn die schnell genug dreht, betätigt der Flugzeugführer einen Hebel im Cockpit und kuppelt die nun schnelldrehende Schwungmasse per Mehrscheibenkupplung an den zu startenden Motor an. Dieses Prinzip kann man abwandeln, indem man anstelle der Handkurbel einen kleinen Elektromotor verwendet.

Die Briten nutzten beim großen Rivalen der Me 109, der Supermarine Spitfire, sowie anderen Flugzeugmustern den *Coffman-Starter*, auch *Shotgun-Starter* genannt: Eine Treibpatrone wird in einem Zylinder des Starters gezündet, damit setzt ein Kolben über ein Steilgewinde den Starter in Drehung, die dann den eigentlichen Motor startet. Das können Sie live im Kinofilm „Der Flug der Phoenix“ aus dem Jahr 1965 mit Hardy Krüger sehen.

Zweitakter kann man starten, indem man sie schnell vorwärts und rückwärts hin- und herdreht, sozusagen pendelnd bis zum jeweiligen Verdichten. Dabei saugt er Gemisch an. Wenn der Kolben *rückwärts* an die Kompression stößt, löst ein *zweiter* Unterbrecher einen Zündfunken aus. Damit zündet das Gemisch, expandiert, und zusammen mit dem nun wieder vorwärts umgesteuerten Anlasser und dessen Schwung rutscht der Kolben dann durch dieses pendelnde Aufschaukeln über den Totpunkt, der „richtige“ Zündfunke zündet und startet über die Verbrennung den Motor. Sowas baute man einmal als *Pendelanlasser*, vgl. [82]. Besonders bewährt hat sich das Ganze nicht, weil die elektrische Umsteuerschaltung nicht ganz unaufwendig und nicht sehr zuverlässig war.

11 Selbstbau von einfachen Vier- und Zweitaktern

Dass Studenten Verbrennungsmotoren für Studenten-Rennwagen bauen oder vorhandene abändern, ist seit der *Formula Student* auch der Öffentlichkeit bekannt. Mein damaliges Lehrstuhlteam und ich haben das Rennteam „Elefant Racing“ an der Universität Bayreuth gegründet und unterstützt. Diese Kombination aus theoretischem Wissen und handwerklich praktischen Erfahrungen ist es, was solche Studenten[1] für Industriefirmen sehr interessant macht.

Anyway, ein Maschinenbau-Student sollte die einschlägigen Fertigungsverfahren kennen und zumindest zum Teil selbst beherrschen. Wussten Sie, dass die beiden Erfinder des Automobils nicht nur studierte Maschinenbau-Ingenieure, sondern auch hervorragende Handwerker waren? GOTTLIEB DAIMLER machte zuerst eine Büchsenmacherlehre, arbeitete dann als Geselle und studierte anschließend am Stuttgarter Polytechnikum, dem Vorläufer der heutigen Uni Stuttgart. CARL BENZ studierte bei so berühmten Professoren wie FERDINAND REDTENBACHER und FRANZ GRASHOF in Karlsruhe am damaligen Polytechnikum, dem heutigen KIT. „Nach beendetem Studium stellte er sich am 1. August 1884 zweieinhalb Jahre als gewöhnlicher Arbeiter an Schraubstock und Drehbank, denn er sagt sich, um allen Anforderungen der Zukunft gerecht zu werden, muss man unten, ganz unten bei den Grundlagen anfangen“ (nach [1]).

Aus diesem Grund gebe ich nun ein paar Tipps, wie man mit einfachen Mitteln – und darauf kommt's an, denn kompliziert kann jeder – Vier- und Zweitaktmotoren als Einzylinder bauen kann. Dazu darf ich Ihnen drei Bücher von mir empfehlen, die *Schweißen* [68], *Drehen* [69] und *Fräsen* [70] von Grund auf behandeln. Beachten Sie ferner, dass die Skizzen nicht immer normgerecht sind und dass manche Maße sich dann später beim Bauen verändert haben – diese einfachen Zeichnungen sollen Ihnen nur Anregungen geben; es sind keine fertigen Unterlagen zum direkten Nachbau! Wenn Sie selbst Motoren entwerfen, dann können Sie das selbstverständlich per CAD[2] machen, aber für erste Entwürfe mag ich Handskizzen und einfache Bleistiftzeichnungen im Maßstab 1:1, dann bekommt man eher ein Gefühl für die Abmessungen – und ob man sie fertigen kann.

Natürlich findet man heute Einzylindermotoren serienmäßig nur noch in Motorrädern und Motorrollern, aber der Entwicklung eines Mehrzylinders geht bei einer Neukonstruk-

---

1 Damit sind selbstverständlich beide und ggf. darüber hinausgehende Geschlechter gemeint.

2 Damit wir uns richtig verstehen: Ich bin ein großer Fan von 3D-CAD, und mein damaliges Lehrstuhlteam und ich haben bereits 1999 3D-CAD, und zwar Pro/Engineer, für alle Erstsemester *verpflichtend* eingeführt!

tion immer zuerst ein entsprechender Einzylinder-Prüfstandsmotor voraus, an dem die wichtigsten Vorgänge studiert werden können [65].

Ein Problem kann die Beschaffung von Rohteilen wie vorgedrehten Zylinderlaufbuchsen, Halbzeugen und manchen anderen Bauteilen sein. Das liegt nicht daran, dass es keine Lieferanten dafür gäbe, aber viele Firmen beliefern nur gewerbliche Kunden[3] und weisen andere Kunden ab, obwohl sie im Internet eine fast aufdringliche Werbung machen! Also gebe ich im letzten Teil der Literaturnachweise eine Reihe von sozialverträglichen Lieferfirmen an, mit denen ich gute Erfahrungen gemacht habe. Natürlich ist es so, dass ein Abschnitt Automatenstahl mit einem Durchmesser von 50 mm und einer Länge von 500 mm relativ gesehen viel teurer ist als eine Standardstange mit 6 m Länge, aber Hauptsache, Sie bekommen ihn überhaupt.

11.1 Selbstbau von Kurbelwelle und Pleuel

11.1.1 Das grundsätzliche Vorgehen

Der Bau einer Kurbelwelle muss sehr präzise erfolgen und stellt daher hohe Anforderungen. Gleitgelagerte Kurbelwellen von Autos und Motorrädern bei Mehrzylindermotoren werden in Europa im Gesenk geschmiedet, u. U. getwistet, die Lagerzapfen gehärtet und geschliffen und anschließend in mehreren Ebenen ausgewuchtet. Das alles scheidet für die Hobbywerkstatt in jeder Beziehung aus, und damit würde ich auch von gleitgelagerten Kurbelwellen abraten – die nötige Härte und Oberflächengüte der Lagersitze ist sehr schwer mit einfachen Mitteln hinzukriegen. Was also tun?

Sie sollten auf jeden Fall mit Wälzlagern arbeiten, weil es die preiswert in höchster Präzision fertig zu kaufen gibt, und weil die Lagersitze mit sauber gedrehter Oberfläche auskommen. Für die Kurbelwellenhauptlager würde ich einfache Rillenkugellager vorsehen, die tun es vollkommen. Die Kurbelwelle selbst würde ich aus Teilen zusammensetzen, was die Industriefirmen speziell bei Zweitakt-Kurbelwellen ja auch machen bzw. früher auch bei Viertakt-Kurbelwellen wie der NSU Max realisiert haben. Aber jetzt aufgemerkt: Typische Zweitakt-Kurbelwellen werden zusammengepresst. Das ist bis dahin noch nicht weiter schlimm und mit einer preiswerten hydraulischen 10-t-Presse leicht zuhause zu schaffen. Was aber nicht zu unterschätzen ist: Gute Pressverbände sind sehr eng toleriert: Bei 20 mm Fugendurchmesser und einer angenommenen Passung H7/x6 beträgt das Kleinstmaß 33 µm, das Größtmaß 67 µm. Wir reden hier also von einer minimalen Durchmesserdifferenz von 3 Hundertstel und einer maximalen Durchmesserdifferenz von knapp 7 Hundertstel; Sie werden zugeben: Das ist nicht ganz einfach einzuhalten, geschweige denn sauber nachzumessen! Was erschwerend hinzukommt: Damit die Bauteile das Zusammenpressen und auch das ggf. vorkommende Auseinanderpressen zu Reparaturzwecken überleben, sollten sie auf jeden Fall gehärtet und geschliffen sein. Hätten Sie gedacht, dass ein

[3] Das liegt z. T. an den völlig überzogenen deutschen und EU-Gesetzen hinsichtlich Rücknahmepflicht bei Internetbestellungen und Gewährleistungsvorschriften.

Bild 11.1 Zweitakt-Kurbelwelle für eine MZ 250 mit eingepresstem Hubzapfen [2]

Pressverband, der so einfach aussieht, solche Tücken hat? Damit wir uns nicht missverstehen: Ich bin ein großer Fan von Pressverbänden, weil wir dazu in der Firma sehr umfangreiche und ausschließlich positive Versuche und Erfahrungen gemacht haben. Gerade bei Kurbel- und Nockenwellen sorgen formschlüssige Verbindungen wie Passfedern sehr schnell für Stress, indem sie in kürzester Zeit ausschlagen. Die Literatur empfiehlt bei derartigen Wechsellasten, wie sie besonders bei Kurbelwellen auftreten, *Tangentkeile*, die habe ich aber in über 40 Jahren Berufserfahrung in der Antriebstechnik noch nie gesehen.

Früher wurden Motorrad-Kurbelwellen für Motorradmotoren gerne aus zusammengeschraubten Einzelteilen zusammengesetzt, Bild 11.2. Bei manchen Kurbelwellen von Harley-Davidson ist das heute noch so, Bild 11.4. Der große Vorteil dieser Bauart ist, dass man sie sozusagen in der heimischen Garage zerlegen, überholen und montieren kann. Doch sie haben auch Nachteile. Betrachten Sie dazu Bild 11.3: Die Verbindung links mit den beiden Konen wirkt eigentlich wie ein Kugelgelenk, besonders stabil ist das nicht. Dass die Konen und Gegenkonen sehr präzise hergestellt und am Schluss mit Ventileinschleifpaste aufeinander eingeschliffen werden müssen, sollte klar sein. Aber solche Konusverbindungen haben dazu eine Eigenheit, die man erst seit einiger Zeit kennt: Damit sie richtig tragen, müssen sich Konus und Gegenkonus über etwas eine halbe Umdrehung bei der ersten Belastung quasi ineinanderschrauben, um perfekt zu tragen. Genau das ist aber zumindest bei Hubzapfenverbindungen nicht möglich, weil sonst die Kurbelwangen schief zueinander stehen würden. Bei Bild 11.2 können das auch die Kurbelwellenzapfen nicht, weil zusätzlich Passfedern über die Konuslänge gehen, die dieses wichtige Ineinanderschrauben wirksam verhindern. Deshalb ist es generell Unfug, Konusverbindungen mit zusätzlichen Passfedern zu versehen, weil nun weder Konus noch Passfeder so ganz genau wissen, wer wie viel Drehmoment übertragen soll. Wenn man diese Konstruktionen trotzdem sieht, dann, um eine genaue Winkelpositionierung für z. B. die Polräder von Schwunglichtmagnetzündern sicherzustellen.

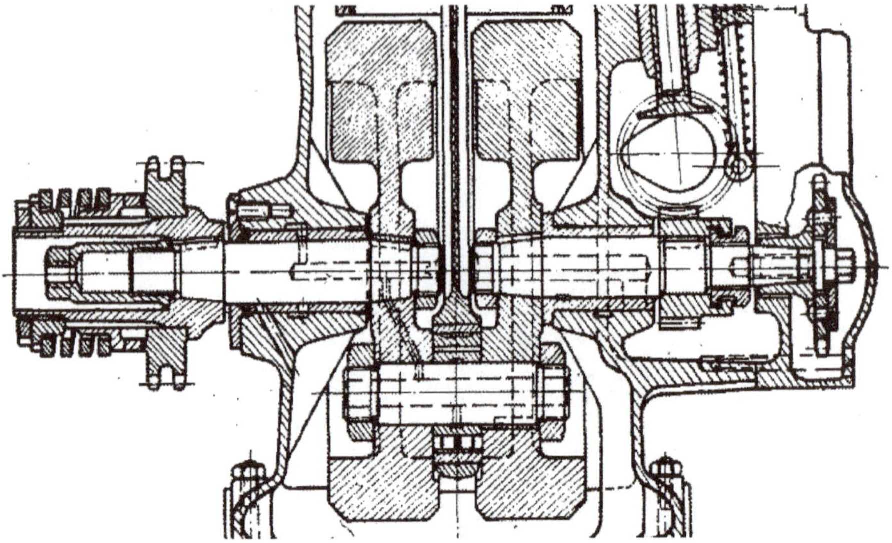

Bild 11.2 Kurbelwelle eines Schweizer Motosacoche-Motors mit verschraubten Kurbelwellenkomponenten aus den 1930er-Jahren (mit freundlicher Genehmigung des Johann Kleine Vennekate Verlags [20])

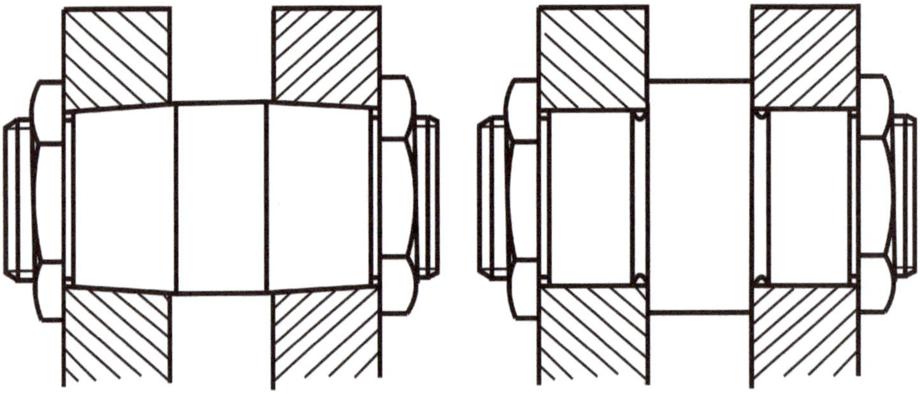

Bild 11.3 Konische und zylindrische Schraubverbindungen für Kurbelwellenkomponenten [2]

Bild 11.4 Kurbelwelle und Hubzapfen einer Harley-Davidson [127]

Eine weitere Problematik stellen die Schraubverbindungen dar: Fast immer sind diese Muttern, Bild 11.3, viel zu kurz, um sie kernig anziehen zu können. Außerdem ist der Wirkungsgrad durch die recht großen Gewinde sehr schlecht: Den größten Teil des Anziehmoments verballern Sie in Form von Gewindereibung, sowas lernt jeder Maschinenbau-Student in den ersten Semestern! Alles in allem gefallen mir diese Konstruktionen nicht besonders, auch wenn sie berühmte Motorentuner wie APFELBECK oder berühmte Motorradfirmen wie Harley-Davidson vorschlagen bzw. bauen; wenn überhaupt, dann so ähnlich wie in Bild 11.3 rechts. Natürlich wird nun das ganze Drehmoment nur noch über die Stirnseiten der Wellenabsätze übertragen – auch nicht das Wahre! Vielleicht können Sie das Ganze etwas retten, wenn Sie links und rechts noch je eine Passfeder einbauen. Aber nur, wenn dann die Muttern brutal festgezogen werden, denn wenn eine Passfeder das ganze Drehmoment übertragen soll, dann schlägt sie ruckzuck aus, wie wir in früheren und aktuellen Versuchen festgestellt haben: Verbrennungsmotoren, besonders Einzylinder und gleichlaufende Paralleltwins, haben derart starke Wechselmomente, dass sich selbst bei Flanschen von Gelenkwellen die Befestigungsschrauben ganz schnell lockern – trotz Schraubenkleber. Jedoch ist Abhilfe in Sicht:

Wenn man beim Prinzip Pressverband bleibt, dann gibt es durchaus bessere Alternativen: Sehr dankbar sind *Konusspannelemente*, wie sie von RINGSPANN, KTR oder anderen geliefert werden. Auch wenn bei Kurbelwellen oft zu wenig Platz für sie ist – zur Befestigung von Schwungrädern, Zahnriemenrädern usw. sind sie bestens geeignet. Diese Spannelemente verlangen nur gedrehte Oberflächen und einen Drehmomentschlüssel zum gezielten Anziehen der Spannschrauben, die gerne die Qualität 12.9 haben, weil es da drehmomentmäßig ganz schön zur Sache geht. Aber die Übertragbarkeit ist überragend: So überträgt ein

Bild 11.5 Befestigen eines Schwungrads mit 200 mm Durchmesser mit einem Spannelement RINGSPANN RLK 130, das 580 Nm übertragen kann [2]!

Spannelement RINGSPANN RLK 130 bei einem Wellendurchmesser von 20 mm und einem Außendurchmesser von 47 mm ein Drehmoment von 580 Nm, Bild 11.5!

Eine andere Möglichkeit sind *Klemmverbände*, Bild 11.6. Sie sind für Kurbelwellen-Anwendungen sehr geeignet, wie wir gleich sehen werden. Sie sind leicht herzustellen und einfach zu berechnen, vgl. [61]. Dabei sollten Sie darauf achten, dass sich bei geschlitzten Naben die Klemmschenkel gut elastisch verformen können, indem Sie entweder den Schlitz weiterführen oder deren Umgebung schön nachgiebig gestalten. Sie glauben nicht, dass sowas hält? Solche Klemmverbände wurden bei namhaften Flugmotoren gemacht, besonders den Sternmotoren BMW Bramo Fafnir 323 R, Bild 11.7, für die Focke-Wulf 200 Condor oder Bristol Centaurus VII für die Hawker Sea Fury, Bild 11.9. Das Ganze funktionierte immerhin bei Motorleistungen von 1000 PS bzw. 2555 PS, Sie dürfen also solchen Klemmverbänden ohne weiteres vertrauen. Die Berechnung ist sehr einfach: Der Fugendruck p_F ist:

$$p_F \approx K_F \frac{F_V \cdot i}{d \cdot l} = K_F \frac{F_V \cdot i}{D_F \cdot l_F} \tag{11.1}$$

Dabei ist K_F 1,2 bei geteilten Naben und 1,5 bei geschlitzten Naben, F_V ist die Klemmkraft einer Klemmschraube, i ist die Anzahl der Klemmschrauben, d bzw. D_F ist der Wellendurchmesser und l bzw. l_F ist die tragende Länge der Klemmverbindung. Die weitere Berechnung erfolgt wie bei Pressverbänden, Abschnitt 11.1.3. Gehen Sie dabei von einem Reibwert μ von 0,1 und einer Haftsicherheit S_H von 1,5 aus. Die Klemmkräfte von Schrauben entnehmen Sie bitte einschlägigen Lehrbüchern bzw. Tabellenwerken, z. B. [61]. Wenn

Sie von typischen Klemmverbänden bei Kurbelwellen wie z. B. Bild 11.7 ausgehen, dann haben wir es mit einer geschlitzten Nabe und einer Klemmschraube zu tun, und das übertragbare Drehmoment M wird[4]:

$$M \approx \frac{3\pi}{4} \cdot \frac{F_V \cdot \mu \cdot D_F}{S_H} \tag{11.2}$$

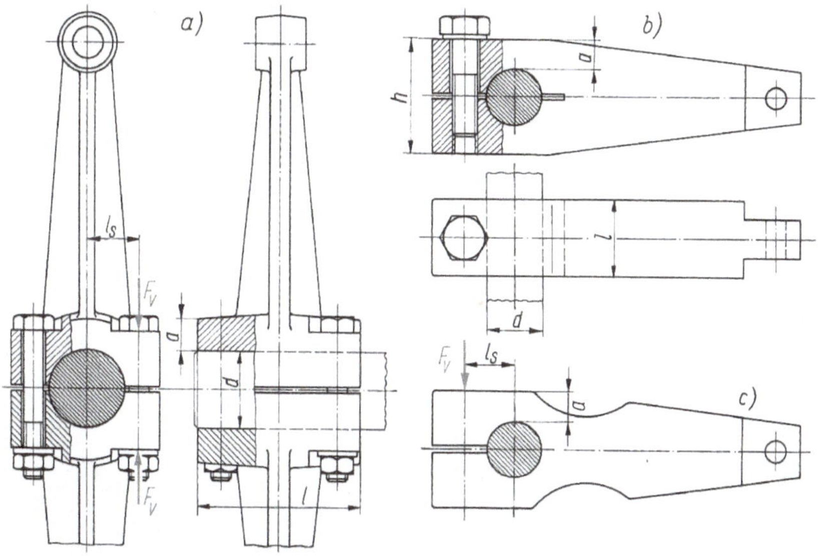

Bild 11.6 a) Klemmverbände mit geteilter Nabe, b) Klemmverbände mit geschlitzter Nabe mit weitergeführtem Schlitz, c) Klemmverbände mit Ausnehmungen an der Nabe [61]

Eine ebenfalls exzellente Alternative zur Montage von gebauten Kurbelwellen sind Hirth-Verzahnungen. Entgegen vieler Aussagen lassen sich diese Planverzahnungen recht einfach mit einer normalen Universal-Fräsmaschine und einem Teilapparat herstellen. Wenn Sie's nicht glauben: Abschnitt 11.1.2 zeigt genau, wie es geht.

Nun kommt eine Besonderheit, die schon oft für Verdruss gesorgt hat: Die Pleuellager sind in jedem Verbrennungsmotor die höchstbelasteten Lager, und Sie müssen sich gründlich Gedanken über die Ölversorgung machen. Bei Zweitakt-Kurbelwellen wie z. B. Bild 11.10 genügt meist eine Art Schlitz am unteren Pleuellager, um das im Kraftstoff gelöste Öl bei Mischungsschmierung ans Rollenlager zu befördern. Bei Viertaktern kann man eine Art Fanglöffel am unteren Pleuellager anbringen, der in den Ölsumpf eintaucht; das wurde in der Vergangenheit mitunter gemacht. Aber viel besser ist dies: Sie bringen an einer Kurbelwange eine Art Fangring an, Bild 11.18, der das Spritzöl auffängt und durch Fliehkraft in seinem inneren Außendurchmesser konzentriert und über eine Querbohrung in den hohlen Hubzapfen befördert, Bild 11.16. Wenn nun auf dem Hubzapfen noch ein Nadellager-Innenring mit einer Schmierbohrung aufgepresst ist, dann haben Sie eine perfekte Schmierung des immer sehr kritischen unteren (oder großen) Pleuellagers! Damit Sie das Schmier-

[4] Herleitung der Gleichung (11.2) in Abschnitt 11.1.3.

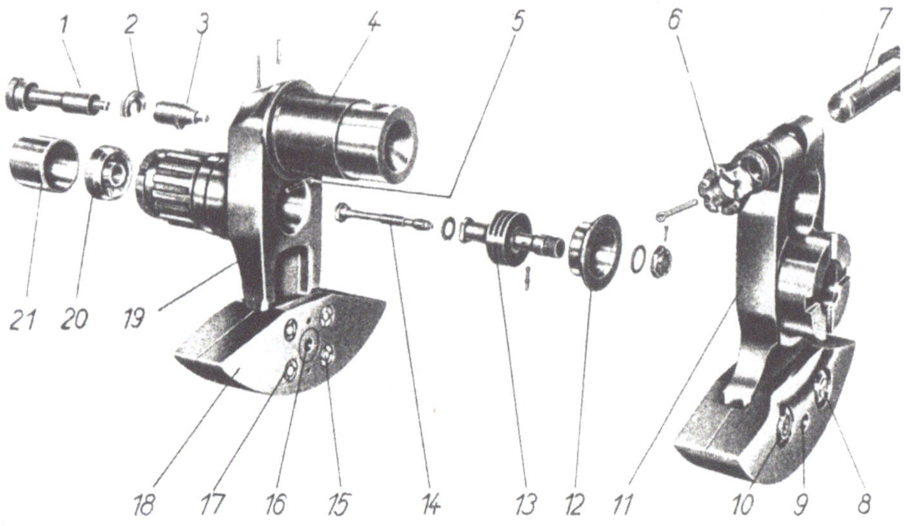

Bild 11.7 Die Kurbelwelle des Sternmotors BMW Bramo Fafnir 323 R mit Klemmverbindung [34]

Bild 11.8 Das erste wirklich moderne Verkehrflugzeug: die deutsche Focke-Wulf 200 Condor von 1939 mit vier BMW Bramo Fafnir 232 R-Sternmotoren [125].

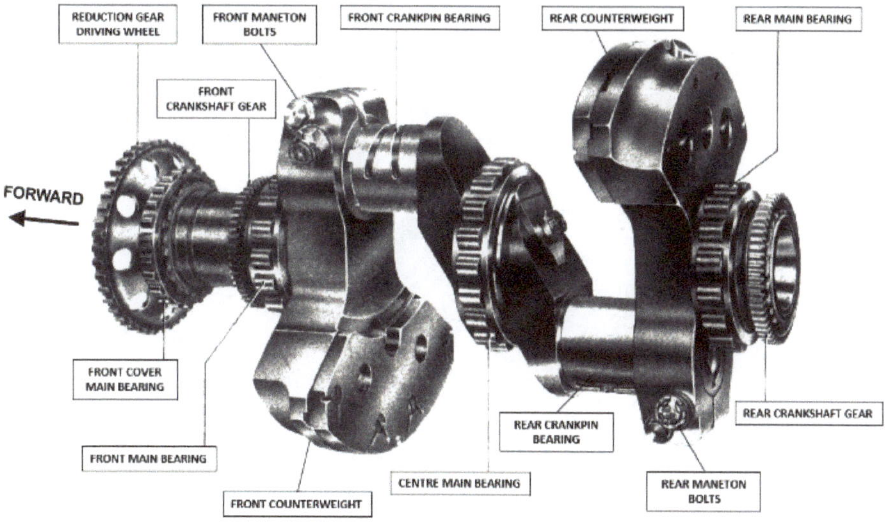

Bild 11.9 Die Kurbelwelle des britischen Doppel-Sternmotors Bristol Centaurus VII mit Klemmverbindung [115]: Er wurde z. B. in die Hawker Sea Fury eingebaut.

loch des Nadellager-Innenrings nicht haargenau treffen müssen, sehen Sie eine Halbrundnut auf dem Hubzapfen vor, Bild 11.14. Dieses Prinzip haben die älteren „Hirafe"- und „Schwingen"-BMW genutzt und APFELBECK [65] empfiehlt es fast durchgängig für seine Kurbelwellen-Konstruktionen. Ich habe damit ebenfalls sehr gute Erfahrungen gemacht. Wenn Sie genau hinschauen, dann sehen Sie das so bediente Schmierloch in Bild 11.12.

Bild 11.10 Zweitakt-Kurbelwelle für MZ 250: das Pleuellager [2]

Betrachten wir unter diesen Aspekten den Aufbau einer erprobten und unter harten Prüfstandsbedingungen getesteten Einzylinder-Kurbelwelle, Bild 11.11 und Bild 11.12: Wir bauen sie ausschließlich aus Stahlstangenabschnitten, und zwar aus C45. Dieser Stahl hat bereits im Anlieferungszustand eine genügend hohe Festigkeit und ist leicht beschaffbar. Er kann zwar vergütet oder gehärtet werden, aber das ist nicht nötig, der normalisierte Anlieferungszustand reicht vollkommen. Um gleich einem weitverbreiteten Irrtum vorzubeu-

Bild 11.11 Kurbelwelle für meinen Einzylinder-Viertaktmotor MXM-1 mit 158 ccm Hubraum, d. h., die Bohrung ist 61 mm und der Hub ist 54 mm [2].

Bild 11.12 Kurbelwelle mit den zugehörigen Wälzlagern für meinen Einzylinder-Viertaktmotor MXM-1 [2]

Bild 11.13 Kurbelwange mit Wellenstummel für einen Einzylinder-Viertaktmotor mit 158 ccm. Der Wellenstummel hat drei Gewinde M8×1 und wird mit Schrauben der Festigkeitsklasse 8.8 mit der Kurbelwange verbunden [2].

Bild 11.14 Kurbelwange mit Wellenstummel für einen Einzylinder-Viertaktmotor mit 158 ccm: Beachten Sie die Halbrundnut in der Mitte des Hubzapfens und das Ölloch, um das Öl durch das Schmierloch des Nadelllagers zu leiten [2].

gen: *Alle* Stähle haben den gleichen E-Modul von 206.000 N/mm^2 – okay, nichtrostende Edelstähle haben etwas weniger – und damit das gleiche Verformungsverhalten! Vergüten steigert lediglich die Streckgrenze; ab jetzt verformt sich der Stahl bleibend. Die Streckgrenze beträgt bei C45[5] im normalgeglühten Zustand 305 N/mm^2 und im vergüteten Zustand 370 N/mm^2. Vergüten und Härten steigern auch die Zugfestigkeit, ab der Stahl bricht bzw. abreißt. Die Zugfestigkeit beträgt bei C45 im normalgeglühten Zustand 580 N/mm^2 und im vergüteten Zustand 630 – 780 N/mm^2. Die Kurbelwangen und Wellenstummel werden über jeweils drei Schrauben M8 × 1 der Festigkeitsklasse 8.8 verbunden, Bild 11.13, die mit Schraubensicherung Loctite 243 eingesetzt und per Drehmomentschlüssel festgezogen werden. Der Hubzapfen wird über Klemmverbände fixiert, Bild 11.14. Die Ölversorgung erfolgt über einen Fangring und den hohlgebohrten Hubzapfen, Bild 11.16. Ich zeige einige Skizzen zu den Bauteilen, beachten Sie aber bitte, dass es sich um ungefähre Maße handelt und die Skizzen nicht immer den deutschen Zeichnungsnormen entsprechen. Die Herstellung des Hubzapfens und der beiden Wellenstummel ist nichts Besonderes, aber Drehen zwischen Spitzen ist wichtig wegen des notwendigen Umspannens während der Bearbeitung. Schleifen ist aufgrund der Verwendung von Wälzlagern nicht erforderlich, sauberes Drehen reicht.

Auf die Herstellung der Kurbelwangen möchte ich kurz eingehen: In Bild 11.15 finden sich orangefarbene Zahlen, die den nun folgenden Arbeitsschritten entsprechen:

1. Zwei C45-Scheiben absägen, Durchmesser 100 mm, Dicke etwas über 20 mm. Beidseitig planen, auf Dicke 18 mm bringen.
2. Jeweils die Mittenbohrung 20H7 durch Bohren und Reiben anbringen, Passfedernut 6 mm ziehen oder stoßen.[6] Einen Drehdorn mit Passfedernut 6 mm herstellen, um beide Kurbelwangen gemeinsam bearbeiten zu können. Beide Scheiben auf diesen Dorn spannen und zwischen Spitzen überdrehen auf 98 mm.

5 Angaben nach [128] für Durchmesser 40 – 100 mm und Dicken 20 – 60 mm

6 Sie können auf die Passfedernut verzichten, wenn Sie später die beiden Rohwangen wirklich fest mit dem Bearbeitungsdorn verschrauben.

3. Den Dorn mit beiden festgespannten Kurbelwangen ins Futter des Teilapparats geben und durch Verschieben des Dreibackenfutters ausrichten. Was bedeutet das? Ein Dreibackenfutter sollte nie starr auf dem Teilapparat zentriert sein, sondern verschieblich zum Ausrichten. Nach genauem Ausrichten per Messuhr durch Drehen des Futters dieses fixieren durch Anziehen der drei Befestigungsschrauben, ggf. Futter von vorn durchbohren. Nun Hubzapfenbohrung 20H7 für beide Wangen gleichzeitig durch Bohren und Reiben anbringen.
4. Zwei Hilfsbohrungen 8 mm für die weitere Bearbeitung anbringen. Dann mit M8-Schrauben beide Wangen fest verschrauben, weil die Wellenmutter des Drehdorns nun im Weg ist und abgenommen werden soll.
5. Drei Bohrungen 8 mm für die Befestigung der Wellenstummel bohren.
6. Zwei Bohrungen 12 mm für den Radius 6 des Übergangs vom Klemmbereich zum Wangenaußendurchmesser bohren.
7. Die beiden Ausschnitte fräsen, um den Klemmbereich zu definieren.
8. Klemmbohrungen 8H7 anbringen.
9. Den Klemmbereich schlitzen: Das geht am besten mit einem 2-mm-Kreissägeblatt auf der Fräsmaschine.
10. Die beiden Wangen vom Drehdorn nehmen.
11. Senken der drei Schraubenlöcher für die Befestigung der Wellenstummel. Vorher den Zentrierzapfen des Standardsenkers für M8-Innensechskantschrauben auf 8 mm Durchmesser herunterschleifen (er hat üblicherweise 8,4 mm Durchmesser und passt nicht zu unseren 8H7-Bohrungen).
12. Drei M5-Gewinde zur Befestigung des Fangrings anbringen.

Das Drehen der beiden Wellenzapfen und des Hubzapfens, Bild 11.16 und Bild 11.17, ist einfach, achten Sie aber darauf, jeweils in einer Aufspannung oder zwischen Spitzen zu arbeiten. Anschließend können Sie die Wellenzapfen mit den Kurbelwangen verschrauben, wobei Sie die Schrauben mit Loctite 243 „mittelfest" einsetzen und per Drehmomentschlüssel auf 25–30 Nm anziehen. Treiben Sie den Nadellager-Innenring mit einem Rohrstück und Hammer auf den Hubzapfen auf. Achten Sie darauf, dass das Schmierloch des Innenrings die Halbrundnut des Hubzapfens trifft. Als Nadellager verwendete ich ein NA4905-2RSR 25×42×18, die Dichtringe links und rechts entfernte ich durch Heraushebeln per Schraubenzieher. Das ist wichtig, damit das Öl nicht nur ins Lager kommt, sondern auch wieder herausfindet.

Während Sie für die Kurbelwellen-Hauptbauteile jeweils C45 im Anlieferungszustand verwenden, können Sie den Ölfangring, Bild 11.18 und Bild 11.19, aus beliebigem Material wie z. B. Aluminium EN AW-2007, EN AW-6060 oder EN AW-7075 herstellen. Sie setzen ein 6-mm-Kupferrohr[7], Länge ca. 15 mm, in die 6er Bohrung des Ölfangrings ein, das mit dem anderen Ende in den Hubzapfen eingreift. Damit ist der Ölfangraum direkt mit der Hohlbohrung des Hubzapfens verbunden und das Öl wird so direkt ins Nadellager geleitet. Dann den Ölfangring mit drei Schrauben M5 mit der Kurbelwange verbinden. So haben Sie eine sehr funktionelle und zuverlässige Ölversorgung des unteren Pleuellagers. Nun können Sie die Kurbelwelle schon einmal ohne Pleuel vorläufig zusammenbauen und auf Prismen legen. Die Schrauben M8×1 der Hubzapfenklemmung ziehen Sie handfest, aber noch

[7] Solche Kupferrohre gibt es im Baumarkt für den Heizungsbau, Sie können natürlich auch ein Röhrchen aus Stahl oder Messing selbst herstellen.

nicht endgültig an. Zentrieren und richten Sie die Kurbelwelle mit zwei Messuhren und leichten Schlägen mit einem Kupferhammer aus, Bild 11.20, und prüfen Sie den Rundlauf – wenn er 0,03 mm oder weniger hat, passt alles. Wenn Sie sauber die Kurbelwangen in einer Aufspannung gebohrt und den Hubzapfen samt den Wellenzapfen in einer Aufspannung oder zwischen Spitzen gedreht haben, *muss das hinhauen*!

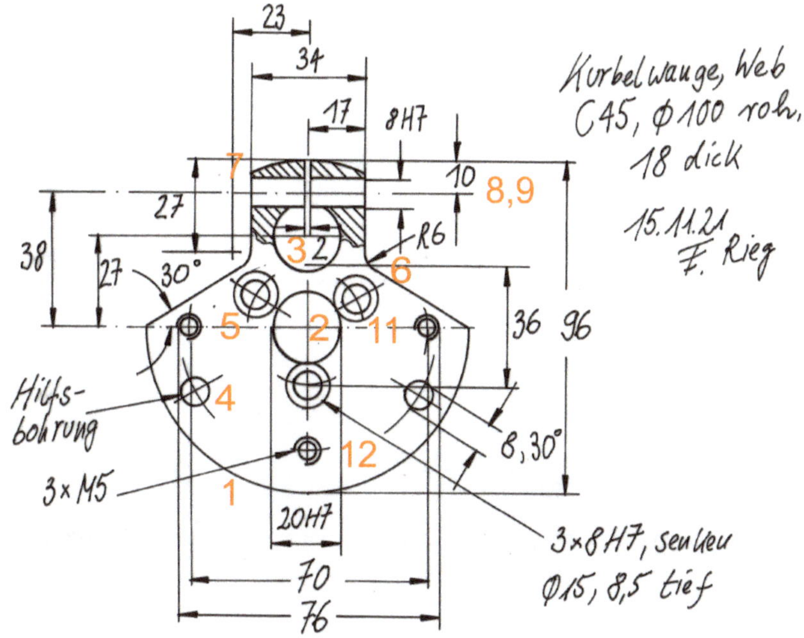

Bild 11.15 Kurbelwange für eine Einzylinder-Kurbelwelle mit 54 mm Hub [2]

Ehe wir die Kurbelwelle fertig montieren, müssen wir noch ein Pleuel herstellen. Sie erinnern sich: Pleuel für Viertakter sind praktisch immer aus Stahl geschmiedet und am Fuß geteilt, um die Gleitlagerschalen aufzunehmen. Das mit dem Schmieden können Sie vergessen, es kommt eigentlich nur Fräsen aus dem Vollen in Betracht. Den Fuß würde ich auf keinen Fall teilen[8], weil es hier auf höchste Festigkeit und genaueste Zentrierung ankommt, vgl. Abschnitt 4.2; passende Gleitlagerschalen zu besorgen wäre an und für sich kein Problem. Daher bauen wir die Pleuelstange mit geschlossenem unteren Pleuellager, in das wir ein Nadellager einpressen, durch die gebaute Kurbelwelle ist das kein Problem.

Wenn Sie das Pleuel nach Bild 11.21 auf einer Universalfräsmaschine herstellen wollen, dann sollten Sie sich eine Art Vorrichtung bauen, Bild 11.22: Eine Basisplatte aus Aluminium, die etwas größer ist als der Flachstahl C45, aus dem Sie das Pleuel fräsen wollen, dient als Unterlage für das Rohpleuel, damit Sie einerseits nicht in den Tisch fräsen und andererseits das Rohpleuel in den Teilapparat einspannen können.

[8] Das ist wieder so ein typischer Unterschied zu Modellmotoren, bei deren kleinen Kräften und geringen Lebensdauern geteilte Pleuelfüße durchaus funktionieren können.

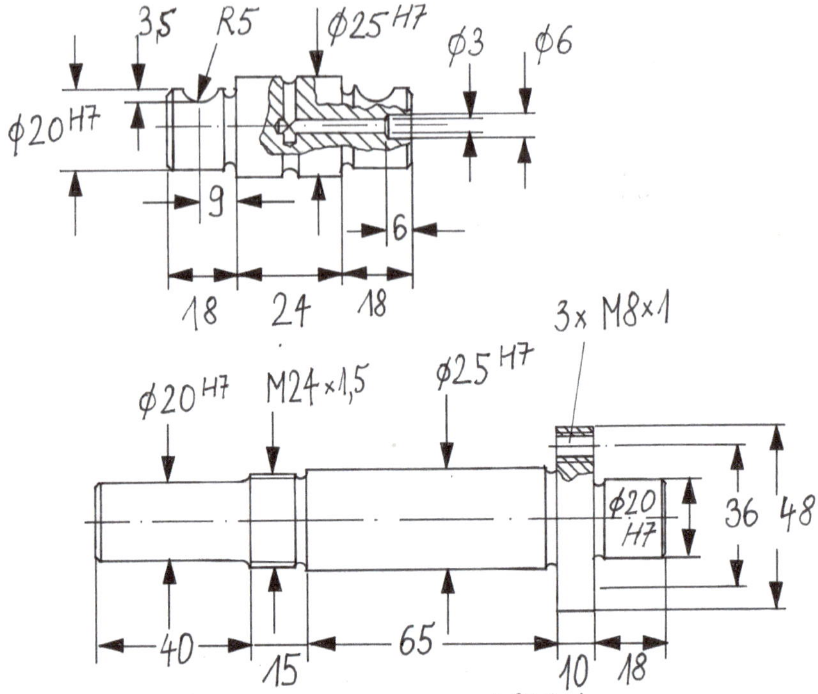

Bild 11.16 Hubzapfen und kurzer Kurbelwellenstummel für eine Einzylinder-Kurbelwelle mit 54 mm Hub [2]

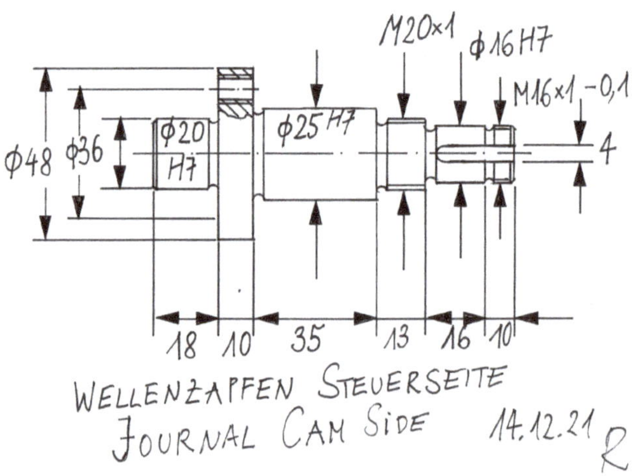

Bild 11.17 Langer Kurbelwellenstummel für eine Einzylinder-Kurbelwelle mit 54 mm Hub [2]

Bild 11.18 Der Ölfangring der Einzylinder-Kurbelwelle mit 54 mm Hub [2]

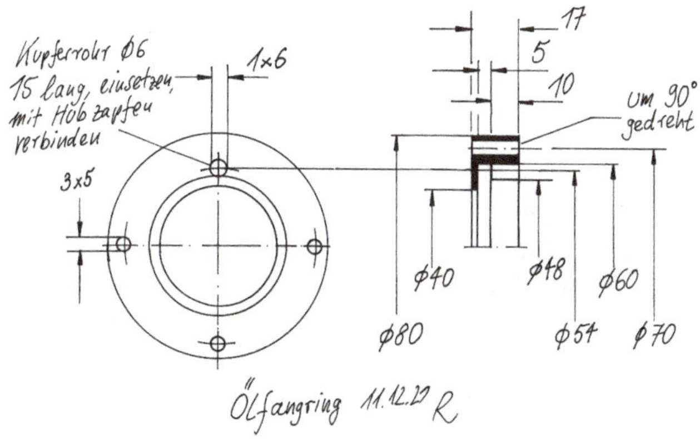

Bild 11.19 Der Ölfangring der Einzylinder-Kurbelwelle mit 54 mm Hub [2]

Bild 11.20 Ausrichten der Einzylinder-Kurbelwelle mit 54 mm Hub auf zwei Prismen mit zwei Messuhren [2]

Das geht so: Sie spannen die Basisplatte, die einfach ein Stangenabschnitt beliebigen Aluminiums ist, mit dem Flachstahl des Rohpleuels zusammen und bohren gemeinsam zwei Bohrungen 19H7 im Abstand von 120 mm, also dem Abstand unteres und oberes Pleuelauge. Dann drehen Sie zwei Fixierbolzen mit Durchmesser 19 mm, die satt in die beiden Bohrungen 19H7 passen und die jeweils Durchgangsbohrungen 8,5 mm haben, um später Schrauben zum Verspannen durchstecken zu können. Die Länge sollte etwas kürzer als Basisplatte und Rohpleuel zusammen sein. Dann fertigen Sie einen Zentrierbolzen, der auf der einen Seite einen Konus MK2 hat (oder was Ihr Teilapparat in der Mitte hat) und auf der anderen Seite einen Durchmesser 19, satt passend in die Bohrungen 19H7. Nun können Sie die Basisplatte und den Rohpleuel-Flachstahl auf der einen Seite mit dem Zentrierbolzen und auf der anderen Seite mit einem Fixierbolzen zusammenspannen und den Zentrierbolzen mit seiner MK2-Seite in den Teilapparat geben. Sie pratzen das Ganze noch ordentlich fest, und dann können Sie die Außenkontur eines Pleuelauges rundfräsen, indem Sie langsam die Kurbel des Teilapparats drehen, Bild 11.24. Vorher bringen Sie aber insgesamt vier Stoppbohrungen 12 mm an, das sind die Übergangsradien Pleuelauge–Pleuelschaft. Anschließend geben Sie den Zentrierbolzen in die andere 19er Bohrung, spannen um und fräsen die zweite Außenkontur des anderen Pleuelauges rund. Nun können Sie den Zentrierbolzen entfernen, durch den anderen Fixierbolzen ersetzen und den Pleuelschaft anreißen[9], Bild 11.23. Ob Sie in der Mitte des Pleuelschafts noch auf beiden Seiten eine Nut einfräsen, damit es etwas leichter wird und einen amtlichen T-Querschnitt bekommt, sei Ihnen überlassen – unbedingt notwendig ist das nicht. Da das obere Pleuelauge mit seiner Bohrung 19H7 (Sie hätten auch 18H7 oder 20H7 machen können) bereits fertig zum Einpressen einer noch zu fertigenden Messing- bzw. Bronzebuchse ist, können Sie nunmehr das sehr kritische untere Pleuelauge bohren, genauer gesagt ausdrehen.[10] Wenn Ihre Drehmaschine groß genug ist, können Sie das Pleuel auf die Aufspannscheibe nehmen und ausdrehen. Bei meiner Drehmaschine war das etwas knapp. Dann ist die Alternative: Fräsmaschine mit Ausbohrkopf. Da gibt es einfache Ausbohrköpfe aus Fernost, die genügen. Besser ist ein hochpräsizer WOHLHAUPTER, Bild 11.26. Sie drehen die Ausgangsbohrung 19H7 nun in 1-mm-Zustellungsschritten, später nur noch 0,5 mm, bis aufs Fertigmaß aus. Das ist nach Empfehlung von SKF P7 für Pleuellager: Bei Pleuellagern sollen beide Ringe Festsitz haben. Das wären im Durchmesserbereich $30 < D \leq 50$ für P7 –42 µm bis –6 µm, da wir den Nenndurchmesser 42 mm haben. Kontrollieren Sie das mit einem SUBITO oder einem Dreipunkt-Innenmikrometer – eine Schieblehre ist zu ungenau.

Nun können Sie den Nadellager-Außenring einpressen, sowas geht sehr gut mit einem Schraubstock. Für das obere Pleuelauge stellen Sie eine Messing-, Bronze- oder noch besser Rotgussbuchse CC493K CuSn7Zn4Pb7-C aus Stangenmaterial mit etwas Übermaß am Außendurchmesser 19 mm her, den Innendurchmesser – hier bei dem Honda-CB-750-Four-Kolben[11] 15 mm – reiben Sie nach Einpressen und Anbringen der beiden 3-mm-Schmierlöcher, die unter jeweils 45° zur Senkrechten stehen, auf 15H7. Früher hat man Kolbenbolzen viel zu eng eingepasst, sowohl in die Kolben als auch in die Pleuelaugen, mit dem Effekt, dass die Kolben gerne im Zylinder gefressen haben. Ganz typisch für zu enge Bolzenpassungen im Kolben sind seitliche Fressspuren neben der Kolbenbolzenbohrung.

[9] Man reißt immer vor dem Fräsen oder Bohren an, auch wenn man's nicht unbedingt braucht. Schon zur Kontrolle ist das sehr wertvoll, und die Profis in den Maschinenfabriken machen das auch so.

[10] Man nennt diese folgende Operation auch „ausspindeln" oder „ausschlagen".

[11] Kolben werden üblicherweise zusammen mit dem Kolbenbolzen geliefert.

Bei zu engen Bolzenpassungen im Pleuelauge laufen die Kolbenbolzen blau an und heizen den Kolben auf – auch schlecht! Heute werden Kolbenbolzen derart gepasst, dass sie im Kolben und im Pleuelauge zwar kein fühlbares Spiel haben, aber in beiden Bohrungen leicht laufen sollen; auf leichten Fingerdruck lassen sie sich seitlich saugend verschieben. Man weiß aus vielen Untersuchungen, dass etwas zu viel Spiel wenig bis nichts schadet, zu wenig Spiel aber schnell zu Überhitzung und daraus resultierend Kolbenfressern führt.

Das Pleuel wäre soweit fertig, aber Sie sollten noch zwei Anlaufscheiben, Bild 11.28, aus Messing, Bronze oder Rotguss drehen und vier radiale Nuten, Tiefe 0,5 – 1 mm, einfräsen, damit das Stahlpleuel nicht direkt an den Stahl-Kurbelwangen anläuft und Fressen hervorruft. Jetzt können Sie Kurbelwelle und Pleuel zusammenbauen, dabei muss das Pleuel auf dem Hubzapfen ganz leicht, aber ohne fühlbares Spiel laufen – es darf auf keinen Fall schwergängig laufen oder klemmen. Wenn das der Fall ist, dann sind eine oder auch alle beide Passungen für das Nadellager zu eng; das müssen Sie auf jeden Fall prüfen und nacharbeiten. Denn schwergängige Wälzlager überhitzen ganz schnell und sind sehr bald im Eimer. Das Radialspiel des Nadellagers ist schwierig zu prüfen, das geht anders: Bewegen Sie das obere Pleuellager mit Daumen und Zeigefinger sanft seitlich hin und her, wenn es nach jeder Seite vielleicht 1,5 – 2 mm kippt, dann ist alles okay – man nennt das *Kippspiel*. Dieses Kippen darf nicht durch die Anlaufscheiben behindert werden, sie sollten ein Axialspiel von jeweils 0,2 – 0,3 mm haben, also insgesamt vielleicht 0,5 mm. Ziehen Sie ruhig eine von den beiden Klemmschrauben, welche den Hubzapfen festhalten, mit Drehmoment 25 – 30 Nm an, vorher haben Sie Loctite 243 aufs Gewinde und die Mutter gegeben. Die andere Klemmschraube ziehen Sie zunächst nur handfest an, richten die Kurbelwelle mit nun montiertem Pleuel aus und kontrollieren den Rundlauf in zwei Prismen, alternativ in der Drehmaschine, Bild 11.31.

Wenn alles okay ist, könnten Sie den Ölfangring anschrauben. Abschließend lockern Sie nochmal die handfest angezogene Klemmschraube, geben Loctite 243 aufs Gewinde und die Mutter, ziehen wieder an, aber noch nicht aufs Endmoment, richten aus, kontrollieren und ziehen die zweite Schraube endgültig fest. Nochmals Kontrolle in Prismen. Wenn nur noch wenige Hundertstel fehlen, können Sie das Verfahren anwenden, das man bei zusammengepressten Kurbelwellen macht: Spannen Sie die eine Kurbelwange (nicht den Wellenstummel!) in den Schraubstock mit weichen Schutzbacken und geben Sie auf die andere Wange einen gezielten Schlag. Am besten geht das mit einem angelegten Kupferhammer, auf den Sie mit einem 1 kg Hammer kurz und trocken schlagen.

Wohin schlägt man? Es gibt zwei Fehler: Die Kurbelwangen sind gegeneinander versetzt, d. h. die Achsen der jeweiligen Wellenstummel stehen zwar parallel zueinander, bilden aber nicht eine einzige Achse. Das kann man durch das gerade erläuterte Schlagen sehr schön korrigieren. Blöder wird es, wenn die Kurbelwangen windschief, d. h. die Seiten nicht parallel zueinander stehen. Dann bringen Sie am besten vier Markierungen um jeweils 90° versetzt auf einer Kurbelwange an und stellen mit Messuhren fest, an welcher Stelle die beiden Kurbelwangen zu weit auseinander sind. An dieser Stelle spannen Sie die zusammengebaute Kurbelwelle in den Schraubstock und drehen etwas zu. Kontrollieren Sie, ob und wie viel das gebracht hat, wiederholen Sie ggf. den Vorgang.. Wenn Sie das derart systematisch machen, also zuerst die Parallelität der Kurbelwangen sicherstellen durch Zusammenpressen der Wangen im Schraubstock, dann im zweiten Schritt den Seitenversatz der Wellenstummel durch gezielte Schläge auf eine Kurbelwange, dann haben Sie die Kurbelwelle recht schnell auf guten Rundlauf gebracht. Wenn er nur noch 0,03 mm beträgt,

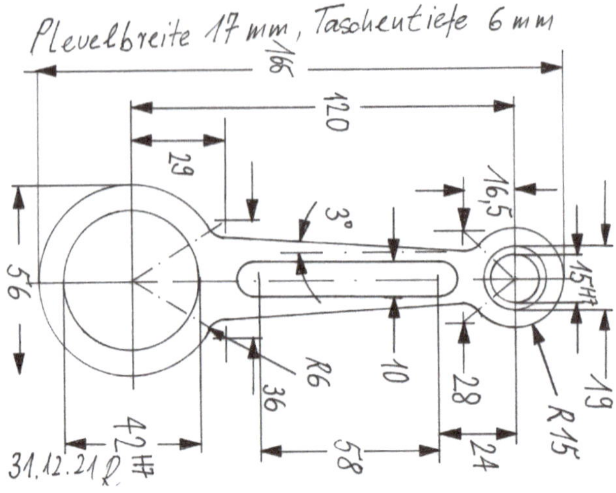

Bild 11.21 Rollengelagertes Pleuel für eine Einzylinder-Kurbelwelle mit 54 mm Hub [2]

Bild 11.22 Rollengelagertes Pleuel: links Basisplatte mit Zentrierbolzen und den beiden Fixierbolzen, rechts das halb bearbeitete Rohteil [2]

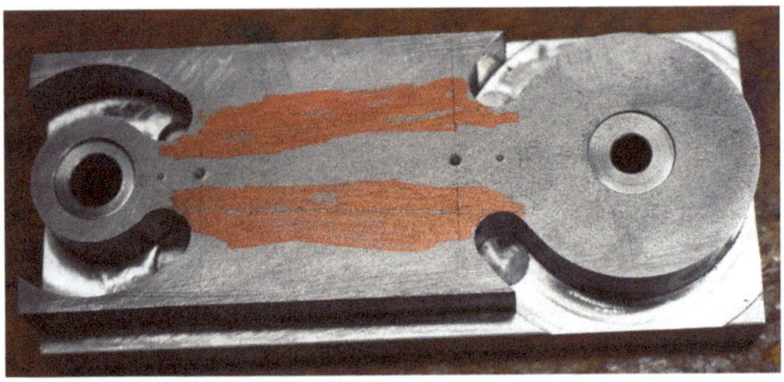

Bild 11.23 Rollengelagertes Pleuel: Anreißen des Pleuelschafts [2]

dann lassen Sie's so, weiteres Herumfummeln macht es oft wieder schlechter. Wenn Sie es nicht glauben: Das in Kapitel 12 aufgeführte Video 226 (Bild 12.27) zeigt Ihnen, wie man es macht. Abschließend können Sie die drei Kugellager 6205 montieren, zwei auf der Antriebsseite, eins auf der Steuerseite: Damit ist die Kurbelwelle bereit zum Einbau.

Bild 11.24 Rollengelagertes Pleuel: Fräsen der Außenkontur des oberen Pleuelauges [2]

Bild 11.25 Rollengelagertes Pleuel: Fräsen der Außenkontur des Pleuelschafts [2]

Bild 11.26 Rollengelagertes Pleuel: Bohren des unteren Pleuelauges mit einem WOHLHAUPTER [2]

Bild 11.27 Rollengelagertes Pleuel: nach Einpressen der Pleuelbuchse Bohren der beiden 3-mm-Schmierlöcher unter jeweils 45° zur Senkrechten [2]

Bild 11.28 Rollengelagertes Pleuel: eine der beiden Anlaufscheiben mit Ölaustrittsnuten [2]

Bild 11.29 Rollengelagertes Pleuel: Kurbelwelle vor der Pleuelmontage; die beiden Anlaufscheiben sind nicht im Bild [2].

Bild 11.30 Rollengelagertes Pleuel: montierte Kurbelwelle ohne Ölfangring [2]

Bild 11.31 Ausrichten der Kurbelwelle in der Drehmaschine. Das hat nur Sinn, wenn das Futter wirklich präzise rundläuft. Zwischen Spitzen ist besser. Noch besser ist es, mit Prismen wie in Bild 11.20 zu arbeiten [2].

11.1.2 Hirth-Verzahnungen

Die Hirth-Verzahnung wurde Anfang des 20. Jahrhunderts von ALBERT HIRTH[12] erfunden: Es ist eine *Plan-Kerbverzahnung*, die selbstzentrierend wirkt und daher sehr geeignet ist, um z. B. Teile von gebauten Kurbelwellen miteinander zu verbinden. Prominente Oldtimer-Beispiele sind die Kurbelwellen der Adler-Twins und der Horex Imperator.

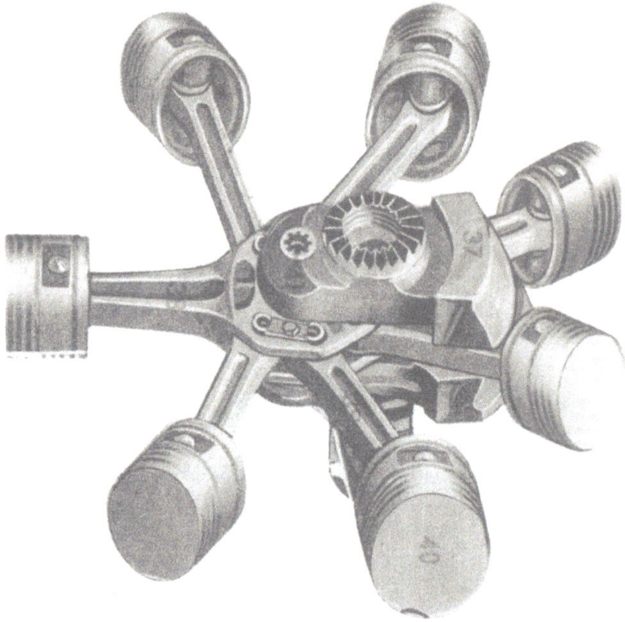

Bild 11.32 Eine Sternreihe des Doppelsternmotors BMW 801 [67] mit dem Hauptpleuel auf 9 Uhr. In der Mitte der Kurbelwellenhälfe sehen Sie die Hirth-Verzahnung.

Weniger bekannt ist die Verwendung in einem Flugmotor des 2. Weltkriegs: Der Doppelsternmotor BMW 801 als Triebwerk des deutschen Jagdbombers Focke-Wulf FW190, Bild 1.45, verband die Kurbelwellenteile der ersten und der zweiten Sternreihe mit einer Hirth-Verzahnung, Bild 11.32. Daran können Sie erkennen, dass derartige Plan-Kerbverzahnungen sehr kernige Drehmomente übertragen können, denn der BMW 801 hatte bei rund 42 l Hubraum gegen Kriegende fast 2000 PS. Die beiden Teilkurbelwellen wurden mit der Hirth-Verzahnung verbunden, und ein hohler Bolzen, der innen eine Kerbverzahnung für den Schlüssel zum Verspannen trug, hatte Links- und Rechtsgewinde mit unterschiedlichen Steigungen – also ein *Differentialgewinde*. Eine ausgezeichnete Konstruktion, die man auch heute noch machen könnte, wenn sie nicht so teuer wäre.

Was ist eigentlich der Gag dieser Hirth-Verzahnung, gerade bei Kurbelwellen? Man kann mit ihr die Kurbelwelle *teilbar* machen, also aus verschiedenen Teilen zusammensetzen. Und durch diese selbstzentrierende Plan-Kerbverzahnung funktioniert das sehr präzise

[12] Das war ein deutscher Ingenieur, Erfinder und Unternehmer, genannt der „schwäbische Edison". Seine Söhne waren der Flugpionier und Konstrukteur HELLMUTH HIRTH und der Segelflugpionier WOLF HIRTH.

Tabelle 2. Berechnung von Kerbverzahnungen mit beiderseitig gleichen Flankenwinkeln.

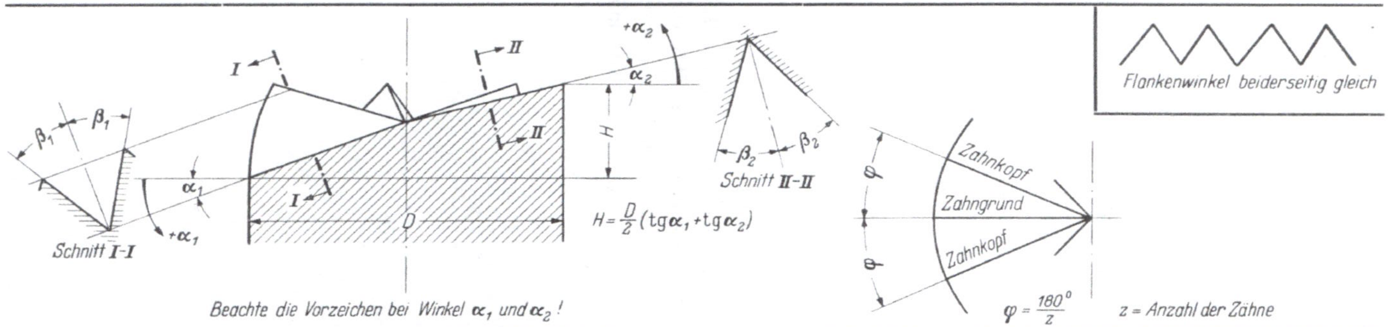

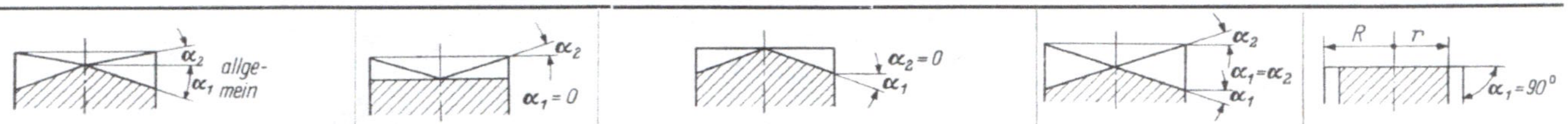

allgemein	$\alpha_1 = 0$	$\alpha_2 = 0$	$\alpha_1 = \alpha_2$	$\alpha_1 = 90^\circ$
Gegeben: $\alpha_1, \beta_1, \varphi$ Bedingung: $0 < \beta_1 > \varphi \cdot \sin\alpha_1$	Gegeben: β_1, φ Bedingung: $\beta_1 > 0$	Gegeben: β_1, φ Bedingung: $0 < \beta_1 > \varphi \cdot \sin\alpha_1$	Gegeben: β_1, φ Bedingung: $\beta_1 > 0$	Gegeben: β_1, φ Bedingung: $\beta_1 > \varphi$
$\mathrm{tg}\,\alpha_2 = \frac{\sin\varphi}{\cos\alpha_1 \cdot \mathrm{tg}\,\beta_1} - \mathrm{tg}\,\alpha_1 \cos\varphi$	$\mathrm{tg}\,\alpha_2 = \frac{\sin\varphi}{\mathrm{tg}\,\beta_1}$	$\sin\alpha_2 = \frac{\mathrm{tg}\,\varphi}{\mathrm{tg}\,\beta_1}$	$\sin\alpha = \frac{\mathrm{tg}\,\frac{\varphi}{2}}{\mathrm{tg}\,\beta_1}$	$\alpha_2 = -90^\circ$
$\mathrm{tg}\,\beta_2 = \frac{\sin\varphi}{\mathrm{tg}\,\alpha_1 \cdot \cos\alpha_2 + \sin\alpha_2 \cdot \cos\varphi}$	$\mathrm{tg}\,\beta_2 = \frac{\mathrm{tg}\,\varphi}{\sin\alpha_2}$	$\mathrm{tg}\,\beta_2 = \frac{\sin\varphi}{\mathrm{tg}\,\alpha_1}$	$\beta_2 = \beta_1$	$\beta_2 = \beta_1 - \varphi$
				$\frac{r}{R} = \frac{\sin\beta_2}{\sin\beta_1}$

Bild 11.33 Berechnung von Kerbverzahnungen mit beiderseitig gleichen Flankenwinkeln [40] (mit freundlicher Genehmigung der Zeitschrift Konstruktion, VDI Fachmedien).

bei später bester Drehmoment-Übertragbarkeit. Die Primitivvariante dagegen sind zusammengepresste Kurbelwellen. Eine Kurbelwelle mit Hirth-Verzahnung ist sozusagen die High-End-Lösung. Wozu überhaupt teilbare Kurbelwellen? Das ist immer dann nötig, wenn anstelle von Gleitlagern *Wälzlager*, also Kugellager, Rollenlager oder Nadellager, verwendet werden sollen. Früher konstruierte man gerne rollengelagerte Kurbelwellen, weil man die Berechnung von Gleitlagern[13] noch nicht im Griff hatte. Außerdem sind Wälzlager sehr anspruchslos in Bezug auf die Schmierung, und die früheren Öle, besonders vor und im 2. Weltkrieg waren zumindest in Deutschland[14] sehr schlecht. Da die Kurbelwellen-Hauptlager des BMW 801 Rollenlager waren, musste man die Kurbelwelle teilen, um die Rollenlager montieren[15] zu können. Zweitaktmotoren haben immer aus Einzelteilen zusammengesetzte Kurbelwellen, weil die Schmierung aufgrund der Mischungsschmierung oder – besser – Frischölschmierung an und für sich sehr schlecht ist – was Wälzlagern aber nichts ausmacht! Die Kurbelwellen der berühmten Kawasaki Z1/Z900 aus den 1970er-Jahren sind, wie wir schon wissen, vollständig rollengelagert, obwohl es Viertaktmotoren sind. Wahrscheinlich nutzte man in Japan noch die Montagelinien der schnellen Zweitakt-Dreizylinder (Mach I, II, III und IV) aus dem gleichen Haus. Obwohl – so gut Gleitlagerungen sind: Sie fressen Leistung, viel mehr als Wälzlagerungen! Ich habe mir einmal den Spaß gemacht, die Verlustleistung der vollständig gleitgelagerten Kurbelwelle meiner Honda CB 750 Four auszurechnen und bin auf rund 7 PS Verlustleistung gekommen. Auch für eigene Konstruktionen können Sie mit Ihrer Fräsmaschine schöne Hirth-Verzahnungen herstellen.

Die geometrischen Verhältnisse sind kompliziert, und in vielen Literaturquellen werden sie unzutreffend zusammen mit falschen Formeln dargestellt; ich habe sie rechnerisch und fertigungstechnisch (ohne Erfolg) ausprobiert. Der Original-Aufsatz von Ing. BRUNO MEIER [40] behandelt das Thema dagegen korrekt, umfassend und präzise; für Hirth-Verzahnung mit beiderseitig gleichen Flankenwinkeln können Sie Bild 11.33 die richtigen Formeln entnehmen.

Bild 11.34 Drehen des Innenkonus mit dem Winkel $\alpha = 8{,}72°$ [2]

13 Die Berechnung von Gleitlagern gelingt erst seit den 1960er-Jahren nach den grundlegenden Arbeiten von VOGELPOHL. Die Berechnung von Wälzlagern ist viel einfacher, und das beherrschte man schon früher.

14 Die Engländer und besonders die Amerikaner waren in Sachen Ölchemie und Gleitlager wesentlich weiter.

15 Man hat auch versucht, teilbare Wälzlager zu verwenden, z. B. in der Zündapp KS 601. Das war ziemlicher Mumpitz und hat sich nicht besonders bewährt.

Bild 11.35 Schrägstellen des Teilapparats um den Winkel $\alpha = 8{,}72°$ [2]

Bild 11.36 Höhenausrichtung des Fräsers: Zu dieser Z-Koordinate addieren Sie die halbe Fräserbreite und den halben Werkstückdurchmesser [2].

Das eigentliche Fräsen ist an und für sich logisch und geradlinig. Wir gehen von dem symmetrischen Fall $\alpha_1 = \alpha_2$ aus, Bild 11.33. Sie müssen nur den Rohling richtig vorbereiten, indem er einen Innenkonus mit dem Winkel α erhält, was durch passende Schrägstellung des Oberschlittens der Drehmaschine gemacht wird, Bild 11.34. Umgekehrt steht der Teilapparat um den Winkel α verdreht zur Y-Richtung, Bild 11.35. Der Fräser wird dann in Y-Richtung vorgeschoben. Wichtig ist die Höhenausrichtung des Fräsers auf genau Werkstückmitte, sonst entstehen unsymmetrische Zähne, Bild 11.36. Als Fräser können Sie einen Prismenfräser mit einem Spitzenwinkel 60° aus HSS verwenden, z. B. Durchmesser 50×10 mm. Angenommen, wir wollen 18 Zähne auf dem Umfang haben. Dann ist

$$\varphi = \frac{180°}{z} = \frac{180°}{18} = 10° \quad , \quad \sin\alpha = \frac{\tan\frac{\varphi}{2}}{\tan\beta} = \frac{\tan\frac{10°}{2}}{\tan 30°} = 0{,}1515$$

Damit ist der Einstellwinkel α für Oberschlitten und Teilapparat 8,72°.

Bild 11.37 Fräsen der Zähne: Vorschub in Y-Richtung [2]

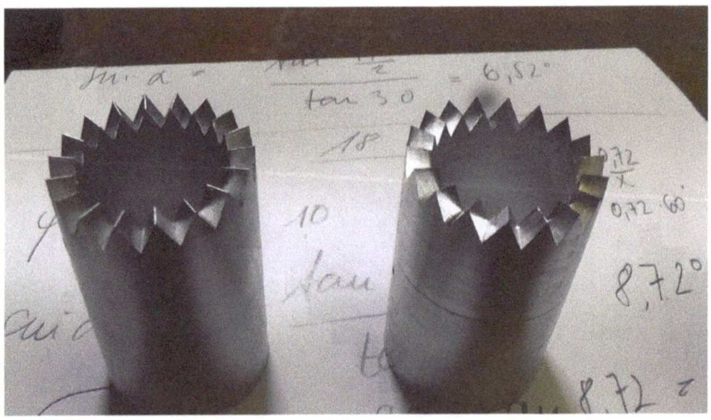

Bild 11.38 Fertige Hirth-Verzahnung mit 18 Zähnen [2]

Bild 11.39 Eine auseinandergepresste MZ-ETS-250-Kurbelwelle [2]

11.1.3 Press- und Klemmverbände

Wie wir schon gesehen haben, werden gebaute Kurbelwellen gern mit Pressverbänden gefügt, und noch besser sind Klemmverbände, die selbst bei Flugmotoren mit über 2000 PS funktionieren. Betrachten wir zunächst die Pressverbände, Bild 11.40: Die gängige Variante bei gebauten Kurbelwellen bedeutet einfach das Einpressen des etwas größeren Innenteils, der *Welle*, in das etwas engere Außenteil, die *Nabe*. Dabei ist *Hirschtalg* das Schmiermittel der Wahl, Mineralöle und Fette sind weniger gut. Sie können auch trocken einpressen, wundern Sie sich aber nicht, wenn die Teile auf halbem Weg fressen. Die nächste Variante bedeutet Erwärmen des Außenteils auf 150–200 °C, dabei wird die Bohrung der Nabe wegen der Wärmedehnung etwas größer. Das wird gerne bei großen Pressverbänden gemacht oder wenn die Teile recht empfindlich sind. Die dritte Variante macht das Umgekehrte: Die Welle wird mit z. B. flüssigem Stickstoff unterkühlt, die Teile werden gefügt und bei Erwärmen auf Raumtemperatur wird die Welle etwas dicker. Mitunter werden auch die Varianten 2 und 3 gleichzeitig angewandt. Generell ist nach Bild 11.40 dabei D_F der *Fugendurchmesser*, l_F die tragende Länge des Pressverbands, D_A der Außendurchmesser der Nabe und D_I der Innendurchmesser der Welle, so vorhanden. Bei den Bezeichnungen lehne ich mich an die des Lehrbuchs DECKER [61] an, damit Sie, falls Sie es genauer wissen wollen, dort direkt nachschauen können. Die Berechnung dort bzw. hier folgend entspricht der Berechnung nach DIN 7190. Das Einpressen erfolgt bei Motorrad-Kurbelwellen am besten mit einer hydraulischen Presse, die Presskraft liegt um etwa 5 t, wie Sie später beim Durchrechnen eines Beispiels sehen werden, sodass eine hydraulische 10-t-Presse problemlos ausreicht. Solche Pressen sind inzwischen recht preiswert geworden und ohne finanziellen Stress für die Hobbywerkstatt realisierbar. Außerdem kann man damit sehr schön Passfedernuten mit *Stoßräumnadeln* in Naben ziehen.

Ein Pressverband kann sowohl Drehmomente M in Form von Umfangskräften F_u als auch Längs- oder Axialkräfte F_l übertragen, Bild 11.41, dabei ist die resultierende Gesamtkraft F_r die Vektorsumme aus beiden:

$$\boxed{F_r = \sqrt{F_u^2 + F_l^2}} \tag{11.3}$$

Dabei ist die Umfangskraft F_u:

$$\boxed{F_u = \frac{2 \cdot M}{D_F} \text{ oder } M = \frac{F_u \cdot D_F}{2}} \tag{11.4}$$

Ist eine der beiden Komponenten in Gleichung (11.3) null, dann entfällt sie eben. Um die Kraft F_r sicher zu übertragen, brauchen wir eine Haftkraft F_F, die um eine Sicherheit S_H größer ist als die zu übertragende Kraft:

$$F_F \geq F_r \cdot S_H \tag{11.5}$$

Diese Sicherheit S_H gegen Durchrutschen des Pressverbands wählen Sie wie folgt:

- Sicherheit bei ruhender Belastung: $S_H \geq 1{,}5$
- Sicherheit bei schwellender Belastung[16]: $S_H \geq 1{,}8$

[16] Die Last schwankt zwischen 0 und einem Maximalwert.

- Sicherheit bei wechselnder Belastung: $S_H \geq 2{,}2$

Dabei sind Kurbelwellen sehr starken Wechsellasten aufgrund der Gas- und Massenkräfte ausgesetzt, sodass Sie dann eine Sicherheit $S_H \geq 2{,}2$ einsetzten sollten. Da bei einem Pressverband die ganze Betriebskraft nur durch Reibung übertragen wird – welchen Reibwert wählen Sie? Aufgrund vieler Versuche, die wir in der Industrie gemacht haben, ist der Reibwert zwischen Stahl und Stahl, beide Teile gehärtet und geschliffen, leicht geölt, ziemlich genau $\mu = 0{,}1$. Diese Verhältnisse liegen bei Kurbelwellen-Pressverbänden vor. Selbst wenn in Tabellen in Lehrbüchern wie [61] je nach Materialpaarung die angegebenen Reibwerte durchaus größer als 0,1 sind: Mit 0,1 liegen Sie auf der sicheren Seite. Damit können wir die erforderliche Pressung in der Fuge p_F berechnen:

$$\boxed{p_F = \frac{F_r \cdot S_H}{D_F \cdot \pi \cdot l_F \cdot \mu}} \tag{11.6}$$

Wenn die beiden Teile zusammengepresst werden, dann werden die Rauheitsspitzen etwas eingeebnet, Bild 11.42. Dies wird im *Übermaßverlust* U_V berücksichtigt:

$$U_V = g_F \cdot (R_{zA} + R_{zI}) \tag{11.7}$$

Der Glättungsfaktor g_F war bisher 0,8 und soll nach neuerem Normentwurf eher bei 0,4 liegen – bleiben Sie gerne bei 0,8.[17] R_{zA} und R_{zI} sind die Rautiefen für das Außen- und Innenteil; sie liegen beim Schleifen zwischen 1,6 und 4 µm. Damit sind das *größte wirksame Übermaß* U_{wg} und das *kleinste wirksame Übermaß* U_{wk}:

$$U_{wg} = U_g - U_V = U_g - g_F \cdot (R_{zA} + R_{zI}) \tag{11.8}$$

$$U_{wk} = U_k - U_V = U_k - g_F \cdot (R_{zA} + R_{zI}) \tag{11.9}$$

Was bedeuten kleinstes und größtes Übermaß? Das betrachten wir am besten an einem Beispiel: Stellen Sie sich einen Fugendurchmesser 35 mm und eine Passung H7/x6 vor:

- Bohrung H7: unteres Abmaß 0, oberes Abmaß +25 µm
- Welle x6: unteres Abmaß +80 µm, oberes Abmaß +96 µm

Die Abmaße bzw. fertige Toleranzen bekommen Sie z. B. aus [71] oder [61]. Nun sind zwei Fälle denkbar:

- Kleinste Welle trifft auf größte Bohrung: Das ist das kleinste Übermaß 80 – 25 = 55 µm.
- Größte Welle trifft auf kleinste Bohrung: Das ist das größte Übermaß 96 – 0 = 96 µm.

Unterstellen wir eine Rautiefe von 4 µm fürs Schleifen der Passungen beider Teile, dann wird bei $g_F = 0{,}8$:

- Kleinstes wirksames Übermaß $55 - 0{,}8(4+4) = 48{,}6$ µm.
- Größtes wirksames Übermaß $96 - 0{,}8(4+4) = 89{,}6$ µm.

Falls Sie von einem gemessenen Übermaß U ausgehen, dann ist $U_g = U_k = U$.

Beim weiteren Berechnungsgang kann man unterscheiden, ob die Passung gesucht oder gegeben ist. Für Computerprogramme wie z. B. [147][18] ist es einfacher, mit gegebener Pas-

---

17 Manche Pressverband-Rechenprogramme arbeiten noch intern mit 0,8, bei anderen kann der Glättungsfaktor eingegeben werden.

18 Auf dieser Website finden Sie z. B. die kostenlosen Pressverband-Rechenprogramme ZPRESS für Windows, Linux und macOS, XPRESS und YPRESS für den Taschenrechner Texas Instruments TI89 bzw. TI84 und PYPRESS.PY als universell nutzbares Python-Programm.

sung zu arbeiten, was wir daher ab jetzt machen. Nun brauchen wir noch einige Hilfsgrößen:

$$Q_A = \frac{D_F}{D_A} \text{ und } Q_I = \frac{D_I}{D_F}$$

$$Z_{wg} = \frac{U_{wg}}{D_F} \text{ und } Z_{wk} = \frac{U_{wk}}{D_F}$$

$$K = \frac{E_A}{E_I}\left(\frac{1+Q_I^2}{1-Q_I^2} - \nu_I\right) + \frac{1+Q_A^2}{1-Q_A^2} + \nu_A$$

bei gleichen Werkstoffen für Welle und Nabe $K = \frac{1+Q_I^2}{1-Q_I^2} + \frac{1+Q_A^2}{1-Q_A^2}$

Hier sind E_A und E_I die Elastizitätsmoduln für Außen- und Innenteil, ν_A und ν_I die Querkontraktionszahlen für Außen- und Innenteil. Für praktisch alle Stahlsorten gilt: $E = 206.000\,\text{N/mm}^2$ und $\nu = 0{,}3$.

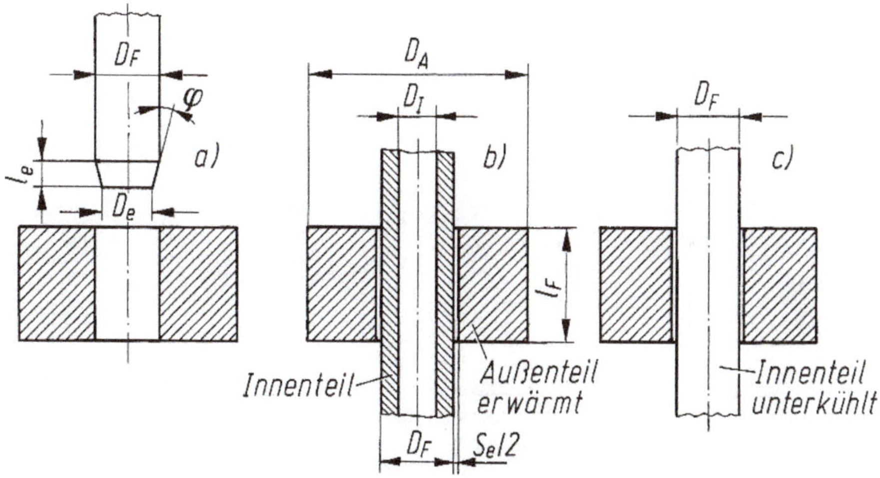

Bild 11.40 Fügen von Pressverbänden: a) Das Innenteil wird eingepresst. b) Das warme Außenteil wird aufgeschrumpft. c) Das unterkühlte Innenteil dehnt sich auf [61].

Die kleinste Fugenpressung ergibt sich bei kleinster Welle und größter Bohrung; die ist maßgeblich für die Mindest-Übertragbarkeit des Pressverbands:

$$\boxed{p_{Fk} = Z_{wk}\frac{E_A}{K}} \tag{11.10}$$

Für den häufigen Fall einer Vollwelle und gleicher Werkstoffe für Welle und Nabe gilt:

$$p_{Fk} = Z_{wk}\frac{1-Q_A^2}{2}E_A \tag{11.11}$$

Der Pressverband hat natürlich innere Spannungen, die umso größer sind, je größer das Übermaß und mithin der Fugendruck ist. Dabei treten an der Nabe die größten Spannungen am Innenrand, also an der Fuge auf; bei einer Hohlwelle sind die größten Spannungen

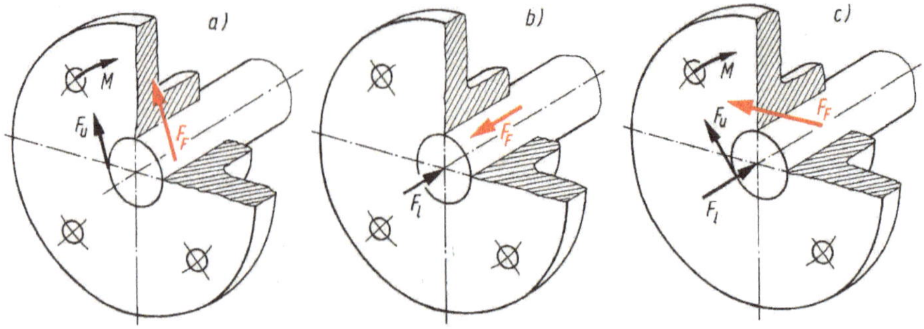

Bild 11.41 Kräfte am Pressverband: a) in Umfangsrichtung durch Drehmoment, b) in Längsrichtung durch Axialkraft, c) resultierende Kraft aus a) und b) [61]

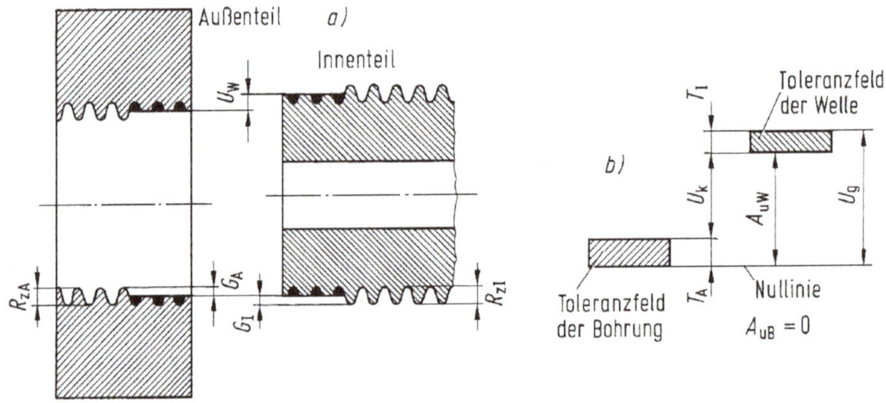

Bild 11.42 Maße und Toleranzen bei Pressverbänden: a) Glättung der Oberflächen durch den Pressvorgang, b) kleinstes und größtes Übermaß [61]

Bild 11.43 Auseinanderpressen einer MZ-ETS-250-Kurbelwelle auf einer 10-t-Presse: Beachten Sie die eigens angefertigte Auspressvorrichtung [2].

Bild 11.44 Zusammenpressen einer MZ-ETS-250-Kurbelwelle auf einer 10-t-Presse: Hier genügen normale Unterlagen zum sicheren Pressen [2].

innen an der Bohrung. Damit der Pressverband nicht aufgrund der inneren Spannungen aufreißt, wird nun der Fall der größten Fugenpressung untersucht. Er tritt auf bei größter Welle und kleinster Bohrung:

$$p_{Fg} = Z_{wg} \frac{E_A}{K} \quad (11.12)$$

Für den häufigen Fall einer Vollwelle und gleicher Werkstoffe für Welle und Nabe gilt:

$$p_{Fg} = Z_{wg} \frac{1 - Q_A^2}{2} E_A \quad (11.13)$$

Die größte Fugenpressung darf nicht die zulässige Fugenpressung überschreiten. Es gilt nach DIN 7190:

Zulässige Fugenpressung für Nabe: $$p_{Azul} = \frac{1 - Q_A^2}{S_P \cdot \sqrt{3}} R_{eA} \geq p_{Fg} \quad (11.14)$$

Zulässige Fugenpressung Hohlwelle: $$p_{Izul} = \frac{1 - Q_I^2}{S_P \cdot \sqrt{3}} R_{eI} \geq p_{Fg} \quad (11.15)$$

Zulässige Fugenpressung Vollwelle: $$p_{Izul} = \frac{2}{S_P \cdot \sqrt{3}} R_{eI} \geq p_{Fg} \quad (11.16)$$

Dabei sind R_{eA} und R_{eI} die Streckgrenzen für Nabe, d. h. Außenteil, und Welle, d. h. Innenteil. Die Sicherheit gegen plastische Verformung S_P setzen Sie zu 1,2. Nun könnten Sie noch zwei Montagewerte berechnen, deren Gebrauch Sie im Folgenden beim Rechenbeispiel sehen:

Einpresskraft: $$F_e = p_{Fg} \cdot D_F \cdot \pi \cdot l_F \cdot \mu_e \quad (11.17)$$

Erwärmungstemperatur Nabe: $$t_A = \frac{U_g + 0{,}001 \cdot D_F}{\alpha_A \cdot D_F} + 20\,°C \quad (11.18)$$

Falls Sie wissen wollen, was der Pressverband bei einem gegebenen oder gemessenen Übermaß an Drehmoment überträgt (Axialkräfte null): Darauf kommen Sie durch Verwendung von Gleichung (11.4):

$$\text{übertragbares Drehmoment: } M = \frac{p_F \cdot D_F^2 \cdot \pi \cdot l_F \cdot \mu}{2 \cdot S_H} \tag{11.19}$$

Ebenso gibt es eine Gleichung für reine Axialkraft, also Drehmoment null:

$$\text{übertragbare Axialkraft: } F_l = \frac{p_F \cdot D_F \cdot \pi \cdot l_F \cdot \mu}{S_H} \tag{11.20}$$

Wir können ja einmal den Pressverband der MZ-Kurbelwelle nach Bild 11.39 nachrechnen – und zwar mit Istmaßen: Ich habe gemessen: Hubzapfen 32,00 mm, Bohrung in der Kurbelwange 31,86 mm, das entspricht einem Übermaß von 140 µm oder 0,14 mm. Die zugehörige Passung wäre ZA7/h6. Aber da wir ein reales Übermaß haben, sind p_{Fk} und p_{Fg} identisch. Damit ist D_F 32 mm. Der Innendurchmesser des Hubzapfens D_I ist 14 mm, den Außendurchmesser D_A schätzen wir mit 58 mm ab: Das ist immer nicht ganz einfach bei nicht-runden Naben. Hier habe ich einen Kreis mit Durchmesser 58 mm angenommen, der konzentrisch zur Bohrung ist und gerade so den Außendurchmesser der Kurbelwange berührt. Die Rautiefe nehmen wir mit 1,6 µm für beide Teile an, als Stahl nehmen wir 36CrNiMo16 mit einer Streckgrenze R_{eA} bzw. $R_{eI} \geq 900\,\text{N/mm}^2$ für beide Teile an. Ob das stimmt, wissen nur die früheren MZ-Jungs. Mit Sicherheit sind die Kurbelwangen vergütet und der Hubzapfen gehärtet. Für solche Festigkeitswerte existieren in der Literatur wenige und widersprüchliche Angaben – klar, sie hängen ja vom Grad der Vergütung bzw. der Härte ab. Der Wärmeausdehnungskoeffizient α_A ist $11 \cdot 10^{-6}$ 1/K für Stahl. Als Glättungsfaktor g_F nehmen wir 0,8 an:

$$U_{wg} = U_{wk} = U_w = U - g_F \cdot (R_{zA} + R_{zI}) = 140 - 0{,}8 \cdot (1{,}6 + 1{,}6) = 137{,}4\,\mu\text{m}$$

$$Z_{wg} = Z_{wk} = Z_w = \frac{U_w}{D_F} = \frac{0{,}137}{32} = 0{,}0043$$

$$Q_A = \frac{D_F}{D_A} = \frac{32}{58} = 0{,}55 \text{ und } Q_I = \frac{D_I}{D_F} = \frac{14}{32} = 0{,}44$$

$$K = \frac{1 + Q_I^2}{1 - Q_I^2} + \frac{1 + Q_A^2}{1 - Q_A^2} = \frac{1 + 0{,}44^2}{1 - 0{,}44^2} + \frac{1 + 0{,}55^2}{1 - 0{,}55^2} = 3{,}35$$

$$p_{Fg} = p_{Fk} = p_F = Z_w \cdot \frac{E_A}{K} = 0{,}0043 \cdot \frac{206.000}{3{,}35} = 264\,\text{N/mm}^2$$

Damit wird das übertragbare Drehmoment:

$$M = \frac{p_F \cdot D_F^2 \cdot \pi \cdot l_F \cdot \mu}{2 \cdot S_H} = \frac{264 \cdot 32^2 \cdot \pi \cdot 17{,}5 \cdot 0{,}1}{2 \cdot 1{,}5} = 337.784\,\text{Nmm} = 338\,\text{Nm}$$

Bild 11.45 Kurbelwelle mit Klemmverbänden für den Hubzapfen für meinen Einzylinder-Viertaktmotor mit 158 ccm Hubraum [2]

Die zulässige Fugenpressung an der Nabe ist:

$$p_{\mathrm{Azul}} = \frac{1 - Q_A^2}{S_P \cdot \sqrt{3}} R_{\mathrm{eA}} \geq p_{\mathrm{Fg}} = \frac{1 - 55^2}{1{,}2 \cdot \sqrt{3}} 900 = 302 \geq 264 - \text{also okay!}$$

Die nötige Einpresskraft F_e mit μ_e (nach [61] etwa $1{,}25 \cdot \mu$) ist:

$$F_e = p_{\mathrm{Fg}} \cdot D_F \cdot \pi \cdot l_F \cdot \mu_e = 264 \cdot 32 \cdot \pi \cdot 17{,}5 \cdot 0{,}125 = 58.057\,\mathrm{N}$$

Diese 58.057 N entsprechen 5,9 t Einpresskraft. Das habe ich beim Einpressen auch in etwa an der Kraftanzeige meiner 10-t-Presse abgelesen, Bild 11.44. Falls Sie diesen Pressverband durch Wärme fügen wollen – vergessen Sie's:

$$t_A = \frac{U_g + 0{,}001 \cdot D_F}{\alpha_A \cdot D_F} + 20\,^\circ\mathrm{C} = \frac{0{,}140 + 0{,}001 \cdot 32}{11 \cdot 10^{-6} \cdot 32} + 20\,^\circ\mathrm{C} = 509\,^\circ\mathrm{C}$$

Bei *Klemmverbänden* wie z. B. Bild 11.45 sieht das ganz ähnlich aus, und wir können direkt das übertragbare Drehmoment M bestimmen: Die Gleichung (11.1) für den Fugendruck beim Klemmverband war:

$$p_F \approx K_F \frac{F_V \cdot i}{d \cdot l} = K_F \frac{F_V \cdot i}{D_F \cdot l_F}$$

Das Drehmoment wurde bereits vorangehend mit Gleichung (11.4) beschrieben; wir setzen dort Gleichung (11.6) ein:

$$M = \frac{F_u \cdot D_F}{2} = \frac{p_F \cdot D_F \cdot \pi \cdot l_F \cdot \mu \cdot D_F}{S_H \cdot 2}$$

Setzen wir für p_F nun den Fugendruck des geschlitzten Klemmverbands ein, mit $K_F = 1{,}5$:

$$M \approx \frac{F_V \cdot i \cdot 1{,}5 \cdot D_F \cdot \pi \cdot l_F \cdot \mu \cdot D_F}{D_F \cdot l_F \cdot S_H \cdot 2}$$

Nach Kürzen von D_F und l_F entsteht:

$$M \approx \frac{F_V \cdot i \cdot 1{,}5 \cdot \pi \cdot \mu \cdot D_F}{S_H \cdot 2}$$

Wenn wir nun einen geschlitzten Klemmverband mit einer Klemmschraube unterstellen, dann wird das übertragbare Drehmoment:

$$\boxed{M \approx \frac{3\pi}{4} \cdot \frac{F_V \cdot \mu \cdot D_F}{S_H}}$$

Dazu einmal eine Beispielbetrachtung: Angenommen, wir hätten die MZ-Kurbelwelle aus Bild 11.39 derart umgestaltet (größerer Außendurchmesser, Elastizität im Hubzapfenbereich usw.), dass sie einen Klemmverband anstelle des Pressverbands hat und mit einer Schraube M10×1,25 verspannt wird, die bei einer Festigkeitsklasse 10.9 und einem Gewindereibwert von 0,12 eine Vorspannkraft von 46.400 N hat. Die Haftsicherheit S_H soll 1,5 betragen:

$$M \approx \frac{3\pi}{4} \cdot \frac{46.000 \cdot 0{,}1 \cdot 32}{1{,}5} = 233\,\text{Nm}$$

Sie müssen doch zugeben, dass dies ein sehr beachtlicher Wert ist; er entspricht etwa dem 2,5-fachen Drehmoment, mit dem Sie Ihre Radmuttern am Auto festziehen.[19]

11.2 Selbstbau eines Einzylinder-Viertakters

Über den Bau von Kurbelwellen und Pleueln haben Sie in Abschnitt 11.1 alles Notwendige erfahren, nach der Lektüre von Abschnitt 6.1 sehen Sie bei Zylinderköpfen und Ventilen klar, und über den Bau von Nockenwellen wissen Sie seit Abschnitt 6.2 Bescheid. Betrachten wir also nur das, was wirklich neu ist; beginnen wir mit dem Kurbelgehäuse. Ich habe mich bei meinem Viertaktmotor MXM-1 für ein horizontal geteiltes Gehäuse entschieden. Das macht zwar recht viel Arbeit, hat dann aber große Vorteile bei der Montage. Da Leichtmetallguss[20] momentan ausscheidet – vielleicht mache ich das eines Tages einmal aus Interesse – bietet sich eine Schweißkonstruktion aus 8 mm dickem Stahlblech an, Bild 11.46 und Bild 11.47. Dabei sind die Bodenplatten unten und oben aus 12 mm Stahlblech. Das Aussägen der Einzelteile aus einer Blechplatte gelingt sehr schnell mit einem *Dry Cutter*, das sind sehr schnell drehende Metallkreissägen, die trocken laufen und hartmetall-bestückte Sägeblätter haben, Bild 11.48. Das gibt präzise Schnitte mit sehr sauberen Schnittkanten, verlangt aber ein wirklich stabiles Festspannen des Blechs, wackelige Zimmermann-Schraubzwingen aus dem Baumarkt sind Mumpitz!

Die relativ großen Löcher in den Blechplatten können Sie mit hochwertigen Lochsägen vorbereiten und anschließend per Plan- und Ausdrehkopf fertig bearbeiten, Bild 11.48.

[19] Das sind sehr oft um die 100 Nm.

[20] Das ist nicht ganz einfach wegen der vielen Hinterschnitte und benötigten Kerne.

Bild 11.46 Horizontal geteilte Gehäusehälften und Kurbelwelle meines Einzylinder-Viertaktmotors mit 158 ccm Hubraum: Bohrung 61 mm, Hub 54 mm [2]

Bild 11.47 Horizontal geteilte Gehäusehälften und Kurbelwelle meines Einzylinder-Viertaktmotors mit 158 ccm Hubraum: Bohrung 61 mm, Hub 54 mm [2]

Aus Stahlrohrabschnitten S235 70 × 50, die Sie nach dem Planen quer halbieren, machen Sie die Lageraufnahmen. Anschließend verschweißen Sie alle vorbereiteten Komponenten, Bild 11.49. Das können Sie ohne Weiteres mit einem preiswerten E-Hand-Schweißgerät und Standard-Elektroden machen, per WIG oder MAG, [68] – je nachdem, was Sie zur Hand haben. Anschließen planen Sie besonders die Teilfugen, dafür ist besonders ein einschneidiger Fräser wie ein *Schlagzahn* sehr geeignet [70]. Nun können Sie die beiden Gehäusehälften gemeinsam bohren und verstiften. Erst jetzt werden die Lagersitze für die Kugellager in die beiden verschraubten Hälften eingebracht – und das ist etwas tricky:

Die beiden Lagersitze müssen genau in einer horizontalen Achse koaxial liegen und natürlich genau senkrecht zur Zylinderlaufbahn. Das A und O bei solchen Operationen ist das durchdachte und sorgfältige Aufspannen. Es lohnt sich, für das Aufspannen einige Stunden für Nachdenken, Probieren und Anfertigen von Hilfsvorrichtungen zu investieren. Unterseite und Oberseite des Kurbelgehäuses wurden bereits planparallel zur Teilfuge gefräst,

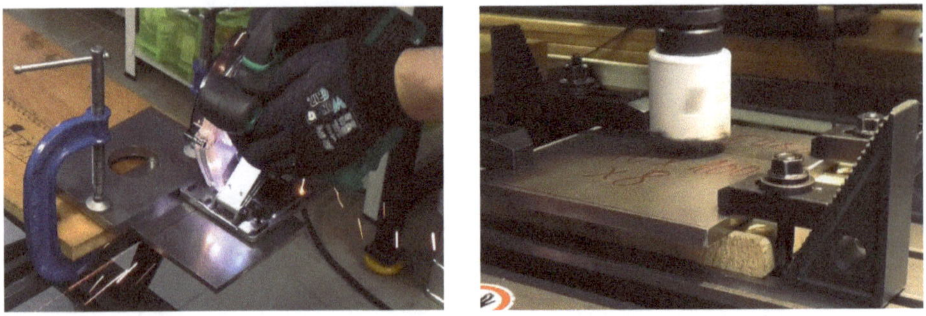

Bild 11.48 Ausschneiden der Bleche mit einem Dry Cutter und Bohren der großen Löcher mit einer Lochsäge in der Fräsmaschine [2]

Bild 11.49 Das geschweißte, aber noch nicht gebohrte Kurbelgehäuse: links die Seite mit einem Kugellager, rechts die Seite mit zwei Kugellagern [2]

daher können wir nun die Unterseite mit einer angefertigten Adapterplatte (weil das Bohrbild der Kurbelgehäuse-Unterseite und das des Fräswinkels meist nicht übereinstimmen) auf einen Fräswinkel spannen; ein Abstützen der anderen Seite mit einem Reitstock schadet nicht. Die Stirnfläche des langen Lagersitzes wird geplant und anschließend der Lagersitz mit einem WOHLHAUPTER auf 52H7 gebohrt. Nun wird's spannend: Normalerweise bohrt man beide Lagersitze in einer Aufspannung von einer Seite aus, aber die meisten kleineren Fräsmaschinen haben nicht genug Tiefe in Z-Richtung, und in X- und Y-Richtung reicht's bei gekipptem Fräskopf auch nicht. Also müssen wir umspannen, und das machen wir, indem wir eine Zentrieraufnahme anfertigen, die in einer Aufspannung gedreht wurde. Diese Zentrieraufnahme soll saugend in die gerade gebohrte lange Lagergasse passen. Die Zentrieraufnahme wird auf den Frästisch aufgepratzt und das Kurbelgehäuse darauf gesteckt. Zusätzlich wird das Kurbelgehäuse in bekannter Weise mit dem Fräswinkel fest-

Bild 11.50 Aufspannen des Kurbelgehäuses mit einer Adapterplatte auf einem Fräswinkel, abstützen mit einem Reitstock [2]

gehalten; das ist zwar eine Doppelpassung[21], so etwas wird aber oft im Werkzeug- und Vorrichtungsbau gemacht. Doppelpassungen sind kein Problem, wenn wirklich genau gearbeitet wurde. Nun können Sie die kurze Lagergasse auf 52H7 bohren, arbeiten Sie beim Messen mit einem SUBITO, Schieblehrengenauigkeit reicht nicht, ist aber zur Zwischenkontrolle okay.

Bearbeiten Sie die obere Kurbelgehäusebohrung, welche den Zylinderhals aufnimmt. Zerlegen Sie das Kurbelgehäuse und arbeiten Sie auf der langen Lagergasse *einer* Kurbelgehäusehälfte per WOHLHAUPTER eine Nut für einen Halbmondring ein; das wird später die Axialsicherung der Kurbelwelle. Wie kommen Sie zu einem Halbmondring? Nehmen Sie bei einem Kugellager mit Sprengring den Sprengring ab und teilen Sie ihn.

Die Ölversorgung machen wir per Eigenbau-Zahnradpumpe[22], vgl. Bild 5.71, und Nasssumpfschmierung: Ins Kurbelgehäuse passen etwa 0,5 l Motoröl, das tut's; ein Rasenmähermotor, der dem unsrigen vergleichbar ist, hat auch nicht mehr. Die Ölpumpe ist aus Platzgründen außen ans Kurbelgehäuse angeschraubt und wird von einem Zahnriemen von der Kurbelwelle angetrieben. Von der Ölpumpe werden die Schmierstellen über ein Verteilerrohr aus 6 mm Kupferrohr und Silikonschläuchen[23] versorgt. Dies sind die Schmierstellen: Jeweils eine Leitung zu den Lagerstellen links und rechts, eine Spritzdüse für den Ölfang-

[21] Jeder Maschinenbau-Student lernt schon in frühen Semestern, dass Doppelpassungen unter allen Umständen zu vermeiden sind. Diese Forderung trifft aber eher auf industriell hergestellte Konstruktionen zu. Bei gekonnter handwerklicher Fertigung kann man das durchaus machen.

[22] Sehen Sie sich dazu das in Kapitel 12 aufgeführte Video 216 (Bild 12.19) an.

[23] Silikonschläuche, die es bei einem sehr bekannten Internet-Anbieter in allen möglichen Wandstärken und Durchmessern gibt, halten Temperaturen bis 200 °C aus.

Bild 11.51 Links: Die Zentrieraufnahme wird genullt, damit die zweite Lagergasse konzentrisch dazu läuft. Rechts: Das Kurbelgehäuse ist auf die Zentrieraufnahme geschoben und zusätzlich per Fräswinkel fixiert [2].

ring der Kurbelwelle, Bild 11.18, sowie für die Zylinderschmierung und eine Leitung zum Zylinderkopf, Bild 11.62. Vergessen Sie nicht, sowohl eine Kurbelgehäuse-Entlüftung mit einem einfachen PKW-Flatterventil und eine Ölrücklaufleitung vom Zylinderkopf zum Kurbelgehäuse anzubringen!

Der Zylinder mit dem Zylinderblock aus Aluminium AW 7075 und einer eingeschrumpften Laufbuchse aus Grauguss, idealerweise Schleuderguss, wird ganz ähnlich wie beim Zweitakter hergestellt: Bearbeitung auf der Drehmaschine, Bild 11.53, Vordrehen der Laufbuchse, Einschrumpfen bei etwa 250 °C Temperaturdifferenz und anschließendes Bohren und Honen auf Laufmaß. Die genaue Arbeitsfolge finden Sie in Abschnitt 11.3 – die ist dort nämlich weitaus komplizierter.

Wir wählen ein sehr einfaches Zylinderkopf-Design: Parallel hängende Ventile wie beim VW-1,05-Motor, Bild 6.14. Den Zylinderkopf stellen Sie ebenfalls aus hochfestem Aluminium WA 7075 her und schrumpfen hier einen Einsatz aus Sphäroguss-GGG60 ein, denn die Ventile dürfen Sie nicht direkt auf Ventilsitze im Aluminium des Kopfes schlagen lassen; das ist wieder so ein Unterschied zu Modellmotoren: Schillings berichtet in [50], dass dies bei seinen Modell-Viertaktern seit Jahren problemlos funktioniert. Betrachten Sie dazu Bild 11.54: Sie bereiten den Zylinderkopf soweit vor, dass Ein- und Auslassseite bereits gefräste Flansche haben, die Aufnahmebohrung drehen Sie 0,15 mm kleiner als den Sphäroguss-Einsatz. Schrumpfen Sie den Einsatz bei 250 °C Temperaturdifferenz ein und – das ist echt wichtig – bohren Sie vorher ein kleines Durchgangsloch in den Zylinderkopf, damit die Luft beim Einschrumpfen entweichen kann; Sie werden es sonst bitter bereuen.[24]

[24] Ich bin selbst darauf reingefallen: Beim Einschrumpfen bleibt der Einsatz wegen des Luftpolsters auf halbem Weg stecken. Der Einsatz konnte dann nur noch per Ausdrehen auf der Drehmaschine entfernt werden.

Bild 11.52 Die eingelegte Kurbelwelle mit Lagern und Simmerringen: Beachten Sie beim Lager links außen die Axialfixierung [2].

Bild 11.53 Drehen des Viertakt-Zylinderblocks aus AW 7075 [2]

Bild 11.54 Sphäroguss-GGG-60-Einsatz und AW-7075-Zylinderkopf [2]

Bild 11.55 Ausrichten der Fräserachse an der Ventilführung [2]

Bild 11.56 Fräsen des Ventilsitzes: hier der eigentliche Sitz mit 45° [2]

Nun können Ansaug- und Auslasskanal mit einem passenden Radienfräser[25] gebohrt werden. Sodann können Sie die Ventilführungen einpressen und reiben.[26] Vor dem Fräsen der Ventilsitze ist es wichtig, den Winkelfräser genau zur Ventilführung – nicht zum Kanal! – auszurichten; das geht leicht mit einem eingesteckten Ventil, Bild 11.55. Fräsen Sie zuerst den 45°-Sitz, dann fräsen Sie mit einem 60°-Fräser frei und stellen damit die Breite des Ventilsitzes auf 1 – 1,5 mm ein. Als Nächstes stellen Sie das Zündkerzengewinde her, ich empfehle M10 × 1. Die verwendete Zündkerze war NGK CR8ES. Als Zündanlage, die vom freien Ende der Nockenwelle mit einem Geber getriggert wird, können Sie eine beliebige elektronische Anlage[27] wählen; wenn Sie echter Nostalgiker sind, können Sie auch einen Nocken mit Unterbrecher anbauen, aber irgendwie passt das nicht mehr so ganz in die heutige Zeit.

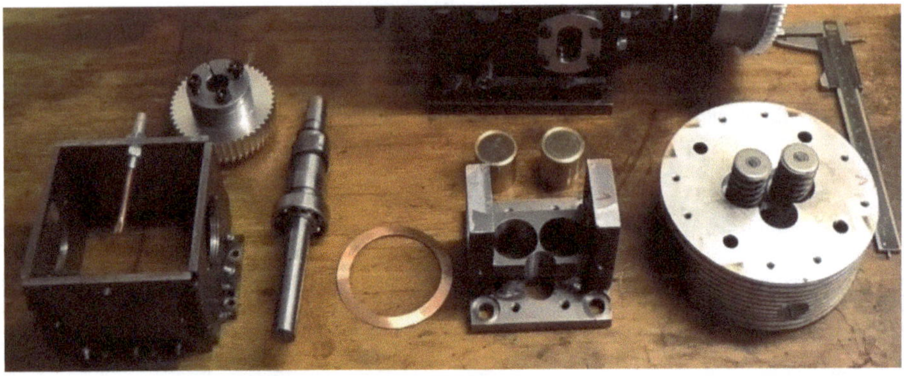

Bild 11.57 Komponenten des OHC-Antriebs (von links): Ventilkammer, Nockenwellen-Antriebsrad, Nockenwelle, Zylinderkopfdichtung, Tassenstößel mit -führung, Zylinderkopf [2].

Es wird Zeit, den Zylinderkopf zu montieren, als Zylinderkopfdichtung reicht eine ringförmige Scheibe aus dünnem Kupferblech der Stärke 0,2 – 0,3 mm, die Sie mit der Schere ausschneiden können. Montieren Sie den Kolben und setzen Sie den Zylinder auf, zwischen Zylinderfuß und Kurbelgehäuse nehmen Sie Flüssigdichtung. Setzen Sie den Zylinderkopf samt der Tassenstößelführung, Bild 11.59, auf und ziehen Sie die Muttern auf den M8-Stehbolzen mit 20 Nm über Kreuz fest. Montieren Sie die Tassenstößel, die Nockenwelle mit den Lagerböcken, die Kugellager zur Nockenwellenlagerung haben, und bringen Sie den Zahnriemen samt Zahnriemenrad an, Bild 11.60.

Stellen Sie das Timing ein, indem Sie eine Gradscheibe auf der Kurbelwelle befestigen und einen Draht als Zeiger anbringen. Wie ermitteln Sie den oberen Totpunkt? Drehen Sie eine längere M10 × 1-Schraube ein, und zwar so, dass sie den Kolben auf etwa einem Dreiviertel seines Wegs nach oben blockiert. Lesen Sie den Wert auf der Gradscheibe ab und drehen Sie die Kurbelwelle vorsichtig in die andere Richtung, bis der Kolben wieder an-

---

25 Hier wurde ein 18-mm-Radienfräser verwendet. Derartige Fräser sind sehr teuer, aber ich habe ihn ziemlich preiswert von einer sehr bekannten Internet-Versteigerungsplattform bekommen.

26 Rohe Ventilführungen gibt es z. B. bei [164]. Selbstverständlich können Sie die auch aus Grausguss, Bronze oder Messing leicht selbst herstellen.

27 Die hier verwendete Anlage wurde von [173] geliefert; ansonsten habe ich beste Erfahrungen mit [165] gemacht, da werden Sie auch äußerst kompetent beraten.

Bild 11.58 Zylinderkopf: Ventile eingesetzt, links die Zündkerze [2]

Bild 11.59 Zylinderkopf: Führung der Tassenstößel aufgesetzt [2]

Bild 11.60 OHC-Antrieb mit Tassenstößeln: Das Zahnriemenrad ist mit einem Konusspannelement befestigt, damit kann das Timing sehr leicht und genau eingestellt werden. Es fehlen noch die Ventilkammer mit der Ölspritzdüse und den Radialwellendichtringen [2].

schlägt. Lesen Sie diesen Wert ab: Der obere Totpunkt liegt genau zwischen den beiden Werten. Eine Ermittlung des oberen Totpunkts nur mit einer Messuhr, die den Kolben abtastet, ist ungenau, weil Sie im oberen Totpunkt die Kurbelwelle um mehrere Grad hin- und herdrehen können, ohne dass der Kolben eine sicht- und messbare Bewegung macht. Das hängt mit den Eigenarten eines Kurbeltriebs zusammen, vgl. Abschnitt 4.1. Vorher haben Sie bestimmt das Ventilspiel der beiden Ventile geprüft und ggf. andere Shims eingebaut, was bei dieser Konstruktion nur mit Ausbau der Nockenwelle geht – aber das ist bei den allermeisten OHC-Antrieben mit Tassenstößeln so. Justieren Sie das Timing durch Verdrehen des oberen Zahnriemenrads und Festziehen der Schrauben des Konusspannelements, nachdem Sie den oberen Totpunkt bestimmt haben. Markieren Sie die OT-Stellung.

Nachdem das alles gelaufen ist, demontieren Sie noch einmal die Nockenwelle, bringen die Ventilkammer an sowie die Ölversorgung per Spritzdüse für Nockenwelle und Kugellager und die Ölrücklaufleitung.

Das Anwerfen des Motors übernimmt ein Briggs & Stratton-Startermotor für größere Aufsitzrasenmäher. Wir brauchen ohnehin ein Schwungrad – bei einem Ein- oder Zweizylinder-Viertakter unabdingbar –, das aus einer Stangenabschnitt oder einer Stahlplatte mit 200 mm Durchmesser gedreht und per Konusspannelement auf dem Kurbelwellenstumpf fixiert wird. Auf diesem Schwungrad bringen wir einen passenden Zahnkranz, passend für den Briggs & Stratton-Startermotor, an.[28] Der Startermotor wird über ein per Handhebel verschiebbares Zwischenrad an die Schwungscheibe angekuppelt; nach Anspringen wird das Zwischenrad wieder ausgespurt.

Die Leistungsmessung am Lehrstuhl Konstruktionslehre und CAD der Universität Bayreuth ergaben eine Leistung von etwa 5 PS bei 4500 U/min. Der Motor ist vom Zylinderkopf her als Drosselmotor ausgelegt, so wie man ihn z. B. für den Antrieb von Stromaggregaten auslegen würde.

Bild 11.61 Startsystem des Viertakters [2]

Bild 11.62 Die Ölversorgung des Viertakters [2]

Durch einen DOHC-Zylinderkopf mit größeren, schräg hängenden Ventilen und einem Vergaser mit vielleicht 26 mm Durchmesser wird mindestens die doppelte Leistung erreichbar sein. Bild 11.64 zeigt meinen Entwurf für einen DOHC-Zylinderkopf mit zwei Ventilen und Halbkugel-Brennraum. Dazu passt ein Kolben mit höherer Kompression als der Standardkolben, z. B. [175]. Es wird wieder ein eingeschrumpfter Brennraumeinsatz aus Sphäroguss genutzt, weil man in diesen sauber haltbare Ventilsitze einarbeiten kann. Der eigentliche Zylinderkopf besteht aus einem Aluminium-5083-Zuschnitt mit den Rohmaßen 200 × 120 × 120 (Lieferant z. B. [174]). Die beiden horizontal geteilten Gehäuse für die Nockenwellen bestehen aus Aluminium-Flachstangen 70 × 30, die verschraubt und passend für die Kugellager 5203 und die Radialwellendichtringe gebohrt werden. Über den Durchbruch 52 × 44 wird eine Plexiglasscheibe geschraubt. Das Ventilspiel wird mit den 10-mm-Shims justiert; die großen 31-mm-Shims dienen nur als verschleißfester Gegenpart zu den Nocken, was sich sehr bewährt hat. Die Ölzuführungen und -abläufe sind nicht gezeigt. Der Antrieb der beiden Nockenwellen erfolgt wie beim SOHC-Zylinderkopf über mit Konusspannelementen fixierte Zahnriemenscheiben, was ein sehr präzises Einstellen des Timings erlaubt.

[28] Beide Komponenten bekommen Sie u. a. bei einem sehr bekannten Internet-Lieferanten.

Bild 11.63 Der MXM-1 ist soweit startbereit [2].

11.3 Selbstbau eines Einzylinder-Zweitakters

Ein Zweitakter besteht ja nur aus drei bewegten Teilen – Kurbelwelle, Pleuel und Kolben – und ist daher vermeintlich einfacher zu fertigen als ein Viertakter. Für industrielle Maßstäbe gilt das sicher, denn hier werden die Zylinder mit ihren Kanälen gegossen: Früher aus Grauguss, dann aus Aluminiumguss mit eingegossenen oder eingepressten Grauguss-Laufbuchsen, heute aus Aluminiumguss mit Hartstoffbeschichtungen der Laufbahnen.

Bei einem Eigenbau-Zweitakter sieht das ganz anders aus: Der Guss eines Zylinders samt den Überströmkanälen sowie den Ein- und Auslasskanälen ist sicherlich irgendwie machbar, das setzt aber sehr viel Erfahrung im Leichtmetallguss, der Model- und Kernherstellung voraus. Für ein Unikat lohnt sich das auf keinen Fall. Es ist daher viel einfacher, mit einem Aluminium-Zylinderblock als Dreh- und Frästeil und einer eingeschrumpften Laufbuchse, der vorher die nötigen Schlitze eingefräst wurden, zu arbeiten. Trotz allem: Unterschätzen Sie die Schwierigkeiten bei der Zweitakt-Zylinderherstellung nicht!

Die Kurbelwelle bauen wir genauso wie beim vorher besprochenen Viertakter – mit einem Unterschied: Da der Kurbelraum als Pumpe dient, soll hier das Totvolumen möglichst gering sein. Daher werden die Freifräsungen für die Klemmverbindung durch Bohrungen 29 mm ersetzt, Bild 11.66, die dann mit Kunststoffstopfen verschlossen werden, Bild 11.67. Ferner soll zwischen dem Außendurchmesser der Hubscheiben und dem freien Durchmesser der Kurbelgehäusehälften ein möglichst geringer Abstand sein; 2 – 3 mm genügen. Dies-

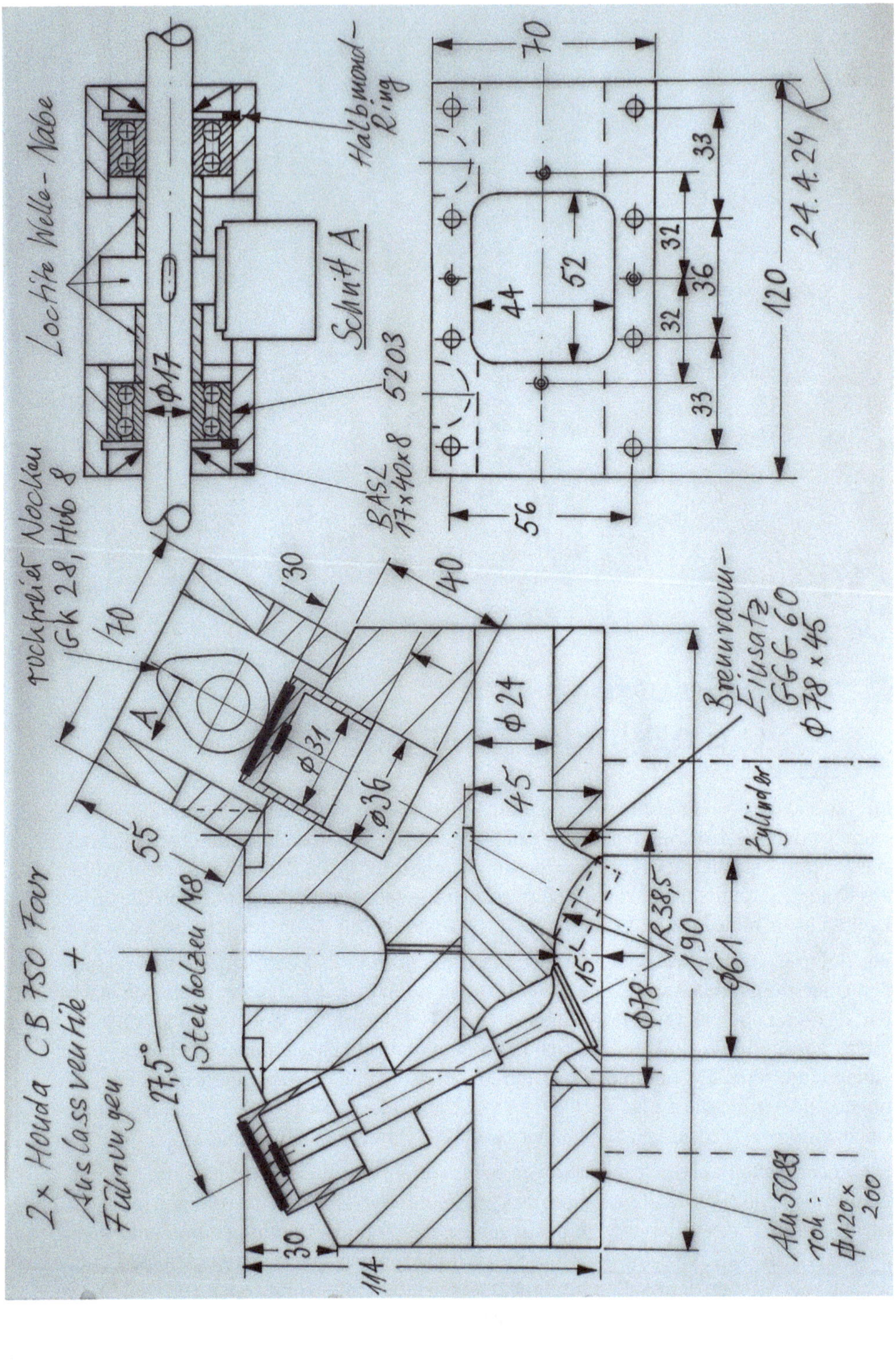

Bild 11.64 Entwurf eines DOHC-Zylinderkopfs für den MXM-1 aus einem Alu-Zuschnitt und Alu-Profilen [2]

mal habe ich es mir einfach gemacht und ein fertiges Wössner-Pleuel samt Nadellagern und Hubzapfen für eine KTM XC200 verwendet, Bild 11.68; wie man Pleuel selbst herstellt, habe ich ja in Abschnitt 11.1 ausführlich gezeigt. Nach wie vor arbeiten wir mit Klemmverbindungen für die Hubzapfen, das hat den Charme, dass man sehr genau ausrichten kann und obendrein höhere Kräfte als mit normalen Pressverbänden übertragen kann.

Das Kurbelgehäuse machen wir diesmal vertikal geteilt; Sie wissen aus dem vorherigen Abschnitt, dass ich horizontal geteilte Gehäuse bevorzuge, aber ich wollte hier einmal die Herstellung eines vertikal geteilten Gehäuses aus Aluminium-Plattenzuschnitten AW 5083 150 × 150 × 60 mm zeigen: Die beiden Platten werden zusammengespannt und gemeinsam gebohrt, besonders an den vier Ecken werden Schrauben M10 × 120 in Durchgangslöchern vorgesehen; damit werden später auch die Füße aus Aluwinkeln 60 × 60 verschraubt. Zwei diagonal gesetzte Zylinderstifte mit Durchmesser 8 mm sorgen für die wiederholgenaue Zentrierung. Mit diesen vier 10er Durchgangslöchern können Sie die beiden verstifteten Platten auf die Aufspannscheibe der Drehmaschine festschrauben und auf 78 mm ausdrehen – das sind später die Aufnahmebohrungen für die Lagerbuchsen, welche die Kugellager aufnehmen.

Als Lager werden Doppel-Schrägkugellager 5205 verwendet. Normalerweise sitzen die Lager bei industriell gefertigten Motoren direkt im Aluminium der beiden Gehäusehälften, aber da müssen Sie mit Wärme bei der Montage und Demontage arbeiten und obendrein das Seitenspiel der meist verwendeten Schrägkugellager mit Passscheiben einstellen. Das ist in Wahrheit eine Billig-Konstruktion, die in der Motorenfabrik mit entsprechenden Vorrichtungen und Lehren funktioniert – allerdings viel Spaß bei einer späteren Reparatur! Wesentlich montagefreundlicher ist folgende Lösung: Sie geben die Wälzlager mit entsprechenden Passungen in separate Lagerbuchsen aus Stahl. Nun können Sie die Lager samt den Stahl-Lagerbuchsen auf die Kurbelwellenstümpfe pressen, dann schaut das wie in Bild 11.69 aus. Die Stahl-Lagerbuchsen haben einen Schiebesitz in den beiden Kurbelgehäusehälften und werden darin über Flansche mit zwei Lochkreisen verschraubt, Bild 11.70, nachdem die Kurbelgehäusehälften samt Kurbelwelle und Stahl-Lagerbuchsen zusammengeschoben und verschraubt wurden. Bei einem der beiden Flansche drehen Sie den Zentrierabsatz ggf. soweit nach, dass Sie ein Seitenspiel von wenigen Zehntel Millimetern haben.

Sie wissen, dass man gebaute Kurbelwellen dreifach lagert: Auf der einen Seite sind zwei Lager, auf der anderen Seite reicht eines. Wenn Sie nur zwei Lager nehmen, besteht die Gefahr, dass sich die Hubscheiben gegeneinander verdrehen [65]. Warum das so ist, kann ich Ihnen nicht wirklich erklären, aber wenn das ein Motorenspezialist wie Apfelbeck sagt, dann darf man das gerne glauben. Da ich schon wegen des vertikal geteilten Gehäuses nur zwei Lager verwenden wollte, habe ich Doppel-Schrägkugellager vorgesehen, weil sich da ein Lager durch die gegeneinander gerichteten Druckwinkel wie *zwei* Lager verhält – und wie unsere Tests auch unter hohen Lasten gezeigt haben, funktioniert das sehr schön und wie gedacht. Die Abdichtung nach außen bzw. innen machen Sie mit ganz gewöhnlichen Simmerringen wie bei jedem Zweitakter. Allerdings habe ich aus Sicherheitsgründen zu jedem Kurbelwellenlager, und zwar zu dem Raum zwischen Lager und Simmerring, eine Ölleitung geführt. Das kann nicht schaden.

Nachdem die Bearbeitung der Lagerung der Kurbelwelle erledigt ist, nehmen Sie die beiden verstifteten und verschraubten Kurbelgehäusehälften auf die Fräsmaschine, bohren per Wohlhaupter den Durchmesser zur Aufnahme des Zylinderfußes und bringen die

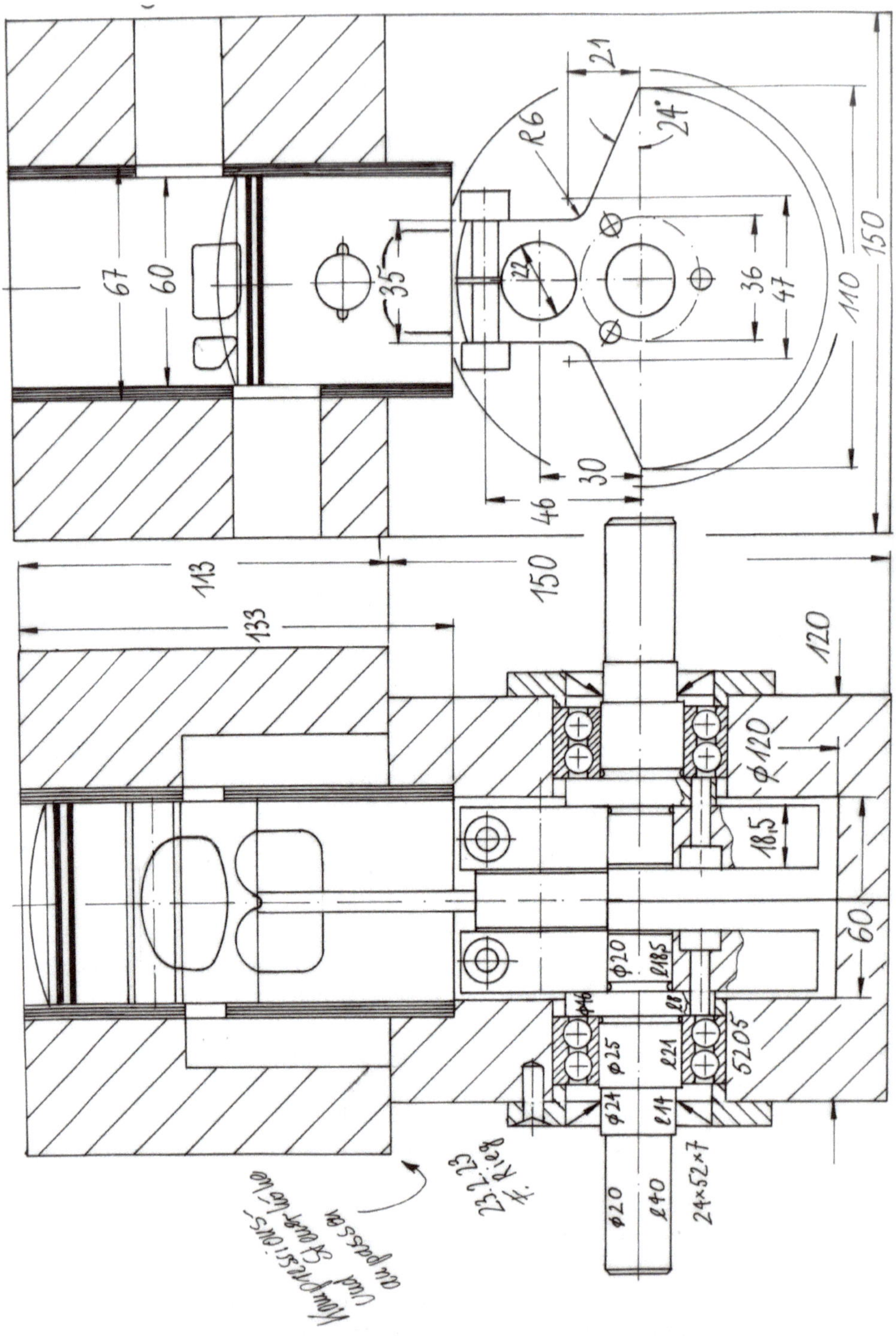

Bild 11.65 Einzylinder-Zweitaktmotor mit 175 ccm Hubraum: Bohrung 61 mm, Hub 60 mm. Die Kurbelwangen sind anders gestaltet, vgl. Bild 11.66 [2].

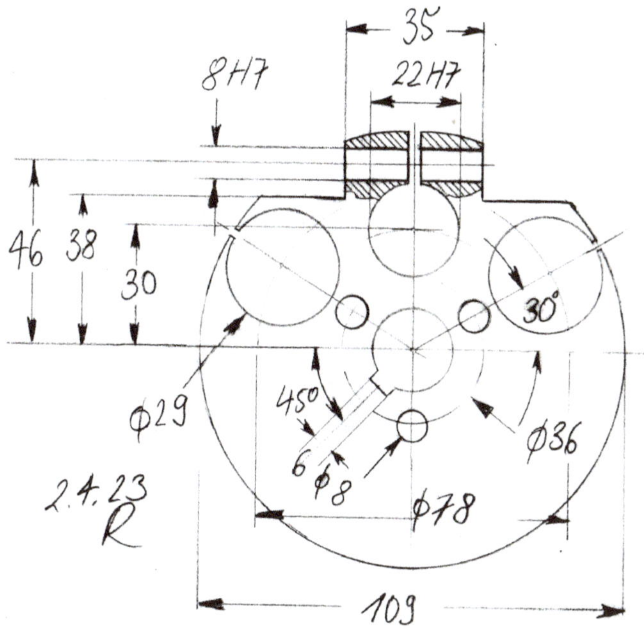

Bild 11.66 Kurbelwelle meines Einzylinder-Zweitaktmotors MXM-2 mit 175 ccm Hubraum: Bohrung 61 mm, Hub 60 mm, Bleistiftskizze [2]

Bild 11.67 Kurbelwelle meines Einzylinder-Zweitaktmotors MXM-2 mit einer Besonderheit gegenüber einer Viertaktkurbelwelle: Stopfen aus Kunststoff verschließen die Auswuchtbohrungen [2].

Bild 11.68 Kurbelwelle meines Einzylinder-Zweitaktmotors MXM-2 mit einer Besonderheit gegenüber einer Viertaktkurbelwelle: Schlitz in großem Pleuelauge [2]

Bild 11.69 Vertikal geteilte Gehäusehälften und Kurbelwelle meines Einzylinder-Zweitaktmotors MXM-2. Hier folgende Besonderheit: Die beiden Doppelschräg-Kugellager sitzen in relativ dicken Stahlbuchsen, die mit Flanschen an den Gehäusehälften fixiert werden [2].

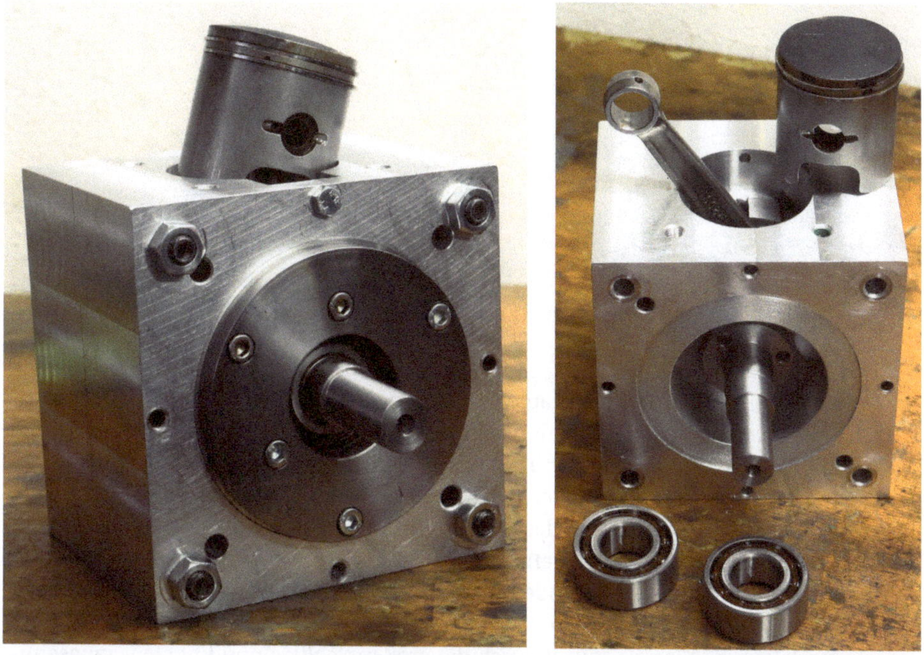

Bild 11.70 Vertikal geteilte Gehäusehälften und Kurbelwelle des Einzylinder-Zweitaktmotors. Sie sehen den Flansch, der mit den inneren drei Schrauben an den Lagerbuchsen und mit den äußeren drei Schrauben am Gehäuse fixiert ist [2].

Gewinde für die Zylinderstehbolzen an. Nun wieder alles demontieren, jeweils eine Kurbelgehäusehälfte unter einem Winkel (den Sie vorher passend ermitteln sollten) aufspannen und die Überströmkanäle fräsen.

Die Gestaltung der Kanäle im Zweitaktzylinder ist eine Wissenschaft für sich, hier sei Ihnen das Standardwerk von H. W. Bönsch [95] sehr empfohlen, wenn Sie mehr zum Thema Zweitakter wissen wollen. Auch die Gestaltung des Auspuffs und des Ansaugtrakts wird hier genauestens gezeigt und berechnet. Ich habe es mir einfach gemacht und die Schlitzmaße von einem alten, verbrauchten Kawasaki-H1-500-Zylinder abgenommen: Die Höhenmaße können Sie leicht per Schieblehre herausbekommen und die Umfangsmaße ermitteln Sie mit aushärtbarer Knetmasse, Bild 11.71, das funktioniert erschreckend gut. Diese Maße habe ich in Bild 11.75 übertragen, wobei meine vorhandenen Radienfräser berücksichtigt wurden. Im Übrigen könnten Sie diese Schlitzmaße direkt aus [77] entnehmen, aber mir geht es darum zu demonstrieren, wie Sie das bei vorhandenen Zylindern machen können, ohne irgendwelche Unterlagen zur Hand zu haben. Um dem Thema gleich vorzugreifen: Als Auspuff habe ich eine vorhandene Kawasaki-H1-500-Anlage verwendet.

Jetzt haben wir die Schlitzmaße: Wir beginnen mit dem Fräsen dieser Schlitze in eine rohe Schleuderguss-Laufbuchse. Das sieht kompliziert aus, Bild 11.72, ist aber eigentlich recht einfach: Drehen Sie die Laufbuchse auf, sagen wir, 59 mm vor, nehmen Sie die Laufbuchse in den waagrecht stehenden Teilapparat und fräsen Sie die Schlitze durch Verfahren des Frästischs. Den Teilapparat drehen Sie nur für die Wechsel von Überström- zu Auslass- oder Einlassschlitzen. Die Maße in Bild 11.75 sind also *Projektionen*, keine Abwicklungen!

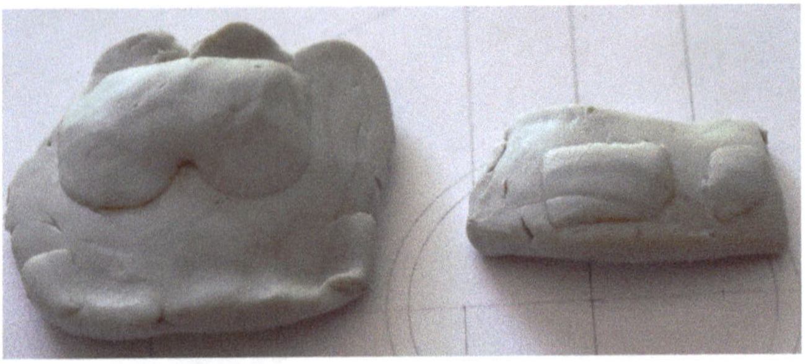

Bild 11.71 Abnehmen der Schlitzmaße mit aushärtbarer Knetmasse [2]

Der eigentliche Zylinderblock wird aus einem Stangenabschnitt AW 7075, Durchmesser 150 mm, hergestellt. Die Kanäle werden gefräst, wobei die Überströmkanäle unter einem Winkel von 15° liegen und mit einem 18 mm Radiusfräser angefertigt werden, damit es eine schöne Umlenkung in die Laufbuchse gibt, Bild 11.73. Die Bohrung wird 0,15 – 0,18 mm kleiner als die Laufbuchse gedreht, das entspricht einer Passung H7/z6. Stehbolzenlöcher 9 mm und die Wasserkanäle anbringen. Wasserkanäle? Natürlich können Sie den Zylinderblock auch luftgekühlt ausführen, indem Sie außen Nuten einstechen, um Kühlrippen zu erzeugen. Aber Wasserkühlung ist bei Zweitaktern immer gut, da sie ohnehin heißer werden als vergleichbare Viertakter und durch die großen Schlitze und Kanäle verzugsempfindlicher sind. Die unteren Wasserkanäle werden mit einer 8 mm starken 7075-Scheibe verschlossen, Bild 11.74.

Das Einschrumpfen der Laufbuchse erfolgt bei rund 250 °C, indem der Zylinderblock in einem Billig-Backofen auf 230 °C geheizt und die Laufbuchse in der Tiefkühltruhe auf – 18 °C gekühlt wird. Zuvor sollten Sie sich eine Art Vorrichtungen bauen, um die Laufbuchse zielsicher und passgenau einsetzen zu können, damit die Schlitze genau mit denen des Zylinderblocks übereinstimmen.

Erst dann wird die Zylinderbohrung gebohrt und gehont; dies können Sie ohne weiteres auf einer ordentlichen Fräsmaschine oder auch Drehmaschine machen. Wenn Sie es sauber machen wollen, dann messen Sie nun den Kolben. Ich hatte gebrauchte Kolben von der Überholung meiner Kawasaki H1 übrig, die aber noch ganz okay waren. Im Zweifelsfall montiert man neue Kolbenringe. Der nun einzubauende Kolben hatte einen Durchmesser unten am Kolbenhemd von 59,94 mm. Für einen wassergekühlten Zylinder wäre ein Laufspiel von 0,04 – 0,05 mm okay, sodass wir auf 59,94 mm bohren und die restlichen 0,05 mm durch Honen herausholen.

Der Zylinderkopf wird zweiteilig ausgeführt: Er erhält einen separaten Brennkammereinsatz mit zwei Kalotten, d. h. einer Quetschkante und der Zündkerzenkalotte. Durch diesen Brennkammereinsatz kann man auch das Kühlwasser sehr nah an den Brennraum heranführen; er hat eine umlaufende Wassernut, die nach oben und unten mit einem O-Ring abgedichtet wird. Der Brennraumeinsatz ist verschieblich im Zylinderkopf und kann mit getrennten Schrauben gegen die Laufbuchse gezogen werden, daher genügt ein einfacher Kupferring als Zylinderkopfdichtung, während der Zylinderkopf gegen den Zylinderkopf mit vier Stehbolzen M8 verspannt und mit Hylomar Flüssigdichtung abgedichtet ist – diese Art der Aufgabenteilung hat sich sehr bewährt.

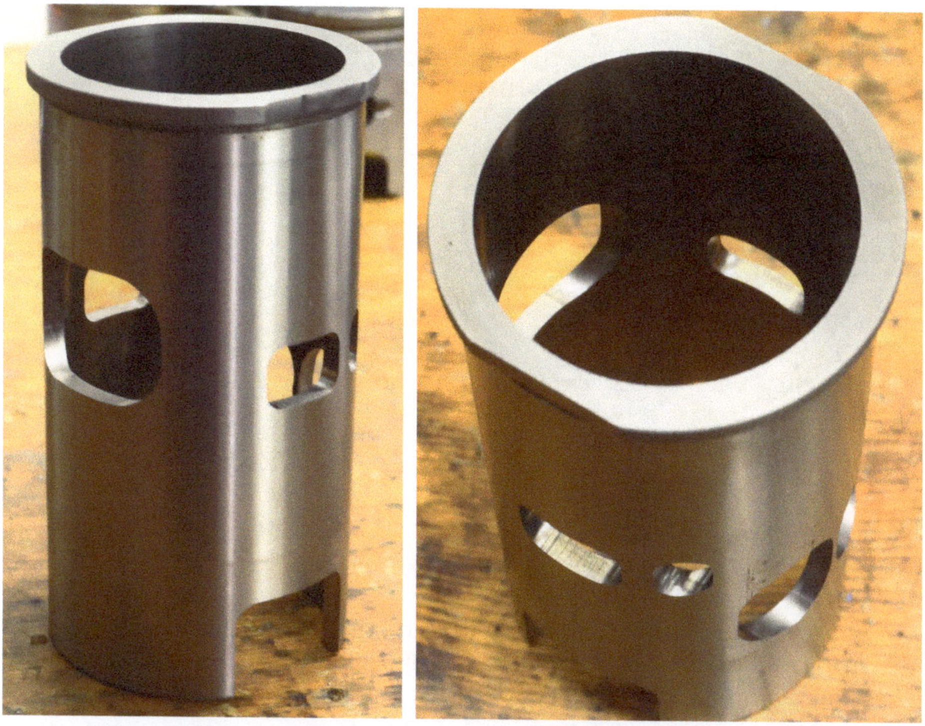

Bild 11.72 Die Zylinderlaufbuchse, aus einer rohen Schleudergussbuchse [163] gedreht und auf dem Teilapparat gefräst: Die oberen Abflachungen dienen zum Positionieren der Buchse beim Einschrumpfen [2].

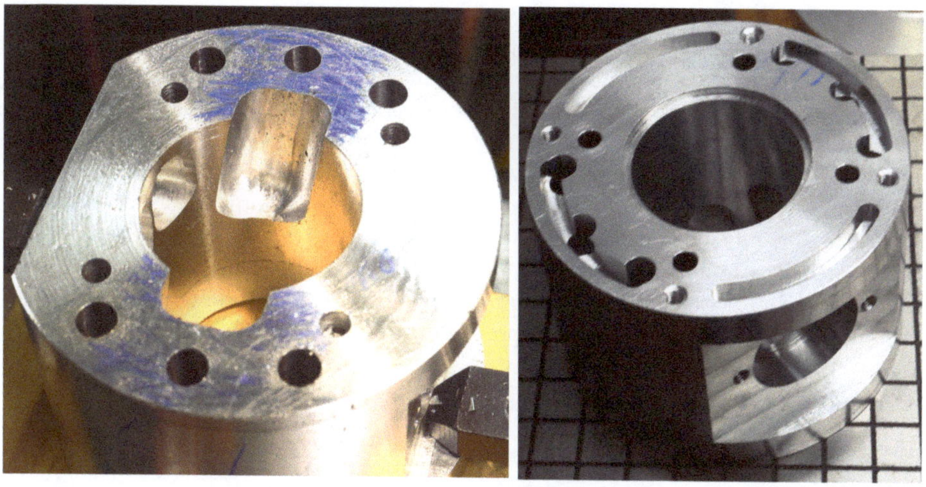

Bild 11.73 Die eingefrästen Überströmkanäle im Zylinderblock und die oberen Kühlwasserkanäle [2]

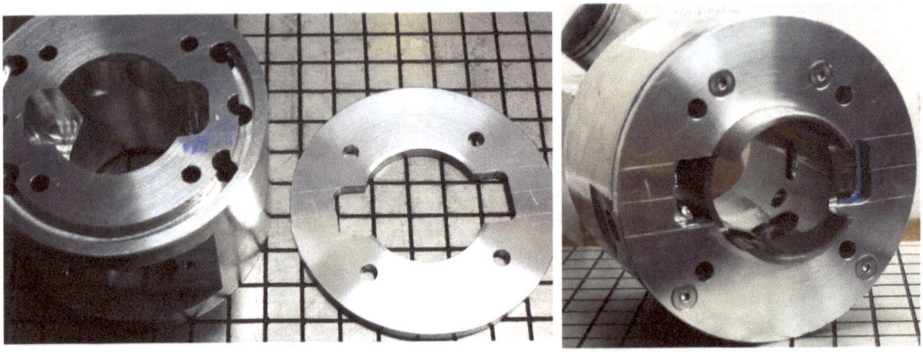

Bild 11.74 Die unteren Kühlwasserkanäle mit ihrer Abdeckung, rechts der Zylinderblock mit eingeschrumpfter Laufbuchse und montierter unterer Kühlwasserabdeckung, fertig gebohrt und gehont [2]

Für das sphärische Ausdrehen der Quetschkante und der eigentlichen Brennraumkalotte habe ich eine einfache Radiendrehvorrichtung gebaut, die auf den Planschlitten einer Drehmaschine montiert wird, vgl. Bild 12.31.

Die Kurbelgehäusehälften, Zylinder auf Kurbelgehäuse, die Wasseranschlussflansche sowie die Lagerflansche werden nur mit Flüssigdichtung gedichtet; die früher üblichen Papierdichtungen macht man heute nur noch in Ausnahmefällen.

Zum Versuchsaufbau Bild 11.84: Als Zündkerze wählen Sie eine Langgewindekerze M10 × 1 oder M12 × 1,25, Wärmewert NGK 8. Vergaser wie beim Originalmotor 28 mm von Mikuni [170], Leerlaufdüse 30, Hauptdüse 100. Die Ölversorgung übernehmen zwei Mikuni-Zweitakt-Ölpumpen, die von kleinen Elektromotoren angetrieben werden und handelsübliches Zweitaktöl tropfenweise fördern: Die erste Pumpe pumpt Öl direkt in den Ansaugkanal, die zweite Pumpe zu den beiden Kurbelwellenlagern. Die Pumpenleistung kann jeweils reguliert werden, das sind die Fingerhebel 2 und 3 neben der Motorradbatterie, die zum Starten und für die Zündung dient. Als Starter wird der Startermotor eines Briggs & Stratton-Viertaktmotors für größere Aufsitzrasenmäher genutzt, der in die Schwungscheibe des Zweitakters mit einem per Hebel einzurückenden Zwischenrad eingekuppelt wird. Eine elektrische Wasserpumpe aus dem KFZ-Zubehör pumpt das Kühlwasser durch Motor und Motorrad-Wasserkühler. Die Kühlwasserschläuche sind Silikonschläuche, die man in allen Abmessungen bei einer bekannten Internet-Handelsplattform bekommt. Die Hilfsaggregate sind auf Holzbrettchen montiert, die durch Anstrich mit Bootslack wasser- und ölfest gemacht wurden: Für Versuchsaufbauten können Sie ruhig einfache und provisorische Komponenten wählen; Sie bauen ja keine Mondrakete. Der Motor erreichte bei ersten Tests über 9500 U/min und absolvierte problemlos längere Probeläufe.

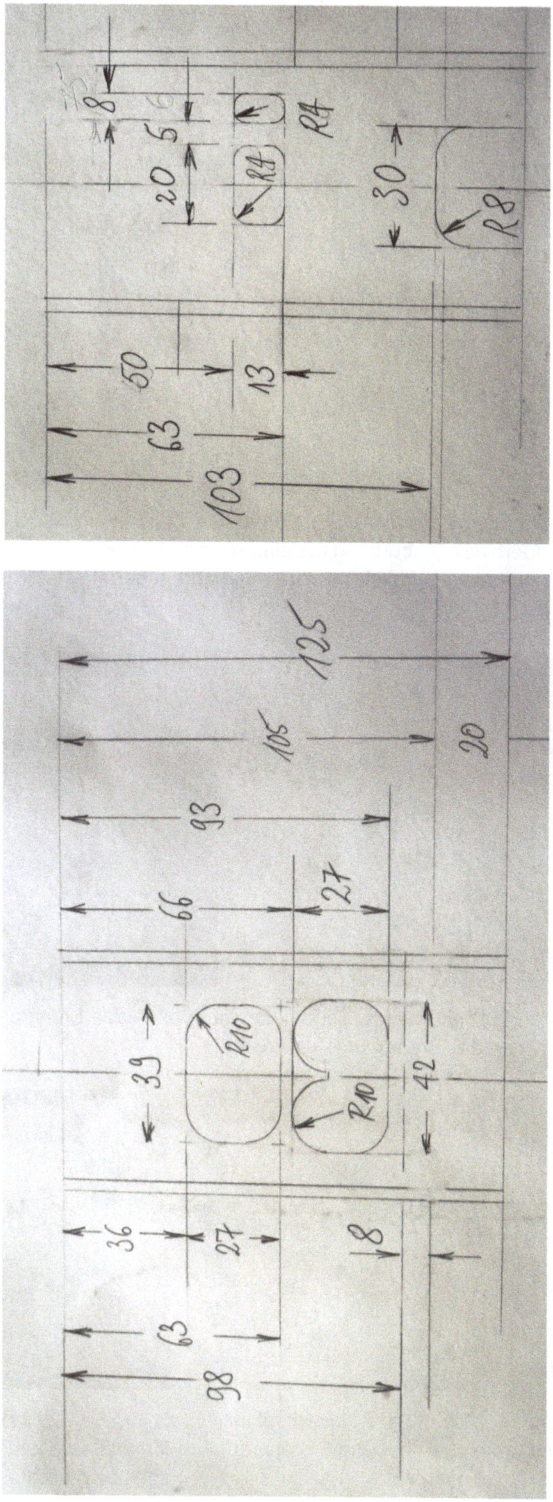

Bild 11.75 Schlitzabmessungen des Zweitaktzylinders in Anlehnung an die Kawasaki-Schlitzmaße der H1 500, Bleistiftzeichnung [2]

Bild 11.76 Einschrumpfen der Laufbuchse in den Zylinderblock: Beachten Sie die angeschraubten Führungen [2].

Bild 11.77 Bohren der Zylinderbohrung mit einem Ausbohrkopf, den ich etwas verlängert habe [2]

Bild 11.78 Honen der Zylinderbohrung mit einer Preiswert-Honahle aus Asien [2]

Bild 11.79 Links: Zylinderkopf mit Kühlwasserkanälen, aber ohne den Brennraumeinsatz. Rechts: Drehen der Kalotten des Brennraumeinsatzes [2]

Bild 11.80 Brennraumeinsatz mit Wasser- und O-Ring-Nuten [2]

Bild 11.81 Zylinderkopf mit eingeschobenem Brennraumeinsatz [2]

Bild 11.82 Zylinderkopf mit Hylomar, Brennkammer mit Kupferscheibe gedichtet [2]

Bild 11.83 Der Zweitakter MXM-2 ist soweit fertig; es fehlen Vergaser, Auspuffanlage und Zündanlage. Die Bierflasche dient nur dem Größenvergleich [2].

Bild 11.84 Testaufbau des Zweitakters MXM-2 in der Universität Bayreuth [2]

12 Videos

Zu allen Themen, welche den Eigenbau von Motoren betreffen, finden Sie passende Videos auf meinem YouTube-Kanal LSCAD (*https://www.youtube.com/@prof-rieg*). Sie können diese über die im Folgenden aufgeführten Links oder QR-Codes aufrufen.

Bild 12.1 Video 33: Aluminium schweißen, MIG *https://youtu.be/Gzvvjaw4tdA*

Bild 12.2 Video 34: E-Hand-Schweißen *https://youtu.be/q8s1yCYp4Go*

Bild 12.3 Video 36: Stahl schweißen, MAG *https://youtu.be/JNBK3K9yFpo*

Bild 12.4 Video 37: Stahlplatten trennen mit Dry Cutter *https://youtu.be/ilo8AwfcBYM*

Bild 12.5 Video 64: Motorüberholung Kawasaki Z900 *https://youtu.be/5V2x-SxQVYI*

Bild 12.6 Video 69: Drehen, Basisoperationen *https://youtu.be/UwV3XGyrl88*

Bild 12.7 Video 70: Drehen, fortgeschrittene Operationen *https://youtu.be/Z6Z8Hz9ornQ*

Bild 12.8 Video 75: Fräsen einer Hirth-Verzahnung *https://youtu.be/-JskW3UdZx0*

Bild 12.9 Video 127: Arbeiten mit Plan- und Ausdrehkopf *https://youtu.be/v2sJopDN6dM*

Bild 12.10 Video 130: Fräsen, Grundlagen und Basisarbeiten *https://youtu.be/aEj5lKnCXnI*

Bild 12.11 Video 147: Planen eines Zylinderkopfs *https://youtu.be/4RMHx6BKxc0*

Bild 12.12 Video 175: Passfeder- und Scheibenfederverbindungen *https://youtu.be/ZONI-Z3_YEg*

Bild 12.13 Video 209: Nocken fräsen *https://youtu.be/1sg8WavoEP4*

Bild 12.14 Video 211: Nocken schleifen *https://youtu.be/wNuxMug-CnY*

Bild 12.15 Video 212: Nocken drehen *https://youtu.be/QSU_MVuM6CI*

Bild 12.16 Video 213: Kurbelwelle Viertakter *https://youtu.be/prCca4ldYbM*

Bild 12.17 Video 214: Pleuel Viertakter *https://youtu.be/U3JhonskAmw*

Bild 12.18 Video 215: Kurbelgehäuse Viertakter *https://youtu.be/jK3fqp5JFPk*

Bild 12.19 Video 216: Ölpumpe Viertakter *https://youtu.be/oh_11gClX4E*

Bild 12.20 Video 217: Zylinder Viertakter *https://youtu.be/XWkbXv_AkCY*

Bild 12.21 Video 218: H1-500-Zweitaktmotor *https://youtu.be/PQ8qzrUfCco*

Bild 12.22 Video 219: Zylinderkopf eines Viertakters *https://youtu.be/KZ9rEAKFAso*

Bild 12.23 Video 221: eine Nockenwelle selbst bauen *https://youtu.be/OjTWHs9l6bE*

Bild 12.24 Video 222: Nockenwelle und Tassenstößel *https://youtu.be/0JAkROQ-HCE*

Bild 12.25 Video 223: Vergaser, Anlasser, Zündung *https://youtu.be/8HNR_0Lhig0*

Bild 12.26 Video 224: Start und Test des Viertakters *https://youtu.be/FOfznsLGvUg*

Bild 12.27 Video 226: Kurbelwelle pressen und richten *https://youtu.be/TRADKiz0Ybk*

Bild 12.28 Video 228: Kurbelwelle Zweitakter *https://youtu.be/thU2KjkVwnU*

Bild 12.29 Video 230: Kurbelgehäuse Zweitakter *https://youtu.be/2XzweHj-hpU*

Bild 12.30 Video 232: Zylinder Zweitakter *https://youtu.be/k7by5aBme9M*

Bild 12.31 Video 234: Hohlkugeln drehen *https://youtu.be/cYAYBrJRr7Q*

Bild 12.32 Video 237: Zylinderkopf Zweitakter *https://youtu.be/VK5xsfYQDTk*

Bild 12.33 Video 239: Start u. Test Zweitakter *https://youtu.be/FsTwzq0QTH4*

Literatur und Bildquellen

[1] Klinkowstroem, Karl Graf von: Geschichte der Technik. Deutsche Buchgemeinschaft. Berlin Darmstadt Wien: 1960.

[2] Eigenes Bild (©Frank Rieg).

[3] Eigenes Bild (©Lehrstuhl für Konstruktionslehre und CAD der Universität Bayreuth).

[4] Hütten, H.: Schnelle Motoren seziert und frisiert. Richard Carl Schmidt & Co. Braunschweig Berlin: 1955.

[5] Hütten, H.: Schnelle Motoren seziert und frisiert. 10. Auflage. Motorbuch Verlag. Stuttgart: 1994.

[6] Hütten, H.: Motoren. 10. Auflage. Motorbuch Verlag. Stuttgart: 1997.

[7] Mauel, K.: Kraftmaschinen II. Deutsches Museum. München: 1989.

[8] Urlaub, A.: Verbrennungsmotoren. 2. Auflage. Springer-Verlag. Berlin Heidelberg: 1995.

[9] Köhler, E.: Verbrennungsmotoren. 3. Auflage. Vieweg-Verlag. Braunschweig Wiesbaden: 2002.

[10] Köhler, E.; Flierl, R.: Verbrennungsmotoren. 5. Auflage. Vieweg + Teubner. Wiesbaden: 2009.

[11] Kraemer, O.; Jungbluth, G.: Bau und Berechnung von Verbrennungsmotoren. 5. Auflage. Springer-Verlag. Berlin Heidelberg: 1983.

[12] Brändlein, J. et. al.: Die Wälzlagerpraxis. 3. Auflage. Vereinigte Fachverlage. Mainz: 1998.

[13] Lang, O. R.: Triebwerke schnellaufender Verbrennungsmotoren. Springer-Verlag. Berlin Heidelberg: 1966.

[14] Lang, O. R.; Steinhilper, W.: Gleitlager. Springer-Verlag. Berlin Heidelberg: 1978.

[15] Beitz, W.; Küttner, K.-H. (Hrsg.): Dubbel Taschenbuch für den Maschinenbau. 18. Auflage. Springer-Verlag. Berlin Heidelberg: 1995.

[16] Bensinger, W.-D.: Die Steuerung des Gaswechsels in schnellaufenden Verbrennungsmotoren. 2. Auflage. Springer-Verlag. Berlin Heidelberg: 1968.

[17] Stoffregen J.: Motorradtechnik. 9. Auflage. Springer Vieweg. Wiesbaden: 2018.

[18] Affenzeller, J.; Gläser, H.: Lagerung und Schmierung von Verbrennungsmotoren. Springer-Verlag. Wien: 1996.

[19] Mayer, H.: Lloyd. Motorbuch-Verlag. Stuttgart: 1989.

[20] Hanfland, C.: Das Motorrad und seine Konstruktion. Band III. 2. Auflage 1934. Altes Wissen 2017. Johann Kleine Vennekate Verlag. Lemgo: 2017.

[21] Appel, H.: Kühner Kreisverkehr. Frankfurter Allgemeine Zeitung vom 20.02.2024, Seite T3.

[22] Frankfurter Allgemeine Zeitung vom 3.6.2004.

[23] Korp, D.: Der Wankelmotor – Protokoll einer Erfindung. Motorbuch-Verlag. Stuttgart: 1975.

[24] Diese Teilbilder tauchten in den verschiedensten Medien bereits vor dem 2. Weltkrieg auf. Der Urheber ist nicht mehr zu ermitteln.

[25] Dieses Bild ist weit über 100 Jahre alt. Der Urheber ist nicht mehr zu ermitteln.

[26] Ricardo, H.: The High-Speed Internal Combustion Engine. Blackie & Son Ltd. London Glasgow: 1923.

[27] Ricardo, H.: Schnellaufende Verbrennungsmotoren. 2. Auflage. Verlag von Julius Springer. Berlin: 1932.

[28] Ricardo, H.: The High-Speed Internal Combustion Engine. 4th edition. Blackie & Son Ltd. London Glasgow: 1953.

[29] Venediger, H. J.: Zweitaktspülung. Franckh'sche Verlagshandlung. Stuttgart: 1947.

[30] © EcoMotors. Entnommen aus: Der 200-Millionen-Dollar-Zweitakter. spiegel.de, 20.04.2013.

[31] Aussagen eines über alle Zweifel erhabenen Öl- und Kraftstoffexperten.

[32] Columbus Motoren. Horex Columbus-Werk K.G. Fritz Kleemann, Bad Homburg.

[33] Handbuch für die Flugmotoren BMW 801. Ausgabe Mai 1942. Herausgegeben von der BMW Flugmotorenbaugesellschaft, München.

[34] Bramo Fafnir Baumuster 323 R. Betriebs- und Wartungsvorschrift. Ausgabe 1941. Herausgegeben von der BMW Flugmotorenwerke Brandenburg, Berlin-Spandau.

[35] Reparaturanleitung BMW R 1150 R ab Modelljahr 2001. Band Nr. 5257. Bucheli Verlag. Zug: 2014.

[36] Werbebroschüre der Bohn Aluminium and Brass Corporation. Detroit, Mich., USA. Jahr unbekannt, aber vor 2. Weltkrieg.

[37] Werkbild der Yamaha Corporation (entnommen aus: XS 650 Repair Manual).

[38] Motortechnische Zeitschrift MTZ, Ausgabe 4/2007. Springer Fachmedien. Wiesbaden.

[39] Vogelpohl, G.: Betriebssichere Gleitlager. Springer-Verlag. Berlin Göttingen Heidelberg: 1958.

[40] Meier, B.: Winkelberechnungen an Kerbverzahnungen. Tabelle 2. Konstruktion 11 (1959), Heft 7, VDI Fachmedien GmbH & Co. KG, S. 265 ff.

[41] Tragatsch, E.: Berühmte Motorräder. Motorbuch Verlag. Stuttgart: 2000.

[42] Schaeffler Technologies AG & Co. KG: Wälzlager. Katalog HR1. 1/2006.

[43] Der Ventiltrieb. Ausgabe November 2017. Schaeffler Automotive Aftermarket GmbH & Co. KG

[44] Magnuski, J.: Von Tankograd nach Berlin. Militärverlag der Deutschen Demokratischen Republik. Berlin: 1980.

[45] Bartsch, H. J.: Mathematische Formeln. 11. Auflage. VEB Fachbuchverlag Leipzig. Leipzig: 1973.

[46] Bronstein, I. N.; Semendjajew, K. A.: Taschenbuch der Mathematik. 13. Auflage. B. G.Teubner Verlag. Leipzig: 1974.

[47] Pahl, G.; Beitz, W.: Konstruktionslehre. 2. Auflage. Springer-Verlag. Berlin, Heidelberg, New York London Paris, Tokyo: 1986.

[48] Rieg, F.; Steinhilper, R. (Hrsg): Handbuch Konstruktion. Carl Hanser Verlag. München Wien: 2012.

[49] Westbury, E. T.: Model Petrol Engines. Percival Marshall & Co., Ltd. London: 2007.

[50] Schillings, H.: Boxer-, Reihen-und V-Motoren als Modell. 2. Auflage. Verlag für Technik und Handwerk. Baden-Baden: 2003.

[51] Stride, M.: Miniature Internal Combustion Engines. First published in 2007 by The Crowood Press Ltd., Ramsbury, Marlborough, Wiltshire SN8 2HR. Ausgabe von 2020.

[52] Krause, B.: Modellmotoren Technik. GeraMond Verlag. München: 2016.

[53] Zima, S.: Ungewöhnliche Motoren. Vogel Industrie Medien. Würzburg: 2005.

[54] Zima, S.: Motorkolben. Friedr. Vieweg & Sohn Verlag. Wiesbaden: 2005.

[55] Mahle GmbH (Hrsg.): Kolben und motorische Erprobung. 2. Auflage. Springer Vieweg Verlag. Wiesbaden: 2015.

[56] Mahle GmbH (Hrsg.): Zylinderkomponenten. 2. Auflage. Springer Vieweg Verlag. Wiesbaden: 2015.

[57] Mahle GmbH (Hrsg.): Ventiltrieb. Springer Vieweg Verlag. Wiesbaden: 2013.

[58] Toyota Reparaturanleitung RM548-M für den 3S-FE Motor.

[59] Müller, R.: Junkers Flugtriebwerke. Aviatic Verlag. Oberhaching: 2006.

[60] Diwisch, P.: Entwicklung eines schnelllaufenden Doppelkolbenmotors: Prüfstand, Prototyp und Potential für den Erdgasbetrieb. Shaker Verlag. Aachen: 2019.

[61] Decker: Maschinenelemente. 21. Auflage. Carl Hanser Verlag. München: 2023.

[62] Honda Motor Co.: Parts List for Honda CB750. Japan: 1971.

[63] Briggs & Stratton Corp.: Service and Repair Instructions. Part No. 270962 -3/83. Milwaukee, Wis. 53201, U.S.A.: 1976.

[64] Rey, C.: Guide Motos Honda. Editions Presse Audiovisuel. Frankreich: 1994.

[65] Apfelbeck, L.: Wege zum Hochleistungs-Viertaktmotor. 13. Auflage. Motorbuch Verlag. Stuttgart: 1997.

[66] Apfelbeck, L.; Weichsler, H.: Ventilsteuerungen für Hochleistungs-Motoren. Motorbuch Verlag. Stuttgart: 1991.

[67] D. (Luft) T. 3801 A-1 Durchsichtbild „BMW 801 A-1 Durchsichtbild-Darstellung", Juli 1941. Generalluftzeugmeister (Udet), Nr. 25799/41 (GL 3 VI). Berlin: 1941.

[68] Rieg, F.: Schweißen für Hobbyschlosser und Oldtimerfans. Shaker Verlag. Aachen: 2015.

[69] Rieg, F.: Drehen für Hobbyschlosser und Oldtimerfans. Shaker Verlag. Aachen: 2017.

[70] Rieg, F.: Fräsen für Hobbyschlosser und Oldtimerfans. Shaker Verlag. Aachen: 2019.

[71] Tabellenbuch Metall. 45. Auflage. Europa-Fachbuchreihe für Metallberufe. Verlag Europa-Lehrmittel. Haan-Gruiten: 2011.

[72] Damm, K.; Höne, W.; Reinicke, R.; Skidas, A.: Gleitlager im Automobil. Band 322. Verlag moderne Industrie. München: 2009.

[73] Reparaturanleitung BMW R 60/7 bis R 100 RS. BMW Motorrad GmbH + Co. 3/82.

[74] SKF Wälzlager. PUB BU/P1 10000/2 DE, Januar 2014.

[75] Taylor, C. F.: The Internal Combustion Engine in Theory and Practice. Volume 2. Revised Edition. The M.I.T. Press. Cambridge, MA and London, England: 1985.

[76] Honda Motor Co., Ltd: Werkstatthandbuch Honda 250/350. 1970.

[77] Kawasaki Heavy Industries, Ltd.: Werkstatthandbuch Shop Manual H1 H2. 7th Revision, Japan: 1977.

[78] Kawasaki Heavy Industries, Ltd.: Kawasaki Shop Manual Z Series. 3rd Revision, Japan: 1974.

[79] Bischoff, M.: Kawasaki 500 H1 Mach III: H-spalterei . Oldtimer-Praxis 9/2011. VF Verlagsgesellschaft, Mainz.

[80] Autorenkollektiv: Reparaturhandbuch für das MZ-Motorrad ETZ 250. VEB Motorradwerk Zschopau. VEB Fachbuchverlag. Leipzig: 1981.

[81] Kierdorf, B.: Das große Buch der Kraftfahrzeugelektrik. Verlag Richard Carl Schmidt & Co. Braunschweig: 1962.

[82] Hertweck, C.: Der Kupferwurm. Reprint von 1961. Motor-Presse Verlag. Stuttgart: 1989.

[83] Hertweck, C.: Besser machen. Reprint von 1959, 2. Auflage. Motor-Presse Verlag. Stuttgart: 1992.

[84] Heuss, T.: Robert Bosch. Leben und Leistung. Verlag DVA. Stuttgart: 1986.

[85] Reparaturanleitungen 516, 530, 593, 5057, 5058, 5250, 5266 des Bucheli-Verlags, Zug, Schweiz.

[86] Freudenberg Sealing Technologies: FST_Technisches_Handbuch_Kap01_Simmerringe_und_Rotationsdichtungen.pdf

[87] Zentralarchiv der Rheinmetall AG, Bestand D 3217, Nr. 21

[88] Diesel, R.: Die Entstehung des Dieselmotors. Nachdruck der Ausgabe von 1913. Steiger-Verlag. Moers: 1984.

[89] Geuder, E.: Opa Geuder erzählt. Delius Klasing Verlag. Bielefeld: 2008.

[90] Rey, C.: Guide Motos Honda. EPA Editions: 1994.

[91] van Basshuysen, R.; Schäfer, F.: Handbuch Verbrennungsmotor. 4. Auflage. Friedr. Vieweg & Sohn Verlag. Wiesbaden: 2007.

[92] BMW Motorrad GmbH + Co.: Reparaturanleitung BMW R60/7 bis R 100 RS. Ausgabe 3/82.

[93] Irving, P.E.: Tuning for Speed. Temple Press Ltd. London: 1948.

[94] Aspin, B.T.: The Backyard Foundry. Special Interest Model Books Ltd. Poole: 2002.

[95] Bönsch, H. W.: Der schnellaufende Zweitaktmotor. Reprint der 1. Auflage 2014. Motorbuch Verlag. Stuttgart: 2016.

[96] Mair, K.: Das Kraftrad. Reprint der 2. Auflage von 1937. Heel Verlag. Königswinter: 2010.

[97] Schmidt, K.-H.; Romey, I.: Kohle Erdöl Erdgas. Vogel Verlag. Würzburg: 1981.

[98] Atmosphärische Dampfmaschine. Autoren: Newton Henry Black, Harvey Nathaniel Davis. Wikimedia Commons. *https://commons.wikimedia.org/wiki/File:Newcomen6325.png*

[99] Rotative steam engine by Boulton and Watt. Ersteller: James Watt, Matthew Boulton. Datierung: 1788. Rechte: © The Board of Trustees of the Science Museum, Science Museum Group Collection, CC-BY-NC-SA 4.0. *https://artsandculture.google.com/asset/rotative-steam-engine-by-boulton-and-watt-james-watt-and-matthew-boulton/VAH-Fdgk2XLFHQ*

[100] U.S. President Ulysses S. Grant and Emperor Pedro II of Brazil starting the Corliss Centennial Engine at the opening ceremonies of the Centennial Exposition in Philadelphia, 1876. Author: unknown. *https://commons.wikimedia.org/wiki/File:Dompedro-grant.jpg*

[101] Überdruck-Dampfturbine, ähnlich der Parsons-Turbine, und diente zur Stromerzeugung in ersten kalorischen Klein-/Fabrikskraftwerken. Source/Photographer: Dmm2va7. Wikimedia Commons. *https://de.wikipedia.org/wiki/Parsons-Turbine#/media/Datei: DMM_70300a_%C3%9Cberdruck_Dampfturbine.jpg*

[102] 41 241 der DB AG an Gleis 22 des Essener Hauptbahnhofs. Urheber: Tobias Nüssel. Wikimedia Commons. *https://upload.wikimedia.org/wikipedia/commons/9/94/41_241_im_Essener_Hauptbahnhof_80er_Jahre.jpg*

[103] SS John W. Brown on the Great Lakes in 2000. Author: unkown. Wikimedia Commons. *https://upload.wikimedia.org/wikipedia/commons/4/49/SS_John_W_Brown.jpg*

[104] 140-ton – also described as 135-ton – vertical triple expansion steam engine of the type used to power World War II Liberty ships, assembled for testing prior to delivery. Urheber: United States Maritime Commission. Wikimedia Commons. *https://upload.wikimedia.org/wikipedia/commons/f/f4/Liberty_ship_140-ton_VTE_engine.jpg*

[105] The German battlecruiser SMS Von der Tann at anchor. The photo was probably taken during Von der Tann's cruise to South America in 1911. Urheber: B. Hopkins. Wikimedia Commons. *https://upload.wikimedia.org/wikipedia/commons/thumb/3/31/SMS_von_der_Tann_LOC_16927u.jpg/2560px-SMS_von_der_Tann_LOC_16927u.jpg*

[106] Flugkolbenmotor. Urheber: Nikolaus Otto und Eugen Langen. Wikimedia Commons. *https://upload.wikimedia.org/wikipedia/commons/3/38/US67659-Figure_1.png*

[107] CAM_KUBE (für Kurz/Bensinger) und CAM_SHAPE für MS Windows. *https://www.prof-rieg.de*

[108] Animation eines Viertakt-Verbrennungsmotors, Ottomotor. Author: Zephyris. Wikimedia Commons. *https://commons.wikimedia.org/wiki/File:4StrokeEngine_Ortho_3D_Small.gif*

[109] Zyklen eines Wankelmotors. Author: Fred the Oyster. Wikimedia Commons. *https://de.wikipedia.org/wiki/Wankelmotor#/media/Datei:Wankel_Cycle_(vector).svg*

[110] Single-cylinder T-head engine (Autocar Handbook, 13th ed, 1935). Author: Andy Dingley. Wikimedia Commons. *https://upload.wikimedia.org/wikipedia/commons/e/e3/Single-cylinder_T-head_engine_%28Autocar_Handbook%2C_13th_ed%2C_1935%29.jpg*

[111] Crankshaft of a four-cylinder internal combustion engine - from the blank through forging and machining to the final product. Author: Jindřich Běťák. Wikimedia Commons. *https://commons.wikimedia.org/wiki/File:Klika_-_postup.jpg*

[112] Animation of a 2-stroke engine cycle. Author: A. Schierwagen. Wikimedia Commons. *https://commons.wikimedia.org/wiki/File:Two-Stroke_Engine.gif*

[113] Arrangement of Oechelhäuser Gas Engine. Urheber: Anonym. Wikimedia Commons.*https://upload.wikimedia.org/wikipedia/commons/7/72/EB1911_Gas_Engine_-_Fig._6.%E2%80%94Arrangement_of_Oechelh%C3%A4user_Gas_Engine.jpg*

[114] Flugzeug Focke-Wulf Fw 190 A. Fotograf: Doelfs. Bundesarchiv, Bild 101I-361-2193-25/Doelfs/CC-BY-SA 3.0. Wikimedia Commons. *https://upload.wikimedia.org/wikipedia/commons/0/06/Bundesarchiv_Bild_101I-361-2193-25%2C_Flugzeug_Focke-Wulf_Fw_190_A.jpg*

[115] AAIB Bulletin, 7/2022. Figure 4: Crankshaft assembly, p. 57. © Crown copyright 2022. *https://assets.publishing.service.gov.uk/media/628cd96cd3bf7f1f47c65ebc/Hawker_Sea_Fury_T_Mk_20_G-RNHF_07-22.pdf*

[116] T-34 Tank Service Manual. Plate 9 – V-2 Engine. Plate 13 – Layout of fuel system. People's Commissariat of Defence of the U. S. S. R. Moscow 1942. *http://www.allworldwars.com/T-34%20Tank%20Service%20Manual.html*

[117] Dieselmotor W-2. Wikipedia. *https://de.wikipedia.org/wiki/Dieselmotor_W-2*

[118] M4 Sherman Tanks in the ETO (European Theater of Operations). Wikimedia Commons. *https://upload.wikimedia.org/wikipedia/commons/4/49/M4-Sherman_tank-European_theatre.jpg*

[119] BMW 132 9-cylinder Radial Engine, Master Connecting Rod and Articulated Rods. Author: Kogo. Wikimedia Commons. *https://commons.wikimedia.org/wiki/File:Haupt_und_Nebenpleuel_BMW_132.jpg*

[120] Rotary-Valve Internal Combustion Engines: Froede rotary valve in a 125cc racing motorcycle engine. Valve rotor coloured pink. *http://www.douglas-self.com/MUSEUM/POWER/unusualICeng/RotaryValveIC/RotaryValveIC.htm*

[121] Megola motorcycle. Urheber: MartinHansV. Wikimedia Commons.*https://upload.wikimedia.org/wikipedia/commons/6/6f/MHV_Megola_01.jpg*

[122] Cutaway view of a V-6 engine. Urheber: Swaroopvarma. Wikimedia Commons. *https://upload.wikimedia.org/wikipedia/commons/1/10/IC_engine.JPG*

[123] Cessna 172 D-EVLB of Luftverkehr Friesland Harle at Langeoog Airport. Author: El Grafo. Wikimedia Commons. *https://upload.wikimedia.org/wikipedia/commons/c/c0/Cessna_172_D-EVLB.jpg*

[124] Forth Bridge, Firth of Forth, Edinburgh, Scotland. Author: Monster4711. Wikimedia Commons. *https://upload.wikimedia.org/wikipedia/commons/a/a1/2017-08-15_Forth_Bridge.jpg*

[125] The Danish Airlines' Focke-Wulf Fw 200 airliner OY-DAM Dania at the opening of the Norwegian airport Fornebu near Oslo. Urheber: Anders Beer Wilse. Wikimedia Commons. *https://upload.wikimedia.org/wikipedia/commons/9/9b/Focke-Wulf_Fw_200_Dania.jpg*

[126] Motor der Ariel Square Four. Prospekt der Fa. Ariel Motors Ltd. Z. B. in: *https://www.cycleworld.com/2015/07/10/ask-kevin-why-doesnt-anybody-produce-a-square-four-motorcycle-engine/*

[127] Kurbelwelle einer Harley-Davidson. S&S Cycle® – Flywheel Assembly. *https://www.motorcycleid.com/ss-cycle/flywheel-assembly.html?urlId=112448486*

[128] 1.0503 Werkstoff C45 Stahl Datenblatt, Schweißen, Härten, ZTU Diagramm. *https://www.weltstahl.com/1-0503-werkstoff-c45-stahl-datenblatt/*

[129] Knight sleeve valve (Autocar Handbook, 13th ed, 1935). Urheber: Andy Dingley. Wikimedia Commons. *https://upload.wikimedia.org/wikipedia/commons/e/ef/Knight_sleeve_valve_%28Autocar_Handbook%2C_13th_ed%2C_1935%29.jpg*

[130] Argyll single sleeve valve engine. Urheber: Andy Dingley. Wikimedia Commons. *https://upload.wikimedia.org/wikipedia/commons/f/f6/Argyll_single_sleeve-valve_engine_%28Autocar_Handbook%2C_Ninth_edition%29.jpg*

[131] Belgian trainees at work on a Hercules aero-engine at the Belgian Air Training School at Snailwell in Cambridgeshire, 1945. Author: Ministry of Information Photo Division Photographer. Wikimedia Commons. *https://upload.wikimedia.org/wikipedia/commons/a/a1/Belgian_trainees_at_work_on_a_Hercules_aero-engine_at_the_Belgian_Air_Training_School_at_Snailwell_in_Cambridgeshire%2C_1945._D25511.jpg?uselang=de*

[132] Halifax Mark 3 bomber. Wikimedia Commons. *https://upload.wikimedia.org/wikipedia/commons/9/95/Halifax-mk3.jpg*

[133] Gusseisen mit Lamellengraphit. *https://www.vonroll-casting.ch/de/grauguss*

[134] Rollenstößel, Jeep Grand Cherokee WK2/WH/WK, Bj. 11-20 mit 5,7 Liter-Motor. *https://www.renegade-station.de/de/Jeep-Grand-Cherokee-WK2-WH-WK-5-7-ltr--Benziner-ein-Rollen-Stoessel-Stoessel-Deaktivierung-11-20-23367.html*

[135] Hochspannungs-Magnetzündung mit Zündkerze, 1902. Medien-ID #453626. *https://www.bosch-presse.de/pressportal/de/de/hochspannungs-magnetzuendung-mit-zuendkerze-1902-60567.html*

[136] Kuhlgatz, D.: An einem 7. Januar – Robert Bosch meldet ein wichtiges Patent an. *https://www.bosch.com/de/stories/bosch-hochspannungsmagnetzuendung/*

[137] Idealisierter Transformator mit eingezeichnetem magnetischem Fluss durch den Eisenkern. Urheber: BillC, Omegatron, Herbertweidner. Wikimedia Commons.

https://upload.wikimedia.org/wikipedia/commons/thumb/0/09/Transformer3d_col3_de.svg/2560px-Transformer3d_col3_de.svg.png

[138] 1. HONDA CB 750 Four Club e. V. Deutschland. *http://www.cbfourclub.de/*

[139] Uwe Gottwald, ACCENT electronic, Wennigsen. *http://www.accent-electronic.de/*

[140] Elektronik Sachse MHP GmbH & Co. KG, Bremen. *https://www.elektronik-sachse.de/shopsystem-3/de/*

[141] Reparaturleitfaden Volkswagen Käfer 1952 bis 1957. K: Kraftstoffanlage. SOLEX 28 PCI. *https://www.volkswagen-classic-parts.com/de_de/service/reparaturleitfaeden/rlf-volkswagen-kaefer-1952-1957.html*

[142] BMW Zündkerzenstecker R50 R51 R60 R67 R68 R69 12125590014. *https://www.baum-bmwshop24.de/catalog/product/view/id/230780/s/bmw-zundkerzenstecker-12125590014/?gad_source=1&gclid=EAIaIQobChMIiqiK2_T7hQMVgpmDBx13Mgg2EAQYASABEgKf_fD_BwE*

[143] Topham Vergasertechnik GmbH, Stemwede-Dielingen. *https://www.mikuni-topham.de/*

[144] Lerner, M.: Fahrleistungserhebung 2014. Bundesanstalt für Straßenwesen.*https://www.bast.de/DE/Publikationen/DaFa/2018-2017/2017-04.html*

[145] Gerhard Eichele, Vergaserservice Redb@ron, Gersthofen. *https://www.vergaserservice-redbaron.de/*

[146] Carburetor Tuning for Kawasaki Triples. *http://www.kawatriple.com/manuals/carbtune/carbtune.htm*

[147] Bayreuther Maschinenelemente-Programme (BayMP). *https://www.baymp.de/*

[148] Ideale Stöchiometrie eines Gasmotors. Urheber: Clamothe. Wikimedia Commons. *https://de.wikipedia.org/wiki/Verbrennungsluftverh%C3%A4ltnis#/media/Datei:Ideal-stoichiometry.svg*

[149] Markierungszeichen auf NGK-Zündkerzen. *https://www.mst-landtechnik.de/media/products/0709450001455526873.pdf*

[150] Replacement Parts for Triumph Motor Cycles. 1947 & 1948 Models. Speed Twin: Tiger 100. *https://partsbooks.britishonly.com/partsbooks/20-10251C.pdf*

[151] Forum BMW-Motorräder mit zwei Ventilen. *https://www.2-ventiler.de/*

[152] Opel CIH Cam-in-Head Engine. By cdgoin. Wikimedia Commons. *https://upload.wikimedia.org/wikipedia/commons/e/ea/OpelCIH-1.jpg*

[153] Overhead camshaft with rockers (Autocar Handbook, 13th ed, 1935). By Andy Dingley. Wikimedia Commons. *https://upload.wikimedia.org/wikipedia/commons/4/4a/Overhead_camshaft_with_rockers_%28Autocar_Handbook%2C_13th_ed%2C_1935%29.jpg*

[154] Norton Manx Rennmotor von 1930. *https://www.racingvincent.co.uk/05%20Reference%20Photos/5.11%20Line%20Drawings/1930%20Racing%20Engine.jpg*

[155] BERU: Alles über Zündkerzen. Technische Informationen. *https://www.beruparts.de/content/dam/marketing/emea/beru/brochure/de-all-about-spark-plugs.pdf*

[156] Schalenhartguss. Wikipedia. *https://de.wikipedia.org/wiki/Schalenhartguss*

[157] Flugbenzin AvGas. Wikipedia. *https://de.wikipedia.org/wiki/AvGas*

[158] Mädler GmbH, Stuttgart: Normteile, Lager, Dichtungen. *https://maedler.de/*

[159] norelem Normelemente GmbH & Co. KG, Markgröningen: Normalien, Vorrichtungsbau. *https://norelem.de/*

[160] Maschinenhandel Meyer GmbH & Co. KG, Göttingen: W600 WIG-Schweißstäbe. *https://www.holz-metall.info/*

[161] A & M Schrauben Handelsgesellschaft mbH, Wuppertal: Schrauben, besonders Feingewindeschrauben. *https://www.online-schrauben.de/*

[162] Wilms Metallmarkt Lochbleche GmbH & Co. KG, Köln: Metalle in kleinen Mengen, besonders auch GG-, GGG-, C45-, 42CrMo4-, Aluminium-, Messing- und Bronzestangen.*https://www.wilmsmetall.de/*

[163] LangTuning GmbH, Lengenfeld: rohe Laufbuchsen.*https://www.langtuning.de/*

[164] Enginedynamics UG (haftungsbeschränkt), Kirchberg: Ventilführungen, Ventilsitze. *https://www.enginedynamics.de/*

[165] Uwe Gottwald ACCENT electronic, Wennigsen: Elektronische Zündanlagen.*http://www.accent-electronic.de/*

[166] AC-Motorradteile Andree Cepok, Worms-Heppenheim: Honda-Ersatzteile für klassische Modelle. *http://www.ac-motorradteile.de/*

[167] Classic Bikes Rainer Schwendemann, Ellwangen: Honda-Ersatzteile für klassische Modelle. *https://www.classic-bikes.de/*

[168] Z24 GmbH, Freiburg: Zahnriemen, Zahnriemenräder. *https://www.zahnriemen24.de/*

[169] db-shop24.de Renate Becker, Alfeld: besonders Hohlschrauben, Ringösen, Ringnippel. *https://www.db-shop24.de/*

[170] Topham Vergasertechnik GmbH, Stemwede-Dielingen: Mikuni-Vergaser. *https://www.mikuni-topham.de/*

[171] Scheuerlein Motorenteile und Werkzeug Vertriebs GmbH, Burgoberbach: Motorenüberholung, Motorenersatzteile. *https://www.scheuerlein-motorentechnik.de/*

[172] Z Classic Service, Frank Bach, Wittlich-Wengerohr: Motorenersatzteile für klassische Kawasaki-Motorräder. *https://www.zclassicservice.de/*

[173] Stein und Dinse GmbH, Schwülper: Ersatzteile u. a. für Motorrad-Oldtimer, Dell'Orto-Vergaser, Zündanlagen. *https://www.stein-dinse.com/de/*

[174] Marks GmbH, Eisenberg: Sehr große Auswahl von verschiedenen Metallen, Profilen und Zuschnitten. *https://www.marks-gmbh.de/shop/*

[175] Consolidated Motor Spares B. V., Lelystad, Netherlands: Motorenersatzteile. *https://www.cmsnl.com/*

Stichwortverzeichnis